数 值 分 析

赵海良　编著

科学出版社

北　京

内 容 简 介

本书共 10 章,具体内容包括:绪论、预备数学基础、非线性方程求解、线性方程组的直接解法、线性方程组的迭代解法、插值法、曲线拟合和函数逼近、数值积分与微分、常微分方程的数值解法、矩阵特征值计算介绍.

本书针对理工科研究生的需求和特点,写法上强调各类数值问题的底层逻辑;特别注重用生活中的常识对相关数学思想进行解释说明;尽量深入浅出并联系应用,大多算法都给出了 MATLAB 代码;某些部分采用探索者视角的书写方式,以适应研究生阶段学习的研读特点;讲义式内容组织方式和各级标题为教学与自学提供了明确导引. 为方便读者自学,本书内容配有微课视频,读者可通过扫描书中二维码学习.

本书适合作为理工类硕士研究生的数值分析教材,也可作为科技工作者的参考资料.

图书在版编目(CIP)数据

数值分析/赵海良编著. —北京:科学出版社,2022.10
ISBN 978-7-03-073199-9

I. ①数… II. ①赵… III. ①数值分析 IV. ①O241

中国版本图书馆 CIP 数据核字(2022)第 170904 号

责任编辑:王胡权 李 萍/责任校对:杨 然
责任印制:张 伟/封面设计:陈 敬

科 学 出 版 社 出版
北京东黄城根北街 16 号
邮政编码:100717
http://www.sciencep.com

北京九州迅驰传媒文化有限公司 印刷
科学出版社发行 各地新华书店经销
*
2022 年 10 月第 一 版 开本:720 × 1000 1/16
2023 年 11 月第三次印刷 印张:28 1/4
字数:569 000
定价:79.00 元
(如有印装质量问题,我社负责调换)

前　　言

数学本应是简单的, 其学习过程也应是快乐的! 数值分析课程则应是简单、快乐和实用的!

吾乃一介教书匠, 讲授数值分析, 就犹如本课程的一个导游员抑或解说员. 面对书中风景有时可能会调用无人机影像, 居高临下, 以全景视角让你看得更有脉络, 更加宏观一点; 也可能临时穿越, 带你沿着往圣的足迹, 体会体会他们的心路历程; 也时常扮作一个资深程序员, "分分钟" 代码展现数值计算或可视化图表结果, 显摆一下 "老程序员" 的风采; 有时也用一下师者的口气, 点评一下, 总结一下, 顺带为你划划重点; 还偶尔化作你的同窗, 说说自己的感悟, 或是与你一起开启一段探索新风景的旅程, 找一找 "重新发现" 和 "所见略同" 的感觉, 所有这些角色的转换就是为了和读者一起度过一段简单和快乐的学习之旅.

若读者能在本书中找到 "舒适读, 快乐学, 轻松用" 的感觉, 那将会是对作者最大的鼓励, 作者会甚感欣慰. 书中主要的算法几乎都给出了简洁的 MATLAB 代码, 这些短小精悍的代码可以让你充分体会到数值分析是一门能用、实用和方便用, 甚至即学即用的课程, 它们应该可以让你转变对数学课程的印象.

这些代码均通过 "中科云教育" 平台 (网址 www.coursegate.cn) 与读者分享. 另外, 读者通过微信扫描本书正文所附二维码, 即可查看相应图形的彩色版或在线学习本书配套微课视频, 该套视频与本书内容高度契合, 是专门为读者利用零散时间学习数值分析而录制的.

本书共 10 章, 具体内容包括: 绪论、预备数学基础、非线性方程求解、线性方程组的直接解法、线性方程组的迭代解法、插值法、曲线拟合和函数逼近、数值积分与微分、常微分方程的数值解法和矩阵特征值计算, 几乎覆盖了常规数值分析课程的全部内容, 乃理工科研究生专列, 其他游客手持高数、线代合格证也欢迎上车. 针对理工科研究生的需求和特点, 写法上强调各类数值问题的底层逻辑; 特别注重用生活中的常识对相关数学思想进行说明; 尽量深入浅出并联系应用.

作者特别推崇数学思想的感性理解模式, 在内容引入和方法构建的叙述中, 特别注重形象思维的 "画面感" 刻画. 比如在介绍共轭梯度法时, 一般教材更多的是采用严谨的纯理论推导, 而对其算法原理大多没有较详细的几何解释, 读过之后, 读者常常有 "理服情不愿" 的感觉. 而本书通过引入 "理想洋葱" 模型, 使读者容易想象, 洋葱任意截面都是同心椭圆, 截面到洋葱中心的最近点就是椭圆的中心点. 而共轭梯度法的递推序列, 就是能快速接近洋葱中心点的相继的截面椭圆的中心点序列, 本书用三维椭球的截面图形, 直观地展示了共轭梯度法的递推过程, 然后再给出对应的数学结论. 相信读者会觉得该方法是一个很自然、很直观的方法, 而不会对其原理再有疑惑感. 各个章节都秉承了类似的处理理念. 尽量将方法和公式的来龙去脉说清楚, 尽量把理论结果深入浅出并联系实际应用. 较难理解的部分, 都给出启发式的感性引导, 某些部分采用探索者视角的书写方式, 以适应研究生阶段的研读特点.

作为一介教书匠, 深耕讲台多年, 特别喜欢的讲稿格式, 是那种看一眼便可捕捉相应章节的要点内容、段落之间的逻辑关系, 以及对定理或方法有一个能顾名思义、让人看一眼就知 "星辰大海之中, 身在何处, 来自何方, 征程何如" 的导航模式. 因而, 本书采用了讲义式的各级标题和内容组织方式, 旨在为读者提供一种清晰的宏观脉络和局部导引.

在本书即将出版之时, 作者诚挚地感谢对本书有过帮助的同仁们, 特别应该感谢的是西南交通大学研究生院和数学学院的有关领导, 没有他们对数值分析课程的关心、支持与鼓励, 本书的成稿过程不会如此顺利; 同时也感谢科学出版社王胡权和李萍等编辑们的大力支持, 他们为本书的顺利出版付出了大量心血.

写到最后, 回归初心. 编写本书的初衷是想与读者一起尝试一种乐中读、乐中学、乐中用的过程, 其目标是想让本书变成帮助读者在学好数值分析课程的同时还能捕获快乐的利器. 因为学习可以产生快乐, 学数学可以产生高层次的快乐, 做一个快乐的人, 其实不难!

尽管参考和借鉴了学界多位尊师的大作, 终因作者才疏学浅, 疏漏与不足之处在所难免, 诚心欢迎各位专家和读者赐教与指正.

赵海良

2022 年 6 月于成都

目　　录

第 1 章 绪 论

第 1 章微课视频

问题 1 学习数值分析有何用?

答 数学在工程技术中的一个重要发力点,是工程问题数学模型的数值计算,其数值计算方法的优劣和计算精度,将直接关系着工程的质量甚至成败. 而作为工科研究生的你很可能会在将来参与一些重大工程. 数值分析就是研究数值计算原理和计算方法的专门课程. 学习该课程是理解计算原理和学会正确选择计算方法的重要途径.

问题 2 对于偏向技术理论研究的学生是否有必要学习数值分析?

答 科学理论、科学实验、科学计算被认为是现代科学技术的三大研究手段或研究方法. 这三种方法相互支撑但又相对独立,缺一不可. 很多理论的猜想和推测,以及实验结果的分析和总结,都需要以科学计算为基础. 特别是在充分考虑以计算机为计算工具的前提下所发展出来的数值分析理论和方法,使得很多以往必须靠理论推导完成的定性分析,可以化作非常直观的可视结果,这可以极大地缩减研究时间,提高研究效率. 换句话说,对于偏向工程技术理论研究的学生以及工学博士而言,掌握了数值分析技能可以让你如虎添翼.

1.1 数值分析的主要研究问题

1.1.1 实际问题对数值方法的需求

1. 数值方法的必要性

工程计算中,通常需要的是具体的数值结果,而不是数学作业和数学试卷中大家习以为常的精确表达式. 比如,一个本科生可能认为 $\int_0^{\pi/5} \sin x \mathrm{d}x = 1 - \cos\frac{\pi}{5}$ 是一个标准答案,但一个工程师需要的是 $\int_0^{\pi/5} \sin x \mathrm{d}x = 0.190983005625053$. 说得夸张一点, 一个定积分的精确而漂亮的公式解, 或许对于数学考试是标准答案, 但对于工程计算而言, 公式解的实用性就大打折扣了. 因为工程中需要的是具体数值, 所以面对各种计算问题, 必须有有效的数值方法. 寻求有效的数值方法是数值分析永远的主题.

同一计算问题可能有多种方法, 自然要问:

问题 1.1.1 何谓数值方法的优劣?

下面是一些考虑.

2. 需要计算复杂性低的方法

例 1.1.1 对于

$$P_n(x) = a_n x^n + a_{n-1} x^{n-1} + \cdots + a_1 x + a_0, \tag{1.1.1}$$

直接计算需作的乘法次数为 $n + (n-1) + \cdots + 2 + 1 = n(n+1)/2$, 加法次数为 n. 而用如下的递推公式

$$\begin{cases} t_n = a_n, \\ t_k = x t_{k+1} + a_k \quad (k = n-1, \cdots, 2, 1, 0), \\ P_n(x) = t_0, \end{cases} \tag{1.1.2}$$

仅需 n 次乘法和 n 次加法即可得 $P_n(x)$ 的值, 计算量由 n 的平方级陡降为线性级.

事实上,

$$t_{n-1} = x t_n + a_{n-1} = x a_n + a_{n-1},$$

$$t_{n-2} = x t_{n-1} + a_{n-2} = x(x a_n + a_{n-1}) + a_{n-2} = x^2 a_n + x a_{n-1} + a_{n-2},$$

$$\cdots \cdots$$

累计计算过程中的乘法次数和加法次数即知.

> **评注** "讲得一事, 即行一事, 行得一事, 即知一事, 所谓真知矣. 徒讲而不行, 则遇事终有眩惑. " 动手践行是深刻理解一个算法最好的方式. 以 $P_4(x)$ 为例, 将其写成**嵌套乘法** (nested multiplication) 的形式:
>
> $$P_4(x) = a_0 + (a_1 + (a_2 + (a_3 + a_4 x)x)x)x, \tag{1.1.3}$$
>
> 将括号部分作为递推因子 t_k, 则递推公式 (1.1.2) 可轻松得到.

嵌套乘法实际上就是**秦九韶算法**. 我国古代祖冲之、秦九韶 (宋代) 和杨辉等在计算方面都做出了相当大的贡献, 国外称此算法为 Hornor(霍纳) 算法, 比

秦九韶算法至少晚五个世纪. 2000 年 8 月有报道称在四川安岳为秦九韶塑像建馆, 以弘扬我国古代数学家的卓越贡献, 其所著《数书九章》堪称中国古代数学之瑰宝.

综上, 同一个问题可能会有多种算法, 人们需要的是计算量小的方法, 或更加笼统地说计算复杂性低的方法. 计算复杂性包括**时间复杂性**、**空间复杂性**、**逻辑复杂性**等. 总之如何构建计算复杂性低的方法, 是算法研究中需考虑的一个重要问题.

3. 需要数值稳定的方法

例 1.1.2 计算下述积分的值.

$$I_n = \mathrm{e}^{-1} \int_0^1 x^n \mathrm{e}^x \mathrm{d}x, \quad n = 0, 1, \cdots, 9.$$

易知 $I_0 = 1 - \mathrm{e}^{-1}$,

$$I_n = 1 - nI_{n-1}, \quad n = 1, \cdots, 9. \tag{1.1.4}$$

取 $I_0 \approx 0.6321 = J_0$, 递推计算结果如表 1.1.1 所示.

表 1.1.1 I_n 计算结果表

n	0	1	2	3	4
计算结果	0.6321	0.3679	0.2642	0.2074	0.1704
准确值 I_n	0.63212	0.36788	0.26424	0.20728	0.17089
n	5	6	7	8	9
计算结果	0.1480	0.1120	0.2160	-0.7280	7.5520
准确值 I_n	0.14553	0.12680	0.11238	0.10093	0.09161

观察计算结果可知, J_8 已经完全不能作为 I_8 的近似值了. 郁闷否? 用理论上没问题的方法, 得到的计算结果却大大出人所料. 故人们需要的是**数值稳定的算法**. 所谓数值稳定, 通俗地说, 就是不会因微小的扰动而导致计算结果严重偏离计算目标. 因而下述两个问题也是数值分析的重要问题.

思考题 1.1.1 如何构建数值稳定的方法?

思考题 1.1.2 哪类问题对初始误差比较敏感?

4. 需要收敛的方法

还有很多问题可能需要迭代求解, 即希望通过形如 $x_{k+1} = \varphi(x_k)(k = 0, 1, 2, \cdots)$ 或类似的式子, 进行有限次周而复始的迭代过程得到问题的解. 此时, 一个基本要求是迭代序列必须具有收敛性. 有关实例可翻阅本书第 3 章和第 5 章中关于方程求根和方程组求解的迭代法. 因而, 如何判断和设计迭代算法, 确保迭代收敛性也是数值分析中的一个重要问题.

5. 误差是必须考虑的问题

请注意, 在前面几个实例当中, 所有结果都是对精确结果的近似, 都需对其误差做出估计, 否则就没有意义. 显而易见, 算法的误差估计问题是数值方法的一个基本问题.

所以, 在此提醒读者, 学习数值分析, 必须具有**误差意识**.

6. 数值分析理论体系的脉络

数值分析的内容由计算数学若干分支的内容构成, 包括数值代数、数值逼近、数值微积分以及微分方程数值解等. 其中的各种数值方法看似繁杂, 但有其自身的理论体系, 各部分研究的主要问题具有共性. 其一, 都会有由算法和公式组成的计算方法; 其二, 都会有方法的效率和可靠性分析, 其中包括**计算复杂性、方法的稳定性、方法的收敛性和方法的误差分析**. 所有数值方法的构造也具有共性: **均采用近似手段**. 只有在数值分析的学习中, 注意到这些共性, 才不会迷失方向.

1.1.2 工科研究生确实需要学习数值方法

工科研究生日后要解决的是实际工程问题, 模型计算和系统仿真通常是必不可少的过程, 数值分析非学不可.

1. 解决问题的过程需要数值算法

解决实际问题的过程通常按图 1.1.1 所示的次序进行. 从中可以看出, 计算方法是该过程中的重要一环, 其合理性、优劣性等方面是必须考虑的问题.

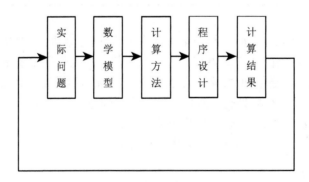

图 1.1.1 实际问题解决过程模块示意图

2. 系统仿真过程需要数值算法

控制系统在正式制造之前, 通常首先进行仿真研究, 借以节省人力、物力和财力, 进而提高研制效率. 仿真过程模块如图 1.1.2 所示. 其中计算方法在被控对象和控制器中都是重要环节. 二者均需考虑算法的合理性、优劣性和实时性等方面的要求. 特别是实时性, 即算法的计算速度必须足够快才能保证控制器的实时性. 在实际问题中, 算法所需要的硬件条件越低和硬件资源越少则越好.

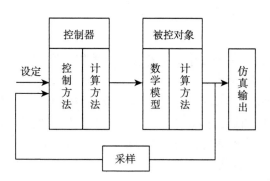

图 1.1.2 控制系统仿真过程模块示意图

1.1.3 如何学好数值分析

1. 工科研究生是算法的使用者

学习目标决定 "学好" 的标准. 工科研究生的培养目标是日后成为工程技术中的高端人才, 而不是计算数学专业的数学人才, 这两类人才需要区分开来. 前者侧重的是计算技术和方法的使用而非创造, 后者则更侧重数值算法的研发. 因而, 工科研究生更注重的应该是如何选择方法和使用方法, 而不是方法的抽象理论和繁杂的分析过程. 但需注意, 知晓算法的背景意义和原理才能具备正确选择方法的能力.

2. 要充分注意到数值分析的技术性特点

数值分析与其他数学课程的显著不同, 是追求 "近似" 而非 "精确", 且与计算机编程技术密切结合, 因而具有高度的技术性. 同一个问题会有多种近似计算方案, 学习过程中注意到近似计算的技术性有助于更好地选择方法.

3. 工科研究生应善于使用计算软件

需要指出的是, 算法使用者与实现算法编程的程序员也应该区分开来. 算法的使用者可以不熟悉底层代码编写, 但需要知晓算法的优劣和学会计算软件的使用方法. 比如, 在知道各种算法稳定性、计算复杂性、计算精度和算法原理的基础上, 同时也应掌握计算工具软件的使用和操作知识, 但不必太花心思关注软件的具体实现.

有些学者将数值分析定义为一门介绍适合于在计算机上使用的数值方法的课程, 凸显了计算软件在计算技术方面的重要性. 所以本书将会与 MATLAB 密切结合, 所涉及的主要计算方法, 基本上都给出了 MATLAB"分分钟"(即很快) 就可以搞定的解决方案.

4. 学好数值分析的标志

1) 学了会用 (算)
遇到问题能够给出符合要求的计算方案和数值结果, 即 "会算".
2) "没学" 会 "找"
当本书内容无法满足读者的计算问题需求时, 应知道有关数值算法 "正确的" 获取途径, 即没学也知道在哪儿会比较有可能找到所需要的算法, 而不是一筹莫展. 本书不能也不可能涵盖所有的数值方法, 但会根据有关内容, 尽量提供一些参考文献, 供读者进一步深究.
3) 学习中快乐着
原来学习可以得到快乐! 世界原来更精彩! 这也是学好数值分析的一种标志和境界!
——当你发自肺腑地有类似感叹之时, 想不学好都难!

1.2 误   差

近似手段乃是所有数值方法之构造共性, 故误差是数值分析最基本的概念.
问题 1.2.1 误差的产生来源有哪些? (下有详述.)

1.2.1 误差的来源

误差源于人们对无限世界的有限描述. 可分为如下几种.

1. 模型误差

源于客观现象主次因素的取舍和简化.

数学模型不能包括与客观现象相关的所有因素, 是客观现象的一种近似, 由此产生的误差称为模型误差. 这里引用爱因斯坦的一句话, 看一看顶级科学家对此问题的阐述: "So far as the laws of mathematics refer to reality, they are not certain. And so far as they are certain, they do not refer to reality."(迄今为止, 只要是描述现实世界的数学结论, 它们一定是不确定的, 但凡是确定的, 它们描述的就不是现实世界.)

2. 观察误差 (或参量误差)

源于度量工具.

数学模型的建立通常会以一些需要测定的参数 (如长度、温度、电压、电阻等) 为基础, 由观测得到的数据与实际数据之间会产生误差, 称之为**观察误差** (或参量误差).

3. 舍入误差

源于无穷世界的有穷表示.

由于计算机中的数系仅仅是有理数集的一个有限子集, 是间断的且有界的, 即计算时只能对有限位数字进行运算, 因此位数过多的数字必须进行四舍五入, 这样产生的误差称为**舍入误差**. 如无穷小数必须用有限位近似. 可以毫不夸张地说, 一个人毕生使用的计算数字也仅仅限于有限个有限位长度的有理数而已.

4. 截断误差

源于方法的近似手段.

数值方法通常是由某种精确方法的一种近似方式形成的, 这会产生方法误差, 即**截断误差**. 在近似方法下, 即使计算过程绝对精确, 计算结果与真解之间也会存在误差, 这是由数值方法本身引起的. 如无穷级数求和, 只能取前面有限项和来近似代替, 于是产生了有限过程代替无限过程的截断误差.

5. 误差的传播与积累

运算过程中不断地重复使用某种方法和舍入规则, 会造成误差的传播与积累, 对计算结果的影响不容小觑.

6. 数值分析中主要处理的误差

模型误差和观察误差发生在建模阶段, 有关问题可在数学建模和测量学中找到答案. 而截断误差、舍入误差、误差的传播与积累, 则是发生在求解模型的数值计算过程中的问题, 是数值分析中主要处理的误差.

1.2.2　基本概念

1. 绝对误差与绝对误差限

定义 1.2.1 (绝对误差)　设 x^* 为准确值 x 的近似值, 记

$$e(x^*) = x^* - x, \tag{1.2.1}$$

称之为近似值 x^* 的**绝对误差**或**误差**. 若常数 $\varepsilon \geqslant 0$, 使 $|e(x^*)| \leqslant \varepsilon$, 则称 ε 为 x^* 的一个**绝对误差限**或**误差限**. 关于不等式 $|e(x^*)| \leqslant \varepsilon$, 有时又表示为 $x = x^* \pm \varepsilon$.

　　评注　"近似" 之所以为数值分析之法宝, 归因于取真值之难. 由定义可知, 不知真值便不得误差, 故寻 "误差" 难度未减. 然一个 "限" 字化难为易, 故常用误差限表示近似值的精度. 注意, 误差是唯一的, 而误差限不是唯一的, 既可大也可小, 可谓退一步海阔天空! 因此用误差限分析误差, 处理起来要容易得多! 特别提醒, 绝对误差不是误差的绝对值.

　　2. 相对误差与相对误差限

　　定义 1.2.2 (相对误差)　设 x^* 为准确值 x 的近似值, 令

$$e_r(x^*) = \frac{x^* - x}{x}, \tag{1.2.2}$$

称之为 x^* 的**相对误差**. 又若常数 $\varepsilon_r \geqslant 0$ 且使

$$|e_r(x^*)| = \left| \frac{x^* - x}{x} \right| \leqslant \varepsilon_r, \tag{1.2.3}$$

则称 ε_r 为 x^* 的一个**相对误差限**.

　　思考题 1.2.1　绝对误差 $\leqslant 1$ 与相对误差 $\leqslant 200\%$, 你认为哪种说法关于近似值的信息更多一些?

　　比如, 二人核实一矩形地块, 一人测其长, 结果为 (100 ± 0.1) 米; 另一人测其宽, 结果 (10 ± 0.02) 米. 问何者测量精度高一些?

　　答　就误差限而言, 宽的误差限比长的小很多, 似乎宽的测量结果更好一些. 但由于长度的相对误差限为 $\frac{1}{1000}$, 而宽的相对误差限为 $\frac{2}{1000}$, 显然长度的测量结果更为精确.

　　评注　顾名思义, 绝对误差反映的是近似值的绝对精度. 而误差限反映了准确值的范围. 相对误差反映的是相对精度, 可用于同种量纲的测量精度比较. 它反映的是测量的质量或测量的技术水平, 也反映出对量的总体把握程度, 或近似值的可信度, 而绝对误差不能很好地反映可信度. 对单一量的精度要求宜采用绝对误差表述, 对多个同类的测量质量要求宜采用相对误差描述. 误差与误差限均有量纲, 而相对误差与相对误差限均没有量纲.

　　3. 相对误差与相对误差限实用替代方案

　　令人郁闷的是, 相对误差定义中的分母为未知真值 x, 故相对误差同样不易得到, 为此, 人们想出了如下变通方案. 当准确值 x 未知时, 一般将下式作为近似值 x^* 的相对误差

$$e_r^* = \frac{x^* - x}{x^*}, \tag{1.2.4}$$

继而 $\varepsilon_r^* = \left| \dfrac{\varepsilon}{x^*} \right|$ 为相对误差限.

其理论依据如下: $e_r(x^*) - e_r^* = \dfrac{e(x^*)}{x} - \dfrac{e(x^*)}{x^*} = \dfrac{(e_r^*)^2}{1 - e_r^*}$, 故当 $e_r^* \to 0$ 时, 有 $e_r(x^*) - e_r^* = o(e_r^*)$, 故当 e_r^* 很小时, 用 e_r^* 代替 $e_r(x^*)$ 是合理的. 此后将 $e_r(x^*)$ 默认为 e_r^*.

评注 上述变通方案的想法也很朴素, 因为近似值一般是尽力得到的, 虽不十分精确, 但距真值也 "八九不离十". 一般而言, 误差的数量级远远小于近似值的数量级, 故而误差与近似值之比几乎等同于误差与真值之比. 所以, 上述变通方案自然是合情合理的.

既然相对误差能反映数字的可信程度, 若能让参与运算的数字都自带相对误差信息岂不更好?

问题 1.2.2 何种数字表示方式本身携带误差信息? (请看有效数字.)

4. 有效数字

定义 1.2.3 (有效数字) 如果近似值 x^* 的误差不超过它的某一位的半个单位, 则从这一位直到前面第一个非零数字为止的所有数字均称为**有效数字**. 若所有有效数字的位数为 n, 则称 x^* **具有 n 位有效数字**.

注意, 个位的半个单位 $= 0.5$, 十位的半个单位 $= 5$, 而小数点后 "第 n 位的半个单位" 为 $\dfrac{1}{2}10^{-n}$, 比如小数点后第一位的半个单位 $= 0.05$, 其余类推.

有效数字源于四舍五入规则以及十进制刻度尺测量时的就近刻度读数法, 但不是中学讲的最后一位估读法. 显然, 有效数字带有误差信息, 有效位数越多则误差和相对误差越小.

5. 科学计数法下的有效数字

显然, 任何一个实数 a 都可以用科学计数法表示, 形如

$$a = \pm 0.a_1 a_2 a_3 \cdots a_n \times 10^m, \tag{1.2.5}$$

其中 $a_1, \cdots, a_n \in \{0, 1, \cdots, 9\}$ 且 $a_1 \neq 0$, m 为整数. $0.a_1 a_2 a_3 \cdots a_n$ 称为 a 的尾数, n 称为尾数的位数, m 称为 a 的阶数.

评注 科学计数法的另一种写法形如 $d = \pm d_1.d_2 d_3 \cdots d_n \times 10^m$, $d_1, \cdots, d_n \in \{0, 1, \cdots, 9\}$ 且 $d_1 \neq 0$, m 为整数. 这两种表示方法, 都是以 "经济、实惠" 和方便为目的. 比如巨大的天文数字和很小很小的小数都可以轻松书写, 不用写太多的 0. 另外, 此种表示法的科学性在于充分记录数据的有效位. 把小数前面

的 0 滤掉, 可以使存储单元得到充分利用, 是不 "掺水" 的! 计算机采用的浮点数表示法与此类似.

推论 1.2.1 在科学计数法表示下, 如果 x^* 具有 n 位有效数字, 则有

$$|x - x^*| \leqslant \frac{1}{2}10^{m-n}. \tag{1.2.6}$$

特别说明, 各种科技文献、报刊等媒体上出现的数字, 均默认为从第一个非 0 数字开始的位都是有效位, 科学计数法中的小数点后的数字均为有效数字. 如 0.1×10^2 与 0.1000×10^2, 表示的有效位数不同, 前者是 1 位, 后者是 4 位.

1.2.3 有效位数的判别方法

1. 四舍五入法

准确值 x 已知时, 可根据四舍五入的原则获取其近似值 x^*.

例 1.2.1 $\pi = 3.141592653\cdots$, 其几个近似值与有效位数如表 1.2.1 所示.

表 1.2.1

近似值 π^*	3.141	3.142	3.14159	3.141592
有效位数	3	4	6	6

例 1.2.2 设 $x = 0.05099666$, 则其几个近似值与有效位数如表 1.2.2 所示.

表 1.2.2

近似值 x^*	有效位数	理由说明
0.05	1	末位后 < 4, 舍去
0.051	2	末位后 > 5, 入 1
0.0510	3	末位后 > 5, 入 1
0.05100	4	末位后 > 5, 入 1
0.0509	2	末位后 > 5, 该入未入
0.05099	3	末位后 > 5, 该入未入

评注 有效数字的概念实际上是说: 以 x^* 近似 x, 如果 x^* 是依四舍五入规则得到的, 那么从 x^* 的第一个非 0 位开始往后的每一位都是有效数字. 注意, 0.350 位居 0.3 与 0.4 的正中间, 0.3 和 0.4 作为其近似值均具有一位有效数字. 故关于 "四舍五入" 有 "常规" 和 "非常规" 两种取舍规则; "常规" 取舍规则即一般的 "4 以下舍去, 5 及以上舍去进 1" 的做法; "非常规" 取舍规则又称为 "四舍六入五成双", 即 "4 舍 6 入 5 凑偶". 两种规则仅在舍入位为数字 5 且其为非 0 位的最后一位数字时才会有区别, 此时舍与入都可能发生. 比如, 若用 1 位有效

数字表示 0.350 和 0.4500 的近似值, 则按 "常规" 规则有 $0.350 \approx 0.4, 0.4500 \approx$ 0.5; 而在 "非常规" 规则下要 "凑偶", 故有 $0.350 \approx 0.4, 0.4500 \approx 0.4$, 故两种规则的近似值不同. 非常规舍入规则在统计意义上会有些好处, 但本书采用 "常规" 的四舍五入规则.

2. 有效数字与误差限的关系

准确值未知时, 可依下述定理用误差限估计一个近似值的有效位数.

定理 1.2.1　设 $x^* = \pm 0.a_1 a_2 a_3 \cdots a_n \times 10^m$, 其中 $a_1, \cdots, a_n \in \{0, 1, \cdots, 9\}$ 且 $a_1 \neq 0$, 如果 x^* 具有 n 位有效数字, 则其相对误差

$$|e_r(x^*)| = \frac{|x^* - x|}{|x^*|} \leqslant \frac{1}{2a_1} 10^{-n+1}. \tag{1.2.7}$$

反之, 若 x^* 的相对误差满足

$$|e_r(x^*)| \leqslant \frac{10^{-n+1}}{2(a_1 + 1)}, \tag{1.2.8}$$

则 x^* 至少有 n 位有效数字.

证　因为 $x^* = \pm 0.a_1 a_2 \cdots a_n \times 10^m$, 取 x^* 的最简单的上下界知 $a_1 \times 10^{m-1} \leqslant |x^*| \leqslant (a_1 + 1) \times 10^{m-1}$, 若 x^* 有 n 位有效数字, 则

$$|e_r(x^*)| = \frac{|x^* - x|}{|x^*|} \leqslant \frac{\frac{1}{2} \times 10^{m-n}}{a_1 \times 10^{m-1}} = \frac{1}{2a_1} \times 10^{-n+1}.$$

反之, 由于

$$|x^* - x| = |x^*||e_r(x^*)| \leqslant (a_1 + 1) \times 10^{m-1} \frac{10^{-n+1}}{2(a_1 + 1)} = \frac{1}{2} \times 10^{m-n},$$

故 x^* 至少有 n 位有效数字.　　　　　　　　　　　　　　　　　　证毕.

评注　此定理给出了近似值的有效位数与其相对误差限的关系, 可用于二者之间的双向估计. 此处教师讲课时建议敲敲黑板提醒学生.

例 1.2.3　求 $\dfrac{1}{19} = 0.052631578\cdots$ 具有 4 位有效数字的近似值, 并估计绝对误差和相对误差.

解　$\dfrac{1}{19} = 0.052631578\cdots$, 按四舍五入法则得四位有效近似值为 0.05263 (科

学计数法下 $0.05263 = 0.5263 \times 10^{-1}$), 其绝对误差 $\left| \dfrac{1}{19} - 0.05263 \right| \leqslant \dfrac{1}{2} \times 10^{-1-4}$, 对应于定理中的 $m = -1$, $n = 4$, $a_1 = 5$. 而相对误差

$$e_r \leqslant \frac{1}{2 \times 5} \times 10^{-4+1} = \frac{1}{10} \times 10^{-3} = 0.0001 = 0.01\%.$$

例 1.2.4 要使 $\dfrac{1}{19}$ 的近似值的相对误差 $\leqslant 0.01\%$, 至少应取几位有效数字?

解 根据定理, 若 n 使得 $\dfrac{1}{2a_1} \times 10^{-(n-1)} \leqslant 0.01\%$, 则取 n 位有效数字一定满足要求 (n 是否最小需另作考虑). 由 $\dfrac{1}{2a_1} \times 10^{-(n-1)} \leqslant 0.01\%$ 及 $a_1 = 5$, 可得 $10^{-(n-1)} \leqslant 10^{-3}$, 故 $n \geqslant 4$. 又因为 $n = 3$ 时, $\dfrac{1}{19}$ 的 3 位有效数字的近似值为 0.526, 其相对误差为

$$\frac{|0.526 - 0.52631 \cdots|}{0.526} \geqslant \frac{0.0003}{0.526} = 0.00057 \cdots > 0.01\%.$$

所以至少应取 4 位有效数字.

评注 在实际计算中需要注意的是, 有效位数取得多会增加不必要的计算量, 但满足要求的极小有效位数也不易估计, 故满意就好.

至此, 关于误差的概念以及数字的误差表示都已不是问题, 而由近似值所参与的各种运算结果的误差才是我们最关心的事情. 那么问题来了:

问题 1.2.3 运算结果的误差与参与运算的数据误差之间是什么关系? (请先思考再继续阅读.)

评注 开启思想力, 此问题可如下考虑. 运算种类虽多, 但一种运算通常对应于一种函数运算, 将运算结果视为要求取的函数值, 将参与运算的数值看作自变量的值, 故而搞清函数因变量与自变量之间的误差关系即可. 变量的误差与变量的增量在不带主观视角时, 二者是一回事, 故问题又可转化为函数值增量与自变量增量的关系问题. 解决此问题, 函数的全微分恰好可担此任!

1.2.4 基本运算中的误差估计

这里主要讨论函数四则运算和函数值计算过程中数据误差的传播情况.

1. 误差传播分析的全微分法

设 $y = f(x_1, x_2, \cdots, x_n)$, 若 $x_1, x_2, \cdots, x_n$ 的近似值分别为 $x_1^*, x_2^*, \cdots, x_n^*$, 记 $y^* = f(x_1^*, x_2^*, \cdots, x_n^*)$, y^* 作为 y 的近似值, 其绝对误差为

$$e(y^*) = y^* - y = f(x_1^*, x_2^*, \cdots, x_n^*) - f(x_1, x_2, \cdots, x_n)$$

$$= -[f(x_1, x_2, \cdots, x_n) - f(x_1^*, x_2^*, \cdots, x_n^*)]$$

$$\approx -\mathrm{d}f(x_1^*, x_2^*, \cdots, x_n^*)$$

$$= \sum_{i=1}^{n} \frac{\partial f(x_1^*, x_2^*, \cdots, x_n^*)}{\partial x_i}(x_i^* - x_i),$$

故有

$$e(y^*) \approx \sum_{i=1}^{n} \frac{\partial f(x_1^*, x_2^*, \cdots, x_n^*)}{\partial x_i} e(x_i^*). \tag{1.2.9}$$

从而

$$|e(y^*)| \approx \left| \sum_{i=1}^{n} \frac{\partial f(x_1^*, x_2^*, \cdots, x_n^*)}{\partial x_i}(x_i^* - x_i) \right|$$

$$\leqslant \sum_{i=1}^{n} \left| \frac{\partial f(x_1^*, x_2^*, \cdots, x_n^*)}{\partial x_i} \right| \cdot |e(x_i^*)|.$$

若用 $\varepsilon(y^*)$ 和 $\varepsilon(x_i^*)$ 分别表示 y^* 和 x_i^* 的误差限, 则有如下估计

$$\varepsilon(y^*) \approx \sum_{i=1}^{n} \left| \frac{\partial f(x_1^*, x_2^*, \cdots, x_n^*)}{\partial x_i} \right| \varepsilon(x_i^*). \tag{1.2.10}$$

而对于相对误差, 根据 (1.2.9) 式, 有

$$|e_r(y^*)| = \left| \frac{e(y^*)}{y^*} \right| \approx \left| \sum_{i=1}^{n} \frac{x_i^*}{y^*} \frac{\partial f(x_1^*, x_2^*, \cdots, x_n^*)}{\partial x_i} \frac{e(x_i^*)}{x_i^*} \right|$$

$$\leqslant \sum_{i=1}^{n} \left| \frac{x_i^*}{y^*} \frac{\partial f(x_1^*, x_2^*, \cdots, x_n^*)}{\partial x_i} \right| \cdot \left| \frac{e(x_i^*)}{x_i^*} \right|,$$

故 $|e_r(y^*)| \leqslant \sum_{i=1}^{n} \left| \frac{x_i^*}{y^*} \frac{\partial f(x_1^*, x_2^*, \cdots, x_n^*)}{\partial x_i} \right| |e_r(x_i^*)|.$ 若用 $\varepsilon_r(y^*)$ 和 $\varepsilon_r(x_i^*)$ 分别表示 y^* 和 x_i^* 的相对误差限, 则有如下估计

$$\varepsilon_r(y^*) \approx \sum_{i=1}^{n} \left| \frac{x_i^*}{y^*} \frac{\partial f(x_1^*, x_2^*, \cdots, x_n^*)}{\partial x_i} \right| \varepsilon_r(x_i^*). \tag{1.2.11}$$

2. 绝对误差的条件数方法

将输出结果误差表示成输入误差的某种比例关系, 是常用的一种处理方式 (具有普遍意义).

根据 (1.2.9) 式, 利用 Cauchy(柯西) 内积不等式 $|\langle a,b\rangle| \leqslant \|a\|\,\|b\|$ 得

$$|e(y^*)| \leqslant \sqrt{f_{x_1}^2 + f_{x_2}^2 + \cdots + f_{x_n}^2}\cdot\sqrt{e^2(x_1^*) + e^2(x_2^*) + \cdots + e^2(x_n^*)}, \quad (1.2.12)$$

称 $\sqrt{f_{x_1}^2 + f_{x_2}^2 + \cdots + f_{x_n}^2}$ 为 $f(x)$ 在 $x^* = (x_1^*, x_2^*, \cdots, x_n^*)$ 处的**绝对误差条件数**, 其中 $f_{x_i} = \dfrac{\partial f(x_1^*, x_2^*, \cdots, x_n^*)}{\partial x_i}, i = 1, 2, \cdots, n.$

误差条件数的本质含义为因变量误差对自变量误差的放大倍数, 倍数小时称 $f(x)$ 为**好条件的**, 倍数大时称 $f(x)$ 为**坏条件的**. 对于单变量函数有

$$|e(y^*)| \approx |f'(x^*)| \cdot |e(x^*)|. \quad (1.2.13)$$

3. 相对误差条件数方法

利用 (1.2.9) 式, 得

$$|e_r(y^*)| = \left|\frac{e(y^*)}{y^*}\right| \approx \left|\frac{f_{x_1}e(x_1^*)}{y^*} + \frac{f_{x_2}e(x_2^*)}{y^*} + \cdots + \frac{f_{x_n}e(x_n^*)}{y^*}\right|$$

$$= \left|\frac{x_1^* f_{x_1}}{y^*}\frac{e(x_1^*)}{x_1^*} + \frac{x_2^* f_{x_2}}{y^*}\frac{e(x_2^*)}{x_2^*} + \cdots + \frac{x_n^* f_{x_n}}{y^*}\frac{e(x_n^*)}{x_n^*}\right|$$

(利用 Cauchy 内积不等式得)

$$\leqslant \sqrt{\left(\frac{x_1^* f_{x_1}}{y^*}\right)^2 + \left(\frac{x_2^* f_{x_2}}{y^*}\right)^2 + \cdots + \left(\frac{x_n^* f_{x_n}}{y^*}\right)^2}$$

$$\cdot\sqrt{e_r^2(x_1^*) + e_r^2(x_2^*) + \cdots + e_r^2(x_n^*)}. \quad (1.2.14)$$

称 $\sqrt{\left(\dfrac{x_1^* f_{x_1}}{y^*}\right)^2 + \left(\dfrac{x_2^* f_{x_2}}{y^*}\right)^2 + \cdots + \left(\dfrac{x_n^* f_{x_n}}{y^*}\right)^2}$ 为 $f(x)$ 在 $x^* = (x_1^*, x_2^*, \cdots, x_n^*)$ 处的**相对误差条件数**.

对于单变量函数 $y = f(x)$, 由 (1.2.14) 式知

$$|e_r(y^*)| \approx \left|\frac{x^* f'(x^*)}{f(x^*)}\right| \cdot |e_r(x^*)|. \quad (1.2.15)$$

例 1.2.5　计算 $y = \ln x_0, x_0 \approx 20$, 问取 x_0 的几位有效数字可保证 y 的相对误差小于 0.1% ?

解　设 x_0 的近似值为 x^*. 由 (1.2.15) 式和题意知, 欲使 $|e_r(y^*)| \approx \left| \dfrac{e_r(x^*)}{\ln x^*} \right| \leqslant$ $\times 0.1\%$, 仅需 $|e_r(x^*)| < |\ln x^*| \times 0.1\%$. 考虑到 $e^2 < x^* < e^3$, 按保守估计, 仅需 $|e_r(x^*)| < \ln e^2 \times 0.1\% = 0.2\%$ 即可. 由有效位数 n 与相对误差的关系 (1.2.7) 式, 仅需 $\dfrac{1}{2a_1} \times 10^{-n+1} < 0.2\%$ 即可. 而 x^* 可能比 19 多点儿, 也可能比 20 少点儿, 即 $x = 19.\#$ 或 $20.\#$, 取最坏情况, 即 $a_1 = 1$. 此时只需 $10^{-n+1} < 0.4\%$, 即 $n \geqslant 4$, 故取 x_0 的 4 位有效数字即可满足要求.

例 1.2.6　设两个近似数 x^*, y^* 的误差限分别为 $\varepsilon(x^*)$ 和 $\varepsilon(y^*)$, 试估计二者在四则运算时的误差.

解　按照全微分分析法 (1.2.10) 式可得下列估计.

对于和运算, 令 $f(x, y) = x + y$, 得 $f'_x = 1 = f'_y$,

$$\varepsilon(x^* + y^*) \approx \varepsilon(x^*) + \varepsilon(y^*); \tag{1.2.16}$$

同理

$$\varepsilon(x^* - y^*) \approx \varepsilon(x^*) + \varepsilon(y^*); \tag{1.2.17}$$

对于乘积运算, 令 $f(x, y) = xy$, 知 $f'_x = y$, $f'_y = x$, 故

$$\varepsilon(x^* y^*) \approx |y^*| \varepsilon(x^*) + |x^*| \varepsilon(y^*); \tag{1.2.18}$$

对于商运算, 令 $f(x, y) = x/y$, 知 $f'_x = 1/y$, $f'_y = -x/y^2$, 故

$$\varepsilon\left(\frac{x^*}{y^*}\right) \approx \left|\frac{1}{y^*}\right| \varepsilon(x^*) + \left|\frac{x^*}{(y^*)^2}\right| \varepsilon(y^*). \tag{1.2.19}$$

例 1.2.7　已知近似数 x^*, y^* 的相对误差限分别为 $\varepsilon_r(x^*)$, $\varepsilon_r(y^*)$, 试估计乘积 $x^* y^*$ 的相对误差限 $\varepsilon_r(x^* y^*)$.

解　直接套用 (1.2.11) 式即可. 但此处直接推导如下. 令 $f(x, y) = xy$, 故 $f'_x = y$, $f'_y = x$, 按照全微分分析法 (1.2.9) 式, 可得下列估计

$$|e(x^* y^*)| = |x^* y^* - xy| = |f(x^*, y^*) - f(x, y)|$$

$$\approx |f'x(x^*, y^*) e(x^*) + f'y(x^* y^*) e(y^*)| = |y^* e(x^*) + x^* e(y^*)|.$$

故 $|e_r(x^* y^*)| = \left| \dfrac{e(x^* y^*)}{x^* y^*} \right| \approx \left| \dfrac{e(x^*)}{x^*} + \dfrac{e(y^*)}{y^*} \right| \leqslant \left| \dfrac{e(x^*)}{x^*} \right| + \left| \dfrac{e(y^*)}{y^*} \right| \leqslant \varepsilon_r(x^*) + \varepsilon_r(y^*)$, 故可取

$$\varepsilon_r(x^* y^*) = \varepsilon_r(x^*) + \varepsilon_r(y^*). \tag{1.2.20}$$

类似可得

$$\varepsilon_r \left(\frac{x^*}{y^*} \right) = \varepsilon_r(x^*) + \varepsilon_r(y^*). \tag{1.2.21}$$

1.3　数值运算的若干原则

数值方法具有很强的技术性, 但凡强调技术性的场合, 经验就很重要, 它有助于避免一些错误和麻烦. 数值方法设计和挑选的目的很简单: 在保证可靠性的基础上提高计算效率. 当然其中有一些经验可循.

1.3.1　使用数值稳定的算法

所谓**算法**, 即按某种规定的顺序进行运算的一个运算序列, 是实施计算的一种具体方案. 算法通常需在有限步或有限时间内结束.

定义 1.3.1 (数值稳定的算法)　运算过程中任一步的误差在后续过程中都不会被放大的算法称为数值稳定的算法. 否则称为数值不稳定的算法.

数值稳定的本意是说, 如果初始数据或中间结果有微小的改变, 由此引起的最后结果也不会有很大改变. 此处提醒读者, 本定义在后续各个章节的具体计算问题中有不同表述和体现, 但其数值稳定的内涵相同.

例 1.3.1　试分析例 1.1.2 中积分计算方法的数值稳定性.

解　按照例 1.1.2 有 $I_n = \mathrm{e}^{-1} \displaystyle\int_0^1 x^n \mathrm{e}^x \mathrm{d}x \ (n = 0, 1, \cdots, 9)$, 易知 $I_0 = 1 - \mathrm{e}^{-1}$,

$$I_n = 1 - nI_{n-1} \quad (n = 1, \cdots, 9), \tag{1.3.1}$$

为了分析上述递推公式的误差缩放情况, 令

$$\varepsilon_0 = I_0 - J_0 \approx 0.2 \times 10^{-4},$$

$$\varepsilon_n = I_n - J_n$$

$$= (1 - nI_{n-1}) - (1 - nJ_{n-1})$$

$$= -n(I_{n-1} - J_{n-1})$$

$$= -n\varepsilon_{n-1}.$$

递推可得

$$\varepsilon_n = (-1)^n n! \varepsilon_0.$$

　　评注　递推计算 n 次后的误差竟然是初始误差的 $n!$ 倍! 故每递推一步都会将上一步的误差放大 n 倍, 因此上述算法是数值不稳定算法. 无怪乎近似结果 J_8 与真值相比就已经面目全非了.

不难设想, 若将 $n!$ 转移到分母, 则其对误差的作用就不是放大而是缩小了. 故有稳定算法如下. 由 (1.3.1) 式得 $I_{n-1} = (1 - I_n)/n (n = 10, 9, 8, \cdots, 1)$, 利用积分估值定理易知

$$0 < I_n \leqslant 1/(n+1) \to 0 \quad (n \to \infty).$$

取 $I_{10} \approx J_{10} = 0$ (评注：如此取值, 误差有点大！), 利用递推公式

$$J_{n-1} = (1 - J_n)/n \quad (n = 10, 9, 8, \cdots, 1), \tag{1.3.2}$$

得表 1.3.1.

表 1.3.1   计算结果对照表

n	计算结果 J_n	准确值 I_n
9	0.1000	0.09161
8	0.1000	0.10093
7	0.1125	0.11238
6	0.1268	0.12680
5	0.1455	0.14553
4	0.1709	0.17089
3	0.2073	0.20727
2	0.2642	0.26424
1	0.3679	0.36788
0	0.6321	0.63212

迭代式 (1.3.2) 的误差传递分析如下, 令 $\varepsilon_n = I_n - J_n$, 则由 (1.3.2) 式得

$$\varepsilon_{n-1} = -\varepsilon_n/n,$$

$$\varepsilon_{n-2} = (-1)^2 \varepsilon_n/n(n-1),$$

$$\cdots\cdots$$

$$\varepsilon_0 = (-1)^n \varepsilon_n/n!.$$

故误差在缩小, 上述算法是数值稳定算法. (所以, 即使初始误差大一点儿, 也不会有大问题！)

> **评注**   追求算法的稳定性犹如人们追求稳健的人生. 常言道：勿以恶小而为之, 勿以善小而不为. 这些都是人生中处世的常理, 体现在算法设计之中, 就是算法的数值稳定性追求.

这里需要特别提醒注意的是, 为了利于计算过程的稳定性, 应避免绝对值很小的数作除数, 因为小分母有放大作用, 容易导致计算过程的误差增大. 另外, 分母过小会被计算机近似为 0, 一旦发生, 则产生溢出错误.

1.3.2 避免两个相近的数相减

1. 计算机内部对阶计算规则

计算机进行计算时, 使用的是二进制, 根据存储器的长度, 数字要按规格化对阶后进行计算. 有关详细计算过程, 没有必要搞得十分清楚, 但略知其规则对于方法的设计和选用是有益处的. 现以十进制加法为例, 将计算机内部对阶计算过程说明如下.

假设存储和运算中能够使用的字长为 n 位, 设两个 n 位有效数字分别为 a 和 b, 且

$$a = 0.c_1 c_2 \cdots c_n \times 10^s,$$

$$b = 0.d_1 d_2 \cdots d_n \times 10^t.$$

为了取得最好的计算误差, 会先按大数对阶, 即将 a, b 统一修正成阶数为 $\max(s, t)$ 且尾数为 n 位的数字, 然后将尾数相加, 将结果仍取 n 位有效数字形成和的尾数部分, 当然也要对阶数做适当的调整.

按照对阶计算规则, 两个近似数相减会损失有效数字的位数. 有效位数越少, 相对误差越大, 分辨率越低, 故而应避免两个相近的数相减.

例 1.3.2 设 $x = 0.1001$, $y = 0.1000$, 假定都是 4 位有效数字, 则 $x - y = 0.0001$, 至多剩一位有效数字.

例 1.3.3 设 $f(x) = \sqrt{x}$, 利用 $f'(x) \approx \dfrac{f(x+h) - f(x-h)}{2h}$, 求 $f'(2)$. ($f'(2) \approx 0.3535533 \cdots .$)

解 取 $h = 0.0001$, 则在 5 位计算机上有下述计算过程.

$$f'(2) \approx \frac{1.4142 - 1.4142}{2 \times 0.0001} = 0.$$

此计算错误的原因是分子有效位消失殆尽. 改用如下算式可以避免上述问题.

$$\frac{\sqrt{2+h} - \sqrt{2-h}}{2h} = \frac{1}{\sqrt{2+h} + \sqrt{2-h}},$$

此时

$$f'(2) \approx \frac{1}{1.4142 + 1.4142} \approx 0.35356.$$

评注 小小一个算式的改变便可得到正确结果, 可见计算方法确实有其技术性, 且不容小觑.

2. 避免有效数字丧失的常用技术

减少有效数字的常见场合与处理方法举例如下: 下列各等式宜用右端计算为好.

(1) 当 x 与 y 很接近时, 宜用 $\ln x - \ln y = \ln(x/y)$.

(2) 当 x 很大时, 宜用 $\sqrt{x+1} - \sqrt{x} = \dfrac{1}{\sqrt{x+1} + \sqrt{x}}$.

(3) 当 x 接近 0 时, 宜用 $1 - \cos x = 2 \sin^2 \dfrac{x}{2}$.

(4) 无法改变算式时, 增加有效数字位数. 比如, 编程时采用双精度数运算.

1.3.3 防止大数吃掉小数

按照计算机内部对阶计算规则, 如果两个数量级相差很大的数相加, 在对阶时, 较小的数可能会完全失去有效位而被修正为 0, 导致计算结果错误.

例 1.3.4 计算 $A = 51234 + \sum\limits_{k=1}^{1000} a_k$, 其中 $0.1 \leqslant a_k \leqslant 0.9$.

解 不妨以 $a_k = 0.9$ 为例, 在 5 位计算机上计算时, 数字按规格化对阶后情形如下:

$$51234 \approx 0.51234 \times 10^5,$$
$$0.9 \approx 0.00000 \times 10^5 = 0.$$

然后依次相加的错误结果 $A = 51234$. 但若依次先计算相同数量级的数 $\sum\limits_{k=1}^{1000} a_k$, 再与 51234 求和则可得正确结果 $A = 0.52134 \times 10^5$.

评注 合理安排计算次序防止大数吃掉小数是非常重要的. 断尾求生或丢卒保车, 在很多场合下可视为自然法则. 计算机内部的计算机理也遵循这一法则. 两数运算, 以大为重, 当然先要充分地利用存储器字长位数, 将大数充分表示, 而此时那些相对很小的数可能就近似为 0 了.

1.3.4 采用运算次数少的方法

运算次数少的方法意味着计算量小, 舍入误差产生的机会少, 这当然是选择和设计算法的重要原则. 特别提醒, 秦九韶算法是计算多项式时的一个很棒的算法.

1.3.5　典型例题分析

例 1.3.5　计算 e^{-10} 的近似值 (三种方案比较).

解　$e^x = \sum\limits_{k=0}^{\infty} \dfrac{x^k}{k!}$, 令 $S_n(x) = \sum\limits_{k=0}^{n} \dfrac{x^k}{k!}$.

方案 1　取 $e^{-10} \approx S_n(-10) = \sum\limits_{k=0}^{n} \dfrac{(-10)^k}{k!}$, 利用下述递推公式采用单精度计算.

$$\begin{cases} t_0 = 1, t_k = -10\dfrac{t_{k-1}}{k}, \\ S_0 = 1, S_k = S_{k-1} + t_k, \end{cases} \quad k = 1, 2, \cdots, n.$$

方案 2　按方案 1 改用双精度数计算.

方案 3　利用方案 1 先求 e^{10}, 再由 $\dfrac{1}{e^{10}}$ 求 e^{-10}.

三种方案结果如表 1.3.2 所示.

表 1.3.2　三种方案计算结果表

方案	项数 n	计算结果
方案 1	$\geqslant 46$	-6.256183×10^{-5}
方案 2	44	4.539990×10^{-5}
方案 3	29	4.539996×10^{-5}
准确值		$4.53999297\cdots \times 10^{-5}$

结果分析与说明如下.

方案 1 采用单精度数, 当达到 46 项后, 计算结果基本不再变化, 因前面的几项远大于 e^{-10} 而后面的大部分项的舍入误差 $> e^{-10}$, 故而大数吃小数现象发生, 无法得到 e^{-10} 的真值.

方案 2 采用双精度数, 结果确实得到改善. 这是由于有效位加长, 舍入误差对于计算 e^{-10} 不会造成太大影响. 但若换作计算 e^{-30}, e^{-50} 或更小的幂次, 结果难免令人担忧, 因为一旦舍入误差大于 e^{-30}, e^{-50}, 则可能发生方案 1 的情况. 所以单靠提高字长位数不是总能奏效的方法.

方案 3 计算量小而且结果更加精确. 因为每次计算的值都较大, 舍入误差可以忽略不计.

综上, 不难得到如下结论:

数值方法才是解决问题的关键, 而学习数值分析是获取数值方法的捷径!

评注　实际问题的计算虽非战事, 但犹如战事.《孙子兵法》有云: "夫未战而庙算胜者, 得算多也; 未战而庙算不胜者, 得算少也. 多算胜, 少算不胜, 而况于无算乎? 吾以此观之, 胜负见矣. ” 一种方法往往长处与弱点共存, 若在本课程学习中, 充分注意到各类计算方法的技术特点, 并在原理之下进行领悟, 则可做到会选择方法, 会巧用方法, 自然就有了 “会算” 的基础.

习　题　1

1. 要使 $\sqrt{20}$ 的近似值的相对误差限 $\leqslant 0.1\%$, 应至少取多少位有效数字?

2. 若 $\dfrac{1}{5}$ 用 0.2 表示, 请问它有几位有效数字?

3. 若以 $\dfrac{22}{7}$ 和 $\dfrac{355}{113}$ 分别作为 π 的近似值, 它们各自具有多少位有效数字?

4. 设 $y = f(x_1, x_2)$, 若 x_1, x_2 的近似值分别为 x_1^*, x_2^*, 令 $y^* = f(x_1^*, x_2^*)$ 作为 y 的近似值, 其绝对误差限应如何估计?

5. 计算 $f = (\sqrt{2} - 1)^6$, 取 $\sqrt{2} \approx 1.4$, 利用下列算式, 哪个得到的结果最好?

(A) $\dfrac{1}{(\sqrt{2} + 1)^6}$;

(B) $(3 - 2\sqrt{2})^3$;

(C) $\dfrac{1}{(3 + 2\sqrt{2})^3}$;

(D) $99 - 70\sqrt{2}$.

6. 设 $x = 3.214, y = 3.213$, 欲计算 $u = \sqrt{x} - \sqrt{y}$, 请给出一个精度较高的算式.

第 2 章　预备数学基础

第 2 章微课视频

"工欲善其事，必先利其器."

本书需要以高等数学和线性代数内容为基础，为方便后续阅读，本章将对后续各章要用到的数学知识略做系统的汇聚，目的有三. 其一，对已有的知识作简要总结，帮助某些读者消除"似曾相识"的感觉；其二，略微提升本科数学知识的数学视角，以适应硕士研究生的认知层次；其三，试着让读者体会学数学也可以做到很轻松的感觉.

如果读者充分自信，可以直接从 2.3 节线性空间开始阅读，必要时回头不迟.

首先约定本书常用的记号之含义.

"∀"："对任意的"；

"∈"："属于"；

"∃"："存在"；

"∋"："满足"；

$\mathbf{R}^{n \times n}$：n 阶实矩阵的集合.

$\{x_i\}_{i=1}^m = \{x_1, \cdots, x_m\} = \{x_i\}$，而 $\{x_1, \cdots, x_m\} \subset [a, b]$；

$C(a, b) = \{f(x) | f(x)$ 为区间 (a, b) 上的连续函数$\}$；

$C[a, b] = \{f(x) | f(x)$ 为闭区间 $[a, b]$ 上的连续函数$\}$；

$C(-\infty, +\infty) = \{f(x) | f(x)$ 为实数域 $\mathbf{R}$ 上的连续函数$\}$；

$C^n[a, b] = \{f(x) | f(x)$ 在 $[a, b]$ 上有 n 阶连续的导函数$\}$；

$\mathrm{span}\,\{u_1, \cdots, u_m\} = \{k_1 u_1 + \cdots + k_m u_m | k_i \in \mathbf{R}, i = 1, \cdots, m\}$.

2.1　高等数学知识回顾

下列部分定理，想必读者在高等数学学习时已经很熟悉，故在此仅作罗列，不作证明，但会给出某些解释和理解方式.

2.1.1 闭区间上连续函数的性质

定理 2.1.1 (最值定理) 设 $f(x) \in C[a,b]$, 则存在 ξ_1, $\xi_2 \in [a,b]$ 使得

$$f(\xi_1) = \min_{a \leqslant x \leqslant b} f(x), \tag{2.1.1}$$

$$f(\xi_2) = \max_{a \leqslant x \leqslant b} f(x). \tag{2.1.2}$$

即有限闭区间上的连续函数达到其最大值和最小值.

定理 2.1.2 (有界性定理) 设 $f(x) \in C[a,b]$, 则存在 $M > 0$, 使得 $\forall x \in [a,b]$, 有 $|f(x)| \leqslant M$. 即有限闭区间上的连续函数在该区间上有界.

定理 2.1.3 (零点定理) 设 $f(x) \in C[a,b]$, 且 $f(a)f(b) < 0$, 则存在 $\xi \in (a,b)$ 使得 $f(\xi) = 0$.

零点定理将作为判定方程有根的主要依据. 其几何意义为, 若连续曲线左右两端分别位于 x 轴上下两侧, 则必在中间至少穿 x 轴一次 (图 2.1.1).

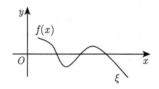

图 2.1.1 零点定理的几何意义

定理 2.1.4 (介值定理) 设 $f(x) \in C[a,b]$ 且 $f(a) = A$, $f(b) = B$, 则 $\forall C \in (A,B)$, 存在 $\xi \in (a,b)$ 使得 $f(\xi) = C$.

定理 2.1.5 闭区间上的连续函数在该区间上一致连续 (均匀连续).

2.1.2 微积分中值定理

定理 2.1.6 (Rolle(罗尔)) 如果函数 $f(x)$ 满足下面三个条件:

(1) 在闭区间 $[a,b]$ 上连续;

(2) 在开区间 (a,b) 内可导;

(3) $f(a) = f(b)$,

则 $\exists \xi \in (a,b)$ 使 $f'(\xi) = 0$.

Rolle 定理的几何意义如图 2.1.2 所示. 利用 Rolle 定理可知, $f(x)$ 各阶导数的零点位置和个数呈现金字塔关系, 即两个 k 阶导数零点之间必有一个 $k+1$ 阶导数零点. 其中, 零点的个数按重次计算, 比如 $f(x)$ 的一个 3 重零点算作 3 个零点.

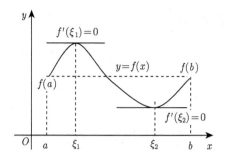

图 2.1.2　Rolle 定理的几何意义

定理 2.1.7 (Lagrange(拉格朗日) 中值定理)　如果函数 $f(x)$ 在闭区间 $[a,b]$ 上连续且在开区间 (a,b) 内可导, 则 $\exists \xi \in (a,b)$ 使

$$f'(\xi) = \frac{f(b) - f(a)}{b - a}. \tag{2.1.3}$$

Lagrange 定理的几何意义如图 2.1.3 所示. 物理背景: 视 a, b 分别为某时段始点和终点, $f(x)$ 为车辆的 "时间-里程" 函数, 则 $f'(\xi)$ 为 a 到 b 时段内的车辆平均速度. 请考虑车辆在该时段内的瞬时速度可否一直高于或一直低于其在该时段内的平均速度. 此种理解方式下, 中值定理是一个十分显然的事实.

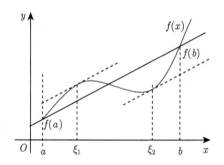

图 2.1.3　Lagrange 定理的几何意义

定理 2.1.8 (积分中值定理)　设 $f(x) \in C[a,b], g(x)$ 在 $[a,b]$ 上可积且不变号, 则 $\exists \xi \in [a,b]$, 使得

$$\int_a^b f(x)g(x)\mathrm{d}x = f(\xi) \int_a^b g(x)\mathrm{d}x. \tag{2.1.4}$$

当 $g(x) \equiv 1$ 时, 则有

$$\int_a^b f(x)\mathrm{d}x = f(\xi)(b-a). \tag{2.1.5}$$

证 仅以 $g(x) \geqslant 0$ 的情形证明. 因为 $f(x) \in C[a,b]$, 故 $f(x)$ 在 $[a,b]$ 上有最大值和最小值, 设其分别为 M 和 m, 由估值定理知

$$m\int_a^b g(x)\mathrm{d}x \leqslant \int_a^b f(x)g(x)\mathrm{d}x \leqslant M\int_a^b g(x)\mathrm{d}x,$$

若 $\int_a^b g(x)\mathrm{d}x = 0$, 则必有 $\int_a^b f(x)g(x)\mathrm{d}x = 0$, 定理结论显然; 否则必有 $\int_a^b g(x)\mathrm{d}x >$

0, 故 $m \leqslant \dfrac{\displaystyle\int_a^b f(x)g(x)\mathrm{d}x}{\displaystyle\int_a^b g(x)\mathrm{d}x} \leqslant M$, 由介值定理知 $\exists \xi \in [a,b]$ 使得 $\dfrac{\displaystyle\int_a^b f(x)g(x)\mathrm{d}x}{\displaystyle\int_a^b g(x)\mathrm{d}x} =$

$f(\xi)$, 故 (2.1.4) 得证. 证毕.

定理 2.1.9 (Peano (佩亚诺) 余项的 Taylor(泰勒) 公式) 若 $f(x)$ 在点 x_0 有 n 阶导数, 则有

$$f(x) = P_n(x) + o((x-x_0)^n), \tag{2.1.6}$$

其中,

$$P_n(x) = \sum_{k=0}^n \frac{f^{(k)}(x_0)}{k!}(x-x_0)^k. \tag{2.1.7}$$

定理 2.1.10 (Lagrange 余项的 Taylor 公式) 若 $f(x)$ 在 (a,b) 内有 $n+1$ 阶导数, 点 $x_0 \in (a,b)$, 则 $\forall x \in (a,b)$ 且 $x \neq x_0$, 存在 ξ 介于 x_0 与 x 之间, 使得

$$f(x) = P_n(x) + \frac{f^{(n+1)}(\xi)}{(n+1)!}(x-x_0)^{n+1}. \tag{2.1.8}$$

定理 2.1.11 (多元 Taylor 公式) 设函数 $f(x,y)$ 在 (x_0,y_0) 的某邻域 D 内连续, 且有 $n+1$ 阶的连续偏导数, 又设点 (x_0,y_0) 与点 (x,y) 的连线段均在 D 内, 令 $x = x_0 + h$, $y = y_0 + k$, 则

$$f(x,y) = \sum_{m=0}^n \frac{1}{m!}\left(h\frac{\partial}{\partial x} + k\frac{\partial}{\partial y}\right)^m f(x_0,y_0) + \frac{1}{(n+1)!}\left(h\frac{\partial}{\partial x} + k\frac{\partial}{\partial y}\right)^{n+1} f(\xi,\eta), \tag{2.1.9}$$

其中, ξ, η 分别介于 x_0 与 x, y_0 与 y 之间.

比如, 对 $f(x,y)$ 作线性化近似时, 上式取 $n=1$, 可得

$$f(x,y) \approx f(x_0,y_0) + [f_1'(x_0,y_0)(x-x_0) + f_2'(x_0,y_0)(y-y_0)]. \qquad (2.1.10)$$

右端实际上就是曲面 $z=f(x,y)$ 在 (x_0,y_0,z_0) 处的切平面.

2.1.3　高阶无穷小与同阶无穷小

定义 2.1.1　对某种极限过程 $x \to \Delta$(如 x_0, ∞ 等), 设 $\lim\limits_{x\to\Delta} \alpha(x) = 0$, $\lim\limits_{x\to\Delta} \beta(x) = 0$, 且 $\beta(x) \neq 0$.

(1) 若 $\lim\limits_{x\to\Delta} \dfrac{\alpha(x)}{\beta(x)} = 0$, 则称 $x \to \Delta$ 时, $\alpha(x)$ 是 $\beta(x)$ 的高阶无穷小, 记作 $\alpha(x) = o(\beta(x))(x \to \Delta)$, 或称 $\beta(x)$ 是 $\alpha(x)$ 的低阶无穷小.

(2) 若 $\lim\limits_{x\to\Delta} \dfrac{\alpha(x)}{\beta(x)} = C \neq 0$, 则称 $x \to \Delta$ 时, $\alpha(x)$ 是 $\beta(x)$ 的同阶无穷小, 记作 $\alpha(x) = O(\beta(x))$; 特别当 $C = 1$ 时, 称 $\alpha(x)$ 与 $\beta(x)$ 为等价无穷小, 记作 $\alpha(x) \sim \beta(x)(x \to \Delta)$.

评注　(1) 中 $\alpha(x) = o(\beta(x))$ 中的等号非等号意义, 只能单向理解, 不能写成 $o(\beta(x)) = \alpha(x)$. (2) 中 $\alpha(x) = O(\beta(x))$ 中的等号也非等号意义, 也是单向等号, 也不能写成 $O(\beta(x)) = \alpha(x)$. 这两种记法只是一种习惯的表示方法, 初学者容易混淆. 此处等价无穷小应理解为**求商时的等价无穷小**, 等价不是相等. 无穷小有高低阶之分. 为了方便地估量无穷小的相对大小, 通常选择比较简单的、易于认知的作为参照尺度衡量其他无穷小的级别. 通常说的 n 阶无穷小就源于简单无穷小 $x^n(x \to 0)$ 的幂次. 关于无穷大也有类似的刻画方式, 在此不再赘述.

2.1.4　过程量大小的阶

为了将某个过程量的大小趋势参照另一个过程量给出一个粗略的估计, 显然以参照量的倍数估算最为简单. 通常用大写字母 O 按如下规定表示.

定义 2.1.2　设 $f(x), g(x)$ 为两个函数, $g(x) \neq 0$, 若有常数 $M > 0$ 使得 x 在某个范围 D 内均有 $|f(x)| \leqslant M|g(x)|$, 则将上述事实记作

$$f(x) = O(g(x)) \quad (x \in D). \qquad (2.1.11)$$

此处的等号非等号意义, 实为习惯记法的单向等号, $f(x) = O(g(x))$ 不能写成 $O(g(x)) = f(x)$.

推论 2.1.1　设 $\beta(x) \neq 0$, 且 $\alpha(x)$ 和 $\beta(x)$ 在某个极限过程中为两个同阶无穷小或无穷大, 则 $\alpha(x) = O(\beta(x))$.

> **评注** 因为有序的生活比较容易把控, 所以在生活中的各个方面, 人们往往会将某些熟悉的参照物分成若干档次, 并以此为基础形成一种序. 按简单原则, 对于函数过程量而言, (2.1.11) 式中的参照函数 $g(x)$ 通常取作 x^n, 对数列过程量而言, 参照数列常取为 n^k 或 $\dfrac{1}{n^k}$, 视情况而定, 它们均因计算简单而被参照.

例 2.1.1 当 n 充分大时有下列近似估计

$$\frac{n^3}{3} + n^2 - \frac{1}{3}n = \frac{n^3}{3} + n^2 + O(n) = \frac{n^3}{3} + O(n^2) = O(n^3).$$

上述近似方法经常用于算法的运算量估计, 是量化算法计算复杂性的常用手法.

例 2.1.2 若 $f^{(n+1)}(x)$ 在 (a,b) 内有界, 则由 Lagrange 余项的 Taylor 公式 (2.1.8), 可知

$$f(x) = P_n(x) + O((x - x_0)^{n+1}) \quad (x \to x_0);$$

比如,

$$\mathrm{e}^x = 1 + x + O(x^2) \quad (x \to 0);$$

$$\sin x = \sum_{n=0}^{\infty} \frac{(-1)^n x^{2n+1}}{(2n+1)!} = x - \frac{x^3}{3!} + O(x^5) \quad (x \to 0).$$

关于大 O 记号的一些运算性质罗列如下, 都很容易证明.

$$O(x) \pm O(x) = O(x);$$

$$mO(x) = O(x), m\text{为非零常数};$$

$$O(x)O(x) = O(x^2);$$

$$O(O(x)) = O(x).$$

2.1.5 上确界与下确界

定义 2.1.3 设 S 为实数集 $\mathbf{R}$ 的一非空子集, 称 S 的最小上界为其上确界, 记作 $\sup S$(sup 为 supremum 的缩写); 称 S 的最大下界为其下确界, 记作 $\inf S$(inf 为 infimum 的缩写). 规定 S 无上界时 $\sup S = +\infty$; S 无下界时 $\inf S = -\infty$.

显然, 若 $\sup S \in S$, 则 $\max S = \sup S$; 若 $\inf S \in S$, 则 $\min S = \inf S$. 上下确界若有均唯一.

例 2.1.3 区间 $(0,1]$ 的上确界为 1, 下确界为 0, 最大值为 1, 但无最小值.

2.2   线性代数知识回顾

2.2.1   矩阵的初等行变换

定义 2.2.1   下面三种变换称为矩阵的初等行变换.

(1) 对换矩阵的 i, j 两行, 记作 $r_i \leftrightarrow r_j$, 称为对换;

(2) 用数 $k \neq 0$ 乘矩阵的第 i 行, 记作 kr_i, 称为倍乘;

(3) 把矩阵的第 i 行的 k 倍加到第 j 行上去, 记作 $r_j + kr_i$, 称为倍加.

定义 2.2.2 (初等矩阵)   由单位矩阵 E 经过一次初等变换得到的矩阵称为初等矩阵.

三种初等变换对应着三种初等矩阵.

例 2.2.1   若 $j > i$, 则 $E(r_j + kr_i)$ 为单位下三角矩阵 (主对角元素为 1 的下三角矩阵). 比如

$$E_3(r_2 + 3r_1) = \begin{pmatrix} 1 & 0 & 0 \\ 3 & 1 & 0 \\ 0 & 0 & 1 \end{pmatrix}.$$

理论推导时, 更多的是用矩阵运算表示初等变换, 二者有如下关系.

定理 2.2.1   对一个 $m \times n$ 矩阵 A 作一次初等行变换就相当于在 A 的左边乘上相应的 m 阶初等矩阵.

定理 2.2.2   三角矩阵的一些性质如下:

(1) 下 (上) 三角矩阵之积仍为下 (上) 三角阵.

(2) 单位下 (上) 三角矩阵之积仍为单位下 (上) 三角阵.

(3) 单位下 (上) 三角矩阵可逆且其逆仍为单位下 (上) 三角矩阵.

这里, 单位下 (上) 三角矩阵是指主对角元素为 1 的下 (上) 三角矩阵.

2.2.2   矩阵的特征值

1. 特征值与特征向量

定义 2.2.3   设 A 是 n 阶方阵, 如果存在数 λ 和非零向量 x, 使得

$$Ax = \lambda x \tag{2.2.1}$$

成立, 则称 λ 为矩阵 A 的特征值, 非零向量 x 称为 A 对应于特征值 λ 的特征向量. A 的所有特征值的集合称为矩阵 A 的谱, 记为 $\sigma(A)$. 令

$$\rho(A) = \max_{\lambda \in \sigma(A)} |\lambda|, \tag{2.2.2}$$

称之为矩阵 A 的谱半径.

2. 特征多项式

$|A - \lambda E| = 0$, 即

$$\begin{vmatrix} a_{11} - \lambda & a_{12} & \cdots & a_{1n} \\ a_{21} & a_{22} - \lambda & \cdots & a_{2n} \\ \vdots & \vdots & & \vdots \\ a_{n1} & a_{n2} & \cdots & a_{nn} - \lambda \end{vmatrix} = 0 \tag{2.2.3}$$

是以 λ 为未知数的 n 次多项式方程, 称为方阵 A 的**特征方程**, 记作 $f(\lambda) = 0$, 并称 $f(\lambda) = |A - \lambda E|$ 为方阵 A 的**特征多项式**. 特征方程的根称为**特征根**.

显然, 方阵 A 的特征值就是 A 的特征方程的根. 在复数范围内, n 阶方阵 A 有 n 个特征值, 其中, 重根按重数计算个数.

定理 2.2.3 (迹与特征值的关系)

$$\sum_{\lambda \in \sigma(A)} \lambda = \mathrm{tr}(A), \tag{2.2.4}$$

其中, $\mathrm{tr}(A)$ 表示 A 的迹 = 主对角元素之和.

定理 2.2.4 关于特征值与特征向量有如下结论:

(1) 矩阵 A 的对应于不同特征值的特征向量是线性无关的.

(2) 实对称矩阵 A 的特征值都是实数.

(3) 设 A 是实对称矩阵, 则 A 的对应于不同特征值的特征向量是相互正交的.

2.2.3 正定二次型和正定矩阵

定义 2.2.4 设 $f = x^{\mathrm{T}} A x$ 为实二次型, 若对任何 $x \neq 0$, 都有 $f > 0$, 则称二次型 f 是**正定的**. 正定二次型的矩阵称为**正定矩阵**.

定理 2.2.5 关于正定矩阵有如下结论:

(1) 实对称矩阵 A 正定的充要条件是 A 的全部特征值均为正数.

(2) n 元实二次型 $f = x^{\mathrm{T}} A x$ 为正定的充要条件是对称矩阵 A 的各阶顺序主子式都大于零, 即

$$A_1 = a_{11} > 0, \quad A_2 = \begin{vmatrix} a_{11} & a_{12} \\ a_{21} & a_{22} \end{vmatrix} > 0, \cdots,$$

$$A_k = \begin{vmatrix} a_{11} & \cdots & a_{1k} \\ \vdots & & \vdots \\ a_{k1} & \cdots & a_{kk} \end{vmatrix} > 0, \cdots, A_n = |A| > 0.$$

2.2.4 Schmidt 正交化方法

1. 几何启示

分别如图 2.1.1 和图 2.1.2 所示, 用 Schmidt(施密特) 正交化方法将向量 α 与 β_1 正交化得到正交向量组 $\{\beta_1, \beta_2\}$, 再将 γ 与 β_1, β_2 正交化得到正交向量组 $\{\beta_1, \beta_2, \beta_3\}$.

图 2.1.1 中 $\beta_2 = \alpha - \mathrm{Prj}_{\beta_1}\alpha = \alpha - \left\langle \alpha, \dfrac{\beta_1}{\|\beta_1\|} \right\rangle \dfrac{\beta_1}{\|\beta_1\|}$.

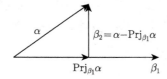

图 2.2.1 两个向量的 Schmidt 正交化示意图

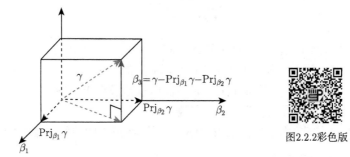

图2.2.2彩色版

图 2.2.2 三个向量的 Schmidt 正交化的几何意义

下面是其理论描述.

2. 待定系数法

设 $\{\beta_1, \beta_2, \cdots, \beta_m\}$ 为一正交组, 假定 $\{\beta_1, \beta_2, \cdots, \beta_m, \alpha\}$ 为线性无关组. 下求向量 $\beta_{m+1} \perp \beta_j, j = 1, \cdots, m$.

令 $\beta_{m+1} = \alpha + k_1\beta_1 + k_2\beta_2 + \cdots + k_m\beta_m$, 注意到 $i \neq j$ 时, $\langle \beta_i, \beta_j \rangle = 0$, 则由 $\langle \beta_{m+1}, \beta_j \rangle = 0$ 知

$$\langle \alpha, \beta_j \rangle + k_j \langle \beta_j, \beta_j \rangle = 0,$$

故 $k_j = -\dfrac{\langle \alpha, \beta_j \rangle}{\langle \beta_j, \beta_j \rangle}$, 进而

$$\beta_{m+1} = \alpha - \sum_{k=1}^{m} \frac{\langle \alpha, \beta_k \rangle}{\langle \beta_k, \beta_k \rangle} \beta_k, \tag{2.2.5}$$

或写成规格化正交基的表示形式:

$$\beta_{m+1} = \alpha - \sum_{k=1}^{m} \left\langle \alpha, \frac{\beta_k}{\|\beta_k\|} \right\rangle \frac{\beta_k}{\|\beta_k\|}. \tag{2.2.6}$$

评注 直线可看作一个一维空间, 平面可看作一个二维空间. 上述正交化过程揭示了这样一个规律, 即向量在任意子空间的投影向量与二者之差正交. 人的眼睛只能观看三维空间内的东西, 故对 Schmidt 正交化过程而言, 只能画出二维和三维空间的几何意义, 四维以上只能借助于表达式理解了.

2.3 线性空间的一些必备知识

事物之间共有的数量互动关系或运算规律是数学理论研究的一个重要方面. 很多数学系统或结构都是某些具体系统和结构的抽象, 但其适用的范围更加宽广. 通常的做法是在某个集合内, 引入某种关系或运算, 并与数量发生联系以满足人们对数量、几何形状方面的描述需求. 本节介绍的几个基本概念, 都是读者已有本科数学知识的一般化, 只是数学视角提升得更高一点而已.

2.3.1 线性空间

线性空间是向量空间的推广, 需要两个集合、两种运算、八条公理.

1. 线性空间及子空间的定义

定义 2.3.1 (线性空间) 设 V 为一个非空集合, F 为一个数域, 另有分别称为加法和数乘运算的两个映射如下. 加法 "$+$": $V \times V \to V$, 且 $\forall (u, v) \in V \times V$, $(u, v) \to u + v$; 数乘 "$\bullet$": $F \times V \to V$, 且 $\forall k \in F, \forall v \in V, (k, v) \to kv$. 对于四元组 $(V, F, +, \bullet)$, 若以下 8 条性质成立, 则称其为数域 F 上的一个线性空间, 简记为 V.

(1) 交换律: $\forall u, v \in V, u + v = v + u$;

(2) 结合律: $\forall u, v, w \in V, (u + v) + w = u + (v + w)$;

(3) 存在零元素 $0 \in V$, 使得 $\forall u \in V, u + 0 = u$;

(4) 存在负元素, 即 $\forall u \in V, \exists v \in V$ 使得 $u + v = 0$;

(5) $1u = u$;

(6) $\forall k, \lambda \in F, \forall u \in V, (k\lambda)u = k(\lambda u)$;

(7) $\forall k, \lambda \in F, \forall u \in V, (k+\lambda)u = ku + \lambda u$;

(8) $\forall k \in F, \forall u, v \in V, k(u+v) = ku + kv$.

评注   线性空间概念看上去很啰唆, 特别是对于工科读者, 初学时不必太在意这个问题. 只要心里明白其原型是向量空间就好, 剩下的仅仅是将向量集合换作其他形式元素的集合罢了. 一般具有实用意义的称作空间的东西, 集合要足够大, 上述定义内含了集合对两种运算的封闭性, 即加法和数乘的结果仍在其内, 可见其大. 具体的线性空间有很多, 心静之时, 自己试着把后面例子的共有运算性质提取出来, 可以发现, 若多于定义中的这 8 条, 则不够精简; 若少于这 8 条, 则不够方便. 另外, 零元素通常也用数字 0 表示, 要注意区分.

定义 2.3.2 (子空间)   若 V, U 均为数域 F 上的线性空间, 且 $U \subseteq V$, 则称 U 为 V 的子空间.

2. 常用线性空间

下面几个例子之证均易, 故略之.

例 2.3.1 n 维向量空间 $\mathbf{R}^n$ 是实数域上的线性空间. $\mathbf{R}^n$ 是 $\mathbf{R}^{n+1}$ 的子空间.

例 2.3.2 $m \times n$ 型矩阵即 $\mathbf{R}^{m \times n} = \{(a_{ij})_{m \times n} | a_{ij} \in \mathbf{R}\}$ 在数乘和矩阵加法之下构成实数域上的线性空间.

例 2.3.3   记区间 $[a,b]$ 上次数不超过 n 次的实系数多项式全体所成之集为 $H_n[a,b]$, 在多项式加法和数乘运算下, $H_n[a,b]$ 构成一个线性空间. $H_n[a,b]$ 是 $H_{n+1}[a,b]$ 的子空间.

例 2.3.4   令 $C[a,b] = \{f(x) | f(x)$ 为 $[a,b]$ 上的连续函数$\}$, $C[a,b]$ 在函数加法和数乘运算下构成实数域上的一个线性空间. $H_n[a,b]$ 是 $C[a,b]$ 的子空间.

例 2.3.5   令 $C^n[a,b] = \{f(x) |$ 函数 $f(x)$ 的 n 阶导数在 $[a,b]$ 上连续$\}$, 其在函数加法和数乘运算下构成实数域上的一个线性空间. $C^n[a,b]$ 是 $C[a,b]$ 的子空间.

例 2.3.6   令 $\{x_i\}_{i=1}^m = \{x_1, \cdots, x_m\} \subset [a,b], Y = \{f(x) | f(x)$ 为在点集 $\{x_i\}_{i=1}^m$ 上有定义的函数$\}$. Y 在函数加法和数乘运算下构成实数域上的一个线性空间, 称之为有限点集的离散函数空间, 简称离散函数空间.

评注 Y 中元素 φ 不外乎是一个离散函数, 若用其函数值向量$(\varphi(x_1), \varphi(x_2), \cdots, \varphi(x_m))$ 表示 φ, 则 Y 与向量空间 $\mathbf{R}^m$ 就是一回事!

上述几个线性空间均可以扩展为复数域 $\mathbf{C}$ 上的线性空间, 这里要特别说明的是, 线性空间中的数域不是只针对实数域而言的, 还可以取其他数域. 如无特别说明, 本书均讨论实数域 $\mathbf{R}$ 上的线性空间. 后面谈及线性空间时, 按照习惯, 默认数域为实数域, 而不再处处提及数域.

2.3.2 向量空间相关概念的推广

既然线性空间是向量空间的推广, 那么向量空间中的很多运算性质和处理经验也就自然地被推广到了线性空间, 诸如线性组合、线性表示、线性相关、生成空间、基、坐标等等. 线性空间中的元素也习惯性地称为向量, 但其含义甚广于 $\mathbf{R}^n$ 中的向量含义, 其形式更加多样化.

1. 线性组合与线性相关

定义 2.3.3 (线性组合) 设 $u_1, u_2, \cdots, u_m$ 是线性空间 V 中的一个向量组, $k_1, k_2, \cdots, k_m$ 是一组数, 称

$$k_1 u_1 + k_2 u_2 + \cdots + k_m u_m \tag{2.3.1}$$

是向量 $u_1, u_2, \cdots, u_m$ 的一个线性组合. 若向量 v 满足

$$v = k_1 u_1 + k_2 u_2 + \cdots + k_m u_m, \tag{2.3.2}$$

则称 v 是向量 $u_1, u_2, \cdots, u_m$ 的一个线性组合, 或说向量 v 能由 $u_1, u_2, \cdots, u_m$ 线性表示.

定义 2.3.4 (线性表示) 设两个向量组 $A = \{u_1, u_2, \cdots, u_m\}, B = \{v_1, v_2, \cdots, v_s\}$, 如果 $\forall u \in A, u$ 能由 B 组向量线性表示, 则称向量组 A 可由向量组 B 线性表示.

定义 2.3.5 (等价向量组) 如果向量组 A 与向量组 B 可相互线性表示, 则称向量组 A 和向量组 B 等价或称 A 与 B 为等价向量组.

定义 2.3.6 (线性相关) 设 V 为数域 F 上的线性空间, $u_k \in V, k = 1, 2, \cdots, n$, 若存在不全为零的数 $k_1, k_2, \cdots, k_n \in F$ 使

$$k_1 u_1 + k_2 u_2 + \cdots + k_n u_n = 0, \tag{2.3.3}$$

则称 $u_1, u_2, \cdots, u_n$ 线性相关, 否则称它们线性无关.

2. 线性空间的基与坐标

定义 2.3.7 (空间维数) 设 V 为一个线性空间, 若其内线性无关的向量组中最多含有 n 个向量, 则称 V 是 n 维的线性空间; 若存在任意多个线性无关的向量, 则称 V 为无限维的或无穷维的线性空间.

定义 2.3.8 (基与坐标) n 维线性空间 V 中任意 n 个线性无关的向量称为 V 的一组基. 向量在该组基下的线性表示系数, 按基向量的序排列而成的向量, 称为该向量在该组基下的坐标向量.

这里需要特别说明的是, 向量空间中的很多概念和结论均可以推广到线性空间. 如 n 维线性空间 V 中最大线性无关组所含的向量个数为 n; 向量一定可以用最大线性无关组唯一表示; 任意两个最大无关组是等价的. 所以对有限维线性空间的一种简单的理解方式, 就是按照同维向量空间进行理解, 需区别的是加法和数乘的具体运算形式而已. 尽管看上去上述各个定义几乎都是向量空间相应定义的复制, 但其适应的范围更加广泛.

3. 生成空间

定义 2.3.9 (生成空间) 设 V 为一个线性空间, $u_i \in V$, $i = 1, \cdots, m$, 记向量组 $\{u_1, u_2, \cdots, u_m\}$ 的所有线性组合构成的集合为 $\mathrm{span}\{u_1, u_2, \cdots, u_m\}$, 即

$$\mathrm{span}\{u_1, u_2, \cdots, u_m\} = \{k_1 u_1 + k_2 u_2 + \cdots + k_m u_m | k_i \in \mathbf{R}\}. \qquad (2.3.4)$$

易知其构成一个向量空间, 称之为向量组 $\{u_1, u_2, \cdots, u_m\}$ 的生成空间.

显然, 若向量组 $u_1, u_2, \cdots, u_m$ 是线性无关的, 则它们构成其生成空间的一组基.

定义 2.3.10 设离散函数空间 $Y = \{f(x) | f(x)$ 是在点集 $\{x_i\}_{i=1}^m$ 上有定义的函数$\}$, 若 $\{\varphi_1, \cdots, \varphi_n\} \subset Y$ 是线性无关的, 则称函数族 $\{\varphi_1, \cdots, \varphi_n\}$ 为点集 $\{x_i\}_{i=1}^m$ 上的线性无关族.

显然, 若用对应的函数值向量表示 φ_k, 即 $\varphi_k = (\varphi_k(x_1), \varphi_k(x_2), \cdots, \varphi_k(x_m))$, 则 $\{\varphi_1, \cdots, \varphi_m\}$ 关于点集 $\{x_i\}_{i=1}^m$ 线性无关等同于向量组 $\{\varphi_1, \cdots, \varphi_m\}$ 在 $\mathbf{R}^m$ 内线性无关.

态, 通过关键时间节点和重要事件的信息描述展现历史的进程, 这些做法都是这种思想的具体体现.

4. 例子

例 2.3.7 $\{1, x, x^2, \cdots, x^n\}$ 是 $C[a,b]$ 内的线性无关组.

证 仅需证明不存在一组不全为 0 的数 $k_0, k_1, \cdots, k_n \in \mathbf{R}$ 使

$$k_0 1 + k_1 x^1 + \cdots + k_n x^n = 0. \tag{2.3.5}$$

为确定 $k_i, i = 0, \cdots, n$, 在 $[a,b]$ 取 $n+1$ 个不同的点 $x_1, \cdots, x_{n+1}$, 代入上式, 可得以 k_i 为未知数的方程组

$$\begin{cases} k_0 1 + k_1 x_1^1 + \cdots + k_n x_1^n = 0, \\ k_0 1 + k_1 x_2^1 + \cdots + k_n x_2^n = 0, \\ \qquad\qquad \cdots\cdots \\ k_0 1 + k_1 x_{n+1}^1 + \cdots + k_n x_{n+1}^n = 0, \end{cases} \tag{2.3.6}$$

其系数行列式的转置为一个 Vandermonde(范德蒙德) 行列式:

$$\begin{vmatrix} 1 & 1 & \cdots & 1 \\ x_1 & x_2 & \cdots & x_{n+1} \\ x_1^2 & x_2^2 & \cdots & x_{n+1}^2 \\ \vdots & \vdots & & \vdots \\ x_1^n & x_2^n & \cdots & x_{n+1}^n \end{vmatrix} = \prod_{1 \leqslant i < j \leqslant n+1} (x_j - x_i), \tag{2.3.7}$$

因为 $x_1, \cdots, x_{n+1}$ 互不相同, 故该行列式不等于 0. 由 Cramer(克拉默) 法则知, 方程组仅有零解, 即仅当 $k_0, k_1, \cdots, k_n$ 全为 0 时, 式 (2.3.5) 才真.   证毕.

例 2.3.8 $\{1, x, x^2, \cdots, x^n\}$ 也是 $n+1$ 个互异节点集上的线性无关族. 证明与上例证法相同.

例 2.3.9 关于多项式线性空间 $H_n[a,b]$, 下列说法是正确的:

(1) $H_n[a,b]$ 为 $n+1$ 维的线性空间;

(2) $\{1, x, x^2, \cdots, x^n\}$ 是 $H_n[a,b]$ 的一组基;

(3) $\forall P_n(x) \in H_n[a,b]$, $P_n(x)$ 可由 $\{1, x, x^2, \cdots, x^n\}$ 线性表示:

$$P_n(x) = a_0 + a_1 x + \cdots + a_n x^n;$$

(4) $P_n(x) = a_0 + a_1 x + \cdots + a_n x^n$ 在基向量组 $\{1, x, \cdots, x^n\}$ 下的坐标向量就是系数构成的 $n+1$ 维常数向量 $(a_0, a_1, \cdots, a_n)$;

(5) $H_n[a,b] = \mathrm{span}\{1, x, x^2, \cdots, x^n\}$.

这些事实都很显然, 读者可按定义自行验证.

例 2.3.10　$C[a,b]$ 是无限维的.

不难从 $\{1, x, x^2, \cdots, x^n\}$ 的无关性及 n 的任意性考虑证明. 略之.

> **评注**　线性无关性不是数值分析课程的重点, 有兴趣的读者可在泛函分析教材中进一步查阅.

2.4　赋 范 空 间

人们对事物的认识, 会先从其表象特征及对象间的简单关系开始. 比如物体的长度、事物之间的远近等等. 就线性空间而言, 其内仅有加法和数乘, 虽然完成了一般元素的简化表示 (基表示), 满足了人们对巨量杂散信息的压缩诉求, 但线性空间还缺乏长度刻画, 用起来很是不便. 故而, 在线性空间的基础上, 人们又设法为元素配备某种长度, 便形成了所谓的赋范线性空间.

2.4.1　范数和赋范空间概念

1. 范数

定义 2.4.1　设 V 为数域 F(实数域或复数域) 上的线性空间, $\|\cdot\|$ 为定义在 V 上的非负函数, 若其满足下述条件: $\forall x, y \in V$,

(1) 正定性, 即 $\|x\| \geqslant 0$ 且 $\|x\| = 0$ 当且仅当 $x = 0$;

(2) 齐次性, 即 $\forall a \in F$, $\|ax\| = |a|\,\|x\|$;

(3) 三角不等式, 即 $\|x + y\| \leqslant \|x\| + \|y\|$,

则称 $\|\cdot\|$ 为 V 上的一种范数或模, 并称 $\|x\|$ 为向量 x 的范数或模.

> **评注**　范数源自向量的长度, 可有多种具体形式, 但上述 3 条为其共性.

2. 赋范线性空间

定义 2.4.2　设 V 为数域 F 上的线性空间, $\|\cdot\|$ 为其上的一种范数, 称二元组 $(V, \|\cdot\|)$ 为一个赋范线性空间, 简称为赋范空间.

注意, 配备了不同范数的同一线性空间应视为不同的赋范空间. 但在不易混淆的情况下仍将 $(V, \|\cdot\|)$ 简记为 V.

总约定　当谈及某种常用范数时, 总是假设针对某个线性空间而言的, 多数情况下不再明言.

3. 常用赋范空间

定理 2.4.1 (常用的向量范数) $\forall x \in \mathbf{R}^n$, $x = (x_1, x_2, \cdots, x_n)^{\mathrm{T}}$, 下列各式均为 $\mathbf{R}^n$ 中的范数.

$$\|x\|_1 = |x_1| + |x_2| + \cdots + |x_n|, \tag{2.4.1}$$

称之为向量 x 的 1-范数;

$$\|x\|_2 = \sqrt{x_1^2 + x_2^2 + \cdots + x_n^2}, \tag{2.4.2}$$

称之为向量 x 的 2-范数;

$$\|x\|_\infty = \max_{1 \leqslant i \leqslant n} |x_i|, \tag{2.4.3}$$

称之为向量 x 的无穷范数或 ∞-范数. 故 $\mathbf{R}^n$ 分别与三种范数一起构成三种赋范空间.

证 正定性和齐次性均显然, 故仅需分别证明定义中的三角不等式即可.

对于 1-范数, 显然成立.

对于 2-范数, 注意到 Cauchy 内积不等式

$$\sum_{i=1}^n |x_i| \, |y_i| \leqslant \left(\sum_{i=1}^n |x_i|^2 \right)^{1/2} \left(\sum_{i=1}^n |y_i|^2 \right)^{1/2} = \|x\|_2 \|y\|_2,$$

故有

$$\begin{aligned}
\|x + y\|_2^2 &= \sum_{i=1}^n |x_i + y_i|^2 \\
&\leqslant \sum_{i=1}^n |x_i|^2 + 2 \sum_{i=1}^n |x_i| \, |y_i| + \sum_{i=1}^n |y_i|^2 \\
&\leqslant \|x\|_2^2 + 2 \|x\|_2 \|y\|_2 + \|y\|_2^2 \\
&= (\|x\|_2 + \|y\|_2)^2,
\end{aligned}$$

两端开方则可得三角不等式.

对于 ∞-范数, 注意到

$$\begin{aligned}
\|x + y\|_\infty &= \max_{1 \leqslant i \leqslant n} \{|x_i + y_i|\} \leqslant \max_{1 \leqslant i \leqslant n} \{|x_i| + |y_i|\} \\
&\leqslant \max_{1 \leqslant i \leqslant n} \{|x_i|\} + \max_{1 \leqslant i \leqslant n} \{|y_i|\} \\
&= \|x\|_\infty + \|y\|_\infty,
\end{aligned}$$

故三角不等式成立.   证毕.

关于 1, 2-范数的一般化即为 p-范数：

$$\|x\|_p = \left(\sum_{i=1}^n |x_i|^p\right)^{1/p} \quad (p \geqslant 1),\tag{2.4.4}$$

而且 $\lim\limits_{p\to\infty}\|x\|_p = \|x\|_\infty$. 有关证明可参见文献 [1].

定理 2.4.2 (常用的函数范数)　$\forall f \in C[a,b]$, 令

$$\|f\|_1 = \int_a^b |f(x)|\mathrm{d}x,\tag{2.4.5}$$

$$\|f\|_2 = \left[\int_a^b f^2(x)\mathrm{d}x\right]^{\frac{1}{2}},\tag{2.4.6}$$

$$\|f\|_\infty = \max_{a\leqslant x\leqslant b} |f(x)|,\tag{2.4.7}$$

则三者均为 $C[a,b]$ 上的范数, 分别称之为 1-范数、2-范数和无穷范数 (∞-范数). 故 $C[a,b]$ 分别与三种范数一起构成三种赋范空间.

此处略去三种范数的验证, 有兴趣的读者可在泛函分析教材中进一步查阅, 如文献 [1].

2.4.2　赋范空间中的序列极限

1. 赋范空间中的距离

定义 2.4.3 (距离)　设 X 为一个集合, 称定义在 $X \times X$ 上的非负实值函数 d 为 X 上的一种距离, 如果 d 满足如下条件：对 $\forall x,y,z \in X$,

(1) 正定性：$d(x,y) \geqslant 0$ 且 $d(x,y) = 0$ 当且仅当 $x = y$;

(3) 对称性：$d(x,y) = d(y,x)$;

(3) 三角不等式：$d(x,y) \leqslant d(x,z) + d(z,y)$,

称 $d(x,y)$ 为 x,y 之间的距离.

> **评注**　配备了距离的集合称为一个距离空间, 也称度量空间. 集合可以配备不同的距离形成不同的距离空间. 距离空间仅有距离, 远不及赋范空间工具丰富, 虽能做之事很受限制, 但也很有趣, 比如在距离之下可以讨论序列的极限. 因为距离空间不是本课程的主要内容, 在此不再多议.

定理 2.4.3 (范数距离)　设 $\|\cdot\|$ 为线性空间 V 上的一种范数, $\forall x,y \in V$, 令 $d(x,y) = \|x-y\|$, 则 $d(x,y)$ 为 V 上的一种距离 (称之为范数 $\|\cdot\|$ 下的距离或该范数诱导的距离).

证明显然成立, 请读者自证.

> **评注** 利用距离便可以讨论序列的极限. 因范数可以产生距离, 故而赋范空间内既有线性运算又有距离, 所以后面关于极限的讨论均基于范数所诱导的距离.

2. 基于范数的序列极限

在后续讨论中, 经常要用到 n 维向量序列, 而向量序号及其分量序号都需要标识, 故采用上标方式还是下标方式表示序号, 视方便而定.

约定用 $\{x^{(k)}\}$ 表示序列 $x^{(1)}, x^{(2)}, \cdots, x^{(k)}, \cdots$; 类似地, 用 $\{x_k\}$ 表示序列 $x_1, x_2, \cdots, x_k, \cdots$. 因为空间 V 中的一个序列是一特定子集, 故而借用其一般项配以集合记号表示该序列, 易于记忆.

定义 2.4.4 设 $(V, \|\cdot\|)$ 为一赋范空间, 对于向量序列 $\{x^{(k)}\} \subset V$ 和向量 $x^* \in V$, 若

$$\lim_{k \to \infty} \left\| x^{(k)} - x^* \right\| = 0, \tag{2.4.8}$$

则称序列 $\{x^{(k)}\}$ 依范数 $\|\cdot\|$ 收敛于 x^*, 记作

$$\lim_{k \to \infty} x^{(k)} = x^*, \tag{2.4.9}$$

也说 x^* 为序列 $\{x^{(k)}\}$ 的极限.

若用 ε-N 语言叙述序列极限的定义, 则为

$$\lim_{k \to \infty} x^{(k)} = x^* \Leftrightarrow \forall \varepsilon > 0, \exists N > 0, \forall k > N, \left\| x^{(k)} - x^* \right\| < \varepsilon.$$

> **评注** 观之可见, 其与高等数学中关于数列极限定义的叙述几乎无异, 仅仅是最后的绝对值号改写为范数记号. 但其适用于所有赋范空间中的序列极限, 适用范围远比单一的数列极限宽泛得多. 最巧妙的是不管哪种序列, 其极限问题均归结为大家熟知的数列极限问题——范数数列的极限问题.

问题 2.4.1 范数不同所诱导的距离也不相同, 用不同的距离刻画同一序列的极限是否会产生矛盾? (欲求答案, 请看等价范数.)

3. 等价范数

定义 2.4.5 对于同一线性空间 V 上的两种范数 $\|\cdot\|_A$ 和 $\|\cdot\|_B$, 若存在常数 $C > 0, D > 0$ 使得 $\forall x \in V$ 均有

$$C\|x\|_B \leqslant \|x\|_A \leqslant D\|x\|_B, \tag{2.4.10}$$

则称范数 $||\cdot||_A$ 和范数 $||\cdot||_B$ 等价.

定理 2.4.4 有限维赋范空间上的一切范数都是等价的. 特别地, $\mathbf{R}^n$ 上的一切范数都是 n 元连续函数且都彼此等价.

这里不给出完整证明, 但证明过程并不可怕. 比如, 仅针对 $\mathbf{R}^n$, 若能证明任意一种范数均与 $||\cdot||_2$ 等价, 则可知 $\mathbf{R}^n$ 上的范数均为等价的.

事实上, 设 $||\cdot||_A$ 为 $\mathbf{R}^n$ 上的任意一种范数, 下证存在常数 $C > 0, D > 0$ 使得 $\forall x \in \mathbf{R}^n$, 有

$$C||x||_2 \leqslant ||x||_A \leqslant D||x||_2, \tag{2.4.11}$$

只需证明 $x \neq 0$ 时, $C \leqslant \dfrac{||x||_A}{||x||_2} \leqslant D$. 为此, 令

$$f(x) = \left\|\frac{x}{||x||_2}\right\|_A,$$

不难证明 $f(x)$ 为连续函数, 而 $\dfrac{x}{||x||_2} \in S_2 = \{x \mid ||x||_2 = 1, x \in \mathbf{R}^n\}$, S_2 为一个有界闭集. 故 $f(x)$ 在其上达到最大和最小值, 故 $\exists C, D$ 使得 $\forall x \in \mathbf{R}^n$, 有 $C \leqslant f(x) \leqslant D$, 即 (2.4.11) 式真.

> **评注** 上述定理保证在有限维赋范空间上, 序列敛散性不会因范数不同而不同, 即不同范数下序列极限的敛散性是一致的. 故而, 讨论序列敛散性时, 选用方便的、好用的范数即可. 但请注意, 无限维赋范空间中的范数一般不等价.

问题 2.4.2 $\mathbf{R}^n$ 中哪些范数好计算? 各自有何优缺点?

这个问题, 请读者自行解决.

例 2.4.1 $\mathbf{R}^n$ 中范数 $||\cdot||_1, ||\cdot||_2, ||\cdot||_\infty$ 之间有如下关系: $\forall x \in \mathbf{R}^n$,

(1) $||x||_\infty \leqslant ||x||_1 \leqslant n||x||_\infty$;

(2) $||x||_\infty \leqslant ||x||_2 \leqslant \sqrt{n}||x||_\infty$;

(3) $\dfrac{1}{\sqrt{n}}||x||_1 \leqslant ||x||_2 \leqslant ||x||_1$.

这些结论很容易给出证明, 此略.

2.4.3　n 维向量序列的极限

对于 n 维向量序列 $\{x^{(k)}\}$ 的极限的定义问题, 无需遐想便会认定是这个样子:

$$\begin{pmatrix} x_1^{(1)} \\ \vdots \\ x_n^{(1)} \end{pmatrix}, \begin{pmatrix} x_1^{(2)} \\ \vdots \\ x_n^{(2)} \end{pmatrix}, \cdots, \begin{pmatrix} x_1^{(k)} \\ \vdots \\ x_n^{(k)} \end{pmatrix} \begin{matrix} \to \\ \vdots \\ \to \end{matrix} \begin{pmatrix} x_1 \\ \vdots \\ x_n \end{pmatrix}. \tag{2.4.12}$$

但如此这般, 需同时处理 n 个极限, 这不是件轻松的事, 利用范数 "降维处理" 可消此烦恼.

定理 2.4.5 设向量序列 $\{x^{(k)}\} \subset \mathbf{R}^n, x^* \in \mathbf{R}^n$, 则 $\lim\limits_{k \to \infty} x^{(k)} = x^*$ 当且仅当

$$\forall j \in \{1, \cdots, n\}, \quad \lim_{k \to \infty} \left| x_j^{(k)} - x_j^* \right| = 0.$$

证 由定理 2.4.4 可知

$$\lim_{k \to \infty} x^{(k)} = x^* \Leftrightarrow \lim_{k \to \infty} \left\| x^{(k)} - x^* \right\| = 0 \Leftrightarrow \lim_{k \to \infty} \left\| x^{(k)} - x^* \right\|_1 = 0$$

$$\Leftrightarrow \lim_{k \to \infty} \left| x_j^{(k)} - x_j^* \right| = 0, \quad j \in \{1, \cdots, n\}. \qquad \text{证毕.}$$

这里, 记号 "⇔" 表示 "等价于" 或 "的充分必要条件是" 的意思. 后同, 不再解释.

> **评注** 本定理表明, 赋范空间下的序列收敛性可以完美刻画 n 维向量序列的极限问题. 至于采用何种范数, 仅需考虑方便性而已. 特别是将分量数列的 n 个极限缩减至范数数列的一个极限, 使得问题得以极大简化. 该种做法内含所谓高维因素的 "降维思想": 人们对高维信息把握的能力是有限的, 当问题涉及较多因素时, 一种简单然而有效的方式是将多种因素按某种方式, 综合成少量的因素或干脆综合为一个因素, 对原始问题的考虑就可以仅考虑降维后的少量因素. 这是一种有效的知识产生方式. 从简单概念到高级概念的发展亦是如此, 如面积 (长宽两个因素的综合)、容积、质量、人居环境、身体素质皆是如此.

2.5 矩 阵 范 数

问题 2.5.1 为何讨论矩阵范数?

答 方程组迭代解法需要讨论矩阵序列的收敛性. 而范数在向量序列极限中作用超大! 其经验可鉴也!

2.5.1 矩阵范数的构建和相容性

1. 矩阵范数的构建

> **评注** 一个 $m \times n$ 矩阵可以视为一个 $m \times n$ 维的向量, 而矩阵的加法和数乘运算与向量无异, 故而仅就矩阵赋范而言, 仿照向量范数即可进行炮制! 换言之, $\forall A \in \mathbf{R}^{m \times n}, \|A\|$ 并不难构造. 且看下例.

例 2.5.1 视矩阵为向量, 可仿造 $\mathbf{R}^{m \times n}$ 上的两种范数如下: $\forall A = (a_{ij})_{m \times n} \in \mathbf{R}^{m \times n}$.

(1) Frobenius(弗罗贝尼乌斯) 范数, 即

$$||A||_{\mathrm{F}} = \left(\sum_{i=1}^{m} \sum_{j=1}^{n} |a_{ij}|^2 \right)^{1/2};$$
(2.5.1)

(2) 分量模 (或元模) 最大范数, 即

$$||A|| = \max_{1 \leqslant i \leqslant m, 1 \leqslant j \leqslant n} |a_{ij}|.$$
(2.5.2)

容易验证二者确为 $\mathbf{R}^{m \times n}$ 上的范数, 此略.

2. 矩阵范数的相容性

矩阵运算会涉及同型方阵之间的乘法和矩阵与向量之间的乘法, 某些时候特别企盼两个不等式, 谓之**范数相容性不等式**, 即

$$||AB|| \leqslant ||A|| \, ||B||,$$
(2.5.3)

$$||Ax|| \leqslant ||A|| \, ||x||.$$
(2.5.4)

上述两式中, A, B 为适宜的矩阵, x 为适宜的向量.

定义 2.5.1 (相容范数) 对于给定的矩阵范数 $||\cdot||$, 若对任意矩阵 A, B, 只要 AB 有意义, 就有 $||AB|| \leqslant ||A|| \, ||B||$, 则称 $||\cdot||$ 是相容的, 也说 $||\cdot||$ 是矩阵相容范数; 又设 $x \in \mathbf{R}^n$, 若 Ax 有意义, 则有 $||Ax|| \leqslant ||A|| \, ||x||$, 则称式中的矩阵范数与向量范数相容, 简称矩阵向量相容范数.

注意, (2.5.4) 式说明, 相容范数可视为矩阵变换的最大放大倍数. 另外, 其内同时含有矩阵范数和向量范数, 但使用了同一种记号 $||\cdot||$, 在不会导致混淆的情况下均采用此写法.

例 2.5.2 (2.5.2) 式定义的元模最大范数不满足相容性不等式 (2.5.4).

证 事实胜于雄辩. 考查 $A = \begin{pmatrix} 2 & 2 \\ 2 & 2 \end{pmatrix}, B = \begin{pmatrix} 1 & 1 \\ 1 & 1 \end{pmatrix}$, 则 $AB = \begin{pmatrix} 4 & 4 \\ 4 & 4 \end{pmatrix}$, 而 $||AB|| = 4 > ||A|| \, ||B|| = 2$.　　　　证毕.

评注 看来仿向量范数构造的矩阵范数一般不满足相容性要求. 故盲目模仿不可取, 对症下药是良方. 挑选或构造满足相容性不等式的范数才是上策!

问题 2.5.2 相容范数存在否? 如何构造?

答 算子范数来也!

3. 算子范数

定理 2.5.1 (算子范数) 设 $x \in \mathbf{R}^n, A \in \mathbf{R}^{n \times n}$, 对于给定的向量范数 $||\cdot||$, 令

$$f(A) = \max_{x \neq 0} \frac{||Ax||}{||x||}, \tag{2.5.5}$$

则 $f(A)$ 为一个矩阵相容范数且与向量范数 $||\cdot||$ 也是相容的.

证 先证 $\max\limits_{x \neq 0} \dfrac{||Ax||}{||x||}$ 存在. 仅列出步骤, 细节可自行完善.

步骤 1 $\mathbf{R}^n$ 中的范数均为连续函数, 故 $||Ax||$ 连续.

步骤 2 连续函数的商 $\dfrac{||Ax||}{||x||}$ 在 $x \neq 0$ 时也连续.

步骤 3 $\{x \mid ||x|| = 1\}$ 为有界闭集.

步骤 4 由有界闭集上的连续函数最值达到定理知 $\max\limits_{x \neq 0} \dfrac{||Ax||}{||x||} = \max\limits_{||x||=1} ||Ax||$ 可达, 记为 $f(A)$. 易证 $f(A)$ 满足范数的条件, 故确为一矩阵范数. 其与向量范数的相容性是显然的 (定义中固有的).

下证其矩阵范数相容性. 记 $f(A)$ 为 $||A||$, 考查 $\forall A, B \in \mathbf{R}^{n \times n}$, 由诱导范数 $f(A)$ 与向量范数的相容性可得 $\forall x \in \mathbf{R}^n$, $||ABx|| = ||A(Bx)|| \leqslant ||A|| \cdot ||Bx|| \leqslant ||A|| \cdot ||B|| \cdot ||x||$, 故 $\dfrac{||ABx||}{||x||} \leqslant ||A|| \cdot ||B||$, 由 x 的任意性知 $\max\limits_{x \neq 0} \dfrac{||ABx||}{||x||} \leqslant ||A|| \cdot ||B||$. 而 $||AB|| = \max\limits_{x \neq 0} \dfrac{||ABx||}{||x||}$, 故 $||AB|| \leqslant ||A|| \cdot ||B||$.   证毕.

定义 2.5.2 称 (2.5.5) 式给出的矩阵范数为向量范数 $||x||$ 的诱导范数, 简称诱导范数或从属范数, 也称算子范数.

显然, 诱导范数满足两种相容性, 即矩阵范数相容性及矩阵与向量范数的相容性.

问题 2.5.3 常用向量范数的诱导范数是什么样的呢?

2.5.2 常用矩阵范数

1. 三种常用矩阵范数

定理 2.5.2 设 $A \in \mathbf{R}^{n \times n} = \{(a_{ij})_{n \times n} | a_{ij} \in \mathbf{R}\}$, 令 $||A||_\infty$, $||A||_1$ 和 $|A||_2$ 分别表示向量的 ∞-范数、1-范数和 2-范数在 $\mathbf{R}^{n \times n}$ 中诱导的矩阵范数, 则三者的表达式如下:

$$||A||_\infty = \max_{1 \leqslant i \leqslant n} \sum_{j=1}^{n} |a_{ij}|, \tag{2.5.6}$$

称之为矩阵 A 的行范数 (元素模行和最大值).

$$||A||_1 = \max_{1 \leqslant j \leqslant n} \sum_{i=1}^{n} |a_{ij}|, \tag{2.5.7}$$

称之为矩阵 A 的列范数 (元素模列和最大值).

$$||A||_2 = \sqrt{\lambda_{\max}(A^{\mathrm{T}}A)}, \tag{2.5.8}$$

称之为矩阵 A 的谱范数. $\lambda_{\max}(A^{\mathrm{T}}A)$ 表示矩阵 $A^{\mathrm{T}}A$ 的特征值模的最大值.

证 设 $x = (x_1, \cdots, x_n)^{\mathrm{T}} \in \mathbf{R}^n, A = (a_{ij})_{n \times n} \in \mathbf{R}^{n \times n}$, 下面分别推导.

(1) 对于无穷范数, 因 $||A||_\infty = \max_{x \neq 0} \dfrac{||Ax||_\infty}{||x||_\infty}$, 故仅需证明

$$\max_{x \neq 0} \frac{||Ax||_\infty}{||x||_\infty} = \max_{1 \leqslant i \leqslant n} \sum_{j=1}^{n} |a_{ij}|. \tag{2.5.9}$$

分两步, 先证

$$\frac{||Ax||_\infty}{||x||_\infty} \leqslant \max_{1 \leqslant i \leqslant n} \sum_{j=1}^{n} |a_{ij}|, \tag{2.5.10}$$

次证上式中的等号可以达到. 考查

$$||Ax||_\infty = \max_{1 \leqslant i \leqslant n} \left| \sum_{j=1}^{n} a_{ij} x_j \right| \leqslant \max_{1 \leqslant i \leqslant n} \sum_{j=1}^{n} |a_{ij}| |x_j|$$

$$\leqslant \left(\max_{1 \leqslant j \leqslant n} |x_j| \right) \max_{1 \leqslant i \leqslant n} \sum_{j=1}^{n} |a_{ij}|$$

$$= ||x||_\infty \max_{1 \leqslant i \leqslant n} \sum_{j=1}^{n} |a_{ij}|,$$

所以, (2.5.10) 真. 即完成了第一步.

为证等号可达到, 仅需考虑 $A \neq 0$ 时的情况, 因 $A = 0$ 时, 结论显然. 设 A 各行元素绝对值之和中第 k 行最大, 即

$$\sum_{j=1}^{n} |a_{kj}| = \max_{1 \leqslant i \leqslant n} \sum_{j=1}^{n} |a_{ij}|,$$

取 $y = (\text{sign}(a_{k1}), \cdots, \text{sign}(a_{kn}))^{\mathrm{T}}$, 则 $\|y\|_{\infty} = 1$, 且 $\dfrac{\|Ay\|_{\infty}}{\|y\|_{\infty}} = \sum_{j=1}^{n} |a_{kj}| = \max_{1 \leqslant i \leqslant n} \sum_{j=1}^{n} |a_{ij}|$, 故向量 y 可使 (2.5.10) 式中的等号成立. 故 (2.5.9) 式真.

(2) 1-范数的情形之证. 仅需证明 $\max\limits_{x \neq 0} \dfrac{\|Ax\|_1}{\|x\|_1} = \max\limits_{1 \leqslant j \leqslant n} \sum\limits_{i=1}^{n} |a_{ij}|$, 思路同上. 考查

$$\begin{aligned}
\|Ax\|_1 &= \sum_{i=1}^{n} \left| \sum_{j=1}^{n} a_{ij} x_j \right| \\
&\leqslant \sum_{i=1}^{n} \left(\sum_{j=1}^{n} |a_{ij}| \, |x_j| \right) = \sum_{j=1}^{n} \left(\sum_{i=1}^{n} |a_{ij}| \right) |x_j| \\
&\leqslant \sum_{j=1}^{n} |x_j| \max_{1 \leqslant j \leqslant n} \left(\sum_{i=1}^{n} |a_{ij}| \right) \\
&= \|x\|_1 \max_{1 \leqslant j \leqslant n} \sum_{i=1}^{n} |a_{ij}|,
\end{aligned}$$

故 $\dfrac{\|Ax\|_1}{\|x\|_1} \leqslant \max\limits_{1 \leqslant j \leqslant n} \sum\limits_{i=1}^{n} |a_{ij}|$, 为证此式中等号可达, 仅需考虑 $A \neq 0$ 时的情况, 不妨设 A 之各列中第 k 列元素绝对值和为最大, 取向量 z 的第 k 个分量为 1, 其他分量为 0, 则 $\|Az\|_1 = \|z\|_1 \sum\limits_{i=1}^{n} |a_{ik}|$, 因此等号可达. 故 (2.5.7) 真.

(3) 谱范数的情形之证. 考查 $\|Ax\|_2^2 = \langle Ax, Ax \rangle = x^{\mathrm{T}} (A^{\mathrm{T}} A) x \geqslant 0$, 故对称矩阵 $A^{\mathrm{T}} A$ 至少半正定, 因而其特征值按重数计算共有 n 个, 且均为非负实数. 不妨记为 $\lambda_1, \lambda_2, \cdots, \lambda_n$, 并假定 $\lambda_1 \geqslant \lambda_2 \geqslant \cdots \geqslant \lambda_n \geqslant 0$. 与之对应的必有 n 个单位化的正交特征向量构成 $\mathbf{R}^n$ 的正交基, 设为 $u_1, u_2, \cdots, u_n$, 该基可表示任意向量. 故有 $A^{\mathrm{T}} A u_i = \lambda_i u_i$, 且

$$\langle u_i, u_j \rangle = \begin{cases} 1, & i = j, \\ 0, & i \neq j, \end{cases} \tag{2.5.11}$$

以及 $\forall x \in \mathbf{R}^n$, 可设 $x = k_1 u_1 + k_2 u_2 + \cdots + k_n u_n$. 进一步有

$$||x||_2^2 = \sum_{i=1}^{n} k_i^2, \tag{2.5.12}$$

$$A^{\mathrm{T}} A x = k_1 \lambda_1 u_1 + k_2 \lambda_2 u_2 + \cdots + k_n \lambda_n u_n. \tag{2.5.13}$$

故有 $||Ax||_2^2 = \langle Ax, Ax \rangle = \langle A^{\mathrm{T}} A x, x \rangle = \sum_{i=1}^{n} k_i^2 \lambda_i \leqslant \sum_{i=1}^{n} k_i^2 \lambda_1 = ||x||_2^2 \lambda_1$. 故 $\dfrac{||Ax||_2^2}{||x||_2^2} \leqslant \lambda_1$, 而当 $x = u_1$ 时等号成立. 故 $||A||_2 = \max\limits_{x \neq 0} \sqrt{\dfrac{||Ax||_2^2}{||x||_2^2}} = \sqrt{\lambda_1}$. 注意到 λ_1 为 $A^{\mathrm{T}} A$ 之最大特征值, 故记作 $\lambda_{\max}(A^{\mathrm{T}} A)$, 故 $||A||_2 = \sqrt{\lambda_{\max}(A^{\mathrm{T}} A)}$. 证毕.

特别提醒, 当 A 对称时, $\lambda_{\max}(A^{\mathrm{T}} A)$ 恰与 A 的谱半径相等, 故又称 2-范数为**谱范数**以求顾名思义之功效.

> **评注**　诱导范数满足两种相容性不等式, 用起来方便舒适, 故为上乘之选的好范数.

约定　本书后面提及矩阵范数, 如无特别限定, 则均默指满足两种相容性的诱导范数.

2. 有心者的问题

问题 2.5.4　是否所有矩阵范数都是诱导范数?

答　不一定. 如 Frobenius 范数 $|| \cdot ||_{\mathrm{F}}$.

例 2.5.3　证明 Frobenius 范数不是诱导范数, 但是相容范数, 即

$$||AB||_{\mathrm{F}}^2 \leqslant ||A||_{\mathrm{F}}^2 ||B||_{\mathrm{F}}^2. \tag{2.5.14}$$

证　因单位矩阵 I 的任何诱导范数均为 1, 而 $||I||_{\mathrm{F}} = \sqrt{n} \neq 1$. 故 $|| \cdot ||_{\mathrm{F}}$ 不是诱导范数. 令 $A = (a_{ij})_{n \times n}, B = (b_{ij})_{n \times n}, AB = C = (c_{ij})_{n \times n} \in \mathbf{R}^{n \times n}$, 注意到 $c_{ij} = \sum\limits_{k=1}^{n} a_{ik} b_{kj}$, 由内积不等式知

$$|c_{ij}|^2 \leqslant \sum_{k=1}^{n} |a_{ik}|^2 \sum_{k=1}^{n} |b_{kj}|^2,$$

$$\|AB\|_{\mathrm{F}}^2 = \sum_{i=1}^{n} \sum_{j=1}^{n} c_{ij}^2$$

$$\leqslant \sum_{i=1}^{n} \sum_{j=1}^{n} \left(\sum_{k=1}^{n} |a_{ik}|^2 \sum_{k=1}^{n} |b_{kj}|^2 \right)$$

$$= \left(\sum_{i=1}^{n} \sum_{k=1}^{n} |a_{ik}|^2 \right) \cdot \left(\sum_{j=1}^{n} \sum_{k=1}^{n} |b_{kj}|^2 \right)$$

$$= \|A\|_{\mathrm{F}}^2 \|\|_{\mathrm{F}}^2,$$

故 $\| \cdot \|_{\mathrm{F}}$ 满足相容性不等式, 因而是相容范数. 证毕.

2.5.3 相容范数与谱的关系

1. 谱范关系定理

不难发现矩阵与向量范数的相容性不等式 $\|Ax\| \leqslant \|A\|\|x\|$, 与特征值 (向量) 定义式 $Ax = \lambda x$ 有些类似, 故而有问题如下.

问题 2.5.5 矩阵范数与其特征值可有关系?

回顾可知, 阵 A 的谱半径 $\rho(A)$ 为其特征值模之最大者. 参见图 2.5.1.

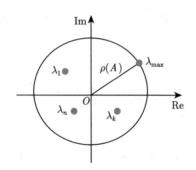

图 2.5.1 复平面上谱半径的几何意义

定理 2.5.3 (谱范关系) 对于矩阵 $A \in \mathbf{R}^{n \times n}$ 的任意相容范数 $\| \cdot \|$, 均有

$$\rho(A) \leqslant \|A\|. \tag{2.5.15}$$

证 设 λ 为 A 的特征值, x 为其对应的特征向量, 即 $x \neq 0$ 且 $\lambda x = Ax$. 故 $\lambda x x^{\mathrm{T}} = A x x^{\mathrm{T}}$, 利用相容不等式知

$$|\lambda|\|xx^{\mathrm{T}}\| = \|\lambda xx^{\mathrm{T}}\| = \|A\left(xx^{\mathrm{T}}\right)\| \leqslant \|A\|\|xx^{\mathrm{T}}\|,$$

因 $x \neq 0$, 故 $||xx^{\mathrm{T}}|| \neq 0$, 故 $|\lambda| \leqslant ||A||$, 故 $\rho(A) \leqslant ||A||$.   证毕.

定理 2.5.4   若 A 对称, 则有 $||A||_2 = \rho(A)$.

证 $||A||_2 = \sqrt{\lambda_{\max}(A^{\mathrm{T}}A)} = \sqrt{\lambda_{\max}(A^2)}$. 因对称矩阵的特征值为实数, 若 λ 是 A 的一个特征值, 则 λ^2 必是 A^2 的特征值, 故 $\lambda_{\max}(A^2) = (\rho(A))^2$, 故得证.

证毕.

2. Gershgorin 谱分布估计

定理 2.5.5 (Gershgorin(盖尔)) n 阶方阵 $A = (a_{ij})_{n \times n}$ 的特征值必位于下列某个圆内:

$$G_i = \{z \,|\, |z - a_{ii}| \leqslant R_i\} \quad (i = 1, 2, \cdots, n), \tag{2.5.16}$$

其中, G_i 表示以 a_{ii} 为圆心且以 $R_i = \sum\limits_{j=1, j \neq i}^{n} |a_{ij}|$ 为半径的圆盘 (复平面上).

证   设 w 为 A 的特征值, x 为其对应的特征向量, 故 $Ax = wx$, $x = (x_1, \cdots, x_n)^{\mathrm{T}}$, 即

$$\sum_{j=1}^{n} a_{ij}x_j = wx_i \quad (i = 1, 2, \cdots, n).$$

假定 $|x_m| = \max\limits_{1 \leqslant i \leqslant n} |x_i|$, 由上式知 $\sum\limits_{j=1}^{n} a_{mj}x_j = wx_m$, 故 $(w - a_{mm})x_m = \sum\limits_{j=1, j \neq m}^{n} a_{mj}x_j$, 进而有

$$|w - a_{mm}|\,|x_m| = \left| \sum_{j=1, j \neq m}^{n} a_{mj}x_j \right| \leqslant \sum_{j=1, j \neq m}^{n} |a_{mj}|\,|x_j| \leqslant |x_m| \sum_{j=1, j \neq m}^{n} |a_{mj}|,$$

两端约去 $|x_m|$ 可得 $|w - a_{mm}| \leqslant \sum\limits_{j=1, j \neq m}^{n} |a_{mj}|$, 故定理成立.   证毕.

评注   有人又称 Gershgorin 定理为盖尔圆定理. 对于矩阵 A, 建议想象一幅画面, 在复平面上有 n 个盖尔圆, 它们一起会罩住 A 的所有特征值, 用它们可粗略估计特征值的分布情况.

3. 压缩位移可逆性

定理 2.5.6 (压缩位移可逆性)   设 B 为一个矩阵, $||\cdot||$ 为某个算子范数, 若 $||B|| < 1$, 则必有

(1) $I \pm B$ 可逆;

(2)

$$\left\|(I \pm B)^{-1}\right\| \leqslant \frac{1}{1 - \|B\|}. \tag{2.5.17}$$

证 先证 (1). 若不然, 则 $(I \pm B)x = 0$ 有非零解 $x_0 \neq 0$, 使得 $(I \pm B)x_0 = 0$, 即 $Bx_0 = \pm x_0$, 故 $\frac{\|Bx_0\|}{\|x_0\|} = 1$, 故 $\|B\| \geqslant 1$. 因而与已知条件 $\|B\| < 1$ 矛盾. 故 $I \pm B$ 必可逆.

次证 (2). 注意到

$$(I \pm B)^{-1} \pm B(I \pm B)^{-1} = (I \pm B)(I \pm B)^{-1} = I,$$

将 $B(I \pm B)^{-1}$ 移项到右端, 得 $(I \pm B)^{-1} = I \mp B(I \pm B)^{-1}$, 利用三角不等式可得

$$\|(I \pm B)^{-1}\| \leqslant 1 + \|B\| \cdot \|(I \pm B)^{-1}\|,$$

解出 $\|(I \pm B)^{-1}\|$ 得所证. 证毕.

评注 $I \pm B$ 可逆具有明显的几何意义. 若将矩阵范数看作相应线性变换的最大伸缩倍数, 当 $\|B\| < 1$ 时, 则变换 $y = Bx$ 为压缩形变. 与 x 相比, Bx 一定距原点更近, 故变换前后的点是一一对应的, 故 $I \pm B$ 可逆. 但需注意, 当矩阵范数大于 1 时, 它只是可能的最大放大倍数, 不一定对任何一个元素都放大, 所以, 当 $\|B\| > 1$ 时, 定理结论不能确保成立.

4. 求范数的例

例 2.5.4 设 $x = (3, -5)^{\mathrm{T}}$, $A = \begin{pmatrix} 1 & 2 \\ 3 & 4 \end{pmatrix}$, 求二者的 ∞-范数、1-范数和 2-范数, 并附带验证相容性条件.

解 $\|x\|_1 = 8$, $\|A\|_1 = 6$, $Ax = (-7, -11)^{\mathrm{T}}$, $\|Ax\|_1 = 18 \leqslant \|A\|_1 \|x\|_1$;

$\|x\|_\infty = 5$, $\|A\|_\infty = 7$, $\|Ax\|_\infty = 11 < \|A\|_\infty \|x\|_\infty$;

$\|x\|_2 = \sqrt{34}$.

因为

$$A^{\mathrm{T}}A = \begin{pmatrix} 1 & 3 \\ 2 & 4 \end{pmatrix} \begin{pmatrix} 1 & 2 \\ 3 & 4 \end{pmatrix} = \begin{pmatrix} 10 & 14 \\ 14 & 20 \end{pmatrix},$$

考查 $|\lambda I - A^{\mathrm{T}}A| = 0$, 即 $\begin{vmatrix} \lambda - 10 & -14 \\ -14 & \lambda - 20 \end{vmatrix} = \lambda^2 - 30\lambda + 4 = 0$, 解之得 $A^{\mathrm{T}}A$ 的

特征值分别为

$$\lambda_1 = 15 + \sqrt{221}, \quad \lambda_2 = 15 - \sqrt{221},$$

故 $\|A\|_2 = \sqrt{15 + \sqrt{221}}$，且

$$\|Ax\|_2 = \sqrt{(-7)^2 + (-11)^2} = \sqrt{170} \leqslant \|A\|_2 \|x\|_2.$$

2.6 内 积 空 间

2.6.1 为什么引入内积空间

1. 成功经验的引导

直线可视为 $\mathbf{R}^1$，平面可视为 $\mathbf{R}^2$，立体空间可视为 $\mathbf{R}^3$. 利用这种对应关系，可以将代数问题和几何问题相互转化. 故而，既可以把复杂的平面几何和立体几何问题化作一个简单的解析几何问题；又可以将复杂的曲线或曲面信息压缩成简洁的函数表示；还可以将函数直观地表示成图像，使得很多函数性质一目了然. 这种观察、认知和表示的方法是成功的. 因而，人们在面临更广泛的研究对象时，也想构建类似的结构——给研究对象的集合配备类似于 $\mathbf{R}^3$ 中的运算机制，以便模仿 $\mathbf{R}^3$ 中的经验. 从而首先扩展出了 n 维向量空间——欧几里得空间 $\mathbf{R}^n$.

但 $\mathbf{R}^n$ 还远远不够用，人们希望能够推广到更广泛的集合之上，比如函数集合. 数学中的推广与其他行业类似，有很多共同的思想或所谓的 "套路"，其中 "仿制" 或 "仿造" 比较常见. 虽然 "仿制" 一词有些贬义，但数学中的 "仿制"≈"推广". $\mathbf{R}^n$ 中好的运算机制有很多，所以其仿品从 "粗仿" 到 "精仿"，呈现出与 $\mathbf{R}^n$ 不同的相像程度. 粗仿品如线性空间——为模仿向量的线性运算而生；赋范线性空间既模仿了向量的线性运算，又模仿了向量的长度机制，但这些仿造品只是仿制了部分运算机制，未得其精要——内积运算.

2. n 维向量空间的喜人法宝

评注 $\mathbf{R}^n$ 让人爱不释手的魅力何在？向量之正交性是也. 不知读者曾否感叹过正交基下表示任意向量的便利和直角三角形中勾股定理的永恒！再及，点面距何如？自始于该点终于该面且正交于该面的线长！还有很多. 总之，正是因为向量的正交性，才使得 $\mathbf{R}^n$ 有诸多便利！

问题 2.6.1 正交的构造秘籍何在？

答 正是向量的内积 $\langle x, y \rangle = \sum_{i=1}^n x_i y_i$，其中 $x = (x_1, x_2, \cdots, x_n)^{\mathrm{T}}, y = (y_1, y_2, \cdots, y_n)^{\mathrm{T}} \in \mathbf{R}^n$.

问题 2.6.2 内积公理该如何提取, 方可 "高精仿制"$\mathbf{R}^n$?

答 内积运算的线性性、与范数的关系是考虑之要点.

2.6.2 内积空间概念

1. 内积与内积空间

定义 2.6.1 设 V 是域 F(实数域或复数域) 上的线性空间, f 是一个 $V \times V$ 到 F 的映射. 若该映射满足下述 4 条性质, 则称 f 为 V 上的一种内积: $\forall x, y, z \in V, \forall \alpha \in F,$

(1) $f(x + y, z) = f(x, z) + f(y, z)$;

(2) $f(\alpha x, y) = \alpha f(x, y)$;

(3) $f(x, y) = \overline{f(y, x)}$;

(4) $f(x, x) \geqslant 0$ 且 $f(x, x) = 0 \Leftrightarrow x = 0$,

其中 $\overline{f(x, y)}$ 表示 $f(x, y)$ 的共轭复数. 进而, 称 $f(x, y)$ 为向量 x 与向量 y 的内积或数量积; 定义了内积的线性空间 V 称为内积空间, 用二元组 (V, f) 表示.

定义中的 4 条性质都有各自的称谓, 显然, 若 F 为实数域, 则性质 (1) 与 (2) 对第二变元也真, 此时称为内积的双线性性; (3) 称为内积的对称性 (复数域则为共轭对称性); (4) 称为内积的正定性.

特别约定 本书谈及内积时, 如无特别说明, 均指数域为实数域下的内积. 在不致混淆的情况下, 可将内积空间 (V, f) 简记为 V, 且谈及内积空间时, 总是用 $\langle x, y \rangle$ 表示其上向量 x 与 y 的内积 $f(x, y)$, 而不再给出说明. 一些教材中用 (x, y) 表示内积, 易与点的坐标相混淆. 本书一律采用 $\langle x, y \rangle$ 表示内积.

2. Cauchy-Schwarz (柯西-施瓦茨) 不等式

定理 2.6.1 (Cauchy-Schwarz 不等式) 设 X 为一个内积空间, $\forall x, y \in X$, 则

(1) $|\langle x, y \rangle|^2 \leqslant \langle x, x \rangle \cdot \langle y, y \rangle$; (2.6.1)

(2) 等号成立当且仅当 x 与 y 线性相关.

证 仅针对实数域上的内积空间给予证明 (复数域时并不困难), $\forall x, y \in X$, $\forall \lambda \in \mathbf{R}$, 令 $\varphi(\lambda) = \langle x + \lambda y, x + \lambda y \rangle$, 则

$$\varphi(\lambda) = \langle x + \lambda y, x + \lambda y \rangle = \langle x, x \rangle + 2\lambda \langle x, y \rangle + \lambda^2 \langle y, y \rangle.$$

因内积正定性知 $\varphi(\lambda) \geqslant 0$, 故 $\Delta = 4\langle x, y \rangle^2 - 4\langle x, x \rangle \langle y, y \rangle \leqslant 0$. 因此

$$|\langle x, y \rangle|^2 \leqslant \langle x, x \rangle \langle y, y \rangle.$$

故 Cauchy-Schwarz 不等式成立.

若 $|\langle x, y \rangle|^2 = \langle x, x \rangle \langle y, y \rangle$, 则 $\varphi(\lambda) = 0$ 有一根 λ_0, 故 $x + \lambda_0 y = 0$ 等价于 x 与 y 线性相关. 证毕.

评注 阅此证, 问君可有 "穿越" 的感觉? 此定理初见于线性代数, 然此处重述意义广远. 因为 n 维向量也好, 连续函数也罢, 任凭元素形式万变, 但见 Cauchy-Schwarz 不等式与内积同在!

3. 内积与范数和距离的关系

定理 2.6.2 设 X 为一内积空间, $\forall x, y \in X$, 令 $||x|| = \sqrt{\langle x, x \rangle}, d(x, y) = ||x - y||$, 则 $||x||$ 是 X 上的一种范数, 称为该内积的 **导出范数**. 进而 $d(x, y)$ 称为该内积的 **导出距离**.

其证由 Cauchy-Schwarz 不等式极易给出, 此略.

约定 谈及内积空间上的范数和距离时, 如无特别说明, 均指由其内积所导出的范数和距离.

评注 按概念的范围大小, 易见由小到大的次序为: 内积空间 → 赋范空间 → 线性空间. 故而一个线性空间不一定是一个赋范空间, 赋范空间不一定是内积空间.

2.6.3 常用的内积空间

下面我们将不加证明地以定理方式, 给出几个内积空间的例子以飨读者.

1. 向量的内积及带权内积

定理 2.6.3 在 $\mathbf{R}^n$ 上两种常用内积如下:

(1) 欧氏点积, 即

$$\langle x, y \rangle = \sum_{i=1}^n x_i y_i = x^{\mathrm{T}} y. \tag{2.6.2}$$

向量的 2-范数 $||x||_2$, 以及欧氏距离即由此导出.

(2) 带权内积, 即

$$\langle x, y \rangle = \sum_{i=1}^n w_i x_i y_i, \tag{2.6.3}$$

其中 $x = (x_1, x_2, \cdots, x_n)^{\mathrm{T}}, y = (y_1, y_2, \cdots, y_n)^{\mathrm{T}} \in \mathbf{R}^n$, 常数 $w_i > 0, i = 1, \cdots, n$, 称为权系数.

$\mathbf{R}^n$ 分别与两种内积一起构成两个不同的内积空间.

如无特别说明, $\mathbf{R}^n$ 中向量的内积默认由 (2.6.2) 式给出, 其简洁计算式为 $\langle x, y \rangle = x^{\mathrm{T}} y$.

定理 2.6.4　用 $\mathbf{C}^n$ 表示全体 n 维复向量的集合, $\mathbf{C}^n$ 与内积 $\langle x, y \rangle = \sum\limits_{i=1}^{n} x_i \overline{y}_i = x^{\mathrm{T}} \overline{y}$ 一起构成复数域上的一个内积空间 (称之为酉空间).

> **评注**　本定理列于此, 旨在让读者见识实数域之外的内积空间, 此定理本书极少用到.

定理 2.6.5 (离散点集上带权函数内积)　设点集 $\{x_i\}_{i=1}^{m} = \{x_1, \cdots, x_m\} \subset [a, b]$, 令 $Y = \{f(x) | f(x)$ 为在点集 $\{x_i\}_{i=1}^{m}$ 上有定义的函数$\}$, $w = (w_1, \cdots, w_m)$, 其中 $w_i > 0, i = 1, \cdots, m, \forall f(x) \in Y, \forall g(x) \in Y$, 令

$$\langle f, g \rangle = \sum_{i=1}^{m} w_i f(x_i) g(x_i). \tag{2.6.4}$$

则 $\langle f, g \rangle$ 构成 Y 上的一个带权内积 (加权内积), 简称为函数 $f(x), g(x)$ 关于点集 $\{x_i\}_{i=1}^{m}$ 的带权内积; Y 与该内积一起构成一个内积空间. 其中, w 称为权向量, w_i 称为权系数.

2. 函数的内积

定义 2.6.2 (权函数)　设 $\rho(x) \in C[a, b]$ 满足如下条件:

(1) $\forall x \in [a, b], \rho(x) \geqslant 0$;

(2) 对于非负函数 $g(x) \in C[a, b]$, 若 $\int_a^b \rho(x) g(x) \mathrm{d}x = 0$, 则必有 $g(x) \equiv 0$, 则称 $\rho(x)$ 为区间 $[a, b]$ 上的权函数.

定理 2.6.6 (函数的带权内积)　设 $f, g \in C[a, b]$, $\rho(x)$ 为区间 $[a, b]$ 上的权函数, 令

$$\langle f, g \rangle = \int_a^b \rho(x) f(x) g(x) \mathrm{d}x, \tag{2.6.5}$$

则其定义了 $C[a, b]$ 上的一种内积 (称之为函数 f 与 g 在 $[a, b]$ 上的带权内积). $C[a, b]$ 与该内积一起构成一个内积空间 (仍简记为 $C[a, b]$).

显然, 权函数取常数 1 时, (2.6.5) 式可产生 f 在 $[a, b]$ 上的欧氏范数, 即 2-范数 $\|f\|_2 = \sqrt{\langle f, f \rangle}$, 相应的 Cauchy-Schwarz 不等式为

$$\left| \int_a^b f(x) g(x) \mathrm{d}x \right|^2 \leqslant \int_a^b f^2(x) \mathrm{d}x \int_a^b g^2(x) \mathrm{d}x. \tag{2.6.6}$$

例 2.6.1　令 C_{2l} 为以 $2l$ 为周期的连续函数的集合, 即 $C_{2l} = \{f(x) | f(x) \in C(-\infty, +\infty)$ 且 $f(x) = f(x + 2l)\}$, 显然其构成一个线性空间, 再 "武装" 上函

数内积

$$\langle f, g \rangle = \int_{-l}^{l} f(x)g(x)\mathrm{d}x, \tag{2.6.7}$$

就构成了一个内积空间, 简记为 C_{2l}.

特别提醒 凡是提及内积 f 或用某个集合 X 代表某个内积空间时, 总是假定了一种不会发生混淆的、默认的和自然的适配二元组 (X, f). 比如谈及内积空间 $\mathbf{R}^n$ 时, 则默认的是 (2.6.2) 式定义的内积; 谈及内积空间 $C[a, b]$ 时, 则默认的是 (2.6.5) 式定义的内积且 $\rho(x) = 1$; 反之亦然, 否则会有特别说明.

2.7 内积空间正交性与最佳逼近

2.7.1 正交系与正交基

1. 正交系与规范正交系

定义 2.7.1 设 X 为一内积空间, $x, y \in X$, 若 $\langle x, y \rangle = 0$, 则称二者正交, 记作 $x \perp y$. 又设 $S = \{x_1, x_2, \cdots, x_n, \cdots\} \subseteq X$ 且 $\forall x_i, x_j \in S$, 有

$$\langle x_i, x_j \rangle = \begin{cases} 0, & i \neq j, \\ A_j > 0, & i = j, \end{cases} \tag{2.7.1}$$

则称 S 为一个正交系. 特别地, 若 $A_k = 1(k = 1, 2, \cdots)$, 则称 S 为规范正交系 (标准正交系).

评注 利用内积不仅可以定义向量之间的正交性, 也可以定义夹角等很多与 $\mathbf{R}^n$ 类似的概念, 而且很多问题可以借助 $\mathbf{R}^3$ 中的几何意义进行推断或猜测.

定理 2.7.1 有限正交系是线性无关的.

其证甚简, 读者自证.

定义 2.7.2 (规范正交基) 有限维内积空间的一组基若构成一个规范正交系, 则称为该内积空间的一组规范正交基.

如大家所熟知的 $\mathbf{R}^3$ 中的一组规范正交基为

$$e_1 = (1, 0, 0)^\mathrm{T}, \quad e_2 = (0, 1, 0)^\mathrm{T}, \quad e_3 = (0, 0, 1)^\mathrm{T}.$$

注意, 用规范正交基表示一个向量非常方便, 其坐标分量就是向量与该基向量的内积.

问题 2.7.1 规范正交基如何得到? (请自行回顾.)

2. Schmidt 正交化过程

利用 Schmidt 正交化方法可以将一个线性无关组转化为一个与之等价的正交组, 其过程如下: 设 $\{x_1, x_2, \cdots, x_n\}$ 为一线性无关组, 则可按下式

$$
\begin{cases}
y_1 = x_1, \\
y_i = x_i - \sum_{k=1}^{i-1} \dfrac{\langle x_i, y_k \rangle}{\langle y_k, y_k \rangle} y_k, \quad i = 2, 3, \cdots, n
\end{cases}
\tag{2.7.2}
$$

产生一个正交序列 $\{y_1, y_2, \cdots, y_n\}$, 再令 $e_i = \dfrac{y_i}{\|y_i\|}, i = 1, \cdots, n$, 则 $\{e_1, e_2, \cdots, e_n\}$ 为一个规范正交系且为 $\mathrm{span}\{x_1, x_2, \cdots, x_n\}$ 的正交基. 从而

$$
\mathrm{span}\{y_1, \cdots, y_n\} = \mathrm{span}\{e_1, \cdots, e_n\} = \mathrm{span}\{x_1, \cdots, x_n\},
$$

且 $y_k \perp \mathrm{span}\{x_1, \cdots, x_{k-1}\} (k = 2, \cdots, n)$.

证明用归纳法易得, 此略.

评注 此过程与线性代数中的 Schmidt 正交化过程完全相同. 在正交多项式的构造中甚为重要.

例 2.7.1(Legendre(勒让德) 多项式) 取权函数 $w = 1$, 将线性无关组 $\{1, x, x^2, \cdots, x^n, \cdots\}$ 在 $[-1, 1]$ 上进行 Schmidt 正交化.

解 令所求正交多项式系为 $\{P_n(x), n = 0, 1, 2, \cdots\}$, 取 $P_0(x) = 1$, 则

$$
\langle P_0(x), P_0(x) \rangle = \int_{-1}^{1} 1 \mathrm{d}x = 2,
$$

$$
\langle x, P_0(x) \rangle = \int_{-1}^{1} x \mathrm{d}x = 0,
$$

故而

$$
P_1(x) = x - \frac{\langle x, P_0(x) \rangle}{\langle P_0(x), P_0(x) \rangle} P_0(x) = x;
$$

$$
\langle P_1(x), P_1(x) \rangle = \int_{-1}^{1} x^2 \mathrm{d}x = \frac{2}{3}, \quad \langle x^2, P_0(x) \rangle = \frac{2}{3},
$$

$$
\langle x^2, P_1(x) \rangle = \int_{-1}^{1} x^3 \mathrm{d}x = 0,
$$

因此

$$P_2(x) = x^2 - \frac{\langle x^2, P_0(x) \rangle}{\langle P_0(x), P_0(x) \rangle} P_0(x) - \frac{\langle x^2, P_1(x) \rangle}{\langle P_1(x), P_1(x) \rangle} P_1(x) = x^2 - \frac{1}{3}.$$

一般地, 有

$$P_n(x) = \frac{n!}{(2n)!} \frac{\mathrm{d}^n}{\mathrm{d}x^n} \left[(x^2 - 1)^n \right] \quad (n = 0, 1, 2, \cdots),$$

称之为首次项系数为 1 的 Legendre 正交多项式, 简称 Legendre 多项式.

例 2.7.2 设 $P_k(x)(k = 0, 1, \cdots, n)$ 为 Legendre 多项式, 记 $H_n[-1, 1]$ 为 $[-1, 1]$ 上 n 次以下的多项式全体, 则有如下事实.

(1) $H_n[-1, 1] = \mathrm{span}\{P_0, P_1(x), \cdots, P_n(x)\}$, 即在区间 $[-1, 1]$ 上, 前 $n + 1$ 个 n 次以下的 Legendre 多项式是内积空间 $H_n[-1, 1]$ 的一组正交基, 可以线性表示任意一个 n 次以下的多项式.

(2) 在区间 $[-1, 1]$ 上 $P_k(x)$ 与 $k - 1$ 次以下的任意多项式正交, 这里 $k \geqslant 1$.

证 因为 $H_n[-1, 1] = \mathrm{span}\{1, x, x^2, \cdots, x^n\}$, 而 Schmidt 正交化前后的向量组是等价的, 即 $\mathrm{span}\{1, x, x^2, \cdots, x^n\} = \mathrm{span}\{P_0, P_1(x), \cdots, P_n(x)\}$, 故 (1) 的结论真. 而利用基表示和内积线性性可知 (2) 的结论真.   证毕.

评注 Legendre 多项式由 Legendre 于 1785 年给出. 其最初的表示式子很繁琐, 后来 Rodrigul(罗德利克) 于 1814 年给出了下述简洁表示:

$$P_n(x) = \frac{1}{2^n n!} \frac{\mathrm{d}^n}{\mathrm{d}x^n} \left[(x^2 - 1)^n \right] \quad (n = 0, 1, 2, \cdots), \tag{2.7.3}$$

此种表示的首项系数不为 1, 但首项系数不影响正交性, 因多项式之间的正交性与它们的非 0 常数因子无关.

Legendre 多项式以及其他正交多项式都有很多良好的性质, 在函数逼近和数值积分中有大用, 且待适时分解.

2.7.2 最佳逼近

1. 最佳逼近向量

定义 2.7.3 (投影向量) 设 Y 为一内积空间, M 为 Y 的一个 n 维非空子空间, $\{e_1, \cdots, e_n\}$ 为 M 的一组规范正交基. $\forall y \in Y$, 令

$$z = \sum_{i=1}^{n} \langle y, e_i \rangle e_i, \tag{2.7.4}$$

称 z 为 y 在子空间 M 上的投影向量.

推论 2.7.1 $(y-z)\perp M$, 即向量与其投影向量的差向量与投影所在的子空间正交.

证 仅需证明 $y-z$ 与每个基向量 e_k 正交 (为什么?), 即 $(y-z)\perp e_k, k = 1,\cdots,n$. 事实上,

$$\langle y-z, e_k\rangle = \langle y, e_k\rangle - \left\langle \sum_{i=1}^{n}\langle y, e_i\rangle e_i, e_k\right\rangle = \langle y, e_k\rangle - \sum_{i=1}^{n}\langle y, e_i\rangle\langle e_i, e_k\rangle.$$

由 $e_i\perp e_k$ 知, 当 $i\neq k$ 时, $\langle e_i, e_k\rangle = 0$. 而 $\langle e_k, e_k\rangle = 1$, 故 $\langle y-z, e_k\rangle = \langle y, e_k\rangle - \langle y, e_k\rangle\langle e_k, e_k\rangle = 0$, 于是 $y-z\perp M$. 证毕.

定义 2.7.4 (最佳逼近向量) 设 M 为内积空间 Y 的一个子空间, 称 $z\in M$ 为向量 $y\in Y$ 在 M 中的最佳逼近向量, 如果下式成立

$$||y-z|| = \min_{x\in M}||y-x||. \tag{2.7.5}$$

简言之, 子空间中距某向量最近的向量就是它的最佳逼近向量.

2. 最佳逼近定理

定理 2.7.2 (最佳逼近定理) 设 Y 为一内积空间, M 为 Y 的一个非空有限维子空间, $\forall y\in Y$, 若 $z\in M$ 使得 $(y-z)\perp M$, 则

(1) z 必为 y 在 M 中的最佳逼近向量.

(2) y 在 M 中的最佳逼近向量是唯一的.

(3) z 就是 y 在 M 中的投影向量.

(4) $y, z, y-z$ 具有勾股关系, 即

$$||y-z||^2 = ||y||^2 - ||z||^2. \tag{2.7.6}$$

称 $||y-z||^2$ 为 y 与 z 的**平方误差**.

证 若能证明 $\forall v\in M, v\neq z$, 必有

$$||y-z|| < ||y-v||. \tag{2.7.7}$$

则 (1)(2) 两部分结论可同时兼得, 随即 (3) 由投影向量定义之推论即知, 而 (4) 之 (2.7.6) 式也很容易推导, 故略. 下证 (2.7.7) 式以及唯一性.

考查

$$||y-v||^2 = ||(y-z)+(z-v)||^2$$

$$= \langle (y-z)+(z-v), (y-z)+(z-v) \rangle$$

$$= \|y-z\|^2 + \langle (y-z), (z-v) \rangle + \langle (z-v), (y-z) \rangle + \|z-v\|^2.$$

因为 $z-v \in M, (y-z) \perp M$, 故 $(y-z) \perp (z-v)$, 所以二者内积为 0, 故 $\|y-v\|^2 = \|y-z\|^2 + \|z-v\|^2 > \|y-z\|^2$, 因此 $\|y-z\| < \|y-v\|$. 从而 (2.7.7) 真. (读者是否看见了勾股定理的影子?)

唯一性的证明. 若另有 $u \in M, u \neq z$ 且使得 $\|y-u\| = \min_{x \in M} \|y-x\|$, 根据 (2.7.7) 必有 $\|y-z\| < \|y-u\|$, 故与 u 距 y 的最近性矛盾. 从而 z 是距 y 最近的且是唯一的.   证毕.

> **评注**　此定理源自 $\mathbf{R}^3$ 中的点面距, 即点到面的垂线长度. 如图 2.7.1 所示, 该垂线对应于向量 $y-z$, 其长度的平方即为 y 与其投影向量 z 的平方误差. y, z 及 $y-z$ 构成直角三角形, 故 (2.7.6) 式可认为是勾股定理在内积空间中的推广. 此定理在多种函数逼近及求取矛盾方程组近似解时大显身手, 所向披靡.

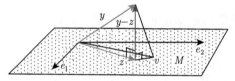

图2.7.1彩色版

图 2.7.1　最佳逼近定理的几何意义

推论 2.7.2　$z \in M$ 为 y 在 M 中的最佳逼近向量的充要条件是 $y - z \perp M$.

故而, 求 y 在某子空间 M 中的最佳逼近向量, 也就是求 y 在 M 中的投影向量. 但子空间的基通常不具有规范正交性, 若按定义求取, 需先谋求子空间的规范正交基, 如此行事, 甚有不便, 故而问题来了.

问题 2.7.2　获取 y 在子空间 $M = \mathrm{span}\{\varphi_0, \cdots, \varphi_n\}$ 内的最佳逼近向量可有良策? (请看下段分解.)

2.7.3　最佳逼近向量求法和法方程组

1. 法方程组的建立

为获取 y 在子空间 M 内的最佳逼近向量 $z, (y-z) \perp M$ 是重要线索. 故行动如下. 设 $M = \mathrm{span}\{\varphi_0, \cdots, \varphi_n\}$ 为内积空间 Y 的一个子空间, $\{\varphi_0, \cdots, \varphi_n\}$ 为 M 的一组基. 因 $z \in M$, 故存在 $a_0, a_1, \cdots, a_n \in \mathbf{R}$ 使得

$$z = \sum_{i=0}^{n} a_i \varphi_i = a_0 \varphi_0 + a_1 \varphi_1 + \cdots + a_n \varphi_n, \tag{2.7.8}$$

所以仅需得到 $a_0, a_1, \cdots, a_n$, 则可得到最佳逼近向量 z.

由最佳逼近定理知 $(y - z) \perp M$, 故知 $(y - z) \perp \varphi_j, j = 0, 1, \cdots, n$, 所以

$$\langle y - z, \varphi_j \rangle = 0, \qquad (2.7.9)$$

即 $\left\langle y - \sum_{i=0}^{n} a_i \varphi_i, \varphi_j \right\rangle = 0$, 也即

$$\langle y, \varphi_j \rangle - \sum_{i=0}^{n} a_i \langle \varphi_i, \varphi_j \rangle = 0, \quad j = 0, 1, \cdots, n.$$

整理得

$$\sum_{i=0}^{n} \langle \varphi_i, \varphi_j \rangle a_i = \langle y, \varphi_j \rangle, \qquad (2.7.10)$$

其中 $j = 0, 1, \cdots, n$. 这些方程联立, 可得一个以 $a = (a_0, a_1, \cdots, a_n)^{\mathrm{T}}$ 为未知数向量的线性方程组:

$$\begin{pmatrix} \langle \varphi_0, \varphi_0 \rangle & \langle \varphi_0, \varphi_1 \rangle & \cdots & \langle \varphi_0, \varphi_n \rangle \\ \langle \varphi_1, \varphi_0 \rangle & \langle \varphi_1, \varphi_1 \rangle & \cdots & \langle \varphi_1, \varphi_n \rangle \\ \vdots & \vdots & & \vdots \\ \langle \varphi_n, \varphi_0 \rangle & \langle \varphi_n, \varphi_1 \rangle & \cdots & \langle \varphi_n, \varphi_n \rangle \end{pmatrix} \begin{pmatrix} a_0 \\ a_1 \\ \vdots \\ a_n \end{pmatrix} = \begin{pmatrix} \langle y, \varphi_0 \rangle \\ \langle y, \varphi_1 \rangle \\ \vdots \\ \langle y, \varphi_n \rangle \end{pmatrix}, \qquad (2.7.11)$$

称此方程组为**法方程组** (也称为**正规方程组**). 故向量在子空间内的**最佳逼近向量的坐标就是法方程组的解**.

> **评注** 线面正交谓之互法. 将 $(y - z) \perp M$ 置于三维空间, 则可视 M 为过原点的一个平面, $y - z$ 为其法向量, 法方程组因此得名, 此种称谓可顾名思义, 甚妙!

2. 法方程组的简化表示

定义 2.7.5 设 $G = \{\varphi_0, \cdots, \varphi_n\}$ 为内积空间的一组向量, 由它们的内积构成的矩阵

$$\begin{pmatrix} \langle \varphi_0, \varphi_0 \rangle & \langle \varphi_0, \varphi_1 \rangle & \cdots & \langle \varphi_0, \varphi_n \rangle \\ \langle \varphi_1, \varphi_0 \rangle & \langle \varphi_1, \varphi_1 \rangle & \cdots & \langle \varphi_1, \varphi_n \rangle \\ \vdots & \vdots & & \vdots \\ \langle \varphi_n, \varphi_0 \rangle & \langle \varphi_n, \varphi_1 \rangle & \cdots & \langle \varphi_n, \varphi_n \rangle \end{pmatrix} \qquad (2.7.12)$$

称为向量组 G 的 Gram(格拉姆) 矩阵.

当 φ_j 为 n 维向量时, 在欧氏点积之下, 将 G 看作列分块矩阵, 即 $G = (\varphi_0,\cdots,\varphi_n)$, 则 Gram 矩阵恰为 $G^{\mathrm{T}}G$. 当 φ_j 不是 n 维向量时, 为了易于记忆, 借用矩阵分块乘法法则, 可形式地将 Gram 矩阵记作 $G^{\mathrm{T}}G$, 其中, 元素相乘按内积计算, 故法方程组可简写为

$$G^{\mathrm{T}}Ga = G^{\mathrm{T}}y. \tag{2.7.13}$$

由最佳逼近定理可知, 法方程组若有解, 则 (2.7.8) 给出的就是最佳逼近向量.

问题 2.7.3　法方程组何时有解?

3. 法方程组有唯一解的条件

定理 2.7.3　$G = \{\varphi_0,\cdots,\varphi_n\}$ 为一线性空间 V 中的线性无关组的充要条件是 $|G^{\mathrm{T}}G| \neq 0$.

证　首先注意到若 $a_0,a_1,\cdots,a_n$ 为方程

$$a_0\varphi_0 + a_1\varphi_1 + \cdots + a_n\varphi_n = 0 \tag{2.7.14}$$

的解, 则必为方程组

$$\begin{pmatrix} \langle\varphi_0,\varphi_0\rangle & \langle\varphi_0,\varphi_1\rangle & \cdots & \langle\varphi_0,\varphi_n\rangle \\ \langle\varphi_1,\varphi_0\rangle & \langle\varphi_1,\varphi_1\rangle & \cdots & \langle\varphi_1,\varphi_n\rangle \\ \vdots & \vdots & & \vdots \\ \langle\varphi_n,\varphi_0\rangle & \langle\varphi_n,\varphi_1\rangle & \cdots & \langle\varphi_n,\varphi_n\rangle \end{pmatrix} \begin{pmatrix} a_0 \\ a_1 \\ \vdots \\ a_n \end{pmatrix} = \begin{pmatrix} 0 \\ 0 \\ \vdots \\ 0 \end{pmatrix} \tag{2.7.15}$$

的解. 事实上, 令 $\varphi_0,\varphi_1,\cdots,\varphi_n$ 分别与 (2.7.14) 两端作内积得 (2.7.15), 故结论成立.

设 $|G^{\mathrm{T}}G| \neq 0$, 故 (2.7.15) 仅有零解, 故 (2.7.14) 也仅有零解, 故 $\{\varphi_0,\cdots,\varphi_n\}$ 线性无关. 因此充分性得证.

对于必要性反证如下: 若 $\{\varphi_0,\cdots,\varphi_n\}$ 线性无关但 $|G^{\mathrm{T}}G| = 0$, 故 (2.7.15) 有非零解, 不妨记之为 $c = (k_0,k_1,\cdots,k_n)^{\mathrm{T}} \neq 0$, 故 $\left\langle \varphi_i, \sum\limits_{j=0}^{n} k_j\varphi_j \right\rangle = 0, i = 0,1,\cdots,n$, 左右两端乘以 k_i 再将各式相加得 $\left\langle \sum\limits_{i=0}^{n} k_i\varphi_i, \sum\limits_{j=0}^{n} k_j\varphi_j \right\rangle = 0$, 由内积正定性知必有 $\sum\limits_{i=0}^{n} k_i\varphi_i = 0$, 因 k_i 不全为 0, 故 $\{\varphi_0,\cdots,\varphi_n\}$ 线性相关, 这与它们线性无关的假设矛盾, 故 $|G^{\mathrm{T}}G| \neq 0$.　　证毕.

推论 2.7.3　$\{\varphi_0,\cdots,\varphi_n\}$ 线性无关等价于法方程组存在唯一解.

评注 Gram 矩阵乃内积布局, 阡陌错落, 甚为有形! 美哉! 壮哉! 倘若 $\{\varphi_0, \cdots, \varphi_n\}$ 为正交系, 则其 Gram 阵必为对角矩阵, 解法方程组节奏何如? 焉非心旷神怡乎? 在本书 7.3 节正交拟合会见其魅力四射!

4. 最佳逼近向量的应用方法

(1) 遇最小距离问题则应尝试与最佳逼近向量相联系.

(2) 根据问题特点选择合适的内积空间 Y, 即选择合适的集合和内积形式.

(3) 选择合适的生成子空间 $M = \mathrm{span}\{\varphi_0, \cdots, \varphi_n\}$.

(4) 若问题可转化为某向量 $y \in Y$ 到 M 的距离问题, 则可用法方程组求解该向量.

对于一个最小距离问题, 能否转化为最佳逼近向量求解, 取决于上述第 2 步到第 4 步. 下面是一个应用示例.

2.7.4 矛盾方程组的最小二乘解法

当方程组 $Ax = b$ 无解时称为**矛盾方程组**, 其中, $A = (a_{ij})_{m \times n}, x = (x_1, \cdots, x_n)^{\mathrm{T}}, b = (b_1, \cdots, b_m)^{\mathrm{T}}$. 令偏差向量 (又称残差向量) 为 $\delta = Ax - b$, 让 $\|\delta\|_2$ 最小的向量 x 通常认为是其 "近似解". 这是一个最小距离问题, 故尝试使用最佳逼近向量法求解. 为此将矩阵 A 按列分块得 $A = (\varphi_1, \cdots, \varphi_n)$, 则有

$$\delta = \sum_{k=1}^{n} x_k \varphi_k - b, \tag{2.7.16}$$

且看 $\sum\limits_{k=1}^{n} x_k \varphi_k$ 表示的是什么? 乃空间 $M = \mathrm{span}\{\varphi_1, \cdots, \varphi_n\}$ 内一未知向量. 它若使 $\|\delta\|_2$ 最小, 则 $\sum\limits_{k=1}^{n} x_k \varphi_k$ 必为向量 b 在子空间 $M = \mathrm{span}\{\varphi_1, \cdots, \varphi_n\}$ 内的最佳逼近向量. 对照 (2.7.8) 式, 知其系数向量 $(x_1, \cdots, x_n)^{\mathrm{T}}$ 为法方程组

$$A^{\mathrm{T}} A x = A^{\mathrm{T}} b \tag{2.7.17}$$

的解向量. 故只要 $A^{\mathrm{T}} A$ 可逆, 则可用法方程组求取矛盾方程组的残差模最小的近似解, 也称**矛盾解**, 又称**最小二乘解**. (顺便请读者回顾方程组矛盾或无解的条件.)

注 若不用内积空间最佳逼近理论, 可如下处理. 令

$$F(x_1, x_2, \cdots, x_n) = \sum_{i=1}^{m} \left(b_i - \sum_{k=1}^{n} x_k a_{ik} \right)^2. \tag{2.7.18}$$

则最小残差的矛盾解 $x_1, x_2, \cdots, x_n$ 可视为 $F(x_1, x_2, \cdots, x_n)$ 的最小值点. 它应为 $F(x_1, x_2, \cdots, x_n)$ 的驻点. 将 $F(x_1, x_2, \cdots, x_n)$ 对各个 x_i 求偏导, 可得驻点方程组. 对其进行 "不屈不挠" 的整理之后也可得到法方程组 (2.7.17).

评注 比较矛盾方程组的两种解决过程可知, 基于内积空间的最佳逼近向量法, 几何意义明确, 脉络清晰可见, 故可使问题大大简化; 而采用多元函数的最值方法, 单说驻点方程组整理过程, 就犹如云山雾罩, 经纬难明, 难度可想而知. 前者可让人领略空间鸟瞰之优势, 后者可让人体会就事论事之艰辛.

本章引入了度量空间、线性空间、赋范空间和内积空间, 对初学者而言, 可能会略感繁杂. 但万变不离其宗, 所有这些空间的原型就是 n 维欧氏空间 $\mathbf{R}^n$, 或者再简单一点就是 $\mathbf{R}^3$.

新空间概念的拓广, 是一个智者见智、仁者见仁的事. 有人专注于距离的作用, 故推而广之形成距离空间; 有人喜线性运算, 故线性空间应运而生; 有人二者皆喜, 故赋范空间降临. 然正交不在, 令人不爽, 故而内积空间出世. 其内仿 $\mathbf{R}^n$ 之线性运算、长度、距离和夹角等要素之大成, 造就了一片新天地, 在函数逼近问题中功不可没.

2.8 MATLAB 程序设计精要

MATLAB、MATHEMATICA 和 MAPLE 并称为三大数学软件. 其中, MATLAB 在数学类科技应用软件中, 特别是在数值计算方面首屈一指. MATLAB 是美国 MathWorks 公司出品的商业数学软件.

单词 "matlab" 由 "matrix" 和 "laboratory", 即英文的 "矩阵" 和 "实验室" 两词头组合而成. 顾名思义, 可见开发者之用心——用其可以方便地实现数值分析、矩阵计算、数据可视化以及非线性动态系统的建模和仿真. 同时, 它也提供了便捷的与其他程序和语言接口的功能, 如对 C、FORTRAN、C++、JAVA 的支持.

MATLAB 是介于 "软件" 和 "编程语言" 之间的一种开发平台. "软件" 的特性可以使用户专注于问题的解决过程, 而不用在细节处理和底层编程代码上浪费精力; "编程语言" 的功能又给了用户灵活的程序流程控制能力. 因而使用起来简单方便, 易于上手.

如果你想成为一个优秀的工程技术人员, 掌握 MATLAB 恐怕是一个必要条件.

特别说明, 本章不是 MATLAB 的使用教程, 因而有关软件的安装、使用界面说明等问题在此统统略过. 本节仅仅简要地介绍 MATLAB 程序设计的关键节点和组成轮廓, 配以简单的样例, 目的是让你快点上手. 实际上, 若有 C 语言基础, 稍加适应就可让相关代码 "跑起来", 只是速度可能不会太快. 使用中遇到的问题, 借助软件自身强大的 "help" 功能都可以随时搞定.

有一定编程基础的人都知道, 欲使用某种编程语言开发一个应用程序, 应首先搞清楚源代码文件的格式和书写要求, 只有合法的源代码格式, 才能在其开发环境下进行调试和运行.

2.8.1　MATLAB 源程序的组成方式

MATLAB 源程序组成有两种方式: 其一是脚本文件, 其二是函数文件. 两者都是文本文件, 可以用任何文本编辑器编辑. 用 MATLAB 自带的最方便. 由于两种文件扩展名都必须是.m, 所以分别称为 M-脚本文件和 M-函数文件.

2.8.2　源程序文件名的命名规则

(1) 源程序文件名只能由数字、字母和下划线组成, 且不能以数字开头, 不能出现汉字.

(2) 文件名与函数名必须相同.

(3) 不能与已有函数重名.

(4) 扩展名必须为.m.

(5) 文件名长度不能超过 255 字符.

例 2.8.1　下述文件名

control__ver2015__4__23.m

control__ver2015__4__26.m

都是合法的文件名.

1111.m, 是非法的文件名.

> **评注**　为提高工作效率, 文件名最好能起到顾名思义的作用, 同时带有时间版本信息, 以防混淆.

2.8.3　M-脚本文件

定义 2.8.1 (M-脚本文件)　将 MATLAB 可执行的语句序列存放成一个以 ".m" 为后缀名 (扩展名) 的文本文件, 称该文件为一个 M-脚本文件.

脚本文件有如下作用: 在命令窗口输入脚本文件名 (不含后缀). MATLAB 会打开这一脚本文件, 并依次执行脚本文件中的每一条语句. 执行过程与在 MAT-LAB 命令窗口中按次序直接输入各语句的结果完全一致.

例 2.8.2　假设 M-脚本文件 sin__drawing.m 由以下三个语句组成, 并存放在 MATLAB 的工作目录内.

```
x = 0:pi/100:2*pi;
y = sin(x);
plot(x,y);
```

在 MATLAB 命令窗口输入 sin_drawing, 然后按回车键, 就会得到执行结果图形 (图 2.8.1).

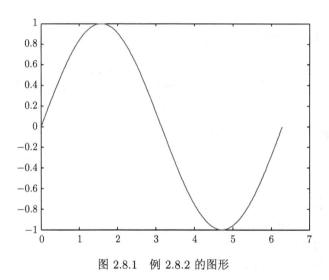

图 2.8.1 例 2.8.2 的图形

评注 完成一个具体问题的计算, 通常需要直观展示计算过程及计算结果, 会涉及如数据、曲线、曲面、其他类型的图表等形式. MATLAB 将人们常用的很多数学计算程序、曲线和曲面的绘制程序, 浓缩成了各种内建函数和工具包, 种类丰富, 功能强大. 正因如此, 使用 MATLAB 可避免繁琐的底层编程工作.

MATLAB 的使用非常方便, 简单的任务直接在命令窗口输入几条语句就可得到运行结果. 如果任务比较复杂, 可能需要多条语句才能完成, 鉴于初学者发生各种错误的机会较多, 不妨将这些语句录入并存为一个 M-脚本文件, 以方便修正和调试. 但是对于复杂一点的任务, 更建议使用下面的函数文件描述, 优点更多.

2.8.4 M-函数文件

1. 函数文件的构成格式

一个完整的 M-函数文件由 5 部分, 按如下次序构成:

(1) 函数定义行 (必须有);

(2) H1 行 (一般用于函数功能简要说明);

(3) 函数帮助文本 (通常说明输入和输出参数及给出函数调用样例);

(4) 函数体;

(5) 注释.

注意, 在函数文件中, 除了函数定义行之外, 其他部分都是可以省略的. 但作为一个函数, 为了增加函数的可用性, 应加上 H1 行和函数帮助文本. 为了提高函数的可读性, 应加上适当的注释.

2. 函数文件的运行

M-函数文件的运行方式有两种:

(1) 调试方式运行: M-函数文件在 MATLAB 自带的编辑器中可以进行调试, 当然可以运行. 这仅需有一点集成调试环境的操作经验即可.

(2) 在命令窗口输入函数名运行: 在 M-函数文件编辑好之后, 将其存放在工作目录之中. 在 MATLAB 命令窗口, 输入函数名, 只要函数参数均有定义, 即可作为指令 (如同内建函数一样) 运行, 参见例 2.8.4.

两种运行方式中, 初学者采用调试方式会比较方便, 因为函数文件书写完毕后, 一般会需要调试.

3. 几个典型函数文件的样例

就编写 MATLAB 程序而言, 为了快速完成某个计算任务, 很多时候不必对语句的格式规定搞得很清楚, 依样画葫芦没准是最便捷的方式.

例 2.8.3   无参数的 M-函数文件样例如下:

function test_noargument

这里只有函数名称 test_noargument, 没有输入输出参数. function 是函数定义的关键字, 它一出现, MATLAB 就会知道, 一个函数开始定义了. 此类没有输入输出参数的函数可用于某个程序的名字. 后面可以再给出各种语句. 相当于 C 语言的主函数.

例 2.8.4   多输入单输出的 M-函数文件样例如下:

```
function u=test_add(x,y,z)
u=x+y+z;
```

这里输出变量为 u, 输入变量为 x,y,z. 运行函数 test_add 可如下进行.

方法 1   编辑 M-函数文件如下:

```
function test
a=test_add(1,2,3)
see=1
function u=test_add(x,y,z)
u=x+y+z;
```

随后即可在 MATLAB 集成调试环境中调试运行了.

方法 2　将两行语句组成的 M-文件, 以文件名 test_add.m 存入 MATLAB 工作目录, 然后在命令窗口提示符 ≫ 后输入

```
a=test_add(1,2,3)
```

按回车键可得运行结果:

```
a=6
```

例 2.8.5　多输入多输出的 M-函数文件样例如下:

```
function [u,v,w]=test_three(x,y,z)
u=x+y+z; v=x*y*z; w=x-y-z;
```

这里函数的输出变量为 u, v, w, 输入变量为 x, y, z. 编辑存盘后, 在命令窗口命令提示符 ≫ 后输入

```
[a,b,c]= test_three(2,3,4)
```

按回车键后会出现运行结果:

```
a =
    9
b =
    24
c =
    -5
```

编写 M-函数的目的是将某些经常遇到的计算过程, 形成一个特定功能的子程序, 利于后续调用以减少重复性的代码. 为了避免日久遗忘, 一个完整的利于永久性使用和维护的函数, 应该有完整的功能说明、输入输出数据格式、调用样例等信息. 有了这些信息, 就可让用户方便校验和确认其功能, 然后放心使用. 完整的 M-函数文件所包含的 5 部分就是为此目的而设置的. 其中 H1 行和函数帮助文本用于描述函数的 "功能" 信息, 可以由 help function-name 命令显示, 以便查询函数功能.

例 2.8.6　完整的 M-函数文件样例如下:

```
function [u,v,w]=test_three(x,y,z)
%function 为函数定义关键字, 此行为函数的定义行.
%这是一个完整函数文件格式的样例, 说明函数各部分的作用, 此行为 H1 行.
%本行可用命令 help test_three 显示;
% input: x,y,z
% output: u,v,w,  其中 u=x+y+z;v=xyz;
% w=x-y-z;
%调用验证例子.
```

```
% a=1;b=2;c=3;
% [l,m,n]=test_three(a,b,c)
%则可得l=6;m=6,n=-4;
u=x+y+z; v=x*y*z; w=x-y-z;
```

例 2.8.7 一个可用于调试的例子.

将下述程序考入 MATLAB 文本编辑器, 然后可以设置断点进行调试. 特别提醒初学者, 代码是下面介于%begin 与%end 为句首的两行之间的部分, 不含%begin 与%end 这两行.

```
% begin ##############################
function test %为程序起个名字而已.
%此段代码是为初学 MATLAB 编程而写. 可以知道函数型 M-文件的书写格式;
%其中包括了函数定义和调用.
a=1;b=2;c=3; %为调用函数准备变量.
[l,m,n]=test_three(a,b,c); %调用函数test_three, 计算 a,b,c 三者之和
%的积、差. 此函数必须有定义, 可以放在后面;
u= test_add(l,m,n); % 调用函数test_add, 定义放在了后面.
function u=test_add(x,y,z)
u=x+y+z;
function [u,v,w]=test_three(x,y,z)
u=x+y+z; v=x*y*z;   w=x-y-z;
% end ##############################
```

例 2.8.8 feval 函数的应用.

在数值计算中, 可能对多个函数进行同样操作, 此时, 用 feval() 函数实现函数替换非常方便. 其格式为

```
feval(f,x1,x2,···,xn)
```

其中, f 是用字符串表示的函数名, 一般由自己定义或是内部函数, x1,x2,···,xn 是该函数用到的变量, 变量个数自动匹配, 最好个数不多不少.

比如 f='test_three';

 [l,m,n]=feval(f,1,2,3);

与 [l,m,n]=test_three(1,2,3) 等效.

 y=feval('sin',pi)

与 y=sin(pi) 等效.

例 2.8.9 inline 函数的应用.

inline 可以用变量来表示函数, 用法也和一般函数与函数句柄是一样的. 定义 inline 函数的语法为

函数变量名 = inline('函数表达式', '自变量名 1', '自变量名 2', ⋯,'自变量名 n')

当然啦, 如果是常见自变量名, 如 x, y 等, 后面那个自变量名列表可以省略 (但不建议这么做, 因为容易引起混乱).

例 2.8.10　比如想多次使用函数 $F(x,y,z) = x + y + z$, 可以利用 inline 如下定义:

```
F=inline('x+y+z','x','y','z')
```

欲算 1+2+3, 可以用语句: F(1,2,3);

而对于函数 $h(x) = \dfrac{x}{10}\mathrm{e}^{1-\frac{x}{10}}$, 可以用 h=inline('(x/10).*exp(1-x/10)', 'x') 定义, 随后即可用 h(x) 调用. 比如欲绘 h(x) 的图形, 可以用下述代码完成.

```
clc
x=0:0.1:20;
h=inline('(x/10).*exp(1-x/10)','x');
plot(x,h(x));
```

注　inline 函数还有很多比较高深的内容, 与 function 定义的函数是有区别的, 此处不叙. 详见 MATLAB help 文档. feval, inline 及高版本中 @( ) 都是方便使用函数的利器, 需熟练用之.

4. 关于 M-函数文件的几点说明

所有在函数中使用和生成的变量均为局部变量 (除 global 语句所定义的全局变量之外), 这些变量值只能通过输入和输出变量进行传递. 因此, 在调用函数时应通过输入变量将参数传递给函数; 函数调用返回时也应通过输出变量将运算结果传递给函数调用者; 其他在函数中产生的过程变量在返回时将被全部清除.

- 函数定义名和保存文件名最好一致. 两者不一致时, MATLAB 将忽视文件首行的函数定义名, 而以保存文件名为准.
- 函数文件的名字必须以字母开头, 后面可以是字母、下划线以及数字的任意组合, 但不得超过 63 个字符.
- 建议在编写 H1 行时, 采用英文表达. 这样处理是为了以后关键词检索方便.

另外, 关于局部变量和全局变量说明如下.

局部变量 (local variable)　函数工作空间内部的中间变量产生于函数的运行过程中, 其影响范围仅限于该函数本身.

全局变量 (global variable)　被不同函数工作空间和基本工作空间共享的变量. 希望共享全局变量的函数空间或基本空间必须逐个用 global 对具体变量加以专门定义. 如果某函数的运行使全局变量的内容发生变化, 那么其他空间中的同名变量也随之变化, 除非与全局变量联系的所有工作空间都被删除, 否则全局变量会一直存在.

2.8.5 子函数

MATLAB 允许一个 M-函数文件包含多个 M-函数的代码. 第一个出现的 M-函数为主函数 (primary function), 其函数名与文件名相同. 其他出现的函数为子函数 (subfunction), 有如下性质:

- 每个子函数的第一行是自己的函数定义行.
- 在 M-函数内, 主函数的位置不可改变, 但子函数的排列次序可以随意改变.
- 子函数只能被处于同一文件的主函数或其他子函数调用.
- M-函数文件中的任何指令通过 "名字" 对函数调用时, 子函数的优先级仅次于内部函数.
- 同一文件的主函数、子函数的工作空间都是彼此独立的.
- help, lookfor 等帮助指令都不能提供关于子函数的任何帮助信息.

2.8.6 关于 MATLAB 编程的几点说明

- 没有必要把 MATLAB 彻底搞懂.
- 可以方便地借助 help 功能, 即时学习.
- 百度一下也可以解决问题.
- 关键是要动手操作, 有 C 语言调试基础, MATLAB 很容易掌握.
- 计算机中使用的双精度数具有 16 位十进制有效数字, 范围在 2^{-1024} 到 2^{1023}, 即 5.562684646268004^{-309} 到 8.988465674311580^{307} 之间. 故只要方法正确, MATLAB 的计算精度会非常高, 虽然有误差, 通常可认为是 "真值". 当然若要更加准确, 需另想办法.

习 题 2

1. 证明: 当 n 充分大时有下列近似估计:

(1) $\dfrac{n^3}{3} + n^2 - \dfrac{1}{3}n = \dfrac{n^3}{3} + n^2 + O(n)$;

(2) $\dfrac{n^3}{3} + n^2 - \dfrac{1}{3}n = \dfrac{n^3}{3} + O(n^2)$;

(3) $\dfrac{n^3}{3} + n^2 - \dfrac{1}{3}n = O(n^3)$.

2. 证明: $\mathbf{R}^{m \times n} = \{(a_{ij})_{m \times n} | a_{ij} \in \mathbf{R}\}$ 在数乘和矩阵加法之下构成实数域上的线性空间.

3. 记区间 $[a, b]$ 上不超过 n 次的实系数多项式全体所成之集为 $H_n[a, b]$. 证明: 在多项式加法和数乘运算下, $H_n[a, b]$ 构成一个线性空间且是 $H_{n+1}[a, b]$ 的子空间.

4. 令 $C[a,b]=\{f(x)|f(x)$ 为 $[a,b]$ 上的连续函数$\}$. 证明：$C[a,b]$ 在函数加法和数乘运算下构成实数域上的一个线性空间且 $H_n[a,b]$ 是 $C[a,b]$ 的 $n+1$ 维子空间.

5. 令 $\{x_i\}_{i=1}^m=\{x_1,\cdots,x_m\}\subset[a,b],Y=\{f(x)|f(x)$ 为在点集 $\{x_i\}_{i=1}^m$ 有定义的函数$\}$. 证明：在函数加法和数乘运算下构成实数域上的一个线性空间.

6. 已知 $x=(3,0,-4,12)^{\mathrm{T}}$, 写出 $||x||_1,||x||_2,||x||_\infty$.

7. 已知 $A=\begin{bmatrix} 1 & 2 \\ 3 & 4 \end{bmatrix}$.

(1) 求 $||A||_p,p=1,2,\infty$;

(2) 求 A 的谱半径 $\rho(A)$.

8. 设 $f(x)=(x-1)^3$, 写出 $f(x)$ 关于 $[a,b]$ 的 $||f||_1,||f||_2,||f||_\infty$.

9. 证明矩阵 A 的谱半径与范数有如下关系：

$$\rho(A)\leqslant||A||,\ \text{其中 }||A|| \text{ 为 } A \text{ 的任何一种算子范数}.$$

10. $\mathbf{R}^n$ 上的两个范数 $||x||_p,||x||_q$ 等价是何含义？$\mathbf{R}^n$ 上是否任意两个范数都是等价的？

11. $\forall x\in\mathbf{R}^n$, 证明 $\mathbf{R}^n$ 中范数 $||\cdot||_1,||\cdot||_2,||\cdot||_\infty$ 之间有如下关系：

(1) $||x||_\infty\leqslant||x||_1\leqslant n||x||_\infty$;

(2) $||x||_\infty\leqslant||x||_2\leqslant\sqrt{n}||x||_\infty$;

(3) $\dfrac{1}{\sqrt{n}}||x||_1\leqslant||x||_2\leqslant||x||_1$.

12. 用 Schmidt 正交化方法求前三个 $(n\leqslant2)$ Legendre 多项式.

13. 证明：$\{\varphi_0,\cdots,\varphi_n\}$ 为点集 $\{x_i\}_{i=1}^m$ 上的线性无关系的充要条件是法方程组 $G^{\mathrm{T}}Ga=G^{\mathrm{T}}y$ 有唯一解, 其中

$$G=\begin{pmatrix} \varphi_0(x_0) & \varphi_1(x_0) & \cdots & \varphi_n(x_0) \\ \varphi_0(x_1) & \varphi_1(x_1) & \cdots & \varphi_n(x_1) \\ \vdots & \vdots & & \vdots \\ \varphi_0(x_m) & \varphi_1(x_m) & \cdots & \varphi_n(x_m) \end{pmatrix}.$$

14. 利用最佳逼近定理, 推导矛盾方程组 $Ax=b$ 的最小二乘解为方程组 $A^{\mathrm{T}}Ax=A^{\mathrm{T}}b$ 的解.

15. 在 MATLAB 开发环境中调试运行例 2.8.7 中的程序代码.

第 3 章　非线性方程求解

第 3 章微课视频

很多实际问题常常需要求解函数的零点或方程的根. 本章会给出常用的求取非线性方程近似解的方法.

3.1　非线性方程求解概述与二分法

3.1.1　基本概念与求解思想

1. 方程的根

定义 3.1.1　设 $f(x)$ 为一个函数, 称方程

$$f(x) = 0 \tag{3.1.1}$$

的解为方程的根或函数 $f(x)$ 的零点. 若 $f(x)$ 可表示为

$$f(x) = (x - x^*)^m g(x), \tag{3.1.2}$$

其中, m 为大于 1 的整数且 $g(x^*) \neq 0$, 则称 x^* 为方程 (3.1.1) 的 m 重根或函数 $f(x)$ 的 m 重零点; $m = 1$ 时又称为方程的单根.

定义 3.1.2　若 $f(x)$ 为 x 的线性函数, 则称方程 $f(x) = 0$ 为线性方程, 否则称为非线性方程.

在常见的方程中, 当 $f(x) = a_n x^n + a_{n-1} x^{n-1} + \cdots + a_1 x + a_0$ 为 n 次多项式时, 称 $f(x) = 0$ 为 n 次代数方程; 若 $f(x)$ 为超越函数, 则称 $f(x) = 0$ 为超越方程 (见本节末附录). 如 $\mathrm{e}^{-x} - \sin \frac{\pi x}{2} = 0$ 就是一个超越方程.

关于方程的根, 理论上已证明 5 次以上的代数方程无一般公式解; 3 次和 4 次代数方程有公式解, 但公式复杂不实用. 超越方程, 更无一般求根公式. 显然, 线性方程之解易得, 非线性方程之根难寻.

问题 3.1.1　欲求非线性方程之根, 咋办?

答　建立求解近似根的数值方法.

2. 求方程近似根的主导思想

(1) 搞清根的必要信息.

即方程是否有根? 若有, 有几个根?

(2) 完成根的隔离.

确定根所在的区间, 使方程在该区间内有且仅有一个根, 这一过程称为**根的隔离**. 仅有一根的区间称为**隔根区间**. 一旦完成根的隔离, 则隔根区间的端点就可作为根的近似值.

(3) 近似根的精确化.

已知一个根的粗略近似值后, 建立计算方法将其逐步精确化, 直到满足给定精度为止.

注   关于根的存在性是纯数学问题, 在此不详细介绍, 读者可查阅代数学或复分析等书籍作进一步了解.

3.1.2   根的隔离

1. 单调函数零点确定法

按照连续函数零点存在定理, 若函数 $f(x) \in C[a,b]$ 且严格单调, 又有 $f(a)f(b) < 0$, 则在 (a,b) 内方程 $f(x) = 0$ 有且仅有一个实根. 故 $[a,b]$ 为一个隔根区间.

2. 作图法

画出 $y = f(x)$ 的草图, 由 $f(x)$ 与 x 轴交点的大概位置, 确定有根区间.

技巧 1   利用导函数 $f'(x)$ 的正、负与函数 $f(x)$ 单调性的关系来确定根的大概位置, 就是高等数学里常用的那些方法.

技巧 2   等价方程转化法. 若 $f(x)$ 较为复杂, 可设法将 $f(x) = 0$ 转化为等价方程 $\varphi(x) = \psi(x)$, 则 $y = \varphi(x)$ 与 $y = \psi(x)$ 的交点的横坐标为欲求之根. 当然 φ 与 ψ 的图形应该易画才是.

例 3.1.1   求 $3x - 1 - \cos x = 0$ 的隔根区间.

解   将方程变形为 $3x - 1 = \cos x$, 则 $y = 3x - 1$ 及 $y = \cos x$ 的图形都容易绘出, 如图 3.1.1 所示. 可见方程只有一个实根 $x^* \in \left(\dfrac{1}{3}, \dfrac{2}{3}\right)$, 故隔根区间可取为 $\left(\dfrac{1}{3}, \dfrac{2}{3}\right)$.

例 3.1.2   求 $f(x) = x^4 - 4x^3 + 1 = 0$ 的隔根区间.

解   其过程无异于高等数学中的分析作图. 由 $f'(x) = 4x^3 - 12x^2 = 0$, 可得驻点 $x_1 = 0, x_2 = 3$, 由此而得到三个区间 $(-\infty, 0), (0, 3), (3, +\infty)$. $f'(x)$ 在三个区间上的正负号分别为 "–" "–" "+", 由此可见, 函数 $f(x)$ 在三个区间上分别为

"减""减""增", 并且因为 $f(-\infty) > 0, f(0) = 1 > 0, f(3) = -26 < 0, f(+\infty) > 0$, 所以仅有两个实根, 分别位于 $(0,3), (3,+\infty)$ 内. 又因 $f(4) = 1 > 0$, 所以, 两个隔根区间可取为 $(0,3), (3,4)$.

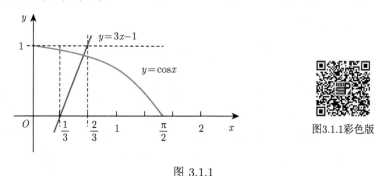

图 3.1.1 彩色版

图 3.1.1

3. 逐步搜索法

若函数 $f(x) \in C[a,b]$, 则可从区间左端点 a 出发, 按选定的步长 h 一步步向右搜索, 若

$$f(a+jh)f(a+(j+1)h) < 0, \quad j = 0, 1, 2, \cdots,$$

则 $f(x)$ 在区间 $(a+jh, a+(j+1)h)$ 内必有一个零点. 搜索过程也可从 b 开始, 这时应取步长 $h < 0$.

> **评注** 此法的隔离区间不易确定. 步长太大容易失察; 步长太小效率太低; 除非对问题了解通透. 其情形恰如某生吃皮厚馅小的包子之趣事.
> 某生第一口便问: 咋无馅?
> 店家: 您这口咬得太小.
> 该生第二口又问: 咋仍不见馅?
> 店家: 您这口太大, 馅咬过了!

3.1.3 二分法

1. 二分法的基本思想

假设已经得到了一个隔根区间, 则用中点可将该区间分为两个子区间. 再根据零点存在定理, 判别其一为新的隔根区间. 然后再对新隔根区间重复上述过程. 注意到, 每重复一次, 新隔根区间长度将减少一半. 不断重复上述过程, 则可求得满足精度要求的近似根.

2. 具体步骤

设 $f(x) \in C[a,b]$, 且 $[a,b]$ 为 $f(x) = 0$ 的隔根区间, $f(a)f(b) < 0$, 如图 3.1.2

所示. 记 $[a, b]$ 为 $[a_0, b_0]$, 取 $x_0 = \dfrac{1}{2}(a_0 + b_0)$, 若 $f(x_0) = 0$, 则 x_0 为所求之根. 否则, 在 $[a, x_0]$ 与 $[x_0, b]$ 两个区间中, 必有且仅有一个为有根区间, 记为 $[a_1, b_1]$. 注意到, 必有 $f(a_1)f(a) > 0$, $f(b_1)f(b) > 0$. 对 $[a_1, b_1]$ 重复上述过程, 递归可得有根区间 $[a_2, b_2], \cdots, [a_n, b_n]$, 注意到

$$b_n - a_n = \frac{1}{2^n}(b - a), \tag{3.1.3}$$

且 $f(a_n)f(a) > 0, a_{n-1} \leqslant a_n \leqslant b$, 从而 a_n 单增有上界; 对于数列 b_n 有 $f(b_n)f(b) > 0, b_{n-1} \geqslant b_n \geqslant a$, 从而 b_n 单减有下界. 按单调有界收敛原理及 (3.1.3) 可知 a_n, b_n 皆收敛于同一值, 不妨设 $\lim\limits_{n \to \infty} a_n = \lim\limits_{n \to \infty} b_n = x^*$, 而又由 $f(a_n)f(a) > 0$ 及 $f(b_n)f(b) > 0$ 知 $f(x^*)f(a) \geqslant 0, f(x^*)f(b) \geqslant 0$. 故 $f(x^*)$ 既与 $f(a)$ 同号又与 $f(b)$ 同号. 注意到 $f(a)$ 与 $f(b)$ 异号, 故必有 $f(x^*) = 0$, 即 x^* 为欲求之根. 其近似解可取为

$$x_n = \frac{1}{2}(a_n + b_n). \tag{3.1.4}$$

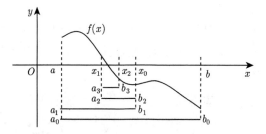

图 3.1.2   二分隔根区间减半缩小过程示意图

3. 误差估计与收敛性

若取上式中的 x_n 作为 x^* 的近似值, 则误差为

$$|x^* - x_n| \leqslant \frac{1}{2}(b_n - a_n) = \frac{1}{2^{n+1}}(b - a). \tag{3.1.5}$$

对于给定的误差限 ε, 利用上式可估计对分次数 n 如下:

$$|x^* - x_n| \leqslant \frac{1}{2^{n+1}}(b - a) \leqslant \varepsilon,$$

即 $2^{n+1} \geqslant \dfrac{b - a}{\varepsilon}$, 故

$$n \geqslant \frac{\ln(b - a) - \ln \varepsilon}{\ln 2} - 1. \tag{3.1.6}$$

显然, 由 (3.1.5) 式知二分法具有收敛性, 且求解精度可任意高.

例 3.1.3 用二分法求方程 $x^3 - x - 1 = 0$ 的实根, 要求误差不超过 0.005. 问至少需对分多少次?

解 首先需要确定初始隔根区间. 将方程等价变形为 $x^3 = x + 1$, 分别绘制 x^3 与 $x + 1$ 的图形可知原方程的根 $\in (1, 1.5)$. 由 (3.1.5) 式知

$$\frac{1}{2^{n+1}}(b - a) = \frac{1}{2^{n+1}}(1.5 - 1) = \frac{1}{2^{n+2}},$$

令 $\dfrac{1}{2^{n+2}} \leqslant 0.005$, 即 $n \geqslant \dfrac{2}{\lg 2} - 1 \approx 5.6$, 故对分次数取 $n = 6$ 即可.

评注 计算过程中, 还应根据精度要求合理确定 x_n 的精度. 显然, 本问题中, x_n 取到小数点 4 位后即可.

4. 对分法的优缺点

优点: 原理和计算均简, 方法可靠, 容易估计误差.

缺点: 不能求偶次重根和复根, 因隔根区间左右端点函数值可能不异号, 进而不能进行隔根区间的缩小. 另外, 收敛速度较慢.

因此, 在求方程近似根时, 对分法一般很少单独使用, 但常用于为其他高速收敛算法 (如 Newton 法) 提供初值.

3.1.4 MATLAB 分分钟代码实现

本部分作为本书第一个实用程序的例子, 将先给出二分法 M-函数代码, 再给出调用实例及其详尽的语句解释. 目的是方便初学者 "依样画葫芦". 代码中有些 M-函数不必弄得太过清楚, 知道其功能和使用方法就行. 所有代码均在 MATLAB 7.6.0 中运行通过.

1. 二分法 M-函数代码

```
function [c,err,yc]=bisect(f,a,b,delta)
%Input: f 为字符串函数名'f';
%       a,b为求根区间左右端点.
%       delta 为容许误差限
%Output: c 是零点, yc=f(c);
%        err 是0点c的估计误差.
ya=feval(f,a);
yb=feval(f,b);
if ya*yb>0,break,end
max1=1+round((log(b-a)-log(delta))/log(2));
for k=1:max1
```

```
        c=(a+b) /2;
        yc=feval(f,c);
        if yc==0,a=c;b=c;
        elseif yb*yc>0,b=c;yb=yc;
        else a=c;ya=yc;
        end
        if b-a< delta, break,end
    end
    c=(a+b)/2;
    err=abs(b-a);
    yc=feval(f,c);
```

2. 二分法函数代码的调用

欲用上述二分法代码求函数零点, 需要编写一个调用它的新程序. 下面给出示例 bisect_ex1.m 供读者调试学习及熟悉 MATLAB 编程, 必要的话请读者翻阅本书 2.8 节. 更详尽的信息可参考 MATLAB 的 help 文件或在网上查询相关信息. 下面是求函数 $f(x) = x^3 - x - 1$ 之零点的程序代码. 运行 HL31exi1_bisect.m 后, 命令窗口将显示 0 点 z1, 误差 err1 和 f(z1) 的值 yc1 如下:

```
z1 =  1.32617187500000
err1 = 0.00390625000000
yc1 = 0.00620882958174
```

HL31exi1_bisect.m 文本如下:

```
function HL31exi1_bisect % 给程序起个名字, 文件名就得是函数名
% "HL31exi1_bisect".
%本程序用函数型M-文件, 因脚本型M-文件不能在里面定义函数.
clc;          %清理窗口, 方便查看本程序运行信息.
f='f1';       %f1是函数名, 函数定义在后面;
[z1,err1,yc1]=bisect(f,1,1.5,0.005) %调用二分法求f1的0点z1,
%为显示结果, 此句没用分号结尾.
see=1;        %设置观察变量纯属方便调试设置断点;
return;       %程序运行正常总体返回, 即正常终止.
%===============================%
%二分法通用M函数定义开始.
function [c,err,yc]=bisect(f,a,b,delta)
%Input: f 为字符串函数名'f';
%        a,b为求根区间左右端点.
%        delta 为容许误差限.
%Output:  c 是零点, yc=f(c);
```

```
%          err 是0点c的估计误差.
ya=feval(f,a);              %计算f(a).
yb=feval(f,b);              %计算f(b).
if ya*yb>0,return;end %若两端点函数值同号则有错终止.
max1=1+round((log(b-a)-log(delta))/log(2));
% 估算二分次数, round 为近取整函数,
% 加1比较保险, max1为二分循环次数;
for k=1:max1                %二分开始.
c=(a+b) /2;
yc=feval(f,c);
if yc==0,a=c;b=c;   %喜之极!
elseif yb*yc>0,b=c;yb=yc;
else a=c;ya=yc;
end
if b-a< delta, break,end %继续二分已无必要!
end
%二分结果返回参数部分.
c=(a+b)/2;                 %近似0点为c.
err=abs(b-a);              %误差限.
yc=feval(f,c);             %近似零点的函数值.
% 二分法通用函数定义结束.
%==================================
%欲求0点的函数定义.
function zhao1=f1(x)
zhao1=x^3-x-1;
%函数f1定义结束.
```

HL31ex2_bisect.m 为一个比较全面的程序, 在上述 HL31exi1_bisect.m 基础上, 添加了显示功能, 可以方便展现计算结果. 程序分为主程序段、运算结果显示段、图形显示段、二分法通用 M-函数定义段和函数定义段, 共 5 段. 读者可以复制至 MATLAB 编辑器直接运行. 运行完毕后会在命令窗口出现图 3.1.3, 并在图形窗口绘出图 3.1.4 所示的图形.

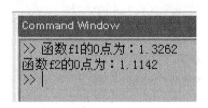

图 3.1.3

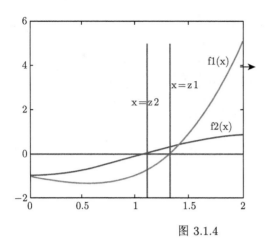

图3.1.4彩色版

图 3.1.4

HL31ex2_bisect.m 文本如下：

```
% 主程序段开始.
function HL31ex2_bisect % 给程序起个名字,
% 文件名就得是函数名 "HL31ex2_bisect".
% 本程序用函数型M-文件, 因脚本型M-文件不能在里面定义函数.
clc;                    % 清理命令窗口.
f='f1';                 % f1是函数名, 函数定义在后面;
[z1,err1,yc1]=bisect(f,1,1.5,0.005); %二分法求f1的0点z1, f='f2';
[z2,err2,yc2]=bisect(f,0,2,1/10000); %二分法求f2的0点z2.
see=1;                          %设置观察变量纯属方便调试设置断点;
% 主程序段结束.
%===================================
% 运算结果显示段开始.
% 本段用于显示结果, 可以删掉, 前面的语句去掉分号后就可显示.
z1_str=num2str(z1);       %将0点数据转换为字符串为显示备用.
str_temp=['函数f1的0点为: ',z1_str]; %添加说明文字.
disp(str_temp);            %在命令窗口显示"函数f1的0点为: XXXX".
z2_str=num2str(z2);
str_temp=['函数f2的0点为: ',z2_str];
disp(str_temp);
see=1;
% 运算结果显示段结束.
%===================================
% 图形显示段开始.
%下面画出函数图形和0点的位置, 用于观察0点位置是否靠谱, 一眼就可
%看出结果有无问题; 作为学习, 也可以先删掉此段.
```

```
x=0:0.005:2;                        %准备自变量点列.
for k=1:length(x)
    y1(k)=feval('f1',x(k));        %计算f1的函数值列.
    y2(k)=feval('f2',x(k));        %计算f2的函数值列.
end
plot(x,y1,'r','Linewidth',2);     %用红色线条绘制f1.
hold on;
text(1.7,4,'f1(x) \rightarrow'); %在坐标点(1.7,4)处标注f1(x)
% 并用右箭头指示.
plot(x,y2,'b','Linewidth',2);     %用蓝色线条绘制f2.
text(1.7,1,'f2(x)');              %标注 f2(x).
plot([0,2],[0,0],'b');            %用蓝色线条绘制x轴.
plot([z1,z1],[-2,5]);             %用蓝色线条绘制x=z1.
text(1.35,3,'x=z1 ');             %标注x=z1.
plot([z2,z2],[-2,5]);             %用蓝色线条绘制x=z2.
text(0.95,2,'x=z2 ');             %标注 x=z2.
see=2;
return;        %程序运行正常总体返回, 即正常终止图形显示段结束.
%=====================================
% 二分法通用函数定义段开始 %
function [c,err,yc]=bisect(f,a,b,delta)
%Input   - f is the function input as a string 'f'.
%         - a and b are the left and right end points.
%         - delta is the tolerance
%Output- c is the zero
%         - yc=f(c)
%         - err is the error estimate for c
ya=feval(f,a);                    %计算f(a).
yb=feval(f,b);                    %计算f(b).
if ya*yb>0,return;end %若两端点函数值同号则有错终止.
max1=1+round((log(b-a)-log(delta))/log(2));%估算二分次数.
%round 为取整函数, 加1为了保险, max1为二分循环次数.
for k=1:max1                      %二分开始.
    c=(a+b) /2;
    yc=feval(f,c);
    if yc==0,a=c;b=c;             %根找到了, 喜之极!
    elseif yb*yc>0,b=c;yb=yc;
    else a=c;ya=yc;
    end
    if b-a<delta, break,end       %误差已满足要求, 继续二分已无必要!
```

```
end
%二分结果返回参数部分.
c=(a+b)/2;                    %近似0点为c.
err=abs(b-a);                 %误差限.
yc=feval(f,c);               %近似零点的函数值.
% 二分法通用函数定义结束 %
%===================================
%. 欲求0点之函数定义段开始.
%-------------------------------
% 函数f1定义开始.
function y=f1(x)
y=x^3-x-1;
% 函数f1定义结束.
%-------------------------------
% 函数f2定义开始.
function y=f2(x)
y=x*sin(x)-1;
% 函数f2定义结束.
%-----------------------------;
% 函数定义段结束.
```

附录

代数方程通常指 "整式方程", 即由多项式组成的方程. 有时也泛指由未知数的代数式所组成的方程, 包括整式方程、分式方程和无理方程.

超越函数: 变量之间的关系不能用有限次加、减、乘、除、乘方、开方运算表示的函数. 如对数函数、反三角函数、指数函数、三角函数等就属于超越函数.

超越函数就是 "超出" 代数函数范围的函数, 也就是说函数不能表示为有限次的加、减、乘、除和开方的运算.

3.2　迭　代　法

迭代法是求解方程根的一种主要方法. 它是通过逐步逼近的方式, 求解满足预先给定精度要求的方程近似解的数值方法.

3.2.1　迭代原理

1. 迭代法的基本思想

其基本思想是靠迭代逐次逼近目标. 做法如下: 设方程 $f(x)=0$ 在隔根区间 $[a,b]$ 内有一根 x^*, 将方程化为等价方程 $x=\varphi(x)$, 并在 $[a,b]$ 内任取一点 x_0 作

为初始近似值, 然后按迭代公式

$$x_{k+1} = \varphi(x_k) \quad (k = 0, 1, 2, \cdots)$$

进行计算, 若 $\{x_k\}$ 收敛于 x^* 且 $\varphi(x)$ 在 x^* 处连续, 则有

$$x^* = \lim_{k \to \infty} x_{k+1} = \lim_{k \to \infty} \varphi(x_k) = \varphi\left(\lim_{k \to \infty} x_k\right) = \varphi(x^*).$$

故 x^* 就是方程 $f(x) = 0$ 的解. 故当 k 充分大时, 可取 x_k 为方程的近似解. 这种求根方法称为**迭代法**.

从映射的角度看等式 $x^* = \varphi(x^*)$, 可将 x^* 视为映射 $\varphi(x)$ 的不动点, 故上述迭代法又称为**不动点迭代法**. 也经常称为**简单迭代法**和**逐次逼近法**.

2. 迭代序列

定义 3.2.1 设函数 $\varphi(x)$ 在点 x_0 有定义, 若对于 $k = 0, 1, 2, \cdots$,

$$x_{k+1} = \varphi(x_k) \tag{3.2.1}$$

均有意义, 则 $\{x_k\}$ 称为**迭代序列**, 式 (3.2.1) 称为产生序列 $\{x_k\}$ 的**迭代格式**, $\varphi(x)$ 称为**迭代函数**, x_0 称为**迭代初值**. 如果迭代序列收敛, 则称迭代格式 (3.2.1) 收敛, 否则称其发散.

例 3.2.1 用不同迭代法求方程 $x^4 + 2x^2 - x - 3 = 0$ 在区间 $[1, 1.2]$ 内的实根, 并比较分析方法之间的差异. 已知具有 10 位有效数字的近似解为 $x^* = 1.124123029$.

解 对方程进行变形, 可得如下三种等价形式:

$$x = \varphi_1(x) = (3 + x - 2x^2)^{1/4};$$
$$x = \varphi_2(x) = \sqrt{\sqrt{x + 4} - 1};$$
$$x = \varphi_3(x) = x^4 + 2x^2 - 3.$$

分别按以上三种形式建立迭代格式, 并取初值 $x_0 = 1$ 进行迭代计算, 结果如下.

$x_{k+1} = \varphi_1(x_k), x_{26} = x_{27} = 1.124123$. 可见迭代序列收敛, 但收敛速度较第二种格式慢.

$x_{k+1} = \varphi_2(x_k), x_6 = x_7 = 1.124123$. 可见迭代序列收敛, 但收敛速度较第一种格式快很多.

$x_{k+1} = \varphi_3(x_k), x_3 = 96, x_4 = 8.495307 \times 10^7$. 可见迭代序列发散.

计算结果表明:

(1) 将某一方程化为等价方程的方法不唯一.

(2) 迭代函数不唯一, 故迭代格式不唯一.

(3) 迭代序列有可能收敛, 也可能发散.

(4) 不同迭代格式收敛速度有快慢之分.

(5) 迭代法的收敛性应与迭代函数在方程根附近的性态有关.

问题 3.2.1　如何探讨迭代格式的收敛性? (请先思考再继续阅读.)

3. 几何意义透视

图 3.2.1 给出了一些典型收敛和发散迭代函数 $\varphi(x)$ 的图形, 读者可以尝试通过观察发现迭代序列的敛散条件.

> **评注**　一般教材中都会有图 3.2.1 中所示 (a),(b),(c),(d) 收敛与发散的四种图形, 如何从这些图形中找到导致收敛与发散的关键信息, 初学者往往会被曲线形状所迷惑. 尝试考查迭代函数 $|\varphi'(x)| > 1$ 或 < 1 的情况, 并以直线代替曲线, 就会很方便地看出原因. 图 3.2.1(e) 画出的临界状态 $|\varphi'(x)| = 1$ 的情况最能说明问题. 实际上, x_n 的移动路径主要取决于迭代函数的斜率. 注意到曲线至简则为直, 这里提示以直线代替曲线进行观察, 用到了一种分析事物的常用思想: **形至简则无匿, 物至简则理明**. 类似地, 比如观察某种矩阵的规律, 二阶往往不具有一般性, 最好用三阶或四阶矩阵进行观察, 其阶数不高, 既不至于被元素太多所迷惑, 又可保证代表一定的规律性.

提醒读者, 在后续阅读中, 请留意下述问题.

问题 3.2.2　迭代格式在何条件下才能保证收敛?

问题 3.2.3　如何判别迭代收敛的速度?

问题 3.2.4　如何建立快速收敛的迭代格式?

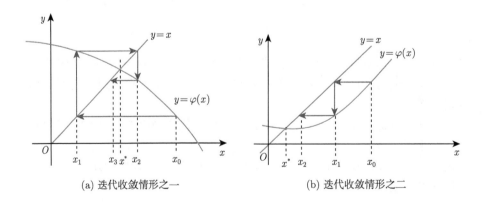

(a) 迭代收敛情形之一　　　　　　　(b) 迭代收敛情形之二

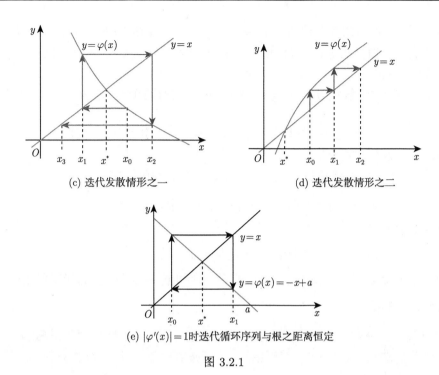

(c) 迭代发散情形之一   (d) 迭代发散情形之二

(e) $|\varphi'(x)|=1$ 时迭代循环序列与根之距离恒定

图 3.2.1

3.2.2 迭代法的收敛条件

1. 压缩映象原理

定理 3.2.1 (压缩映象原理) 设函数 $\varphi(x)$ 在区间 $[a,b]$ 上满足条件

(1) 封闭性: $\forall x \in [a,b], a \leqslant \varphi(x) \leqslant b$;

(2) 压缩性: $\forall x, y \in [a,b], |\varphi(x)-\varphi(y)| \leqslant L|x-y|$, 其中 L 为常数且 $0 < L < 1$, 则方程 $x = \varphi(x)$ 在 $[a,b]$ 内有唯一根 x^*, 且对任意初值 $x_0 \in [a,b]$, 迭代序列 $x_{n+1} = \varphi(x_n)(n=0,1,2,\cdots)$ 均收敛于 x^*.

证 下证存在性. 几何意义如图 3.2.2 所示.

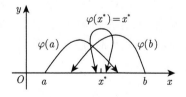

图 3.2.2 不动点示意图

由压缩性条件易得 $\varphi(x)$ 在 $[a,b]$ 上连续. 令 $\psi(x) = x - \varphi(x)$, 则 $\psi(x)$ 也在

$[a,b]$ 上连续, 由封闭性条件知 $\psi(a) = a - \varphi(a) \leqslant 0, \psi(b) = b - \varphi(b) \geqslant 0$. 由连续函数介值定理知存在 $\xi \in [a,b]$, 使得 $\psi(\xi) = 0$, 即 $\xi = \varphi(\xi)$. 所以方程 $x = \varphi(x)$ 在 $[a,b]$ 内有根.

下证唯一性. 假设方程 $x = \varphi(x)$ 在 $[a,b]$ 内有两个根 $x_1^* \neq x_2^*$, 由压缩条件 (2) 有

$$|x_1^* - x_2^*| = |\varphi(x_1^*) - \varphi(x_2^*)| \leqslant L|x_1^* - x_2^*| < |x_1^* - x_2^*|.$$

因而矛盾, 故唯一性得证.

下证收敛性. 对任意的 $x_0 \in [a,b]$, 由迭代公式和压缩性有

$$|x_n - x^*| = |\varphi(x_{n-1}) - \varphi(x^*)| \leqslant L|x_{n-1} - x^*| \leqslant \cdots,$$

递推下去可得

$$|x_n - x^*| \leqslant L^n |x_0 - x^*|.$$

因为 $0 \leqslant L < 1$, 所以 $\lim\limits_{n\to\infty} x_n = x^*$, 即对任意初值 $x_0 \in [a,b]$, 迭代序列 $\{x_n\}$ 均收敛到方程的根 x^*.   证毕.

> **评注**　由证明过程可见, L 越小则敛速越快, 故 L 有**渐近收敛因子**之称. 显然, 利用导数表示压缩条件, 使用更加方便. 按照中值定理, 压缩性条件 (2) 的加强形式为 $|\varphi'(x)| \leqslant L < 1$.

定义 3.2.2　对于隔根区间 $[a,b]$ 和某个迭代格式 $x_{n+1} = \varphi(x_n)$, 如果对任意给定的 $x_0 \in [a,b]$, 均有 x_n 收敛于 $x^* = \varphi(x^*)$, 则通常称该格式具有**全局收敛性**; 如果存在根 x^* 的某个邻域, 取其内任一点为 x_0, 均有 x_n 收敛于 $x^* = \varphi(x^*)$, 则称该迭代格式具有**局部收敛性**.

显然, 压缩映象原理中的迭代格式具有全局收敛性.

问题 3.2.5　全局收敛性一般难于保证, 局部收敛性条件是否容易保证, 又有哪些呢? (后续阅读中, 请注意这些问题.)

2. 局部收敛条件

定理 3.2.2 (局部收敛定理)　设在方程 $x = \varphi(x)$ 的根 x^* 的某邻域 $N(x^*, \delta) = \{x \,|\, |x - x^*| < \delta\}$ 内, $\varphi(x)$ 可导, 且存在常数 $L(0 < L < 1)$, 使得 $\forall x \in N(x^*, \delta)$ 有 $|\varphi'(x)| \leqslant L$, 则对任意初值 $x_0 \in N(x^*, \delta)$, 迭代序列 $x_{n+1} = \varphi(x_n)(n = 0, 1, 2, \cdots)$ 均收敛于 x^*, 并有误差估计:

$$|x^* - x_n| \leqslant \frac{L}{1 - L}|x_n - x_{n-1}|, \tag{3.2.2}$$

$$|x^* - x_n| \leqslant \frac{L^n}{1 - L}|x_1 - x_0|. \tag{3.2.3}$$

证 $\forall x_0 \in N(x^*, \delta)$, 取闭邻域 $B(x^*, \delta_1) = [x^* - \delta_1, x^* + \delta_1]$ 使得 $x_0 \in B(x^*, \delta_1)$. 由定理 3.2.1, 只需验证 $\varphi(x)$ 对 $B(x^*, \delta_1)$ 具有封闭性和压缩性即可. 压缩性由中值定理显见. 下证封闭性, 即 $\forall x \in B(x^*, \delta_1)$, 要证 $\varphi(x) \in B(x^*, \delta_1)$. 为此, 考查 $x \in B(x^*, \delta_1)$, 由中值定理知存在 w 介于 x^* 与 x 之间, 使得

$$
\begin{aligned}
|x^* - \varphi(x)| &= |\varphi(x^*) - \varphi(x)| \\
&= |\varphi'(w)(x^* - x)| \\
&\leqslant L|x^* - x| \\
&< |x^* - x| \leqslant \delta_1,
\end{aligned}
$$

故 $\varphi(x) \in B(x^*, \delta_1)$, 所以封闭性得证.

其次证 (3.2.2) 式. 考查

$$
\begin{aligned}
|x^* - x_n| &= |\varphi(x^*) - \varphi(x_{n-1})| \\
&= |\varphi'(w_{n-1})(x^* - x_{n-1})| \\
&\leqslant L|x^* - x_{n-1}| \\
&\leqslant L(|x^* - x_n| + |x_n - x_{n-1}|),
\end{aligned}
$$

解出 $|x^* - x_n|$ 可得

$$
|x^* - x_n| \leqslant \frac{L}{1 - L}|x_n - x_{n-1}|.
$$

故式 (3.2.2) 得证.

下证 (3.2.3) 式. 因 $|x_n - x_{n-1}| = |\varphi(x_{n-1}) - \varphi(x_{n-2})|$, 由中值定理知 $\exists w_{n-1}$ 介于 x_{n-1} 与 x_{n-2} 之间使得

$$
|x_n - x_{n-1}| = |\varphi'(w_{n-1})(x_{n-1} - x_{n-2})| \leqslant L|x_{n-1} - x_{n-2}|,
$$

递推可得

$$
|x_n - x_{n-1}| \leqslant L^{n-1}|x_1 - x_0|.
$$

代入 (3.2.2) 式, 知 (3.2.3) 式真. 证毕.

推论 3.2.1 若 $\varphi'(x)$ 在 x^* 的某邻域内连续且 $|\varphi'(x^*)| < 1$, 则迭代格式 $x_{n+1} = \varphi(x_n)$ 是局部收敛的.

证 因 $|\varphi'(x^*)| < 1$, 可取常数 L 使得 $|\varphi'(x^*)| < L < 1$; 又因 $\varphi'(x)$ 在 x^* 连续, 由局部保号性可知 $\exists \delta > 0, \forall x \in (x^* - \delta, x^* + \delta)$ 有 $|\varphi'(x)| \leqslant L < 1$, 即 $\varphi(x)$ 满足定理条件, 故是局部收敛的. 证毕.

评注　局部收敛性定理和其推论给出的是不同的局部收敛性条件. 定理中的条件是在 x^* 的某个小邻域内要求 $|\varphi'(w)| \leqslant L < 1$. L 越小收敛速度越快! 定理结论侧重于定量描述. 而推论中的条件简化为 $\varphi'(x)$ 连续且不等式 $|\varphi'(x^*)| < 1$ 仅对点 x^* 有要求, 更侧重于定性描述, 故更容易验证. 但初值的取值范围没有定理中的明确, 需要自己确定. 定理中 $N(x^*, \delta)$ 是以 x^* 为中心的对称邻域, 具体应用时, 不必苛求隔根区间是不是以 x^* 为中心的邻域, 只要取得足够小且在该区间中满足 $|\varphi'(w)| \leqslant L < 1$ 即可. 此时, 其内任一点 x_0 为初值的迭代序列一定收敛于欲求之根. **据此可选取合适的迭代格式.** 通常, 先用对分法求得较好的初值, 然后再进行迭代.

3.2.3　两个误差公式的意义

1. 计算误差的事后估计法和事前估计法

(3.2.2) 式说明, 当 L 不太接近于 1 时, 相邻两次迭代值之差的绝对值计算更简单, 并且可以反映当前近似精度, 故可用来估计误差并控制迭代次数. 即当给定误差 ε 时, 取 $\delta = \varepsilon(1-L)/L$, 如果有 $|x_n - x_{n-1}| \leqslant \delta$, 则有

$$|x^* - x_n| \leqslant \frac{L\delta}{1-L} \leqslant \varepsilon,$$

就可停止计算并取 x_n 作为方程的近似根. 这种在计算过程中用相邻两次计算结果来估计误差的方法, 称为**事后估计法**.

式 (3.2.3) 给出的误差估计法, 称为**事前估计法**. 因为用它可以估计出要达到给定误差 ε 所需的迭代次数 n.

事实上, 由 $|x^* - x_n| \leqslant \dfrac{L^n}{1-L} |x_1 - x_0| \leqslant \varepsilon$, 可知

$$n \geqslant \frac{1}{\ln L} \ln \frac{(1-L)\varepsilon}{|x_1 - x_0|}.$$

2. 常用迭代结束条件

常用 $E < \varepsilon$ 作为迭代结束条件, 其中,

$$E = \begin{cases} |x_k - x_{k-1}|, & |x_k| \leqslant 1, \\[2mm] \dfrac{|x_k - x_{k-1}|}{|x_k|}, & |x_k| > 1. \end{cases}$$

这种做法, 利用事后估计法不难给出合理解释. 实际计算时, 结束条件还常用高度 $|f(x_n)| < \varepsilon$ 加以辅助, 即当函数值足够接近于 0 时, 就认为相应的自变量值足够接近函数的 0 点了.

问题 3.2.6 迭代收敛速度快为好, 那收敛速度该如何度量呢?

3.2.4 迭代过程的收敛速度

1. 收敛速度的阶

定义 3.2.3 (收敛速度的阶) 设序列 $\{x_n\}$ 收敛于 x^*, 且 $x_n \neq x^*$, 令 $e_n = x_n - x^*$, 若存在正数 p 和 c 使得

$$\lim_{n \to \infty} \frac{|e_{n+1}|}{|e_n|^p} = c \tag{3.2.4}$$

成立, 则称 $\{x_n\}$ 是 p 阶收敛的, 或称 $\{x_n\}$ 的收敛阶数为 p. 特别地, $p = 1$ 时称为线性收敛; $p > 1$ 时称为超线性收敛; $p = 2$ 时称为平方收敛.

> **评注** 收敛阶数 p 的大小刻画了序列 $\{x_n\}$ 的收敛速度, 阶数越高收敛速度越快. 此处的 "阶数" 与 "同阶无穷小" 的阶数如出一辙! 应注意到, 阶数相同时 c 值越小收敛速度越快.

然而, c 不必小于 1, 如 $x_n = \frac{1}{2}b^{2^n}$, 其中 $b < 1$, 则 $\frac{x_{n+1}}{x_n^2} \to 2$, 即此时 $c = 2$. 但当 $p = 1$ 时, 必有 $c \leqslant 1$, 否则与收敛假设相违.

2. r 阶收敛定理

定理 3.2.3 设迭代函数 $\varphi(x)$ 在 x^* 有 $r(\geqslant 2)$ 阶导数, $x^* = \varphi(x^*)$, 并且有 $\varphi^{(k)}(x^*) = 0(k = 1, \cdots, r-1)$, 但 $\varphi^{(r)}(x^*) \neq 0$, 则 $x_{n+1} = \varphi(x_n)$ 产生的序列 $\{x_n\}$ r 阶收敛.

证 由 $\varphi'(x)$ 的连续性及 $\varphi'(x^*) = 0$ 可知迭代格式 $x_{n+1} = \varphi(x_n)$ 满足局部收敛条件, 所以只要初值合适则可保证 $\{x_n\}$ 收敛到 x^*. 利用带 Peano 余项的 Taylor 公式可知

$$
\begin{aligned}
x_{n+1} &= \varphi(x_n) \\
&= \varphi(x^*) + \varphi'(x^*)(x_n - x^*) + \cdots \\
&\quad + \frac{\varphi^{(r-1)}(x^*)}{(r-1)!}(x_n - x^*)^{r-1} + \frac{\varphi^{(r)}(x^*)}{r!}(x_n - x^*)^r + o\left((x_n - x^*)^r\right) \\
&= x^* + \frac{\varphi^{(r)}(x^*)}{r!}(x_n - x^*)^r + o\left((x_n - x^*)^r\right),
\end{aligned}
$$

故

$$\lim_{n \to \infty} \frac{x_{n+1} - x^*}{(x_n - x^*)^r} = \frac{\varphi^{(r)}(x^*)}{r!} \neq 0.$$

故 $\{x_n\}$ 是 r 阶收敛的.								证毕.

例 3.2.2　证明迭代公式 $x_{k+1} = \dfrac{x_k(x_k^2 + 3a)}{(3x_k^2 + a)}$ 是求 $a^{1/2}$ 的三阶方法.

证　令 $f(x) = \dfrac{x(x^2 + 3a)}{(3x^2 + a)}$, 仅需证明

$$f\left(a^{1/2}\right) = a^{1/2}, \quad f'\left(a^{1/2}\right) = f''\left(a^{1/2}\right) = 0, \quad f^{(3)}\left(a^{1/2}\right) \neq 0$$

即可. 验证可知 $f(a^{1/2}) = a^{1/2}$. 为了求导方便, 变形得

$$(3x^2 + a)f(x) = x(x^2 + 3a).$$

由隐函数求导法两边对 x 求导得

$$\left(3x^2 + a\right) f'(x) + 6xf(x) - 3x^2 - 3a = 0, \tag{3.2.5}$$

代入 $a^{1/2}$ 可得 $f'(a^{1/2}) = 0$. 在 (3.2.5) 两端再对 x 求导得

$$\left(3x^2 + a\right) f''(x) + 12xf'(x) + 6f(x) - 6x = 0, \tag{3.2.6}$$

注意到 $f(a^{1/2}) = a^{1/2}, f'(a^{1/2}) = 0$, 代入 $a^{1/2}$ 可得 $f''(a^{1/2}) = 0$. 在 (3.2.6) 两端再对 x 求导得

$$\left(3x^2 + a\right) f'''(x) + 18xf''(x) + 18f'(x) - 6 = 0, \tag{3.2.7}$$

代入 $a^{1/2}$ 可得 $f^{(3)}(a^{1/2}) = 3/2a \neq 0$, 由定理 3.2.3 可知, 该迭代格式乃是三阶收敛的.								证毕.

问题 3.2.7　能否将发散迭代格式改造为收敛迭代格式? (最好先思考后, 再继续阅读.)

3.2.5　改进和加速收敛

1. 待定参数法

若 $|g'(x)| \geqslant 1$, 则 $g(x)$ 不满足局部收敛条件. 现将 $x = g(x)$ 等价地改造为

$$x = x - Kx + Kg(x) = (1 - K)x + Kg(x) = \varphi(x),$$

求 K, 使得

$$|\varphi'(x)| = |1 - K + Kg'(x)| < 1,$$

从而 $\varphi(x)$ 满足局部收敛条件, 故可取其为迭代函数.

例 3.2.3 为求 $x^3 - 3x + 1 = 0$ 在 $(1, 2)$ 内的实根, 如果用 $g(x) = \dfrac{1}{3}(x^3 + 1)$ 进行迭代, 则在 $(1, 2)$ 中有 $|g'(x)| = x^2 > 1$, 故不收敛. 现令

$$\varphi(x) = (1 - K)x + Kg(x) = (1 - K)x + \frac{K}{3}(x^3 + 1),$$

为使 $|\varphi'(x)| = |1 - K + Kx^2| < 1$, 仅需 $\dfrac{-2}{x^2 - 1} < K < 0$. 因 $x \in (1, 2)$, 故取 K 满足 $-\dfrac{2}{3} < K < 0$ 即可. 如取 $K = -\dfrac{1}{2}$, 则对应的迭代函数 $x = \dfrac{3}{2}x - \dfrac{1}{6}(x^3 + 1)$ 即可产生收敛序列.

2. Aitken 加速法和 Steffensen 迭代法

对于序列 $\{x_n\}$, 有所谓的 **Aitken**(艾特肯) **加速法, Aitken 加速序列** $\{u_n\}$ 由下式给出:

$$u_n = x_n - \frac{(x_{n+1} - x_n)^2}{x_{n+2} - 2x_{n+1} + x_n}. \tag{3.2.8}$$

Aitken 加速序列的构造思想非常朴素. 假定 $\{x_n\}$ 线性收敛于 x^*, 则 n 充分大时, 有 $\dfrac{e_{n+1}}{e_n} \approx c$, "眯着眼睛" 看上去, $\{e_n\}$ 差不多就是一个公比为 c 的等比数列. 故可以用相邻两项 e_n, e_{n+1} 预测后一项 e_{n+2}, 即 $e_{n+2} \approx ce_{n+1}$, 也即 $e_{n+2} \approx \dfrac{e_{n+1}}{e_n} e_{n+1}$, 故 $x_{n+2} - x^* \approx \dfrac{(x_{n+1} - x^*)^2}{x_n - x^*}$, 从中解出 x^* 并改写成 u_n 即得 (3.2.8) 式, 由于 u_n 是借助 $\{x_n\}$ 的误差规律预测而得, 想必应该是 x^* 的一个比较好的近似值. 事实上, 可以证明当 $\{x_n\}$ 线性收敛时, Aitken 加速序列 $\{u_n\}$ 的收敛速度快于 $\{x_n\}$, 有关讨论可参考文献 [4].

对于不动点迭代格式 $x_{n+1} = \varphi(x_n)$, 用 Aitken 加速法作如下改进: 令

$$y_n = \varphi(x_n),$$

$$z_n = \varphi(y_n),$$

$$x_{n+1} = x_n - \frac{(y_n - x_n)^2}{z_n - 2y_n + x_n}. \tag{3.2.9}$$

如此构造迭代序列 x_n 的方法称为 **Steffensen**(斯蒂芬森) **迭代法**.

可以证明 (文献 [4]), 若 $x_{n+1} = \varphi(x_n)$ 为 $r(> 1)$ 阶收敛的, 则 Steffensen 迭代法为 $2r - 1$ 阶收敛的. 由于其加速效果在高阶方法中并不十分明显, 所以 Steffensen 迭代法多被推荐用于改进线性收敛的情形.

Steffensen 序列可以加速收敛的几何意义如图 3.2.3 所示. 其中 x_2 是割线 P_1P_2 与 $y = x$ 之交点的横坐标. 由图可见, x_2 显然比 z_1 更靠近 x^*.

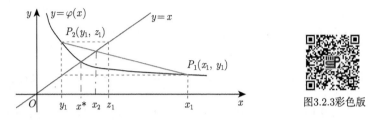

图 3.2.3   Aitken 加速法的几何意义

另外, Steffensen 迭代法甚至于能将某些发散序列升级改造成收敛序列, 从几何意义上可以明显看出这一点. 图 3.2.4 是图 3.2.1(c) 所示的迭代发散情形被 Steffensen 迭代法改造为收敛情形的示意图, 由于作图受限, 只画出了 x_1 的位置, 读者可以想象后续各条割线与 $y = x$ 的交点趋于 $\varphi(x)$ 与 $y = x$ 交点的过程, 从而想象相应的 Steffensen 序列 $x_2, x_3, \cdots$ 趋于 x^* 的过程.

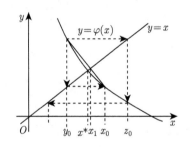

图 3.2.4   迭代发散改进为收敛的情形

评注   不动点迭代格式 $x_{k+1} = \varphi(x_k)$ 仅仅依据迭代函数在点 x_k 处的单点信息, 一旦迭代开始, 就只是一味地迭代下去, 收敛快慢以及收敛与否就不考虑了! 而 Steffensen 迭代法同时利用了三个点所携带的误差信息, 对迭代进程给出了及时的调整, 使之更有利于目标的实现. 这是一种处理策略的提升, 正因如此, 才使某些发散过程改造为收敛过程, 其数学思想与生活中的常理 "既要埋头做事, 也要抬头看路" 异曲同工.

例 3.2.4   用 Steffensen 迭代法求方程 $x^3 + 10x - 20 = 0$ 的根, 取 $x_0 = 1.5$, 误差限为 $\varepsilon = 10^{-6}$.

解 令迭代函数 $\varphi(x) = \dfrac{20}{x^2 + 10}$, 建立迭代格式 $x_{n+1} = \dfrac{20}{x_n^2 + 10}$, 故由 $x_0 = 1.5$, 计算知

$$y_0 = \varphi(x_0) = \frac{20}{x_0^2 + 10} = 1.6326531,$$

$$z_0 = \varphi(y_0) = \frac{20}{y_0^2 + 10} = 1.5790858,$$

按 (3.2.9) 知

$$x_1 = x_0 - \frac{(y_0 - x_0)^2}{z_0 - 2y_0 + x_0} = 1.5944947,$$

继续下去, 可求得 $x_2, x_3, \cdots$. 因 $x_2 = 1.5945621 = y_2 = z_2$, 按误差要求可结束计算, 故可取 $x^* \approx x_2 = 1.5945621$.

例 3.2.5 关于方程 $x^4 + 2x^2 - x - 3 = 0$ 在区间 $[1, 1.2]$ 内的实根, 对例 3.2.1 中给出的三种迭代格式的加速情况如下, 以精确到根 $x^* \approx 1.1241230$ 的前 6 位小数为准进行比较. 取 $x_0 = 1$.

对于 $x_{n+1} = \varphi_1(x_n), x_{26} = x_{27} = 1.1241233$, 而其 Steffensen 迭代法有 $x_3 \approx x_4 = 1.1241230$;

对于 $x_{n+1} = \varphi_2(x_n), x_6 = x_7 = 1.1241230$, 而 Steffensen 迭代法有 $x_3 \approx x_4 = 1.1241230$;

对于 $x_{n+1} = \varphi_3(x_n), x_4 = 84953085$, 序列发散, 但 Steffensen 迭代法收敛, 且 $x_{20} \approx x_{21} = 1.1241230$.

下面是对迭代格式 $x_{n+1} = \varphi_3(x_n)$ 的 Steffensen 算法程序, 内含通用 Steffensen M-函数代码. 其中的 Xf3 和 Stfn3 为原始迭代序列和 Steffensen 序列.

```
function HL32ex1_steffensen
x0=1;tol=0.0001;Kmax=50;
Xf3 = zeros(1,5); %用于记录迭代序列.
Xf3(1)=x0;
for k=1:4
    y0=feval('ff3',Xf3(k))
    Xf3(k+1)=y0;
end
[Stfn3,xp1,err,N_iter1]=steffensen('ff3',1,tol,Kmax,30);
see=1;
function [Sn,xp,err,N_iter]=steffensen(f,x0,tol,Kmax,m)
k=1;
tt=inf;
```

```
Sn=zeros(1,m);%用于记录加速序列.
Sn(1)=x0;
while tt>=tol&(k<Kmax)
    y0=feval(f,x0);
    z0=feval(f,y0);
    x1=x0-(y0-x0)^2/(z0-2*y0+x0);
    tt=abs(x1-x0);
    x0=x1;
    k=k+1;
    Sn(k)=x0
end
xp=x0;
err=tt;
N_iter=k;
function y=ff3(x)
y=x^4+2*x^2-3;
```

评注 Steffensen 迭代法确实能够加快收敛速度, 这也得益于它的排序方式, 现将原序列和其 Steffensen 加速序列按计算顺序列表, 如表 3.2.1 所示.

表 3.2.1 Steffensen 序列编号对照表

原迭代序列	x_0	x_1	x_2	x_3	x_4	x_5	x_6	x_7	x_8	x_9	x_{10}	x_{11}	x_{12}	$\cdots$
Steffensen 序列	x_0	y_0	z_0	x_1	y_1	z_1	x_2	y_2	z_2	x_3	y_3	z_3	x_4	$\cdots$

比较 x_i 的排列次序可见, Steffensen 序列 x_i 是 "跳跃式" 编号的, 因此导致原序列下标序号是 Steffensen 序列下标序号的 3 倍, 在比较加速效果时也应考虑到这一点.

以上各段给出的是迭代法的基本理论, 实际求解方程还需要一些具体的迭代方法, 那么问题来了:

问题 3.2.8 值得推荐的具体的迭代方法有哪些?

答 牛顿法的表现可谓首屈一指!

3.3 Newton 法与弦截法

3.3.1 局部线性化思想

合理简化复杂问题是一种常用做法. 将非线性问题局部线性化处理是好主意. 这是因为将光滑曲线局部放大后再看, 几乎就是直线, 参见图 3.3.1. 将非线性方程转化为线性方程求解就容易多了.

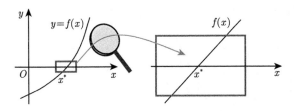

图3.3.1彩色版

图 3.3.1 光滑曲线显微示意图

3.3.2 Newton 法

1. Newton 法的思想和迭代公式

将非线性方程线性化, 以线性方程的解逐步迭代逼近非线性方程的解, 是 Newton 法的基本思想. 其实现过程如下.

设已知方程 $f(x) = 0$ 的近似根 $x_0, f(x)$ 在其零点 x^* 邻近一阶连续可微, 且 $f'(x) \neq 0$, 则当 x_0 充分接近 x^* 时, $f(x)$ 可用 Taylor 公式近似表示为

$$f(x) \approx f(x_0) + f'(x_0)(x - x_0).$$

故而 $f(x)$ 的零点可用右端零点近似. 注意, 右端为线性函数, 零点极易求取. 令

$$f(x_0) + f'(x_0)(x - x_0) = 0,$$

可得 $x = x_0 - \dfrac{f(x_0)}{f'(x_0)}$. 取此 x 作为原方程解的新近似值 x_1; 重复以上步骤, 于是对 $k = 0, 1, 2, \cdots$, 得迭代公式

$$x_{k+1} = x_k - \frac{f(x_k)}{f'(x_k)}, \tag{3.3.1}$$

此式称为 **Newton-Raphson**(牛顿-拉弗森) **迭代公式**. 按该式求方程 $f(x) = 0$ 近似解的方法称为 **Newton-Raphson 法**, 简称为 **Newton 法**.

2. Newton 法的几何意义

如图 3.3.2 所示, 过点 $(x_0, f(x_0))$ 作曲线 $y = f(x)$ 的切线, 切线方程为 $y = f(x_0) + f'(x_0)(x - x_0)$. 该切线与 x 轴的交点即为解的近似值 x_1, 而 x_2 则是曲线上点 $(x_1, f(x_1))$ 处的切线与 x 轴的交点. 如此继续下去, x_{n+1} 为曲线上点 $(x_n, f(x_n))$ 处的切线与 x 轴的交点. 因此, Newton 法是用曲线的切线与 x 轴的交点作为曲线与 x 轴交点的近似, 故 Newton 法又称为 **Newton 切线法**.

例 3.3.1 用 Newton 法求方程 $f(x) = x^3 + 10x - 20 = 0$ 的根, 取 $x_0 = 1.5$.

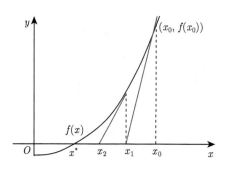

图 3.3.2　Newton 法的几何意义

解　因为 $f'(x) = 3x^2 + 10$, 故 Newton 迭代公式为

$$x_{n+1} = x_n - \frac{x_n^3 + 10x_n - 20}{3x_n^2 + 10}.$$

代入初值 x_0 得, $x_1 = 1.5970149, x_2 = 1.5945637, x_3 = 1.5945621 = x_4$, 故迭代三次所得近似解就准确到 8 位有效数字.

此例可见 Newton 法收敛速度很快.

问题 3.3.1　Newton 法收敛条件? 收敛阶数如何? (这是后续阅读要点问题.)

3.3.3　Newton 法的收敛性

1. Newton 法收敛定理

定理 3.3.1　设函数 $f(x)$ 在其零点 x^* 邻近二阶连续可微, 且 $f'(x^*) \neq 0$, 则存在 $\delta > 0$, 使得对任意 $x_0 \in [x^* - \delta, x^* + \delta]$, Newton 法所产生的序列 $\{x_n\}$ 至少二阶收敛于 x^*.

证　按式 (3.3.1), Newton 法的迭代函数为

$$\varphi(x) = x - \frac{f(x)}{f'(x)},$$

$$\varphi'(x) = 1 - \frac{[f'(x)]^2 - f(x)f''(x)}{[f'(x)]^2} = \frac{f(x)f''(x)}{[f'(x)]^2}.$$

由已知 $f''(x)$ 在 x^* 邻近连续且 $f'(x^*) \neq 0$, 所以 $\varphi'(x)$ 在 x^* 邻近连续. 又因 $f(x^*) = 0$, 知 $\varphi'(x^*) = 0$. 根据局部收敛性定理知, Newton 法产生的序列 $\{x_n\}$ 收敛于 x^*. 下证至少是二阶收敛的. 由 Newton 迭代公式变形知 $f(x_k) + f'(x_k)(x_{k+1} - x_k) = 0$, 由 Taylor 公式知

$$0 = f(x^*) = f(x_k) + f'(x_k)(x^* - x_k) + \frac{1}{2!}f''(\xi_k)(x^* - x_k)^2,$$

其中 ξ_k 介于 x^* 与 x_k 之间. 将上述两式作差得

$$f'(x_k)(x_{k+1} - x^*) - \frac{1}{2!}f''(\xi_k)(x^* - x_k)^2 = 0,$$

即 $\dfrac{x_{k+1} - x^*}{(x_k - x^*)^2} = \dfrac{f''(\xi_k)}{2f'(x_k)}$, 故利用二阶导数连续性知 $\displaystyle\lim_{k\to\infty} \dfrac{x_{k+1} - x^*}{(x_k - x^*)^2} = \dfrac{f''(x^*)}{2f'(x^*)}$, 若 $f''(x^*) \neq 0$, 则按定义知是二阶收敛的, 若 $f''(x^*) = 0$, 则是二阶以上收敛的, 故其至少是二阶收敛的. 证毕.

> **评注** 本定理表明, 当初值 x_0 充分接近 x^* 时, Newton 法的收敛速度较快. 但当初值不够好时, 可能会不收敛, 甚至出现死循环, 或收敛于别的根, 这些现象如图 3.3.3 所示.

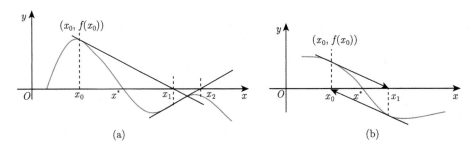

(a) (b)

图 3.3.3 Newton 法初值不好会导致发散的情形

问题 3.3.2 欲使 Newton 法收敛有何易于验证的条件? (这是后续阅读关注要点.)

2. Newton 法收敛的充分条件

定理 3.3.2 设 $f \in C[a,b]$, 若

(1) $f(a)f(b) < 0$;

(2) 在整个 $[a,b]$ 上 $f''(x)$ 不变号且 $f'(x) \neq 0$;

(3) 选取初值 $x_0 \in [a,b]$ 使得 $f(x_0)f''(x_0) > 0$,

则 Newton 法产生的序列 $\{x_k\}$ 收敛到 $f(x)$ 在 $[a,b]$ 内的唯一零点 x^*.

证 由条件 (1) 知 $f(x)$ 有零点. 由条件 (2) 知 $f(x)$ 单调, 故零点唯一. 取 $x_0 \in [a,b]$ 使得 $f(x_0)f''(x_0) > 0$, 不妨假定 $f(x_0) > 0, f'(x) > 0$. 图 3.3.4 所示的几何意义有如下证明思路: 因 f 凹单增, 故切线在 f 下方. 可见 x_k 单降趋于 x^*. 故而, 下证 Newton 列 $\{x_k\}$ 单降有下界, 用归纳法.

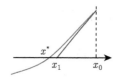

图 3.3.4　函数凹单增的情形

因 $f(x)$ 单增, $k = 0$ 时, 因 $f(x_0) > 0$, 故有 $x_0 > x^*$. 设 $x_k \geqslant x^*$, 欲证 $x_{k+1} \geqslant x^*$, 由 Taylor 公式知

$$f(x^*) = f(x_k) + f'(x_k)(x^* - x_k) + \frac{1}{2!}f''(\xi)(x^* - x_k)^2 \quad (a < x^* < \xi \leqslant b),$$

注意 $f''(\xi) \geqslant 0$, 故

$$f(x_k) + f'(x_k)(x^* - x_k) \leqslant f(x^*) = 0,$$

故 $x^* - x_k \leqslant -\dfrac{f(x_k)}{f'(x_k)}$, 所以有 $x^* \leqslant x_k - \dfrac{f(x_k)}{f'(x_k)} = x_{k+1}$. 所以, $\forall k = 0, 1, \cdots, x_k \geqslant x^*$.

　　下证 Newton 列 $\{x_k\}$ 单降. 因 $f(x_k) \geqslant f(x^*) = 0, f'(x_k) > 0$ 和 $x_k - \dfrac{f(x_k)}{f'(x_k)} = x_{k+1}$, 故 $x_k \geqslant x_{k+1}$. 故 Newton 列 $\{x_k\}$ 单降有下界 x^*, 故收敛. 设收敛于 w, 对式 $x_k - \dfrac{f(x_k)}{f'(x_k)} = x_{k+1}$ 两边取极限 $k \to \infty$, 知 $f(w) = 0$. 由零点之唯一性, 知 $w = x^*$, 即 $x_k \to x^*$.　　　　　　　　　　　　　　　　　　证毕.

评注　保敛初值选取的几何意义如图 3.3.5 所示. 凹函数应取函数值大于 0

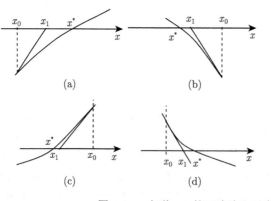

图 3.3.5　初值 x_0 的正确选取示意图

图3.3.5彩色版

的点作初值, 凸函数应取函数值小于 0 的点作初值. 初值若取在另一侧, 请读者考虑会发生什么情况.

3. Newton 法的优缺点

优点: 具有收敛快、稳定性好、精度高等优点, 故是求解非线性方程的有效方法之一.

缺点: 它每次迭代均需要计算函数值与导数值, 故计算量较大, 而且当导数值难以提供时, Newton 法无法进行.

3.3.4 MATLAB 分分钟代码实现

下面是 Newton 迭代法的 M-函数代码, 引自文献 [13]. 注意调用时需要自行编写函数 f 及其导数 df.

```
function [zp,err,k,y]=newton(f,df,p0,delta,epsilon,max1)
%Input   - f is the object function input as a string 'f'.
%         - df is the derivative of f input as a string 'df'.
%         - p0 is the initial approximation to a zero of f.
%         - delta is the tolerance for zp.
%         - epsilon is the tolerance for the function values y.
%         - max1 is the maximum number of iterations.
%Output- zp is the Newton approximation to the zero.
%         - err is the error estimate for zp.
%         - k is the number of iterations.
%         - y is the function value f(zp).
for k=1:max1
    p1=p0-feval(f,p0)/feval(df,p0);
    err=abs(p1-p0) ;
    relerr=2*err/(abs(p1)+delta);
    p0=p1;
    zp=p0;
    y=feval(f,zp);
    if  (err<delta)|(relerr<delta)|(abs(y)<epsilon),break,end
end
```

例 3.3.2 求 $x^3 - x - 1 = 0$ 的根, 代码如下.

```
function HL33ex1_newton
f='f1';
df='df1';
p0=1.6;
```

```
delta=0.0001;
epsilon=0.00001;
max1=4;
[zp,err,k,y]=newton(f,df,p0,delta,epsilon,max1)
see=1;
return;
function y=f1(x)
y=x^3-x-1;
function y=df1(x)
y=3*(x^2)-1;
```

运行结果如下:

```
zp = 1.32471795726705
err = 4.892639949183320e-006
k = 4
y = 9.513345666789519e-011
```

3.3.5　Newton 法的改进

1. 简化的 Newton 迭代法

Newton 迭代式中, 不讨人喜的是导数值计算, 故将导数改作常数可免其难. 导数无非就是切线的斜率, 将其改作某个适当的常数 M, 则切线简化为固定斜率的直线, 由几何意义 (图 3.3.6) 知其可行.

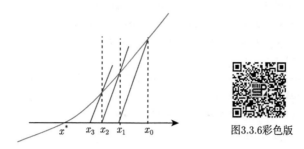

图3.3.6彩色版

图 3.3.6　导数改作常数对应的平行线零点

此时, 相应的迭代格式 $x_{k+1} = x_k - \dfrac{f(x_k)}{f'(x_k)}$ 简化为

$$x_{k+1} = x_k - \frac{f(x_k)}{M}. \tag{3.3.2}$$

此式称为**简化的 Newton 迭代公式**. 只要 M 选取适当, 比如, $M = \max f'(x)$, 迭代过程就收敛. 简化的代价是将收敛速度降为线性速度.

2. 割线法 (弦截法)

Newton 切线法的困难是导数计算问题, 用割线代替切线当然比固定平行线要好. 其几何意义如图 3.3.7 所示.

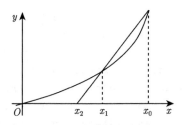

图 3.3.7　双点割线法几何意义

用割线斜率 $\dfrac{f(x_n) - f(x_{n-1})}{x_n - x_{n-1}}$ 代替 Newton 法中的 $f'(x_n)$ 得

$$x_{n+1} = x_n - \frac{f(x_n)}{\dfrac{f(x_n) - f(x_{n-1})}{x_n - x_{n-1}}}. \tag{3.3.3}$$

此式称为**弦截法迭代公式**, 此法称为**双 (变) 点割线法**. 问 x_{n+1} 为何物? 参见图 3.3.7 可知, 割线与 x 轴的交点是也.

弦截法虽避开了导数计算, 但仍有烦心之事, 即每步仍需计算两个函数值, 编程繁琐. 根据几何意义, 若将其略加改动, 将双 (变) 点割线固定一头, 比如一端始终取为 x_0, 即有了**单 (变) 点割线法**. 此时

$$x_{n+1} = x_n - \frac{f(x_n)}{\dfrac{f(x_n) - f(x_0)}{x_n - x_0}}. \tag{3.3.4}$$

此法在编程时, 显然更为方便.

需要注意的是, 弦截法需有前两个点 x_0, x_1 才能开始进行迭代. 下面是两种常见情形及其对策:

(1) 若只给定 x_0, 则需利用其他方法, 如二分法, 求出 x_1, 然后再利用弦截法, 求 $x_2, x_3, \cdots$;

(2) 若给定一个隔根区间, 可用两端点作 x_0, x_1.

评注　简单画图可见, 割线法收敛速度比 Newton 法慢, 且对初值要求同样高. 可以证明其收敛时, 收敛的阶数为 $p = \dfrac{1}{2}(1 + \sqrt{5}) \approx 1.618$, 为超线性收敛, 文献 [18] 有相关讨论.

3. 割线法 MATLAB 实现

下面是双点割线法的 M-函数代码, 引自文献 [13]. 注意, 调用时需要自行编写函数 f.

```
function  [zp,err,k,y]=secant(f,p0,p1,delta,epsilon,max1)
%Input   - f is the object function input as a string 'f'.
%         - p0 and p1 are the initia1 approximations to a zero.
%         - delta is the tolerance for zp.
%         - epsi1on ia the tolerance for the function value y.
%         - max1is the maximum number of iterations.
%Output- zp is the secant method approximation to the zero.
%         - err is the error estimate for zp.
%         - k ia the number of iterations.
%         - y is the function value f(zp).
for k=1:max1
    p2=p1-feval(f,p1)*(p1-p0)/(feval(f,p1)-feval(f,p0));
    err=abs(p2-p1);
    relerr=2*err/(abs(p2)+delta);
    p0=p1;
    p1=p2;
    zp=p1;
    y=feval(f,zp);
    if (err<delta)| (relerr<delta)|(abs(y)<epsilon),break,end;
end;
```

例 3.3.3　用单点, 双点割线法求方程 $f(x) = x^3 - 2x - 5 = 0$ 在区间 [2,3] 内的一个实根 (有 12 位有效数字的实根为 $\alpha = 2.09455148514$).

解　取 $x_0 = 2, x_1 = 3$, 用两种方法计算结果如下:

单点法的 $x_6 = 2.094551140, x_6 - \alpha = -0.342 \times 10^{-6}$;

双点法的 $x_6 = 2.094551481, x_6 - \alpha = -0.540 \times 10^{-9}$.

可见双 (变) 端点比单变端点的收敛速度快得多. 双 (变) 点的 x_6 已达 9 位有效数字, 而单变点 x_6 只有 7 位有效数字.

这里给出双点截线法求解代码如下:

```
function HL33ex2_secant
f='f1'; p0=2; p1=3;
delta=0.0001; epsilon=0.00001; max1=6;
[zp,err,k,y]=secant(f,p0,p1,delta,epsilon,max1)
see=1;
return;
```

```
function y=f1(x)
y=x^3-2*x-5;
```

运行结果如下:

```
zp = 2.09455148122760
err = 2.050192351887858e-006
k =  5
y = -3.512811375117053e-009
```

4. 下山法

> **评注** Newton 切线法虽快, 但对初值要求苛刻. 实际应用中, 人们往往不愿精细挑选初值, 再次查看图 3.3.3 可知, 简单启用与运气相关. 若视 $|f(x)|$ 的图形为山之轮廓, 则零点为谷底, 欲抵达谷底, 只需高度步步降低即可, Newton 下山法 (descent method) 由此得名. 用其可以对 Newton 法进行修正, 放松对初值的要求. 其具体做法如下.

令 $N(x_k) = x_k - \dfrac{f(x_k)}{f'(x_k)}$, 即设 $N(x_k)$ 是由 x_k 经 Newton 迭代法得到的第 $k+1$ 步的值, 若

$$|f(N(x_k))| < |f(x_k)|,$$

则令 $x_{k+1} = N(x_k)$; 否则, 则在 x_k 和 $N(x_k)$ 之间尝试找一个更好的点 x_{k+1}, 使其满足下山条件:

$$|f(x_{k+1})| < |f(x_k)|. \tag{3.3.5}$$

如此得到的序列 $\{x_k\}$ 为 Newton 下山序列, 其任意两个相邻的项均满足下山条件. 为此, 令

$$x_{k+1} = \lambda N(x_k) + (1-\lambda)x_k,$$

即

$$x_{k+1} = \lambda \left[x_k - \frac{f(x_k)}{f'(x_k)} \right] + (1-\lambda)x_k = x_k - \lambda \frac{f(x_k)}{f'(x_k)}, \tag{3.3.6}$$

称此式为 Newton 下山迭代式, 其中 $\lambda \in [0,1]$ 待定, 称之为下山因子.

通常每步的下山因子不同, 需要试算. $\lambda = 1$ 时就是 Newton 法公式. 当其迭代效果不好时, 即高度没有下降或降低太少时, 可以尝试改变 λ, 比如可将 λ 逐次减半计算, 直到找到满足下山条件的 x_{k+1} 为止. 如此处理, 显然降低了对初值的要求, 但计算量会有所增加.

　　评注　作为练习, 针对图 3.3.3(b) 所示的振荡情形, 读者不妨想象一下用下山法求根的过程.　对照图 3.3.5, 也请尝试不按 $f(x_0)f''(x_0) > 0$, 而按 $f(x_0)f''(x_0) < 0$ 选择初值, 即初值 x_0 选在零点的另一侧时, 用下山法求根的过程, 会发现下山法很实用.

3.3.6　重根加速收敛法

　　设 x^* 是 $f(x) = 0$ 的 n 重根, 则

$$f(x) = (x - x^*)^n q(x) \tag{3.3.7}$$

且 $q(x^*) \neq 0$. 其 Newton 迭代函数为 $g(x) = x - \dfrac{f(x)}{f'(x)}$, 计算知

$$|g'(x^*)| = \lim_{x \to x^*} \left| \frac{g(x) - g(x^*)}{x - x^*} \right| \quad (x^* \text{是 } g \text{ 的可去间断点})$$

$$= \lim_{x \to x^*} \left| 1 - \frac{q(x)}{nq(x) + (x - x^*)\, q'(x)} \right| = 1 - \frac{1}{n} < 1, \tag{3.3.8}$$

故按局部收敛性定理知其有局部收敛性, 速度为线性且重数 n 越高, 收敛速度越慢.

　　问题 3.3.3　可有良策改进重根时的收敛速度?

　　答　收敛速度因重根致慢, 若能将重根变为单根则用 Newton 法至少可获二阶敛速.

　　问题 3.3.4　重根如何变单根?

　　联想到函数与其各阶导函数零点的个数有金字塔关系, 故有下述改进方案. 按 (3.3.7) 式, 令

$$u(x) = \frac{f(x)}{f'(x)} = \frac{(x - x^*)\, q(x)}{nq(x) + (x - x^*)\, q'(x)} \xlongequal{\text{记为}} (x - x^*)\, Q(x), \tag{3.3.9}$$

则 $Q(x^*) = \dfrac{1}{n} \neq 0$, 故 $f(x) = 0$ 的重根 x^* 为 $u = 0$ 的单根. 故取迭代格式为

$$x_{k+1} = x_k - \frac{u(x_k)}{u'(x_k)}, \tag{3.3.10}$$

则其至少有二阶收敛速度.

3.3.7 求复根

Newton 迭代公式中的自变量可以是复数. 记 $z = x + \mathrm{i}y, z_0$ 为初值, 同样有

$$z_{k+1} = z_k - \frac{f(z_k)}{f'(z_k)}. \tag{3.3.11}$$

设 $f(z_k) = A_k + \mathrm{i}B_k, f'(z_k) = C_k + \mathrm{i}D_k$, 代入公式, 令实、虚部对应相等, 可得

$$x_{k+1} = x_k - \frac{A_k C_k + B_k D_k}{C_k^2 + D_k^2}\ ; \tag{3.3.12}$$

$$y_{k+1} = y_k + \frac{A_k D_k - B_k C_k}{C_k^2 + D_k^2}\ . \tag{3.3.13}$$

3.3.8 用 MATLAB 秒解方程

MATLAB 提供了不同的内建函数用于求取函数的零点. 对于一般连续函数有 fzero, 对于多项式有 roots, 对于方程还有 solve. 有关函数调用信息可查阅其帮助文档. 这里仅给出简单示例.

例 3.3.4 已知 $x^3 - 2x - 5 = 0$.

(1) 求在 $x = 2$ 附近的一个零点.

(2) 求在 [1,10] 内的一个零点.

解 (1) 的代码如下:

```
function tem1
z = fzero(@f,2);
see_root=z
function y = f(x)
y = x.^3-2*x-5;
```

运行完毕后得

```
see_root = 2.09455148154233.
```

(2) 的代码如下:

```
function tem2
z = fzero(@f, [1,10]);
see_root=z
function y = f(x)
y = x.^3-2*x-5;
```

运行完毕后得

```
see_root = 2.09455148154233.
```

例 3.3.5　实际问题的求解示例. 某规划问题需要求解下述方程的根 root_x.

$$\frac{x}{10}e^{1-\frac{x}{10}} = \frac{1}{1+(x-1)^2}.$$

解　步骤 1　先画图看左右两端函数交点的大概位置.
M-脚本文件代码如下:

```
clc
x=0:0.1:20;
g=inline('1./(1+(x-1).^2)','x');
plot(x,g(x));
hold on;
h=inline('(x/10).*exp(1-x/10)','x');
plot(x,h(x));
```

运行完毕后会得到图 3.3.8.

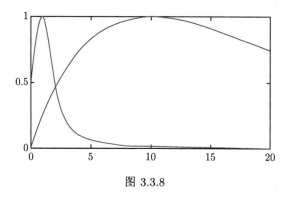

图 3.3.8

步骤 2　观察图形可知交点, 即根在 $x = 2$ 附近. 利用函数 fzero 求解代码
如下:

```
root_x=fzero(inline('1/(1+(x-1)^2)-(x/10)*exp(1-x/10)'),2)
return
```

运行完毕后得到

```
root_x= 2.08373962567396.
```

"晓其理, 通其术" 为本章的要求.

二分法开头快, 后面慢, 稳准, 受限于偶重根. 故可扬其长, 多用于快速缩减隔根区间.

迭代函数导数绝对值小于 1 时, 迭代法收敛, 且绝对值越小收敛速度越快.

Newton 法敛速快, 但对初值有要求 (近的、对的!), 有时序列会振荡, 可用 Aitken-Steffensen 法或下山法尝试消除.

实际问题中, 为求零点可先用 MATLAB 画图, 然后观察确定初值, 无论对 Newton 法, 还是对 fzero 的初值选择都比较方便.

另外, 关于求根方法还有改进的 Newton 法、Halley 法、Brent 法、抛物线法等, 可参见文献 [2, 3, 18].

习　题　3

1. 解方程 $12 - 3x + 2\cos x = 0$ 采用迭代格式 $x_{n+1} = 4 + \dfrac{2}{3}\cos x_n$, 设 x^* 为方程的根, 证明: $\forall x_0 \in \mathbf{R}$, 均有 $\lim\limits_{n \to \infty} x_n = x^*$.

2. 已知方程 $(x - 2)\mathrm{e}^x = 1$,

(1) 确定有根区间 $[a, b]$;

(2) 构造不动点迭代公式使之对任意初始近似值 $x_0 \in [a, b]$, 迭代方法均收敛;

(3) 用所构造的公式计算根的近似值, 要求 $|x_k - x_{k-1}| < 10^{-3}$.

3. 欲用迭代法求方程 $f(x) = x^3 - 2x - 5 = 0$ 在区间 $[2, 3]$ 上的根, 讨论下列三种迭代格式的敛散性.

(1) $x_{k+1} = \sqrt[3]{2x_k + 5}$;

(2) $x_{k+1} = \sqrt{2 + \dfrac{5}{x_5}}$;

(3) $x_{k+1} = x_k^3 - x_k - 5 (k = 0, 1, 2, \cdots)$.

4. 下列方程用指定的迭代格式求解是否收敛? 证明你的结论.

(1) $x = \dfrac{1}{4}(\cos x + \sin x)$; 迭代格式: $x_k = \dfrac{1}{4}(\cos x_{k-1} + \sin x_{k-1})$;

(2) $x = 4 - 2^x$; 迭代格式: $x_k = 4 - 2^{x_{k-1}}$.

5. 设 $a > 1, I = \dfrac{a}{a + \dfrac{a}{a + \dfrac{a}{a + \cdots}}}$.

(1) 构造计算 I 的迭代公式;

(2) 讨论迭代过程的收敛性.

6. 用迭代法的思想, 给出求 $\sqrt{2 + \sqrt{2 + \sqrt{2 + \cdots + \sqrt{2 + \sqrt{2}}}}}$ 的迭代格式, 并证明:

$$\lim_{n \to \infty} \sqrt{2 + \sqrt{2 + \cdots + \sqrt{2 + \sqrt{2}}}} = 2.$$

7. 用迭代法求方程 $2^x - 4x = 0$ 的最小正根, 要求精确到 4 位有效数字.

8. 已知曲线 $y = x^3 - 0.51x + 1$ 与曲线 $y = 2.4x^2 - 1.89$ 在点 $(1.6, 1)$ 附近有唯一切点, 试用 Newton 迭代法求切点横坐标的近似值 x_{k+1}, 使 $|x_{k+1} - x_k| \leqslant 10^{-5}$.

9. 用 Newton 法求 $f(x) = 0$ 的 n 重根, 为了提高收敛速度, 通常转化为求另一函数 $u(x) = 0$ 的单根, $u(x) = ?$

10. 应用 Newton 法解方程 $f(x) = 1 - \dfrac{a}{x^2} = 0$, 导出求 $\sqrt{a}$ 的迭代公式, 并用其求 $\sqrt{115}$ 的值.

11. 用 Newton 迭代法设计一个求平方根 $\sqrt{c}$ 的算法.

(提示: 考虑 $f(x) = x^2 - c = 0$. 有些需要实时产生平方根的场合非常实用.)

12. 设法导出计算 $\dfrac{1}{\sqrt{a}} (a > 0)$ 的 Newton 法迭代公式, 要求公式中无开方和除法运算.

13. 请解决如下问题.

(1) 用 Newton 法求解方程 $x^3 - x - 3 = 0$ 的根, 取初值 $x_0 = 0$, 会发现迭代序列周期振荡, 如何克服?

(2) 用 Newton 法求解方程 $xe^{-x} = 0$ 的根. 取初值 $x_0 = 2$, 会发现迭代序列发散, 该如何处理?

第 4 章　线性方程组的直接解法

第 4 章微课视频

本章讨论线性方程组的直接解法, 即经过有限步精确的算术运算, 即可求得方程组精确解的方法. 由于计算过程难免有舍入误差, 所以直接解法的解通常是近似解. 本章论述中, 对于方程组 $Ax = b$, 如无特别说明, 总是默认下述假定, 不再处处强调.

$$A = (a_{ij})_{n \times n} = \begin{pmatrix} a_{11} & a_{12} & \cdots & a_{1n} \\ a_{21} & a_{22} & \cdots & a_{2n} \\ \vdots & \vdots & & \vdots \\ a_{n1} & a_{n2} & \cdots & a_{nn} \end{pmatrix} \in \mathbf{R}^{n \times n},$$

$$x = \begin{pmatrix} x_1 \\ x_2 \\ \vdots \\ x_n \end{pmatrix} \in \mathbf{R}^n, \quad b = \begin{pmatrix} b_1 \\ b_2 \\ \vdots \\ b_n \end{pmatrix} \in \mathbf{R}^n.$$

问题　方程组直接解法早有 Cramer 法则在手, 还需要单独一章来讨论吗?

答　若用该法求解, 需做乘除运算 $(n+1)!$ 次以上, 如果用每秒可进行一亿次乘除运算的计算机, 以 $n = 20$ 计, 需运行 16200 年零 10 个月, 方出结果. 试问, 我们能等得到吗? 可见一个完美的理论解法未必是一个好的数值方法. 本章将给出一些实用解法.

4.1　消　元　法

4.1.1　Gauss 消元法

Gauss (高斯) 消元思路很简单, 即首先将 A 化为上三角阵, 使方程组变形如图 4.1.1 所示, 再回代求解.

图 4.1.1　上三角方程组示意图

1. 消元过程

令方程组的增广矩阵为

$$\bar{A} = (A \vdots b) = \begin{pmatrix} a_{11} & a_{12} & \cdots & a_{1n} & \vdots & b_1 \\ a_{21} & a_{22} & \cdots & a_{2n} & \vdots & b_2 \\ \vdots & \vdots & & \vdots & \vdots & \vdots \\ a_{n1} & a_{n2} & \cdots & a_{nn} & \vdots & b_n \end{pmatrix},$$

记

$$A^{(1)} = A = (a_{ij}^{(1)})_{n \times n}, \quad b^{(1)} = b = \begin{pmatrix} b_1^{(1)} \\ b_2^{(1)} \\ \vdots \\ b_n^{(1)} \end{pmatrix},$$

$$(A \vdots b) = \begin{pmatrix} a_{11}^{(1)} & a_{12}^{(1)} & \cdots & a_{1n}^{(1)} & \vdots & b_1^{(1)} \\ a_{21}^{(1)} & a_{22}^{(1)} & \cdots & a_{2n}^{(1)} & \vdots & b_2^{(1)} \\ \vdots & \vdots & & \vdots & \vdots & \vdots \\ a_{n1}^{(1)} & a_{n2}^{(1)} & \cdots & a_{nn}^{(1)} & \vdots & b_n^{(1)} \end{pmatrix}.$$

注意消元的最后目标矩阵应使系数阵为上三角阵. 假定 $a_{11}^{(1)} \neq 0$, 则通过初等行变换有

$$\xrightarrow{r_i - \frac{a_{i1}^{(1)}}{a_{11}^{(1)}} r_1} \begin{pmatrix} a_{11}^{(1)} & a_{12}^{(1)} & \cdots & a_{1n}^{(1)} & \vdots & b_1^{(1)} \\ 0 & a_{22}^{(2)} & \cdots & a_{2n}^{(2)} & \vdots & b_2^{(2)} \\ \vdots & \vdots & & \vdots & \vdots & \vdots \\ 0 & a_{n2}^{(2)} & \cdots & a_{nn}^{(2)} & \vdots & b_n^{(2)} \end{pmatrix}$$

$$\xlongequal{\text{记为}} \begin{pmatrix} a_{11}^{(1)} & a_{12}^{(1)} & \cdots & a_{1n}^{(1)} & \vdots & b_1^{(1)} \\ 0 & & A^{(2)} & & \vdots & b^{(2)} \end{pmatrix}, \tag{4.1.1}$$

注意到, 若记 $m_{i1} = \dfrac{a_{i1}^{(1)}}{a_{11}^{(1)}} \ (i = 2, \cdots, n)$, 则

$$\begin{cases} a_{ij}^{(2)} = a_{ij}^{(1)} - m_{i1}a_{1j}^{(1)}, \\ b_i^{(2)} = b_i^{(1)} - m_{i1}b_1^{(1)}, \end{cases} \quad i, j = 2, \cdots, n.$$

若 $a_{22}^{(2)} \neq 0$, 对 $A^{(2)}$ 作同样处理得 $A^{(3)}, b^{(3)}$. 如此继续, $\cdots, k-1$ 次后得 $A^{(k)}$, $b^{(k)}$, 此时整个矩阵形如图 4.1.2.

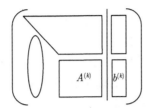

图 4.1.2 第 $k-1$ 次消元后的矩阵形状

注意 $A^{(k)}$ 由当时系数矩阵的后 $n-(k-1)$ 行和后 $n-(k-1)$ 列组成. 上述过程均假定 $a_{kk}^{(k)} \neq 0$, 并对 $A^{(k)}$ 作行变换

$$r_i - m_{ik}r_k \quad (k = 1, \cdots, n-1), \tag{4.1.2}$$

其中 $m_{ik} = \dfrac{a_{ik}^{(k)}}{a_{kk}^{(k)}}$ $(i = k+1, \cdots, n)$. 总之, 经 $n-1$ 次初等行变换后得

$$\begin{bmatrix} a_{11}^{(1)} & a_{12}^{(1)} & \cdots & a_{1n}^{(1)} \\ & a_{22}^{(2)} & \cdots & a_{2n}^{(2)} \\ & & \ddots & \vdots \\ & & & a_{nn}^{(n)} \end{bmatrix} \begin{bmatrix} x_1 \\ x_2 \\ \vdots \\ x_n \end{bmatrix} = \begin{bmatrix} b_1^{(1)} \\ b_2^{(2)} \\ \vdots \\ b_n^{(n)} \end{bmatrix}.$$

评注 上述消元过程就是线性代数中用初等行变换消元的过程, 详细叙述和表示很繁琐, 一般读者可不必太计较, 知其实现过程就足够了.

2. 回代过程

回代过程仅需按部就班地依次由下到上进行回代, 回代求解过程可表示如下:

$$x_n = \frac{b_n^{(n)}}{a_{nn}^{(n)}},$$

$$x_i = \frac{b_i^{(i)} - \sum\limits_{j=i+1}^{n} a_{ij}^{(i)} x_j}{a_{ii}^{(i)}} \quad (i = n-1, \cdots, 1).$$

总之, 当担任分母的元素 $a_{kk}^{(k)} \neq 0$ $(k = 1, 2, \cdots, n)$ 时, 消元过程和回代过程可顺

利完成. 上述消元法称为 **Gauss 顺序消元法**, 也称为 **Gauss 顺序消去法**, 简称 **Gauss 消元法** (消去法).

问题 4.1.1   Gauss 消元法可行的条件是什么?

(此乃下段要点问题.)

3. Gauss 消元法充分条件

定理 4.1.1   若 $A \in \mathbf{R}^{n \times n}$ 的所有顺序主子式均不为 0, 则 Gauss 消元法可进行到底, 得到 $Ax = b$ 的唯一解.

证   用归纳法. 记各顺序主子式为 Δk, $k = 1, 2, \cdots, n$. 当 $k = 1$ 时, 显然 $\Delta_1 = |a_{11}| \neq 0$, 归纳假定 $\Delta_1, \cdots, \Delta_k$ 均不为 0 时, $a_{hh}^{(h)} \neq 0$, $h = 1, 2, \cdots, k$, 仅需证明 $a_{k+1,k+1}^{(k+1)} \neq 0$ 即可. 由假设知

$$\Delta_{k+1} = \begin{vmatrix} a_{11} & a_{12} & \cdots & a_{1,k+1} \\ a_{21} & a_{22} & \cdots & a_{2,k+1} \\ \vdots & \vdots & & \vdots \\ a_{k+1,1} & a_{k+1,2} & \cdots & a_{k+1,k+1} \end{vmatrix} \neq 0,$$

因初等变换不改变行列式值的非 0 性, 故对 Δ_{k+1} 作与 (4.1.2) 式相类似的行变换, 化为上三角行列式, 得

$$\Delta_{k+1} = \begin{vmatrix} a_{11}^{(1)} & a_{12}^{(1)} & \cdots & a_{1,k+1}^{(1)} \\ & a_{22}^{(2)} & \cdots & a_{2,k+1}^{(2)} \\ & & \ddots & \vdots \\ & & & a_{k+1,k+1}^{(k+1)} \end{vmatrix} = a_{11}^{(1)} a_{22}^{(2)} \cdots a_{kk}^{(k)} a_{k+1,k+1}^{(k+1)}.$$

因归纳假设及 $\Delta_{k+1} \neq 0$, 知 $a_{k+1,k+1}^{(k+1)} \neq 0$.   证毕.

思考题 4.1.1   若某个 $a_{kk}^{(k)} = 0$ 咋办?

(下面是处理方法.)

定理 4.1.2   只要 $A \in \mathbf{R}^{n \times n}$ 可逆, 则可通过逐次消元及行交换, 将方程组 $Ax = b$ 化为三角形方程组, 求出唯一解.

其证甚简, 略之.

4. 消元过程的小分母危害

例 4.1.1   对于方程组

$$\begin{cases} 10^{-9} x_1 + x_2 = 1, \\ \quad\ x_1 + x_2 = 2, \end{cases}$$

已知其精确解为 $x_1 = 1.00000000100 \cdots$ (8 个 0 后有个 1), $x_2 = 0.99999999899 \cdots$ (8 个 9 后有个 8), 或简单说 x_1 与 x_2 几乎都为 1.

解 若用单精度 (尾数 7 位有效位数) 解之, 按 (4.1.2) 消元, 此处用 $\doteq$ 表示对阶运算.

$$m_{21} = a_{21}/a_{11} = 10^9,$$
$$a_{22} = 1 - m_{21} \times 1 = 0.000000001 \times 10^9 - 10^9 \doteq -10^9,$$
$$b_2 = 2 - m_{21} \times 1 \doteq -10^9,$$

对应的增广矩阵变化过程如下:

$$\begin{pmatrix} 10^{-9} & 1 & \vdots & 1 \\ 1 & 1 & \vdots & 2 \end{pmatrix} \rightarrow \begin{pmatrix} 10^{-9} & 1 & \vdots & 1 \\ 0 & -10^9 & \vdots & -10^9 \end{pmatrix}.$$

故 $x_2 = 1$, $x_1 = 0$, 与真解相比差之千里! 原因在于 10^{-9} 充当了分母.

> **评注** 此例说明, 即使 Gauss 消元过程可行, 若充当分母的某个 $a_{kk}^{(k)}$ 绝对值很小, 则可能导致 Gauss 消元法计算失败. 因为过程中有小分母出现, 乃计算之大忌! 阅至此处, 可见常规计算也难免险象环生! 只有心生敬畏, 主动规避, 才可避免 "兢兢业业" 地犯错误.

问题 4.1.2 如何避免消元过程中的小分母? (下面是处理方法.)

4.1.2 主元消元法

1. 全主元消元法

消元过程中, 第 k 步保留的第 k 个方程称为**主方程**, 其首项系数 $a_{kk}^{(k)}$ 称为第 k 步的**主元**. 注意到, 整个消元过程不外乎是向同解三角方程组逐步变换的过程. 每步消元前后的两个方程组均为同解的. 显然, 在第 k 步消元之前, 总是可以对当时方程组的增广矩阵, 通过适当的行或列交换, 使得第 k 步的主元 $a_{kk}^{(k)}$ 为矩阵 $A^{(k)}$ (图 4.1.2) 中绝对值最大的元素, 即

$$a_{kk}^{(k)} = \max_{k \leqslant i,j \leqslant n} |a_{ij}^{(k)}|.$$

称此种消元过程为**全主元消元法**.

全主元消元过程中需注意, 为了让 $a_{kk}^{(k)}$ 成为 $A^{(k)}$ 中拥有最大绝对值的元素, 即为了保证消元行变换 (4.1.2) 式中的分母 $a_{kk}^{(k)}$ 始终是绝对值尽可能大的数, 通常需要列交换, 因此会改变 x_i 的顺序, 故需记录交换次序, 以便求解完后进行整理.

> **评注** 全主元消元法的优点是有较高的数值稳定性. 但需换列导致未知数次序改变, 故程序设计较繁, 令人不爽!

思考题 4.1.2 可有折中或将就之举? (下面是处理方法.)

2. 列主元消元法

省去全主元的换列步骤, 设第 k 步消元时, 若 $|a_{i_k,k}| = \max\limits_{k \leqslant i \leqslant n} |a_{ik}| \neq 0$ ($k = 1, \cdots, n$), 则取第 k 步的主元为 $a_{i_k,k}$. 称此消元法为**列主元消元法**. 通俗地说, 第 k 步的主元就是当前矩阵第 k 列中第 k 行以下的那个绝对值最大的元素. 仍以图 4.1.2 示意第 $k-1$ 步消元后的情形, 则第 k 步主元的选择范围就是子矩阵 $A^{(k)}$ 中的第一列.

例 4.1.2　用列主元消元法求解上例中方程组的解, 并用下划线标记列主元.

解　$\begin{pmatrix} 10^{-9} & 1 & \vdots & 1 \\ \underline{1} & 1 & \vdots & 2 \end{pmatrix} \xrightarrow{r_1 \leftrightarrow r_2} \begin{pmatrix} 1 & 1 & \vdots & 2 \\ 10^{-9} & 1 & \vdots & 1 \end{pmatrix} \xrightarrow{r_2 - 10^{-9} r_1} \begin{pmatrix} 1 & 1 & \vdots & 2 \\ 0 & 1 & \vdots & 1 \end{pmatrix}$, 回代可得 $x_2 = 1$, $x_1 = 1$.

评注　列主元法没有全主元法稳定, 但可将就, 特别是没有改变未知数次序, 易于程序设计, 降低了计算复杂性. 根据避免小分母原则, 当然还可以设计其他的主元选择方法, 在此不再讨论.

4.1.3　Gauss-Jordan 消元法

1. Gauss-Jordan 消元过程和原理

Gauss-Jordan (高斯-若尔当) 消元法的消元过程如下: 对增广矩阵 $(A \vdots b)$ 用初等行变换, 先将当前主元 $a_{kk}^{(k)}$ 变为 1, 称之为标准化; 再把 $a_{kk}^{(k)}$ 所在列的上、下所有元素全消为 0, 称之为消元. 此法又称为无回代 Gauss 消元法.

该法的理论依据如下: 因可逆矩阵与单位矩阵等价, 故用初等行变换可将 A 变成单位阵 I, 其过程累积相当于 A^{-1} 左乘 A. 故增广矩阵中常数项列 b 在相同变换下的结果为 $A^{-1}b$, 也就是方程组 $Ax = b$ 的解, 整个过程可表示如下:

$$A^{-1}(A \vdots b) = (A^{-1}A \vdots A^{-1}b) = (I \vdots A^{-1}b),$$

其中 I 表示单位矩阵.

2. Gauss-Jordan 法的注意事项

(1) 此法可使用的条件与 Gauss 消元法相同.

(2) 此法当然也存在大主元选取问题. 应结合各种主元消元法, 以求不同功效, 即稳定性、程序简易性、小计算量等.

(3) 此法在矩阵求逆和解矩阵方程 $Ax = B$ 时较为方便, 其求解原理如下:

$$A^{-1}(A \vdots B) = (A^{-1}A \vdots A^{-1}B) = (I \vdots A^{-1}B).$$

当 $B = I$ 时, $A^{-1}B$ 就是阵 A 的逆, 其中 I 表示单位矩阵.

例 4.1.3 用 Gauss-Jordan 全主元消元法解方程组 $\begin{cases} -3x_1 + 8x_2 + 5x_3 = 6, \\ 2x_1 - 7x_2 + 4x_3 = 9, \\ x_1 + 9x_2 - 6x_3 = 1. \end{cases}$

解 下述过程中将用下双划线表示当次消元的主元. 增广阵为

$$\begin{pmatrix} -3 & 8 & 5 & 6 \\ 2 & -7 & 4 & 9 \\ 1 & \underline{\underline{9}} & -6 & 1 \end{pmatrix} \xrightarrow{\text{标准化 } \frac{r_3}{9}} \begin{pmatrix} -3 & 8 & 5 & 6 \\ 2 & -7 & 4 & 9 \\ 1/9 & 1 & -6/9 & 1/9 \end{pmatrix}$$

$$\xrightarrow[\substack{r_1-8r_3 \\ \text{消元得}}]{r_2+7r_3} \begin{pmatrix} -35/9 & 0 & \underline{\underline{31/3}} & 46/9 \\ 25/9 & 0 & -2/3 & 88/9 \\ 1/9 & 1 & -6/9 & 1/9 \end{pmatrix}$$

$$\xrightarrow{\text{标准化 } \frac{3}{31}r_1} \begin{pmatrix} -35/93 & 0 & 1 & 46/93 \\ 25/9 & 0 & -2/3 & 88/9 \\ 1/9 & 1 & -6/9 & 1/9 \end{pmatrix}$$

$$\xrightarrow[\substack{r_3+\frac{6}{9}r_1}]{r_2+\frac{2}{3}r_1} \begin{pmatrix} -35/93 & 0 & 1 & 46/93 \\ \underline{\underline{235/93}} & 0 & 0 & 940/93 \\ -13/93 & 1 & 0 & 41/93 \end{pmatrix}$$

$$\xrightarrow{\text{标准化 } \frac{93}{235}r_2} \begin{pmatrix} -35/93 & 0 & 1 & 46/93 \\ 1 & 0 & 0 & 4 \\ -13/93 & 1 & 0 & 41/93 \end{pmatrix}$$

$$\xrightarrow[\substack{r_3+\frac{13}{93}r_2}]{r_1+\frac{35}{93}r_2} \begin{pmatrix} 0 & 0 & 1 & 2 \\ 1 & 0 & 0 & 4 \\ 0 & 1 & 0 & 1 \end{pmatrix},$$

故方程组的解为 $\begin{pmatrix} x_3 \\ x_1 \\ x_2 \end{pmatrix} = \begin{pmatrix} 2 \\ 4 \\ 1 \end{pmatrix}.$

评注 上述消元过程中, 并未将主元换至 a_{kk} 位置, 但应注意已选主元所在行与列不能再选主元. 其优点在于不用换行换列. 但编程麻烦, 尤其是处理主元选取问题, 在实际使用中应灵活处理.

例 4.1.4 用 Gauss-Jordan 列主元消元法求 A 的逆阵, 并给出 Gauss-Jordan

列主元消元法求逆过程. 其中, $A = \begin{pmatrix} 1 & 2 & 3 \\ 2 & 4 & 5 \\ 3 & 5 & 6 \end{pmatrix}$.

解　作阵

$$(A \vdots I) = \begin{pmatrix} 1 & 2 & 3 & \vdots & 1 & 0 & 0 \\ 2 & 4 & 5 & \vdots & 0 & 1 & 0 \\ \underline{3} & 5 & 6 & \vdots & 0 & 0 & 1 \end{pmatrix} \xrightarrow{r_1 \leftrightarrow r_3} \begin{pmatrix} \underline{\underline{3}} & 5 & 6 & \vdots & 0 & 0 & 1 \\ 2 & 4 & 5 & \vdots & 0 & 1 & 0 \\ 1 & 2 & 3 & \vdots & 1 & 0 & 0 \end{pmatrix}$$

$$\xrightarrow[\substack{r_2 - 2r_1 \\ r_3 - r_1}]{\frac{1}{3}r_1} \begin{pmatrix} 1 & 5/3 & 2 & \vdots & 0 & 0 & 1/3 \\ 0 & \underline{\underline{2/3}} & 1 & \vdots & 0 & 1 & -2/3 \\ 0 & 1/3 & 1 & \vdots & 1 & 0 & -1/3 \end{pmatrix}$$

$$\xrightarrow[\substack{r_1 - \frac{5}{3}r_2 \\ r_3 - \frac{1}{3}r_2}]{\frac{3}{2}r_2} \begin{pmatrix} 1 & 0 & -1/2 & \vdots & 0 & -5/2 & 2 \\ 0 & 1 & 3/2 & \vdots & 0 & 3/2 & -1 \\ 0 & 0 & 1/2 & \vdots & 1 & -1/2 & 0 \end{pmatrix}$$

$$\xrightarrow[\substack{r_2 - \frac{3}{2}r_3 \\ r_1 + \frac{1}{2}r_3}]{\frac{1}{2}r_3} \begin{pmatrix} 1 & 0 & 0 & \vdots & 1 & -3 & 2 \\ 0 & 1 & 0 & \vdots & -3 & 3 & -1 \\ 0 & 0 & 1 & \vdots & 2 & -1 & 0 \end{pmatrix} = (I \vdots A^{-1}),$$

故 $A^{-1} = \begin{pmatrix} 1 & -3 & 2 \\ -3 & 3 & -1 \\ 2 & -1 & 0 \end{pmatrix}$.

4.1.4　运算量估计与比较

1. 运算量的数量级

由于计算机中乘除运算的时间远远超过加减运算的时间, 故估计某种算法的运算量时, 往往只估计乘除的次数. 因为当 n 很大时, $n^p \gg n^{p-1}$, 故通常以乘除次数的最高次幂作为运算量的数量级.

2. 各种消元法运算量估计与比较

(1) Gauss 消元法的总乘除次数 (包括消元与回代过程), 共计 (容易核查)

$$\frac{n^3}{3} + n^2 - \frac{1}{3}n = O\left(\frac{n^3}{3}\right),$$

故 Gauss 消元法的运算量为 $\dfrac{n^3}{3}$ 级的.

评注 仍以线性方程组未知数个数 $n = 20$ 计, 乘除运算不足 3100 次, 用亿次/秒乘除运算的计算机不足 0.031 毫秒即可得到结果, 而 Cramer 法需要 16200 多年.

(2) 全主元消元法运算量与 Gauss 消元法同级, 但高于 Gauss 消元法.

(3) 列主元法运算量比 Gauss 消元法稍高一些, 稳定性略差于全主元消元法. 但其计算简单, 运算量与全主元相比大为减少, 且计算经验表明, 它有比较好的数值稳定性, 故列主元法是求解中小型稠密线性方程组的较好方法之一.

(4) Gauss-Jordan 法的运算量与 $\dfrac{n^3}{2}$ 同级, 超过 Gauss 消元法, 通常不用于解方程组, 只用于求逆矩阵或解矩阵方程, 即 $(A \vdots B) \to (I \vdots A^{-1}B)$ 过程.

问题 4.1.3 Gauss 消元过程需要记录很多中间结果, 故编程不易, 是否有更好的办法?

答 欲知良策何如且看三角分解.

4.2 矩阵三角分解法

本节总目标是分析 Gauss 消元过程, 完成三角分解, 节省内存单元.

4.2.1 Gauss 消元过程的矩阵表示

1. 消元和回代过程的矩阵表示

分析可知, Gauss 消元过程的目标不外乎是希望产生三角状的同解方程组, 然后回代求解. 消元和回代过程相当于完成了对系数矩阵 A 的分解, 即 $A = LU$, 其中 L 和 U 分别为下三角和上三角矩阵. 因而, 方程组 $Ax = b$ 等价于 $L(Ux) = b$, 令 $Ux = y$, 故只需依次求解两个三角状的方程组 $Ly = b, Ux = y$, 即可得到原方程组的解 x. 也即先求解

$$Ly = \begin{pmatrix} 1 & & & \\ l_{21} & 1 & & \\ \vdots & \ddots & \ddots & \\ l_{n1} & \cdots & l_{n,n-1} & 1 \end{pmatrix} \begin{pmatrix} y_1 \\ y_2 \\ \vdots \\ y_n \end{pmatrix} = \begin{pmatrix} b_1 \\ b_2 \\ \vdots \\ b_n \end{pmatrix}, \tag{4.2.1}$$

再解

$$Ux = \begin{pmatrix} u_{11} & u_{12} & \cdots & u_{1n} \\ & u_{22} & \cdots & u_{2n} \\ & & \ddots & \vdots \\ & & & u_{nn} \end{pmatrix} \begin{pmatrix} x_1 \\ x_2 \\ \vdots \\ x_n \end{pmatrix} = \begin{pmatrix} y_1 \\ y_2 \\ \vdots \\ y_n \end{pmatrix}, \tag{4.2.2}$$

便得解 x.

2. LU 分解的推导

Gauss 消元过程是对增广矩阵 $(A \vdots b)$ 实施系列初等行变换 $r_j + k r_i$ $(j>i)$ 的过程. 而变换 $r_j + k r_i$ 对应的初等矩阵为单位下三角矩阵 (主对角元素为 1 的下三角阵), 故存在有限个初等矩阵, 不妨设为 L_k, $k = 1, \cdots, m,$ 可将整个变换的过程用矩阵运算表示为

$$L_m \cdots L_1 (A \vdots b) = \begin{pmatrix} a_{11}^{(1)} & a_{12}^{(1)} & \cdots & a_{1n}^{(1)} & \vdots & b_1^{(1)} \\ & a_{22}^{(2)} & \cdots & a_{2n}^{(2)} & \vdots & b_2^{(2)} \\ & & \ddots & \vdots & \vdots & \vdots \\ & & & a_{nn}^{(n)} & \vdots & b_n^{(n)} \end{pmatrix}.$$

记 $W = L_m L_{m-1} \cdots L_1$, 则 W 为单位下三角阵. 记 $U = \begin{pmatrix} a_{11}^{(1)} & a_{12}^{(1)} & \cdots & a_{1n}^{(1)} \\ & a_{22}^{(2)} & \cdots & a_{2n}^{(2)} \\ & & \ddots & \vdots \\ & & & a_{nn}^{(n)} \end{pmatrix},$

故 $W(A \vdots b) = (WA \vdots Wb) = (U \vdots Wb)$, 故 $WA = U$, 于是 $A = W^{-1}U$, 注意 W^{-1} 也为单位下三角矩阵. 令 $L = W^{-1}$, 则

$$A = LU. \tag{4.2.3}$$

可见, Gauss 消元过程的结果就是将系数矩阵分解为一个单位下三角矩阵和一个上三角矩阵之积.

4.2.2　三角分解

定义 4.2.1　将矩阵 $A \in \mathbf{R}^{n \times n}$ 表示为一个单位下三角矩阵和一个上三角矩阵之积, 称为矩阵 A 的 Doolittle (杜利特尔) 分解; 当 L 为下三角矩阵, U 为单位上三角矩阵时, 称为 Crout (克劳特) 分解. Doolittle 和 Crout 分解都笼统地称为**矩阵的三角分解**或 **LU 分解**.

1. 三角分解的充分条件

定理 4.2.1　若 $A \in \mathbf{R}^{n \times n}$ 的所有顺序主子式均不为 0, 则 A 可进行 Doolittle 型 LU 分解且分解是唯一的.

证　LU 分解的存在性证明, 就是 (4.2.3) 式的推导过程.

下证唯一性. 设有两个 LU 分解 $A = LU = L_1 U_1$, 注意到

$$U = (L^{-1}L)U = L^{-1}(LU) = L^{-1}A = L^{-1}L_1 U_1,$$

两边同右乘 U_1^{-1} 得 $UU_1^{-1} = L^{-1}L_1$. 注意到左边为上三角矩阵, 右边为单位下三角矩阵, 故 $UU_1^{-1} = L^{-1}L_1 = I$, 因此 $U = U_1$, $L = L_1$, 即分解是唯一的. 证毕.

定理 4.2.2 若 $A \in \mathbf{R}^{n \times n}$ 的所有顺序主子式均不为 0, 则 A 可进行 Crout 型 LU 分解且分解是唯一的.

证 因 A^T 与 A 的顺序主子式相等, 由假设知均不为 0, 故 A^T 可进行唯一 Doolittle 分解. 设 $A^T = L_1 U_1$, 则 $A = U_1^T L_1^T$, 令 $L = U_1^T$, $U = L_1^T$ 即得 A 之唯一的 Crout 分解. 证毕.

单位矩阵经过有限次行 (列) 交换后所形成的矩阵称为**排列矩阵**, 也称**置换矩阵**, 即各行各列仅有一个 1, 其他元素都是 0 的矩阵.

定理 4.2.3 对于可逆矩阵 $A \in \mathbf{R}^{n \times n}$, 存在排列矩阵 P, 使得 PA 可进行 LU 分解, 即

$$PA = LU. \tag{4.2.4}$$

其证可查阅文献 [4].

评注 如此大费周折分析三角分解, 难免让人觉得是以矩阵运算之名, 行 Gauss 消元之实, 不过旧调重弹罢了! 但其实不然. 存在唯一性是数学理论中极好的性质, LU 分解即有此性质, 故如何图之, 只求妙举!

2. Doolittle 分解的直接分解法

采用待定求解思路. 既然 LU 分解唯一, 按 L 和 U 的形式分别设出其待定元素如下:

$$\begin{pmatrix} a_{11} & a_{12} & a_{13} & \cdots & a_{1n} \\ a_{21} & a_{22} & a_{23} & \cdots & a_{2n} \\ a_{31} & a_{32} & a_{33} & \cdots & a_{3n} \\ \vdots & \vdots & \vdots & & \vdots \\ a_{n1} & a_{n2} & a_{n3} & \cdots & a_{nn} \end{pmatrix}$$

$$= \begin{pmatrix} 1 & & & & \\ l_{21} & 1 & & & \\ l_{31} & l_{32} & 1 & & \\ \vdots & \vdots & \vdots & \ddots & \\ l_{n1} & l_{n2} & l_{n3} & \cdots & 1 \end{pmatrix} \begin{pmatrix} u_{11} & u_{12} & u_{13} & \cdots & u_{1n} \\ & u_{22} & u_{23} & \cdots & u_{2n} \\ & & u_{33} & \cdots & u_{3n} \\ & & & \ddots & \vdots \\ & & & & u_{nn} \end{pmatrix}, \tag{4.2.5}$$

用待定系数法导出 L 和 U 的各元素计算公式即可. 计算右端乘积并比较两端元素, 得

$$
\begin{cases}
a_{1j} = u_{1j}, \\
a_{i1} = l_{i1}u_{11},
\end{cases}
$$

故

$$
\begin{cases}
u_{1j} = a_{1j}, & j = 1, 2, \cdots, n, \\
l_{i1} = a_{i1}/u_{11}, & i = 2, 3, \cdots, n,
\end{cases}
\tag{4.2.6}
$$

从而, U 之首行, L 之首列即得. 后续各个待定元素均类似求解即可, 其道理和技术含量都不高, 但因为待定元素间具有关联性, 故求解次序有先后之分. 大体次序应按行数和列数由小到大依次确定, 即先确定 U 的第一行和 L 的第一列中的待定元素, 此步称作计算第 1 框; 再确定 U 的第二行和 L 的第二列中的待定元素, 此步称作计算第 2 框 $\cdots\cdots$. 明此理, 具体的计算公式可以不看. 上述过程称为 **"逐框计算法"**, 也称为 **直接三角分解法**. 具体步骤如下.

步骤 1　计算第 1 框. 其过程是先让 L 的第 1 行与 U 的各列相乘, 再让 L 的各行与 U 的第 1 列相乘, 然后令两端对应元素相等, 可得

$$
u_{1j} = a_{1j} \quad (j = 1, 2, \cdots, n),
$$
$$
l_{i1} = \frac{a_{i1}}{u_{11}} \quad (i = 2, 3, \cdots, n).
$$

步骤 2　计算第 2 框. 其过程是先让 L 的第 2 行与 U 的第 2 列以后的各列相乘, 再让 L 的第 3 行以后的各行与 U 的第 2 列相乘, 然后令两端对应元素相等.

$\cdots\cdots\cdots\cdots$

步骤 r　计算第 r 框. 其过程是先让 L 的第 r 行与 U 的第 r 列以后的各列相乘, 再让 L 的第 $r+1$ 行以后的各行与 U 的第 r 列相乘, 然后令两端对应元素相等, 则可知

$$
\begin{cases}
u_{rj} = a_{rj} - \displaystyle\sum_{k=1}^{r-1} l_{rk}u_{kj} & (j = r, r+1, \cdots, n), \\
l_{ir} = \left(a_{ir} - \displaystyle\sum_{k=1}^{r-1} l_{ik}u_{kr} \right) \Big/ u_{rr} & (i = r+1, \cdots, n),
\end{cases}
\tag{4.2.7}
$$

其中, $r = 2, \cdots, n$.

评注 上述待定过程, "框" 的概念很形象, 框由框行和框列组成, 第 r 框的行和列分别由 U 的第 r 行和 L 的第 r 列中的那些**待定元素**构成. 若保持各个元素的行列位置不变, 则可以排成一个框阵. 图 4.2.1 是 5 阶矩阵 LU 分解时的框阵示意图, 它由 5 个框构成. 各框元素的确定, 总是围绕该框所在的行和列乘积展开的. 每框都是先确定框的行, 再确定框的列.

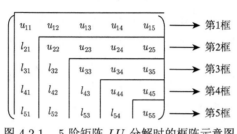

图 4.2.1　5 阶矩阵 LU 分解时的框阵示意图

3. 紧凑存储格式

无论是 LU 分解的框计算过程, 还是求解三角方程组 $Ly = b$, $Ux = y$ 的过程, 由于在求出第 r 框元素 u_{rj}, l_{jr} 和 y_r 后, 增广矩阵中该框位置对应元素 a_{rj}, a_{jr} 和 b_r, 在后续计算中不再需要, 故无需保留. 上机计算时, 一旦 L, U 和 y 中的各个待定元素被确定, 便可立即存入 A 和 b 对应的同位置元素的存储单元, 回代时 x 取代 y. 整个计算过程中不需要增加新的存储单元. 上述存储格式又称为**紧凑存储格式**. 比如 4 阶矩阵时, 存储位置形如

$$
\begin{pmatrix}
a_{11} & a_{12} & a_{13} & a_{14} \\
a_{21} & a_{22} & a_{23} & a_{24} \\
a_{31} & a_{32} & a_{33} & a_{34} \\
a_{41} & a_{42} & a_{43} & a_{44}
\end{pmatrix}
\rightarrow
\begin{pmatrix}
u_{11} & u_{12} & u_{13} & u_{14} \\
l_{21} & u_{22} & u_{23} & u_{24} \\
l_{31} & l_{32} & u_{33} & u_{34} \\
l_{41} & l_{42} & l_{43} & u_{44}
\end{pmatrix},
$$

注意 u_{ij}, l_{ij} 的存放位置就是相同下标的 a_{ij} 的位置.

4. 三角分解的应用

若线性方程组 $Ax = b$ 的系数矩阵 A 已完成三角分解 $A = LU$, 那么解方程组 $Ax = b$ 等价于求解两个三角形方程组 $Ly = b$, $Ux = y$. 即由

$$
Ly = \begin{pmatrix}
1 & & & \\
l_{21} & 1 & & \\
\vdots & \vdots & \ddots & \\
l_{n1} & l_{n2} & \cdots & 1
\end{pmatrix}
\begin{pmatrix}
y_1 \\
y_2 \\
\vdots \\
y_n
\end{pmatrix}
=
\begin{pmatrix}
b_1 \\
b_2 \\
\vdots \\
b_n
\end{pmatrix}
$$

得

$$y_k = \begin{cases} b_1, & k = 1, \\ b_k - \sum_{j=1}^{k-1} l_{kj} y_j, & k = 2, \cdots, n, \end{cases}$$

再由

$$Ux = \begin{pmatrix} u_{11} & u_{12} & \cdots & u_{1n} \\ & u_{22} & \cdots & u_{2n} \\ & & \ddots & \vdots \\ & & & u_{nn} \end{pmatrix} \begin{pmatrix} x_1 \\ x_2 \\ \vdots \\ x_n \end{pmatrix} = \begin{pmatrix} y_1 \\ y_2 \\ \vdots \\ y_n \end{pmatrix}$$

得

$$x_k = \begin{cases} y_n/u_{nn}, & k = n, \\ \left(y_k - \sum_{j=k+1}^{n} u_{kj} x_j \right) \Big/ u_{kk}, & k = n-1, \cdots, 1. \end{cases} \tag{4.2.8}$$

例 4.2.1　求矩阵 $A = \begin{pmatrix} 2 & 2 & 3 \\ 4 & 7 & 7 \\ -2 & 4 & 5 \end{pmatrix}$ 的三角分解.

解　按分解待定式 (4.2.5), 逐框分解, 每框计算时先计算后面 U 的行, 再算前面 L 的列.

第 1 框: $u_{11} = a_{11} = 2$, $u_{12} = a_{12} = 2$, $u_{13} = a_{13} = 3$,

$$l_{21} = \frac{a_{21}}{u_{11}} = \frac{4}{2} = 2, \quad l_{31} = \frac{a_{31}}{u_{11}} = \frac{-2}{2} = -1;$$

第 2 框: $u_{22} = a_{22} - l_{21} u_{12} = 7 - 2 \times 2 = 3$, $u_{23} = a_{23} - l_{21} u_{13} = 7 - 2 \times 3 = 1$,

$$l_{32} = \frac{a_{32} - l_{31} u_{12}}{u_{22}} = (4 - (-1) \times 2)/3 = 2;$$

第 3 框: $u_{33} = a_{33} - (l_{31} u_{13} + l_{32} u_{23}) = 5 - ((-1) \times 3 + 2 \times 1) = 6$.

故

$$L = \begin{pmatrix} 1 & 0 & 0 \\ 2 & 1 & 0 \\ -1 & 2 & 1 \end{pmatrix}, \quad U = \begin{pmatrix} 2 & 2 & 3 \\ 0 & 3 & 1 \\ 0 & 0 & 6 \end{pmatrix},$$

$$A = \begin{pmatrix} 1 & 0 & 0 \\ 2 & 1 & 0 \\ -1 & 2 & 1 \end{pmatrix} \begin{pmatrix} 2 & 2 & 3 \\ 0 & 3 & 1 \\ 0 & 0 & 6 \end{pmatrix}.$$

4.2.3 三角分解法的几点说明

(1) 简化同系数阵方程求解.

从三角分解法的推导及例中可以看出, 系数矩阵的三角分解与方程组右端常数项无关. 因而在计算多个系数矩阵相同而右端常数向量不同的线性方程组时, 用三角分解法更为简便, 工程问题中, 此类方程组较为常见.

(2) 计算矩阵 A 的行列式 $|A|$.

完成 $A = LU$ 分解后, 注意 LU 均为三角阵, 故顺便可以得到一个 "副产品"

$$|A| = |L||U| = u_{11}u_{22}\cdots u_{nn}. \tag{4.2.9}$$

(3) 简化求解 $A^n z = b$ 型方程组.

例如, 对于 $A^2 z = b$, 因为 A^2 计算量大, 可用如下分解 $A^2 z = A(Az) = b$, 故可先求解 $Ax = b$, 再求解 $Az = x$. 因 $A = LU$, 整个过程可简化为 4 个三角方程组的求解过程:

$$\begin{cases} Ly = b \to y, \\ Ux = y \to x, \\ Lw = x \to w, \\ Uz = w \to z. \end{cases} \tag{4.2.10}$$

(4) 运算量估计.

三角分解的逐框计算法乘除次数也是 $n^3/3$ 数量级, 但相比 Gauss 消元减少了存储单元.

(5) 得意之时莫忘大主元.

三角分解法虽然好用, 但一般也需采用选主元技术, 以使算法更具数值稳定性. 建议读者分析框计算的过程, 并设计 LU 分解的列主元逐框计算法.

评注 正因为 LU 分解具有唯一性, 才可放心采用方便的待定系数法而非逐次消元获取. 正因为 LU 都是三角矩阵, 三角块中的 0 元素和主对角上的 1 均可不用存放, 才可共用 A 的存储空间, 才能将新求得的待定元素替换原位置的已完成使命的老元素. 因而与 Gauss 消元法相比, 可节省中间结果的很多存储单元.

问题 4.2.1 正定矩阵是一类拥有对称性的好矩阵, 可有进一步节省内存和计算量的方法?

答: 当然有! 欲知其详, 且看下节分解.

4.3　平方根法和追赶法

正定矩阵是一类好矩阵, 当然有好的算法伴随. 其拥有的对称性也应该有进一步节省内存和计算量的方法.

4.3.1　正定矩阵的分解

1. 正定矩阵性质回顾

若 $A \in \mathbf{R}^{n \times n}$ 为正定矩阵 (固有对称性), 则

(1) A 的所有顺序主子阵 A_k ($k = 1, 2, \cdots, n$) 也是正定阵;

(2) A^{-1} 也是正定阵;

(3) A 的主对角线元素 $a_{ii} > 0$ ($i = 1, 2, \cdots, n$);

(4) A 的所有特征值 > 0;

(5) A 的所有顺序主子式均为正数, 即 $\det(A_k) = |A_k| > 0$ ($k = 1, 2, \cdots, n$).

2. Cholesky (楚列斯基) 分解

定理 4.3.1 (对称分解)　若 $A \in \mathbf{R}^{n \times n}$ 是正定矩阵, 则存在唯一一个单位下三角矩阵 L 和一个对角阵 D, 使得

$$A = LDL^{\mathrm{T}}. \tag{4.3.1}$$

证　因 A 的所有顺序主子式均为正数, 故 A 可作唯一 Doolittle 分解, 记为 $A = LU_1$, 其中,

$$L = \begin{pmatrix} 1 & & & & \\ l_{21} & 1 & & & \\ l_{31} & l_{32} & 1 & & \\ \vdots & \vdots & \ddots & \ddots & \\ l_{n1} & l_{n2} & \cdots & l_{n,n-1} & 1 \end{pmatrix}, \quad U_1 = \begin{pmatrix} u_{11} & u_{12} & \cdots & u_{1n} \\ & u_{22} & \cdots & u_{2n} \\ & & \ddots & \vdots \\ & & & u_{nn} \end{pmatrix}.$$

又令

$$D = \mathrm{diag}(u_{11}, u_{22}, \cdots, u_{nn}), \tag{4.3.2}$$

则 $D^{-1} = \mathrm{diag}(1/u_{11}, 1/u_{22}, \cdots, 1/u_{nn})$. 显然可有 $U_1 = DU_0$, 其中 U_0 是一个单位上三角阵. 由 A 的对称性知 $A = LU_1 = L(DU_0) = A^{\mathrm{T}} = U_0^{\mathrm{T}}(DL^{\mathrm{T}})$. 注意到, U_0^{T} 与 L 都是单位下三角阵, DU_0 与 DL^{T} 都是上三角阵, 由 Doolittle 型 LU 分解的唯一性知 $U_0^{\mathrm{T}} = L$. 所以 $A = LDL^{\mathrm{T}}$ 且这种分解是唯一的.　　　　证毕.

定理 4.3.2 (Cholesky 分解) 若 $A \in \mathbf{R}^{n \times n}$ 是正定矩阵, 则存在唯一的主对角线元素都为正的下三角阵 L, 使得

$$A = LL^{\mathrm{T}}, \tag{4.3.3}$$

其中, $L = \begin{pmatrix} l_{11} & & & \\ l_{21} & l_{22} & & \\ \vdots & \vdots & \ddots & \\ l_{n1} & l_{n2} & \cdots & l_{nn} \end{pmatrix}$. 上述分解称为正定矩阵的 **Cholesky 分解**.

证 记 A_k 为 A 的 k 阶顺序主子阵, $k = 1, 2, \cdots, n$. 因 A 正定, 故 $|A_k| > 0$, 故 A_k 可进行 Doolittle 型三角分解, 不妨设 $A_k = L_k U_k$, 故 $|A_k| = |U_k| = u_{11} u_{22} \cdots u_{kk} > 0$, 故 $u_{kk} = a_{kk}^{(k)} > 0$, 记

$$D^{1/2} = \mathrm{diag}\left(\sqrt{u_{11}}, \sqrt{u_{22}}, \cdots, \sqrt{u_{nn}}\right), \tag{4.3.4}$$

故 $D = D^{1/2} D^{1/2}$. 而按 (4.3.1) 式, 设 $L_n D L_n^{\mathrm{T}}$ 为 A 的唯一对称分解, 则

$$A = L_n D L_n^{\mathrm{T}} = L_n D^{1/2} D^{1/2} L_n^{\mathrm{T}} = (L_n D^{1/2})(L_n D^{1/2})^{\mathrm{T}}.$$

令 $L = L_n D^{1/2}$, 注意到 $(L_n D^{1/2})$ 为下三角阵, L_n 又是唯一的, 故 L 也是唯一的.
证毕.

注意, L 的对角线元素都为正是保证唯一性要求的必要条件. 请读者考虑为什么.

3. Cholesky 分解的平方根法

仿照 LU 分解的逐框计算法, 只不过 L 的列与 L^{T} 的行相同, 每框只需计算半框罢了. 仍用待定系数法. 令

$$\begin{pmatrix} a_{11} & a_{12} & \cdots & a_{1n} \\ a_{21} & a_{22} & \cdots & a_{2n} \\ \vdots & \vdots & & \vdots \\ a_{n1} & a_{n2} & \cdots & a_{nn} \end{pmatrix} = \begin{pmatrix} l_{11} & & & \\ l_{21} & l_{22} & & \\ \vdots & \vdots & \ddots & \\ l_{n1} & l_{n2} & \cdots & l_{nn} \end{pmatrix} \begin{pmatrix} l_{11} & l_{21} & \cdots & l_{n1} \\ & l_{22} & \cdots & l_{n2} \\ & & \ddots & \vdots \\ & & & l_{nn} \end{pmatrix},$$

$$\tag{4.3.5}$$

相乘并比较两端可得

$$
\begin{cases}
l_{11} = \sqrt{a_{11}}, \\
l_{ii} = \left(a_{ii} - \sum_{k=1}^{i-1} l_{ik}^2 \right)^{1/2}, & i = 2, 3, \cdots, n, \\
l_{ij} = \left(a_{ij} - \sum_{k=1}^{j-1} l_{ik} l_{jk} \right) \Big/ l_{jj}, & j = 1, 2, \cdots, i-1.
\end{cases}
\tag{4.3.6}
$$

上述方法因分解中需要开方, 故称为正定矩阵分解的**平方根方法**.

一旦完成矩阵 A 的 Cholesky 分解, 求解方程组 $AX = b$ 就可转化为求解两个三角方程组:

$$
\begin{cases}
Ly = b, \\
L^{\mathrm{T}} x = y.
\end{cases}
\tag{4.3.7}
$$

其解的分量表达式为

$$
\begin{cases}
y_1 = b_1 / l_{11}, \\
y_i = \left(b_i - \sum_{j=1}^{i-1} l_{ij} y_j \right) \Big/ l_{ii}, & i = 2, 3, \cdots, n, \\
x_n = y_n / l_{nn}, \\
x_i = \left(y_i - \sum_{j=i+1}^{n} l_{ji} x_j \right) \Big/ l_{ii}, & i = n-1, n-2, \cdots, 1.
\end{cases}
\tag{4.3.8}
$$

4. 平方根法的优缺点

平方根法的乘除运算量为 $n^3/6$ 数量级, 约为逐框计算法的一半. 由于对称性, 上机计算时, 只需紧凑格式约一半的存储单元. 另外, Cholesky 分解法无需选主元, 计算过程也是稳定的. 这是因为按照待定求解 (4.3.6) 式, 有 $a_{ii} = \sum_{k=1}^{i} l_{ik}^2$, 因为正定矩阵的主对角元素 $a_{ii} > 0$, 故 $0 < l_{ik}^2 \leqslant a_{ii}$, 从而, $|l_{ik}|$ 大小的数量级在计算过程中受到限制, 不会有很大变化. 平方根法的不足之处在于需作 n 次开方运算, 令人不爽.

问题 4.3.1   能否回避 n 次开方运算?

4.3.2 改进的平方根法

1. 免开方分析和分解步骤

由 (4.3.1) 式, 可设 $A = LDL^{\mathrm{T}}$, 即

$$
\begin{pmatrix}
a_{11} & a_{21} & \cdots & a_{n1} \\
a_{21} & a_{22} & \cdots & a_{n2} \\
\vdots & \vdots & & \vdots \\
a_{n1} & a_{n2} & \cdots & a_{nn}
\end{pmatrix}
$$

$$
= \begin{pmatrix}
1 & & & \\
l_{21} & 1 & & \\
\vdots & \vdots & \ddots & \\
l_{n1} & l_{n2} & \cdots & 1
\end{pmatrix}
\begin{pmatrix}
d_{11} & & & \\
& d_{22} & & \\
& & \ddots & \\
& & & d_{nn}
\end{pmatrix}
\begin{pmatrix}
1 & l_{21} & \cdots & l_{n1} \\
& 1 & \cdots & l_{n2} \\
& & \ddots & \vdots \\
& & & 1
\end{pmatrix}
$$

$$
= \begin{pmatrix}
d_{11} & & & \\
l_{21}d_{11} & d_{22} & & \\
\vdots & \vdots & \ddots & \\
l_{n1}d_{11} & l_{n2}d_{22} & & d_{nn}
\end{pmatrix}
\begin{pmatrix}
1 & l_{21} & \cdots & l_{n1} \\
& 1 & \cdots & l_{n2} \\
& & \ddots & \vdots \\
& & & 1
\end{pmatrix}, \tag{4.3.9}
$$

继续相乘并比较等式两端得 (为方便, 令 $l_{ii} = 1, i = 1, \cdots, n$)

$$
a_{ij} = l_{i1}d_{11}l_{j1} + l_{i2}d_{22}l_{j2} + \cdots + l_{i,j-1}d_{j-1,j-1}l_{j,j-1} + l_{ij}d_{jj}
$$

$$
= \sum_{k=1}^{j} l_{ik}d_{kk}l_{jk} \quad (i = 1, \cdots, n, 1 \leqslant j \leqslant i). \tag{4.3.10}
$$

显然, 按照这个方程, 求解各个待定元素, 并不需要开放运算.

故按 $i = 1, 2, \cdots, n$ 的顺序, 据 (4.3.9) 和 (4.3.10), 仍按框运算, 先框行、后框列逐框求解, 即可得到 LDL^{T} 分解的免开方法, 其确定 l_{ij} 和 d_{ii} 的步骤如下.

步骤 1 对于 $i = 1$,

$$
d_{11} = a_{11};
$$

步骤 2 对于 $i = 2, \cdots, n$, 循环执行下面两式. 为方便, 规定 $\sum\limits_{s=1}^{0} = 0$, 因此时和式无意义,

$$
l_{ik} = \left(a_{ik} - \sum_{s=1}^{k-1} d_{ss}l_{is}l_{ks} \right) \bigg/ d_{kk}, \quad k = 1, \cdots, i-1; \tag{4.3.11}
$$

$$d_{ii} = a_{ii} - \sum_{s=1}^{i-1} d_{ss} l_{is}^2. \tag{4.3.12}$$

上述方法称为**改进的平方根法**. 其实质仍为 "逐框计算" 法.

评注　逐框计算的待定系数法可以用于理解分解的算法原理, 实际问题中还是要编程计算才有实用意义.

运算量估计　其乘除运算量与 Cholesky 分解相当, 但避免了开方运算.

2. 改进的平方根法的应用

改进平方根法也可用于非正定对称矩阵 A 的分解, 只要能够进行对称分解且 $u_{kk} \neq 0$ 即可, $k = 1, 2, \cdots, n$. 因此改进平方根法常用于求解系数矩阵对称时的方程组.

实际应用时, 当正定阵 A 完成 $A = LDL^{\mathrm{T}}$ 分解后, 求解方程组 $Ax = b$, 就转化为下述两个三角方程组的求解,

$$\begin{cases} Ly = b, \\ L^{\mathrm{T}}x = D^{-1}y. \end{cases} \tag{4.3.13}$$

即先求 y 再求 x. 其中, $D^{-1} = \mathrm{diag}(d_{11}^{-1}, \cdots, d_{nn}^{-1})$.

例 4.3.1　用改进平方根法求解方程组

$$\begin{pmatrix} 1 & 2 & 1 \\ 2 & 5 & 0 \\ 1 & 0 & 14 \end{pmatrix} \begin{pmatrix} x_1 \\ x_2 \\ x_3 \end{pmatrix} = \begin{pmatrix} 4 \\ 7 \\ 15 \end{pmatrix}.$$

解　按 (4.3.11) 和 (4.3.12) 分解系数阵得 (此处, 更推荐直接采用待定系数逐框计算)

$$\begin{pmatrix} 1 & 2 & 1 \\ 2 & 5 & 0 \\ 1 & 0 & 14 \end{pmatrix} = \begin{pmatrix} 1 & 0 & 0 \\ 2 & 1 & 0 \\ 1 & -2 & 1 \end{pmatrix} \begin{pmatrix} 1 & 0 & 0 \\ 0 & 1 & 0 \\ 0 & 0 & 9 \end{pmatrix} \begin{pmatrix} 1 & 2 & 1 \\ 0 & 1 & -2 \\ 0 & 0 & 1 \end{pmatrix} = LDL^{\mathrm{T}}.$$

套用 (4.3.13) 式的 $Ly = b$ 有 $\begin{pmatrix} 1 & 0 & 0 \\ 2 & 1 & 0 \\ 1 & -2 & 1 \end{pmatrix} \begin{pmatrix} y_1 \\ y_2 \\ y_3 \end{pmatrix} = \begin{pmatrix} 4 \\ 7 \\ 15 \end{pmatrix}$, 解之可得

$$\begin{pmatrix} y_1 \\ y_2 \\ y_3 \end{pmatrix} = \begin{pmatrix} 4 \\ -1 \\ 9 \end{pmatrix}, \text{再套用 (4.3.13) 式的 } L^{\mathrm{T}}x = D^{-1}y \text{ 有}$$

$$\begin{pmatrix} 1 & 2 & 1 \\ & 1 & -2 \\ & & 1 \end{pmatrix} \begin{pmatrix} x_1 \\ x_2 \\ x_3 \end{pmatrix} = \begin{pmatrix} 1 & 0 & 0 \\ 0 & 1 & 0 \\ 0 & 0 & 1/9 \end{pmatrix} \begin{pmatrix} 4 \\ -1 \\ 9 \end{pmatrix},$$

解之得 $\begin{pmatrix} x_1 \\ x_2 \\ x_3 \end{pmatrix} = \begin{pmatrix} 1 \\ 1 \\ 1 \end{pmatrix}.$

4.3.3 追赶法

很多问题中, 需要解如下形式的三对角方程组:

$$\begin{cases} b_1 x_1 + c_1 x_2 & = d_1, \\ a_2 x_1 + b_2 x_2 + c_2 x_3 & = d_2, \\ \quad\quad a_3 x_2 + b_3 x_3 + c_3 x_4 & = d_3, \\ \quad\quad\quad \cdots\cdots \\ \quad\quad\quad a_{n-1} x_{n-2} + b_{n-1} x_{n-1} + c_{n-1} x_n = d_{n-1}, \\ \quad\quad\quad\quad a_n x_{n-1} + \quad b_n x_n = d_n, \end{cases} \tag{4.3.14}$$

其特点为系数中 0 多, 且排列有规律, 自然希望有更有效 (计算量更小、用内存更少) 的方法求解. 简单考虑便知, 只要能在 Gauss 消元过程中, 不对众多的 0 作无用的消元, 便可节省很多运算. 因而便产生了下述的**追赶法**, 英文名字为 **tridiagonal matrix algorithm** 或 **Thomas algorithm**. 该法由追过程和赶过程两部分组成.

1. 追过程

所谓追过程即消元过程. 依次将主元系数化为 1, 并进行一次顺序消元, 将方程组化为

$$\begin{cases} x_1 + q_1 x_2 & = p_1, \\ \quad x_2 + q_2 x_3 & = p_2, \\ \quad\quad \cdots\cdots \\ \quad\quad\quad x_{n-1} + q_{n-1} x_n = p_{n-1}, \\ \quad\quad\quad\quad x_n = p_n, \end{cases} \tag{4.3.15}$$

其中系数按下式计算:

$$\begin{cases} p_1 = d_1/b_1, q_1 = c_1/b_1, \\ t_k = b_k - a_k q_{k-1}, \\ p_k = (d_k - a_k p_{k-1})/t_k, \\ q_k = c_k/t_k, \end{cases} \quad k = 2, 3, \cdots, n. \qquad (4.3.16)$$

2. 赶过程

赶过程即对方程组 (4.3.15) 回代求解的过程, 回代求解得

$$\begin{cases} x_n = p_n, \\ x_k = p_k - q_k x_{k+1}, \end{cases} \quad k = n - 1, n - 2, \cdots, 2, 1. \qquad (4.3.17)$$

假定追赶消元过程中, 分母不出现 0, 则上述追赶过程可进行到底.

问题 4.3.2　可追赶的判别条件有哪些?

3. 严格对角占优矩阵

定义 4.3.1　若矩阵 $A \in \mathbf{R}^{n \times n}$ 的主对角元素绝对值均大于其所在行其他各元素绝对值之和, 即

$$|a_{kk}| > \sum_{j=1, j \neq k}^{n} |a_{kj}|, \quad k = 1, \cdots, n, \qquad (4.3.18)$$

则称 A 为**严格对角行占优矩阵**. 类似地, 若矩阵 A 的主对角元素绝对值均大于其所在列其他各元素绝对值之和, 即

$$|a_{kk}| > \sum_{i=1, i \neq k}^{n} |a_{ik}|, \quad k = 1, \cdots, n, \qquad (4.3.19)$$

则称 A 为**严格对角列占优矩阵**. 没有必要区分时, 两种矩阵均称为**严格对角占优矩阵**.

4. 严格对角占优矩阵的可逆性和可追赶性

定理 4.3.3　严格对角占优矩阵必可逆且对角元素不为 0.

证　首先陈述如下事实: 方阵行列式 = 其所有特征值之积; A 可逆等价于 0 不是 A 的特征值. 设 A 为严格对角行占优矩阵 (列占优考虑转置即可), 故有对角占优不等式

$$|a_{ii}| > \sum_{j=1, j \neq i}^{n} |a_{ij}| \geqslant 0, \qquad (4.3.20)$$

所以 $|a_{ii}| \neq 0$, 重新改写对角占优不等式为

$$|0 - a_{ii}| > \sum_{j=1, j \neq i}^{n} |a_{ij}|, \tag{4.3.21}$$

故 0 不在 Gershgorin 圆之内 (见定理 2.5.5), 因此 0 不是 A 的特征值, 故 A 必可逆.   证毕.

定理 4.3.4 系数矩阵为严格对角占优的形如 (4.3.14) 的三对角方程组可追赶到底.

证 注意到严格对角占优阵的各顺序主子阵仍是严格对角占优阵, 故由定理 4.3.3 知其各顺序主子式不等于 0(也可用归纳法证明). 而追赶法本质上还是 Gauss 顺序消元法, 由定理 4.1.1 知严格对角占优三对角矩阵消元过程可进行到底, 此处即追赶到底.   证毕.

5. 追赶过程的 Crout 分解方法

严格对角占优三对角矩阵通常采用 Crout 分解后进行追赶过程, 即将

$$A = \begin{pmatrix} b_1 & c_1 & & & & \\ a_2 & b_2 & c_2 & & & \\ & a_3 & b_3 & c_3 & & \\ & & \ddots & \ddots & \ddots & \\ & & & a_{n-1} & b_{n-1} & c_{n-1} \\ & & & & a_n & b_n \end{pmatrix}$$

作如下分解

$$A = \begin{pmatrix} t_1 & & & \\ r_1 & t_2 & & \\ & \ddots & \ddots & \\ & & r_{n-1} & t_n \end{pmatrix} \begin{pmatrix} 1 & q_1 & & \\ & 1 & \ddots & \\ & & \ddots & q_{n-1} \\ & & & 1 \end{pmatrix}, \tag{4.3.22}$$

其中,

$$\begin{cases} t_1 = b_1, \\ q_1 = c_1/t_1, \\ r_{k-1} = a_k, \quad k = 2, 3, \cdots, n, \\ q_{k-1} = c_{k-1}/t_{k-1}, \\ t_k = b_k - r_{k-1} q_{k-1}, \end{cases} \tag{4.3.23}$$

然后, 再将三对角方程组 (4.3.14) 化为如下的两个三角方程组, 进而先追后赶进行求解. 即对方程组

$$
\begin{pmatrix}
t_1 & & & \\
r_1 & t_2 & & \\
& \ddots & \ddots & \\
& & r_{n-1} & t_n
\end{pmatrix}
\begin{pmatrix}
y_1 \\ y_2 \\ \vdots \\ y_n
\end{pmatrix}
=
\begin{pmatrix}
d_1 \\ d_2 \\ \vdots \\ d_n
\end{pmatrix},
\tag{4.3.24}
$$

追消元得 y; 再对方程组

$$
\begin{pmatrix}
1 & q_1 & & \\
& 1 & \ddots & \\
& & \ddots & q_{n-1} \\
& & & 1
\end{pmatrix}
\begin{pmatrix}
x_1 \\ x_2 \\ \vdots \\ x_n
\end{pmatrix}
=
\begin{pmatrix}
y_1 \\ y_2 \\ \vdots \\ y_n
\end{pmatrix}
\tag{4.3.25}
$$

实施赶过程, 即回代求解 x.

6. 计算量比较与稳定性分析

追赶法本质上还是 Gauss 顺序消元法, 但由于计算过程中, 存储和计算只涉及系数矩阵中的非零元, 因此大大节约了计算机内存与计算量. 按乘除法次数进行比较, Gauss 消元法约为 $n^3/3$ 次, 全主元法约为 $n^3/2$ 二次, 而追赶法仅为 $5n-3$ 次. 因此, 相对而言, 追赶法计算量很小而且中间没有大的数量级变化, 故误差的积累也不会很大. 总体来说, 追赶法是比较稳定的. 因而, 追赶法是求解三对角方程组的非常好的方法.

4.4　用 MATLAB 解方程组

4.4.1　一般解法代码

例 **4.4.1**　欲对例 4.3.1 方程组求解, 代码如下:

```
A=[1,2,1;2,5,0;1,0,14];
b=[4,7,15]';
x=A\b
```

运行后得到

```
x =
    1
    1
    1
```

4.4.2　*LU* 分解法代码

例 4.4.2　设 $A = \begin{pmatrix} 1 & 2 & 6 \\ 4 & 8 & -1 \\ -2 & 3 & 5 \end{pmatrix}$，求其 *LU* 分解.

解　因顺序主子式有 0 出现, 故需交换行避之, MATLAB 内部函数 [L,U,P]= lu(A) 为此而设, 且具有列主元分解策略. 其中 P 为行交换初等方阵. 代码如下:

```
A=[1,2,6;4,8,-1;-2,3,5];
[L,U,P]=lu(A)
```

运行后得

```
L =
    1.00      0       0
   -0.50     1.0      0
    0.25      0     1.00
U =
    4.0      8.0    -1.00
     0      7.00     4.50
     0        0      6.25
P=
     0        1       0
     0        0       1
     1        0       0
```

验证可知: $PA = LU$.

例 4.4.3　列主元策略调序 *LU* 分解及方程组 $Ax = b$ 求解程序.

```
function [L,U,p,x]=lux(A,b)
%  LU分解法解线性方程组(列主元LU分解).
%  Input  - matrix Anxn, vector b.
%  Output - L U and a permutation matrix in P, solution x of Ax
     =b.
[n,n]=size(A);
p=eye(n);% p记录选择主元时所进行的行变换.
for k=1:n-1
    [r,m]=max(abs(A(k:n,k)));   %选列主元, m是其行下标.
    m=m+k-1;
    if(A(m,k)~=0)
        if(m~=k)
            A([k m],:)=A([m k],:);
            p([k m],:)=p([m k],:);
```

```
        end
    for i=k+1:n
            A(i,k)=A(i,k)/A(k,k);
            j=k+1:n; %注意j即本次所有参与行变换的列下标.
            A(i,j)=A(i,j)-A(i,k)*A(k,j);%对第i行所有列运算.
        end
    end
end
L=tril(A,-1)+eye(n,n);
U=triu(A);
%解下三角矩阵Ly=b.
newb=p*b;%将常数向量进行与系数阵同样的换序.
y=zeros(n,1);
for k=1:n
    j=1:k-1;
    y(k)=(newb(k)-L(k,j)*y(j))/L(k,k);
end
%解上三角方程组Ux=y.
x=zeros(n,1);
for k=n:-1:1
    j=k+1:n;
    x(k)=(y(k)-U(k,j)*x(j))/U(k,k);
end
```

例 4.4.4 设 $A=\begin{pmatrix} 1 & 2 & 6 \\ 4 & 8 & -1 \\ -2 & 3 & 5 \end{pmatrix}$, $b=\begin{pmatrix} 1 \\ 2 \\ 3 \end{pmatrix}$, 求解 $Ax=b$.

代码如下:

```
function HL44 ex1_lu
clc;
A=[1,2,6;4,8,-1;-2,3,5]
b=[1,2,3]';
[L,U,p,x]=lux(A,b)
return;
```

运行得

```
A =

    1    2    6
    4    8   -1
   -2    3    5
```

```
L =
        1        0        0
     -0.5        1        0
     0.25        0        1
U =
        4        8       -1
        0        7      4.5
        0        0     6.25
p =
        0        1        0
        0        0        1
        1        0        0
x =
    -0.52
     0.52
     0.08
```

4.4.3 追赶法求解代码

例 4.4.5 用追赶法解三对角方程组 $Ax = d$ 的解. A 和 d 见代码内.

```
function HL44ex2_zhuigan
A=[-10,-2,0,0,0,0; 9,-1,-2,0,0,0; 0,-2,-11,-1,0,0;...
   0,0,2,1,-8,0; 0,0,0,4,2,-1; 0,0,0,0,-9,9]
d=[-6,13,15,-2,-1,9]'
x=A\d;
x=trim(A,d)
return;
%-----追赶法------------------------------------------
function s=trim(A,bb)
% 追赶法求解线性方程组Ax=bb.
%Input    -A,bb.
%Output   -x solution in column.
n=size(A,1);
s=zeros(n,1);
%-----取出三对角--------
b=diag(A);
a=diag(A,-1);
c=diag(A,1);
d=zeros(n,1);
u=zeros(n-1,1);
         for i=1:n-1
```

```
                            d(1)=b(1);
                            u(i)=c(i)/d(i);
                            d(i+1)=b(i+1)-a(i)*u(i);
                    end
%-----追的过程------------
y=zeros(n,1);
y(1)=bb(1)/d(1);
   for i=2:n
        y(i)=(bb(i)-a(i-1)*y(i-1))/d(i);
   end
%-----赶的过程---------------
s(n)=y(n);
   for i=n-1:-1:1
        s(i)=y(i)-u(i)*s(i+1);
   end
%-----追赶法结束--------
```

运行后的结果为 (格式略作变通)

```
A =
    -10    -2     0     0     0     0
      9    -1    -2     0     0     0
      0    -2   -11    -1     0     0
      0     0     2     1    -8     0
      0     0     0     4     2    -1
      0     0     0     0    -9     9
d = [ -6    13    15    -2    -1     9]'
x = [1, -2, -1, -3.5087e-017, 5.2042e-017, 1]'
```

> **评注**　至此, 依仗 Gauss 消元法, 又有主元策略和 *LU* 分解助力, 似乎求解方程组不过探囊取物, 特别是对于小型稠密方程组, 以 Gauss 消元法为基础的直接解法确实是比较适宜的方法. 然而, 殊不知真正求解过程, 也会暗礁四伏, 欲知其详, 且看下节病态方程组!

4.5　方程组的性态和条件数

问题 4.5.1　数值稳定的算法是否一定能求得精度高的解呢?

答　显然, 有先天性缺陷的蛋通常不能孵化出健康的小鸡. 类似的道理, 对于病态方程组, 即使是数值稳定的算法也不一定能够得到高精度的解.

4.5.1 性态和条件数产生的背景

先看下述引例.

例 4.5.1 观察下述各方程组:

$$\begin{cases} x_1 + x_2 = 2, \\ x_1 + 1.0001x_2 = 2, \end{cases} \tag{4.5.1}$$

解之可得 $x_1 = 2, x_2 = 0$;

$$\begin{cases} x_1 + x_2 = 2, \\ x_1 + 1.0001x_2 = 2.0001, \end{cases} \tag{4.5.2}$$

解之可得 $x_1 = 1, x_2 = 1$;

$$\begin{cases} x_1 + x_2 = 2, \\ x_1 + 1.0005x_2 = 2.0001, \end{cases} \tag{4.5.3}$$

解之可得 $x_1 = 1.8, x_2 = 0.2$.

可以看出, 后两个方程组与第一个方程组几乎相同, 系数矩阵或右端向量仅有 0.0005 以下的误差, 但准确解却相差很大.

例 4.5.2 已知方程组 $\begin{pmatrix} 1 & 1/2 & 1/3 \\ 1/2 & 1/3 & 1/4 \\ 1/3 & 1/4 & 1/5 \end{pmatrix} \begin{pmatrix} x_1 \\ x_2 \\ x_3 \end{pmatrix} = \begin{pmatrix} 11/6 \\ 13/12 \\ 47/60 \end{pmatrix}$ 的解为

$x = \begin{pmatrix} 1 \\ 1 \\ 1 \end{pmatrix}$. 若其系数和常数项改用三位有效数字的小数表示, 则方程组为

$$\begin{pmatrix} 1.00 & 0.500 & 0.333 \\ 0.500 & 0.333 & 0.250 \\ 0.333 & 0.250 & 0.200 \end{pmatrix} \begin{pmatrix} x_1 \\ x_2 \\ x_3 \end{pmatrix} = \begin{pmatrix} 1.83 \\ 1.08 \\ 0.783 \end{pmatrix},$$

其解为 $x = \begin{pmatrix} 1.090 \\ 0.488 \\ 1.491 \end{pmatrix}$.

对比可知, 初始数据的最大相对误差 $0.0005/0.200 < 0.3\% = 0.003$, 而解的相对误差却超过 50%.

例 4.5.3　方程组 $\begin{pmatrix} 11 & 10 & 4 \\ 12 & 11 & -13 \\ 14 & 13 & -66 \end{pmatrix} \begin{pmatrix} x_1 \\ x_2 \\ x_3 \end{pmatrix} = \begin{pmatrix} 1 \\ 1 \\ 1 \end{pmatrix}$ 的解为 $x = \begin{pmatrix} 1 \\ -1 \\ 0 \end{pmatrix}$,

若将右端项 $b = \begin{pmatrix} 1 \\ 1 \\ 1 \end{pmatrix}$ 改为 $\begin{pmatrix} 1.001 \\ 0.999 \\ 1.001 \end{pmatrix}$, 则相应的解 $x = \begin{pmatrix} -0.683 \\ 0.843 \\ 0.006 \end{pmatrix}$. 对比可

见, 右端项 b 仅产生 0.1%的微小变化便可引起解的变化达到 184%(解的第二分量 $= |[0.843 - (-1)]/ -1|$).

> **评注**　上面几例说明, 无论算法多么稳定, 系数和常数项的一点微小误差就会使方程组的解产生很大乃至巨大变化. 这种现象自然会导致一些求解忧虑. 不说方程组建立时的初始舍入误差, 单就消元过程而言, 方程组的系数矩阵和右端常数向量大多为前面计算结果的近似, 小数点后保留三到四位有效数字是常事, 故微小误差难于避免. 若恰好遭遇上述类型的方程组, 后果不堪设想! 可见有必要识别此类敏感方程组, 即识别方程组的性态.

4.5.2　病态方程组的讨论

1. 病态方程组的概念

定义 4.5.1 (病态方程组)　当方程组 $Ax = b$ 的系数矩阵与右端向量 b 的微小变动 (小扰动) 会引起解的严重失真 (偏差) 时, 称此方程组为病态方程组; 其系数矩阵 A 称为病态矩阵; 否则称为良态方程组, 对应的系数矩阵 A 称为良态矩阵.

问题 4.5.2　如何定量刻画方程组的 "病态" 程度?

为了专注于方程组本身性态的探讨, 对问题作如下的限定: 不考虑运算过程中的舍入误差, 仅考虑系数矩阵和常向量的原始误差, 称之为初始摄动 (或扰动).

2. 常向量扰动对解的影响

> **评注**　常规数学问题的一般量化思路最先源于人们喜欢的量化方式. 正比情结乃人之共有, 读者可联想一下其他学科众多的正比规律, 比如三极管的放大模型 $I_c = \beta I_b$, 欧姆定律 $U = IR$, 牛顿第二定律 $f = ma$ 等. 究其原因, 就在于简单好用! 试问在所有的函数中, 就适用范围的大小和方便性而言, 何者能与正比函数相比? 故而若能将输出误差 Δ_{output} 表示成输入误差 Δ_{input} 的正比例关系, 则可方便根据输入误差估计输出误差. 所以下面将尝试建立如下量化表达式:
>
> $$\Delta_{\text{output}} = k\Delta_{\text{input}},$$
>
> k 就是待定的放大系数. 若等式不成立, 可退一步求其次, 不等式也可以考虑!

设 A 是准确的, 仅 b 有扰动 δb 时, 引起解 x 的扰动为 δx, 即

$$A(x + \delta x) = b + \delta b,$$

注意到 $Ax = b$, 故由 $\begin{cases} Ax = b, \\ A\delta x = \delta b, \end{cases}$ 知 $\begin{cases} b = Ax, \\ \delta x = A^{-1}\delta b, \end{cases}$ 由范数相容性不等式可得

$$\begin{cases} \|b\| = \|Ax\| \leqslant \|A\| \, \|x\| \, , \\ \|\delta x\| = \|A^{-1}\delta b\| \leqslant \|A^{-1}\| \, \|\delta b\| \, , \end{cases}$$

两个不等式左右两端分别相乘得 $\|b\| \, \|\delta x\| \leqslant \|A\| \, \|x\| \, \|A^{-1}\| \, \|\delta b\|$, 故

$$\frac{\|\delta x\|}{\|x\|} \leqslant \|A\| \, \|A^{-1}\| \, \frac{\|\delta b\|}{\|b\|}. \tag{4.5.4}$$

此不等式表明, 当常向量 b 有扰动时, 解的相对误差不超过 b 的相对误差的 $\|A\| \, \|A^{-1}\|$ 倍.

3. 系数阵的扰动对解的影响

以下内容仅供有研读兴趣的读者参考, 其他人读者可跳转 "5. 条件数" 部分.

思路照旧. 设 b 为精确的, 而 A 有微小扰动 δA 时, 引起解 x 的扰动为 δx. 则

$$(A + \delta A)(x + \delta x) = b.$$

因 $Ax = b$, 故 $A\delta x + \delta A(x + \delta x) = 0$, 或 $\delta x = -A^{-1}\delta A(x + \delta x)$. 由相容性不等式知

$$\|\delta x\| = \|A^{-1}\delta A(x + \delta x)\| \leqslant \|A^{-1}\| \, \|\delta A\| \, (\|x\| + \|\delta x\|)$$

$$= \|A^{-1}\| \, \|\delta A\| \, \|x\| + \|A^{-1}\| \, \|\delta A\| \, \|\delta x\|.$$

移项得 $\|\delta x\| - \|A^{-1}\| \, \|\delta A\| \, \|\delta x\| \leqslant \|A^{-1}\| \, \|\delta A\| \, \|x\|$, 即 $(1 - \|A^{-1}\| \, \|\delta A\|) \, \|\delta x\| \leqslant \|A^{-1}\| \, \|\delta A\| \, \|x\|$. 当 δA 很小时, 假定 $\|A^{-1}\|\|\delta A\| < 1$, 则可得

$$\frac{\|\delta x\|}{\|x\|} \leqslant \frac{\|A^{-1}\| \, \|\delta A\|}{1 - \|A^{-1}\| \, \|\delta A\|} = \frac{\|A\| \, \|A^{-1}\|}{1 - \|A\| \, \|A^{-1}\| \, \dfrac{\|\delta A\|}{\|A\|}} \frac{\|\delta A\|}{\|A\|}.$$

显然, $\|A\|\|A^{-1}\|$ 越大, 系数扰动所引起的解之变化也就越大. 当 δA 充分小时, 上式右端可视为分母为 1, 故有

$$\frac{\|\delta x\|}{\|x\|} \leqslant \|A\|\,\|A^{-1}\|\,\frac{\|\delta A\|}{\|A\|}. \tag{4.5.5}$$

注意, 又是 $\|A\|\|A^{-1}\|$ 作为比例系数的上界.

4. A, b 同时扰动对解的影响

因为涉及两者变化导致的总变化, 故采用的思路是仿照全微分与偏微分关系, 将总扰动表示成分扰动的叠加形式. 叠加关系与正比关系一样, 也是人们最常想到的量化方式.

设 A 有微小扰动 δA, 同时 b 有微小扰动 δb 时, 引起解 x 的扰动为 δx, 则

$$(A + \delta A)(x + \delta x) = b + \delta b,$$

注意到 $Ax = b$, 故有

$$A\delta x + \delta A x + \delta A \delta x = \delta b,$$

移项左乘 A^{-1} 得

$$\delta x = -A^{-1}\delta A x - A^{-1}\delta A \delta x + A^{-1}\delta b,$$

两边取范数得

$$\|\delta x\| \leqslant \|A^{-1}\|\,\|\delta A\|\,\|x\| + \|A^{-1}\|\,\|\delta A\|\,\|\delta x\| + \|A^{-1}\|\,\|\delta b\|,$$

同除 $\|x\|$ 移项后有

$$\left(1 - \|A^{-1}\|\,\|\delta A\|\right)\frac{\|\delta x\|}{\|x\|} \leqslant \|A^{-1}\|\,\|\delta A\| + \frac{\|A^{-1}\|\,\|\delta b\|}{\|x\|},$$

注意到 $\|b\| = \|Ax\| \leqslant \|A\|\|x\|$, 故有 $\dfrac{1}{\|x\|} \leqslant \dfrac{\|A\|}{\|b\|}$, 代入上式右端并整理得

$$\left(1 - \|A^{-1}\|\,\|\delta A\|\right)\frac{\|\delta x\|}{\|x\|} \leqslant \|A\|\,\|A^{-1}\|\left(\frac{\|\delta A\|}{\|A\|} + \frac{\|\delta b\|}{\|b\|}\right).$$

当 δA 很小时, 比如 $\|A^{-1}\|\|\delta A\| < 1$, 则有

$$\frac{\|\delta x\|}{\|x\|} \leqslant \frac{\|A^{-1}\|\,\|A\|}{1 - \|A^{-1}\|\,\|\delta A\|}\left(\frac{\|\delta A\|}{\|A\|} + \frac{\|\delta b\|}{\|b\|}\right),$$

记 $k = \|A^{-1}\|\|A\|$, 则上式右端为

$$\frac{k}{1 - k\dfrac{\|\delta A\|}{\|A\|}}\left(\frac{\|\delta A\|}{\|A\|} + \frac{\|\delta b\|}{\|b\|}\right).$$

在 $\|\delta A\|$ 充分小时, 右端可视为 $k\left(\dfrac{\|\delta A\|}{\|A\|} + \dfrac{\|\delta b\|}{\|b\|}\right)$, 故

$$\frac{\|\delta x\|}{\|x\|} \leqslant \|A\|\,\|A^{-1}\|\left(\frac{\|\delta A\|}{\|A\|} + \frac{\|\delta b\|}{\|b\|}\right). \tag{4.5.6}$$

注意, 还是 $\|A\|\|A^{-1}\|$ 为比例系数的上界.

> **评注**　上面三种情形的分析, 不知读者是否感觉到了其完成者执着的信念和坚定的意志, 尽管过程曲折, 但目标非常明确, 得不到放大系数的样子决不罢休! 心中有美才能创造美, 心中有美才能发现美!　相当一部分数学结论都有类似的"塑料"过程.

5. 条件数

由 (4.5.4)—(4.5.6) 可知, 在三种情况下得到的三个不等式反映了解的相对误差与 A 及 b 的相对误差的关系; 数 $\|A\|\|A^{-1}\|$ 越小, 解的相对误差也就越小; 反之数 $\|A\|\|A^{-1}\|$ 越大, 可能达到的解的相对误差也就越大. 该数反映了解对方程组原始数据的敏感程度, 揭示了矩阵 A 和方程组本身的性态.

定义 4.5.2　设方程组的系数矩阵为 A, 称 $\|A\|\|A^{-1}\|$ 为方程组或矩阵 A 的条件数, 记作 $\mathrm{cond}(A)$, 即

$$\mathrm{cond}(A) = \|A\|\|A^{-1}\|. \tag{4.5.7}$$

$\mathrm{cond}(A)$ 越大, 称 A 或方程组的病态程度越严重. 一般若 $\mathrm{cond}(A) \gg 1$, 则称 A 或方程组是病态的或坏条件的, 相反则称为良态或好条件的.

至于 $\mathrm{cond}(A)$ 多大, 方程组才算病态, 这是一个相对概念, 没有一个严格的数量界限.

显然, 范数不同, 条件数也会不同. 由于有限维赋范空间范数间的等价性, 同一矩阵的条件数在不同范数刻画下的数量级差异不大.

还需注意的是, 条件数与解法无关, 是矩阵的先天条件.

6. 常用条件数

矩阵的列范数 (1-范数)、行范数 (∞-范数) 和谱范数 (2-范数) 均为常用范数, 故基于它们计算的条件数是常用条件数, 分别表示为 $\mathrm{cond}\,(A)_1$, $\mathrm{cond}(A)_\infty$ 和

$\text{cond}(A)_2$, 即

$$\text{cond}(A)_1 = \|A\|_1\|A^{-1}\|_1,$$
$$\text{cond}(A)_2 = \|A\|_2\|A^{-1}\|_2,$$
$$\text{cond}(A)_\infty = \|A\|_\infty\|A^{-1}\|_\infty.$$

定理 4.5.1　若矩阵 A 可逆, 则其算子范数下的条件数有如下性质:

(1) $\text{cond}(A) \geqslant 1$;

(2) $\text{cond}(A) = \text{cond}(A^{-1})$;

(3) $\text{cond}(\alpha A) = \text{cond}(A)$ $(\alpha \in \mathbf{R},\ \alpha \neq 0)$;

(4) $\text{cond}(A)_2 = \sqrt{\lambda_{\max}(A^{\mathrm{T}}A)/\lambda_{\min}(A^{\mathrm{T}}A)}$; $\hspace{3cm}$ (4.5.8)

(5) 若 A 对称, 则

$$\text{cond}(A)_2 = \frac{\max|\lambda|}{\min|\lambda|}. \hspace{3cm} (4.5.9)$$

(6) 若 A 为正交矩阵, 则 $\text{cond}(A)_2 = 1$;

(7) 设 R 为正交矩阵, 则 $\text{cond}(RA)_2 = \text{cond}(AR)_2 = \text{cond}(A)_2$.

上述结论利用 $\text{cond}(E)=1$, 可逆性 $A^{-1}A = E$ 和正交性 $A^{\mathrm{T}}A = E$ 不难自证, 其中 E 表示单位矩阵.

例 4.5.4　对于例 4.5.1 中的第一个系数矩阵 A, 有 $A = \begin{pmatrix} 1 & 1 \\ 1 & 1.0001 \end{pmatrix}$,

$A^{-1} \approx \begin{pmatrix} 10001 & -10000 \\ -10000 & 10000 \end{pmatrix}$, $\text{cond}(A)_\infty \approx 2.0001 \times 20001 \geqslant 40000$, 可见病态十分严重.

例 4.5.5　在例 4.5.2 中, $A^{-1} = \begin{pmatrix} 9 & -36 & 30 \\ -36 & 192 & -180 \\ 30 & -180 & 180 \end{pmatrix}$, $\text{cond}(A)_\infty = $

$\|A\|_\infty\|A^{-1}\|_\infty = \dfrac{11}{6} \times 408 = 748$. 从而, A 的条件数很大, 所以方程组是病态的.

例 4.5.6　下述矩阵 H 称为 Hilbert (希尔伯特) 矩阵

$$H = \begin{pmatrix} 1 & \dfrac{1}{2} & \cdots & \dfrac{1}{n} \\ \dfrac{1}{2} & \dfrac{1}{3} & \cdots & \dfrac{1}{n+1} \\ \vdots & \vdots & & \vdots \\ \dfrac{1}{n} & \dfrac{1}{n+1} & \cdots & \dfrac{1}{2n-1} \end{pmatrix}, \hspace{2cm} (4.5.10)$$

它是典型的 "病态" 矩阵, n 越大 "病态" 越严重, 其条件数随 n 的变化如表 4.5.1 所示.

表 4.5.1　Hilbert 矩阵的条件数

	n				
	3	5	7	9	10
$\text{cond}(H)_\infty \approx$	748	9.4×10^5	9.9×10^8	1.1×10^{12}	3.5×10^{13}
$\text{cond}(H)_2 \approx$	524	4.8×10^5	4.8×10^8	4.9×10^{12}	1.6×10^{13}

如 $n = 7$ 时, $\text{cond}(A)_\infty \approx 9.9 \times 10^8$, 例 4.5.2 中的系数矩阵是其特例.

问题 4.5.3　用条件数判断病态需要计算逆阵的范数, 甚为不便, 可有简便之举? (下面是一些方法.)

4.5.3　病态方程组的判断及求解措施

1. 病态矩阵的判断

如下一些现象可作为判断病态矩阵的参考.

(1) 在用主元消元法时消元过程中出现小主元.

(2) 矩阵 A 中元素间数量级相差很大.

(3) 矩阵的某些行 (或列) 近似线性相关 (近似成比例, 如例 4.5.5).

(4) A 的行列式 $\det (A)$ 满足

$$\frac{|\det(A)|}{\sqrt{\sum_{i=1}^{n}\sum_{j=1}^{n} a_{ij}^2}} \ll 1. \tag{4.5.11}$$

评注　行列式的模表示由其行向量 (或列向量) 为棱组成的平行多面体体积. 上式表明体积很小, 所以平行多面体就比较扁平或者说比较薄, 故行向量 (或列向量) 组近似线性相关, 读者可参照向量混合积的几何意义理解行列式的本质.

2. 病态方程组的求解措施

对严重 "病态" 的方程组, 即使采用主元消元法求解也难以保证数值稳定性. 以下是一些补救措施.

(1) 最常用的方法就是加长数据的有效位数.

(2) 通常可参照 1.3 节中提及的数值运算应依据的一些原则进行技术加工, 尽量减轻其病态.

比如, 对于方程组中某个方程系数普遍较大, 而另一方程普遍较小的情况, 则可用倍乘变换将所有系数化为相近的数量级, 以避免大数吃小数.

例 4.5.7　对于 $\begin{pmatrix} 10 & 10^5 \\ 1 & 1 \end{pmatrix} \begin{pmatrix} x_1 \\ x_2 \end{pmatrix} = \begin{pmatrix} 10^5 \\ 2 \end{pmatrix}$ 作变换可得

$$\xrightarrow{r_1/10^5} \begin{pmatrix} 10^{-4} & 1 \\ 1 & 1 \end{pmatrix} \begin{pmatrix} x_1 \\ x_2 \end{pmatrix} = \begin{pmatrix} 1 \\ 2 \end{pmatrix},$$

计算知变化前 $\mathrm{cond}(A)_\infty \approx 10^5$, 变换后 $\mathrm{cond}(A)_\infty \approx 4$, 故系数级别平衡后可显著降低条件数. 结合列主元方法便可求解.

4.5.4　条件数用于误差估计

误差估计有两种方式: 一种为"层层传播"估计方式; 一种为"秋后算账"方式, 后者不关心中间过程, 即所谓事后估计法. 相比而言, 前者计算复杂, 每步都需给出误差的上界, 往往导致最后误差的估计很不符合实际. 后者比较简单、准确、可行.

定理 4.5.2　设矩阵 A 可逆, x 为 $Ax = b$ 的准确解, x^* 为近似解, 令 $r = Ax^* - b$, 则

$$\frac{\|x - x^*\|}{\|x\|} \leqslant \mathrm{cond}(A) \frac{\|r\|}{\|b\|}. \tag{4.5.12}$$

证　由 $Ax = b$ 知 $\|b\| \leqslant \|A\| \|x\|$, 故

$$\frac{1}{\|x\|} \leqslant \frac{\|A\|}{\|b\|}, \tag{4.5.13}$$

由 $A(x - x^*) = Ax - Ax^* = b - Ax^* = -r$, 可得 $(x - x^*) = -A^{-1}r$, 由相容性不等式知

$$\|x - x^*\| \leqslant \|A^{-1}\| \|r\|. \tag{4.5.14}$$

将 (4.5.13) 式与上式左右两端相乘得

$$\frac{\|x - x^*\|}{\|x\|} \leqslant \|A\| \, \|A^{-1}\| \frac{\|r\|}{\|b\|} = \mathrm{cond}(A) \frac{\|r\|}{\|b\|}. \qquad 证毕.$$

评注　一般称 $r = Ax^* - b$ 为方程组的**残向量**或**剩余向量**. 本定理表明, 当条件数比较大时, 即使残向量的范数比较小, 即残向量比较接近 0 向量, 解的相对误差仍可能较大. 故残向量的大小不能很好地反映近似解的精度.

问题 4.5.4　计算过程通常会有误差, 解之精度如何改善? (这是下段要点问题.)

4.5.5　残解校正法

1. 近似解与残解及精确解的关系

定义 4.5.3　设 x_1 为 $Ax = b$ 的近似解, 则称 $r_1 = b - Ax_1$ 为 x_1 的剩余向量, 并称方程 $Ax = r_1$ 的解为 x_1 的残解.

对于线性方程组不难得到如下结论.

定理 4.5.3 设 A 为可逆阵, 则 $Ax = b$ 的精确解等于其任一近似解与对应的残解之和.

证 设 x 为 $Ax = b$ 的精确解, x_1 为任一近似解, r_1 为其剩余向量, d_1 为其残解, 则

$$A(x - x_1) = b - Ax_1 = r_1,$$

$$x - x_1 = A^{-1}r_1 = d_1,$$

故

$$x_1 + d_1 = x,$$

即 **精确解 = 近似解 + 残解**.   证毕.

显然, 利用残解可以改善近似解的精度. 一般通过迭代过程实现. 若已得到近似解 x_1, 取 $x_2 = x_1 + d_1$, 则其应为精确解. 但是, 计算过程通常会有误差, 所以 x_2 通常依然是近似解, 但可期盼 x_2 比 x_1 更精确. 故而, 通过重复上述过程, 直到剩余向量的范数足够小为止. 此时, 即可得到满足要求的解. 这种利用残解校正近似解精度的方法称为**残解校正法**.

2. 残解校正法不适宜病态方程组

问题 4.5.5 用残解校正法改善近似解的精度是否适用于所有方程组?

答 经验表明, 当方程组性态良好时, 残解校正法可有效改善解的精度; 但严重病态时, 上述做法失败, 有下例为证.

例 4.5.8 方程组 $\begin{cases} x_1 + x_2 = 2, \\ x_1 + 1.0001x_2 = 2.0001 \end{cases}$ 的准确解为 $\begin{pmatrix} x_1 \\ x_2 \end{pmatrix} = \begin{pmatrix} 1 \\ 1 \end{pmatrix}$; 当近似解取 $y = (2, 0)^{\mathrm{T}}$ 时, 残向量为 $r = (0, 0.0001)^{\mathrm{T}}$; 而当近似解取 $z = (0.9, 0.9)^{\mathrm{T}}$ 时, 残向量为 $r = (0.2, 0.2001)^{\mathrm{T}}$, 显然 z 的精度优于 y, 但其残向量之模不仅没有变小, 反而变得更大. 故对于病态方程组, 一个近似解是否可以接受, 不能用残向量大小衡量, 即残向量大小不能衡量近似解的近似程度.

评注 通常把 0 元素很少和很多的矩阵分别形象地称为**稠密矩阵**和**稀疏矩阵**. 以它们为系数阵的线性方程组分别称为稠密线性方程组和稀疏线性方程组. 本章给出的各种直接解法, 是求解小型稠密线性方程组的有效解法, 但用于求解一些大型稀疏方程组时颇有笨拙之感, 当计算机内存容量不足之时, 又颇有窘迫之感, 面对两难有何妙策? 且见下章分解!

习　题　4

1. 设线性方程组的系数矩阵为 $A = \begin{pmatrix} 2 & 1 & 4 & 3 \\ -8 & 4 & 1 & 3 \\ 1 & 3 & 5 & 1 \\ 7 & 4 & 8 & 6 \end{pmatrix}$.

(1) 写出全主元消元法的第一次和第二次可选的主元素;

(2) 写出列主元消元法的第一次和第二次可选的主元素.

2. 设 $A = \begin{pmatrix} 2 & 1 & 0 \\ 1 & 2 & a \\ 0 & a & 2 \end{pmatrix}$, 为使 A 可分解为 $A = LL^{\mathrm{T}}$, 其中 L 是对角线元素为正的下三角形矩阵,

(1) 求 a 的取值范围;

(2) 取 $a = 1$, 写出 L.

3. 请问下述矩阵能否分解为 LU? 其中 L 为单位下三角阵, U 为上三角阵. 若能分解, 分解是否唯一?

$$A = \begin{pmatrix} 1 & 2 & 3 \\ 2 & 4 & 1 \\ 4 & 6 & 7 \end{pmatrix}, \quad B = \begin{pmatrix} 1 & 1 & 1 \\ 2 & 2 & 1 \\ 3 & 3 & 1 \end{pmatrix}, \quad C = \begin{pmatrix} 1 & 2 & 6 \\ 2 & 5 & 15 \\ 6 & 15 & 46 \end{pmatrix}.$$

4. 设有方程组 $Ax = b$, 其中 $A = \begin{pmatrix} 1 & 0 & -1 \\ 2 & 2 & 1 \\ 0 & 2 & 2 \end{pmatrix}$, $b = \begin{pmatrix} 1/2 \\ 1/3 \\ -2/3 \end{pmatrix}$, 已知它有解

$x = \begin{pmatrix} 1/2 \\ -1/3 \\ 0 \end{pmatrix}$, 如果右端有小扰动 $\|\delta b\|_{\infty} = \frac{1}{2} \times 10^{-6}$, 试估计由此引起的解的相对误差.

5. 设 $A = \begin{pmatrix} 2.0001 & -1 \\ -2 & 1 \end{pmatrix}$, $b = \begin{pmatrix} 7.0003 \\ -7 \end{pmatrix}$, 已知 $Ax = b$ 的精确解为 $x = (3, -1)^{\mathrm{T}}$.

(1) 计算条件数 $\mathrm{cond}(A)_{\infty}$;

(2) 若近似解 $x^* = (2.97, -1.01)^{\mathrm{T}}$, 计算剩余向量 $r = b - Ax^*$;

(3) 验证不等式 $\dfrac{\|x - x^*\|}{\|x\|} \leqslant \mathrm{cond}(A) \dfrac{\|r\|}{\|b\|}$, 并说明计算结果.

6. 证明若 A 可逆, 则算子范数下的条件数有如下性质:

(1) $\mathrm{cond}(A) \geqslant 1$;

(2) $\mathrm{cond}(A) = \mathrm{cond}(A^{-1})$;

(3) $\operatorname{cond}(\alpha A) = \operatorname{cond}(A)$ ($\alpha \in \mathbf{R}$, $\alpha \neq 0$);

(4) 若 A 为正交矩阵, 则 $\operatorname{cond}(A)_2 = 1$;

(5) 设 R 为正交矩阵, 则 $\operatorname{cond}(RA)_2 = \operatorname{cond}(AR)_2 = \operatorname{cond}(A)_2$;

(6) 若 B 可逆, 则 $\operatorname{cond}(AB) \leqslant \operatorname{cond}(A)\,\operatorname{cond}(B)$.

第 5 章　线性方程组的迭代解法

第 5 章微课视频

迭代一词的含义是通过某种机制重复某个过程, 每一次过程产生的新结果将作为下一次过程的基础. 人类的繁衍乃至其他生物体系的进化几乎都可以看作带有某种智能性的迭代过程. 一种好的迭代机制可以使得每次得到的结果更好. 本章将迭代思想用于求解线性方程组, 讨论那些好用的迭代方法, 让近似解通过迭代产生更加精确的解.

5.1　迭代法及其构建

5.1.1　方程组的迭代法

1. 方程组迭代法的内涵

采用类似于求解非线性方程时的不动点迭代思想, 将方程组 $Ax = b$ 转化成等价同解方程组

$$x = Bx + f,$$

利用它构造迭代格式

$$x^{(k+1)} = Bx^{(k)} + f, \quad k = 0, 1, 2, \cdots, n, \cdots. \tag{5.1.1}$$

反复套用之, 可产生向量序列 $\{x^{(k)}\}$, 若此序列收敛于 x^*, 则有 $x^* = Bx^* + f$, 即 x^* 为原方程组的解. 因此, 可根据精度要求选择一个合适的 $x^{(k)}$ (k 充分大时) 作为近似解.

定义 5.1.1　称按 (5.1.1) 式进行方程组迭代求解的方法为**方程组的迭代法**; 称 (5.1.1) 式为迭代法的**迭代格式**, B 为**迭代矩阵**; 若迭代序列 $\{x^{(k)}\}$ 极限存在, 则称该**迭代格式收敛**, 否则称该**迭代格式发散**.

　　评注　此处的迭代法又称为**简单迭代法**或**单步定常线性迭代法**. "单步" 意味着计算下一步 $x^{(n+1)}$ 仅依赖相邻的上一步 $x^{(n)}$ 的值; 定常意味着 B 及 f 为

常数矩阵和常数向量, 二者不随 k 的变化而变化. 更广泛的迭代法还有多步法, 且 B 及 f 可能会与 k 相关.

问题 5.1.1 既然已有线性方程组的直接解法, 为何还要设计迭代法? 况乎只得近似解? (下段给出答案.)

2. 迭代法的优点

这里仅列举下述结论但不详细说明它们的根据.

(1) 常用的迭代法迭代一次所需的运算量大大小于 Gauss 消元法. 在某些过程中, 当常数项有微小变动时, 解的变化也不大. 故可对变动前的解通过迭代法进行适当修正, 即可得到新的足够精确的解. 正是因为原有的解通常是比较好的近似解, 所以无需多次迭代即可得到好的结果, 此时迭代法优于直接法.

(2) 对于稀疏方程组, Gauss 消元过程会让众多 0 元素变为非 0 元素, 故 "稀疏" 会变为不稀疏, 此时迭代法通常优于直接法.

(3) 对于某些大型方程组求解问题, 涉及的系数矩阵太大, 当内存容量不足以存放时, 则直接法就无法计算. 而迭代解法是按分量逐个进行计算的, 单个分量的计算无需太多的内存, 故在相对简陋的硬件条件下, 迭代法能够实施, 而直接法则未必. 就像最多容纳 10 个人的小餐厅, 轮流使用可以解决 100 人的用餐问题, 但让 100 人同时用餐就不太现实.

5.1.2 Jacobi 迭代法

1. Jacobi 迭代格式的分量形式

设有 n 阶线性方程组

$$\begin{cases} a_{11}x_1 + a_{12}x_2 + \cdots + a_{1n}x_n = b_1, \\ a_{21}x_1 + a_{22}x_2 + \cdots + a_{2n}x_n = b_2, \\ \qquad\qquad \cdots\cdots \\ a_{n1}x_1 + a_{n2}x_2 + \cdots + a_{nn}x_n = b_n, \end{cases} \tag{5.1.2}$$

其系数矩阵 $A = (a_{ij})_{n \times n}$ 可逆, 不妨设 $a_{ii} \neq 0$ $(i = 1, 2, \cdots, n)$. 将对角线对应的项留在左端, 并将其余项及对角线上的各个系数处理至右端, 可将上式改写成等价方程组

$$\begin{cases} x_1 = (-a_{12}x_2 - a_{13}x_3 - \cdots - a_{1n}x_n + b_1)/a_{11}, \\ x_2 = (-a_{21}x_1 - a_{23}x_3 - \cdots - a_{2n}x_n + b_2)/a_{22}, \\ \qquad\qquad \cdots\cdots \\ x_n = (-a_{n1}x_1 - \cdots - a_{nn-1}x_{n-1} + b_n)/a_{nn}, \end{cases} \tag{5.1.3}$$

写成矩阵形式:

$$
\begin{pmatrix} x_1 \\ x_2 \\ \vdots \\ x_n \end{pmatrix} = - \begin{pmatrix} 0 & \dfrac{a_{12}}{a_{11}} & \cdots & \dfrac{a_{1n}}{a_{11}} \\ \dfrac{a_{21}}{a_{22}} & 0 & \cdots & \dfrac{a_{2n}}{a_{22}} \\ \vdots & \vdots & \ddots & \vdots \\ \dfrac{a_{n1}}{a_{nn}} & \dfrac{a_{n2}}{a_{nn}} & \cdots & 0 \end{pmatrix} \begin{pmatrix} x_1 \\ x_2 \\ \vdots \\ x_n \end{pmatrix} + \begin{pmatrix} \dfrac{b_1}{a_{11}} \\ \dfrac{b_2}{a_{22}} \\ \vdots \\ \dfrac{b_n}{a_{nn}} \end{pmatrix}, \tag{5.1.4}
$$

将其简记为

$$
x = B_{\mathrm{J}} x + f_{\mathrm{J}}, \tag{5.1.5}
$$

其中, $x = \begin{pmatrix} x_1 \\ x_2 \\ \vdots \\ x_n \end{pmatrix}$, $B_{\mathrm{J}} = \begin{pmatrix} 0 & \dfrac{a_{12}}{a_{11}} & \cdots & \dfrac{a_{1n}}{a_{11}} \\ \dfrac{a_{21}}{a_{22}} & 0 & \cdots & \dfrac{a_{2n}}{a_{22}} \\ \vdots & \vdots & \ddots & \vdots \\ \dfrac{a_{n1}}{a_{nn}} & \dfrac{a_{n2}}{a_{nn}} & \cdots & 0 \end{pmatrix}$, $f_{\mathrm{J}} = \begin{pmatrix} \dfrac{b_1}{a_{11}} \\ \dfrac{b_2}{a_{22}} \\ \vdots \\ \dfrac{b_n}{a_{nn}} \end{pmatrix}$. 令

$$
x^{(k+1)} = B_{\mathrm{J}} x^{(k)} + f_{\mathrm{J}}. \tag{5.1.6}
$$

定义 5.1.2　称上述迭代格式确定的迭代法为线性方程组 $Ax = b$ 的 **Jacobi** (雅可比) **迭代法**, 或简单迭代法, B_{J} 称为 **Jacobi 迭代矩阵**.

显然, Jacobi 迭代格式的分量形式为

$$
x_i^{(k+1)} = \frac{1}{a_{ii}} \left(-\sum_{j=1}^{i-1} a_{ij} x_j^{(k)} - \sum_{j=i+1}^{n} a_{ij} x_j^{(k)} + b_i \right), \quad i = 1, 2, \cdots, n. \tag{5.1.7}
$$

2. Jacobi 迭代格式的矩阵表示

将矩阵 A 按图 5.1.1 进行块分解.

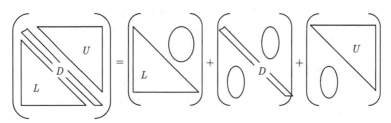

图 5.1.1　矩阵 A 块分解示意图

即令 $A = L + D + U$, 其中,

$$
L = \begin{pmatrix} 0 & & & & \\ a_{21} & 0 & & & \\ a_{31} & a_{32} & 0 & & \\ \vdots & \vdots & & \ddots & \\ a_{n1} & a_{n2} & a_{n3} & \cdots & 0 \end{pmatrix}, \quad D = \begin{pmatrix} a_{11} & & & \\ & a_{22} & & \\ & & \ddots & \\ & & & a_{nn} \end{pmatrix},
$$

$$
U = \begin{pmatrix} 0 & a_{12} & a_{13} & \cdots & a_{1n} \\ & 0 & a_{23} & \cdots & a_{2n} \\ & & 0 & \ddots & \vdots \\ & & & \ddots & a_{n-1,n} \\ & & & & 0 \end{pmatrix},
$$

则 Jacobi 迭代格式的获取过程如下:

$$
Ax = b,
$$

即

$$
(D + L + U)x = b,
$$

故

$$
Dx = -(L + U)x + b,
$$

因此

$$
x = -D^{-1}(L + U)x + D^{-1}b.
$$

于是形如 (5.1.1) 式的 Jacobi 迭代格式的 "标准形" 为

$$
x^{(k+1)} = -D^{-1}(L + U)x^{(k)} + D^{-1}b, \tag{5.1.8}
$$

而 Jacobi 迭代矩阵为

$$
B_{\mathrm{J}} = -D^{-1}(L + U). \tag{5.1.9}
$$

特别提醒, Jacobi 迭代法要求 $a_{ii} \neq 0$. 若发生, 应事先调整.

评注 上述矩阵表示, 用 D, L, U 表示 B_{J}, 非彰显数学符号之意, 实为后之大用也! Jacobi 迭代法的优点是公式简单, 迭代矩阵容易得到, 但其迭代策略仅能称得上是与日俱进, 而**缺乏与时俱进之精神**. 因为迭代过程是分量逐个计算的过程, 在计算 $x^{(k+1)}$ 的第 i 个分量 $x_i^{(k+1)}$ 时, 前面的 $x_1^{(k+1)}, x_2^{(k+1)}, \cdots, x_{i-1}^{(k+1)}$ 已

经算出. 在收敛的情况下, 它们比相应的旧分量 $x_1^{(k)}, x_2^{(k)}, \cdots, x_{i-1}^{(k)}$ 应该更准确一些. 若用它们实时取代旧分量而投入迭代计算, 岂不更好? 同时也不占用更多存储单元, 只需以新换旧就行. 但 Jacobi 却让这些新分量闲置一旁, 还得另找地方存放, 可谓低效高耗, 着实令人心急!

问题 5.1.2　能否利用已有的最新分量, 将 "与日俱进" 改作 "与时俱进" 呢? (请思考后继续阅读.)

5.1.3　Gauss-Seidel 方法

1. Gauss-Seidel 方法构建

在 Jacobi 迭代法中, 将已有的最新分量替代相应的旧分量, 可得

$$
\begin{cases}
x_1^{(k+1)} = \dfrac{1}{a_{11}} & (-a_{12}x_2^{(k)} - a_{13}x_3^{(k)} - \cdots - a_{1n}x_n^{(k)} + b_1), \\
x_2^{(k+1)} = \dfrac{1}{a_{22}}(- a_{21}x_1^{(k+1)} & \qquad - a_{23}x_3^{(k)} - \cdots - a_{2n}x_n^{(k)} + b_2), \\
\qquad\qquad \cdots\cdots \\
x_n^{(k+1)} = \dfrac{1}{a_{nn}}(- a_{n1}x_1^{(k+1)} - a_{n2}x_2^{(k+1)} - \cdots - a_{n,n-1}x_{n-1}^{(k+1)} + b_n).
\end{cases}
\tag{5.1.10}
$$

特别提醒, 新更新的第 $k+1$ 步的新分量均在下半三角, 而未更新的旧分量均在上半三角, 这一特征为后续的分块矩阵表示提供了方便.

定义 5.1.3　称上述形式确定的迭代法为求解线性方程组 $Ax = b$ 的 **Gauss-Seidel** (高斯-赛德尔) **迭代法**.

实际编程时需要下述的分量形式:

$$
x_i^{(k+1)} = \frac{1}{a_{ii}} \left(-\sum_{j=1}^{i-1} a_{ij}x_j^{(k+1)} - \sum_{j=i+1}^{n} a_{ij}x_j^{(k)} + b_i \right), \quad i = 1, 2, \cdots, n. \tag{5.1.11}
$$

其增量修正形式为

$$
x_i^{(k+1)} = x_i^{(k)} + \Delta x_i^{(k)}, \tag{5.1.12}
$$

其中,

$$
\Delta x_i^{(k)} = \frac{1}{a_{ii}} \left(b_i - \sum_{j=1}^{i-1} a_{ij}x_j^{(k+1)} - \sum_{j=i}^{n} a_{ij}x_j^{(k)} \right), \quad i = 1, 2, \cdots, n. \tag{5.1.13}
$$

尽管 Gauss-Seidel 迭代算式 (5.1.10) 很容易由 Jacobi 算式得到, 但迭代式是隐式而非显式的, 为了讨论其收敛性需要将其表示为标准的用矩阵表示的显式迭代格式.

2. Gauss-Seidel 方法的矩阵表示

将 (5.1.10) 式, 利用矩阵分块法, 可得其矩阵表示形式如下:

$$x^{(k+1)} = -D^{-1}(Lx^{(k+1)} + Ux^{(k)}) + D^{-1}b, \qquad (5.1.14)$$

故

$$Dx^{(k+1)} = -Lx^{(k+1)} - Ux^{(k)} + b,$$

故

$$(D+L)x^{(k+1)} = -Ux^{(k)} + b.$$

解出 $x^{(k+1)}$ 得 Gauss-Seidel 迭代格式

$$x^{(k+1)} = -(D+L)^{-1}Ux^{(k)} + (D+L)^{-1}b; \qquad (5.1.15)$$

故 Gauss-Seidel 迭代矩阵为

$$B_{\mathrm{G}} = -(D+L)^{-1}U. \qquad (5.1.16)$$

令

$$f_{\mathrm{G}} = (D+L)^{-1}b, \qquad (5.1.17)$$

故标准形式的 Gauss-Seidel 迭代格式可简写为

$$x^{(k+1)} = B_{\mathrm{G}}x^{(k)} + f_{\mathrm{G}}. \qquad (5.1.18)$$

5.1.4 MATLAB 分分钟代码实现

例 5.1.1 给出 Jacobi 迭代法 M-函数代码并求解方程组

$$\begin{pmatrix} 10 & 2 & 6 \\ 4 & 8 & -1 \\ 2 & 3 & 5 \end{pmatrix} \begin{pmatrix} x_1 \\ x_2 \\ x_3 \end{pmatrix} = \begin{pmatrix} 1 \\ 1 \\ 2 \end{pmatrix}.$$

解 参照文献 [2], 给出如下代码, 其中 Jacobi 迭代法 M-函数代码及其调用说明含于其内. 读者可以仿照本例调用之. 主要语句可对照 Jacobi 分量形式 (5.1.7) 式理解.

```
function HL51ex1_Jacobi
A=[10 2 6;4 8 -1;-2 3 5];B=[1 1 2]';
delta=1e-4;P0=zeros(3,1);max1=500;
[P,dP,Z]=jacobi(A,B,P0,delta,max1)
```

```
see=1;
%=======================================
function [P,dP,Z] = jacobi(A,B,P,delta,max1)
% Jacobi 迭代解法.
%   调用格式:
%   [P,dP] = jacobi(A,B,P0,delta,max1)
%   [P,dP,Z] = jacobi(A,B,P0,delta,max1)
% 输入: A=系数矩阵; B=常数向量; P0=初始向量;
%       delta=收敛容限; max1=最大迭代次数;
% 输出: P=解向量; dP=误差估计向量;
%       Z=迭代近似解序列P0'为第一行;
%-------------------------------------------------------
Z = P';n = length(B);P_new = P;
for k=1:max1,
  for r = 1:n,
    Sum1 = B(r) - A(r,[1:r-1,r+1:n])*P([1:r-1,r+1:n]);
    P_new(r) = Sum1/A(r,r);
  end
  dP = abs(P_new-P);
  err = norm(dP);
  relerr = err/(norm(P_new)+eps);
  P = P_new;
  Z = [Z;P'];
  if (err<delta)|(relerr<delta), break, end
end
%=======================================
```

运行上述代码, 可得方程组近似解 $P = (x_1, x_2, x_3)^{\mathrm{T}}$ 和误差估计向量 dP, 其分量为最后两次迭代同一分量之差的绝对值. Z 是各步迭代的近似解, 最后一行就是给出的近似解.

```
P =
      -0.0871754440041413
       0.199310314243016
       0.245496282435644
dP =
       6.7438976300474e-005
       3.39597106171763e-005
       1.46995867141841e-005
Z =
       0               0               0
```

```
      0.1            0.125          0.4
     -0.165          0.125          0.365
      ...            ...            ...
     -0.0871754      0.1993103      0.245496
```

请注意, 到停迭代次数为 20 次.

这里 **"到停迭代次数"** 是指满足迭代停止条件的迭代次数. **送停条件** 通常会包括精度要求和避免无穷次迭代的最大迭代次数. 故到停迭代次数可能是精度已达要求的迭代次数, 也可能是程序规定的最大迭代次数.

例 5.1.2 给出 Gauss-Seidel 迭代法通用 M-函数代码.

解 以求解上例方程组为例, 参照文献 [2], 给出如下代码. 其中 Gauss-Seidel 迭代法 M-函数及其调用说明含于其内. 读者可以仿照本例调用之. 主要语句可对照 Gauss-Seidel 分量形式 (5.1.11) 式理解.

```
function HL51ex2_Gauss_Seidel
A=[10 2 6;4 8 -1;-2 3 5];B=[1 1 2]';
delta=1e-4;P0=zeros(3,1);max1=500;
[X,dX,Z] = G_Seidel(A,B,P0,delta,max1)
see=1;
%=====================================
function [P,dP,Z] = G_Seidel(A,B,P,delta,max1)
%  Gauss-Seidel迭代法.
%  调用格式:
%  [X,dX] =G_Seidel(A,B,P,delta,max1)
%  [X,dX,Z] =Seidel(A,B,P,delta,max1)
%  输入: A=系数矩阵; B=常数向量; P0=初始向量;
%  delta=收敛容限; max1=最大迭代次数;
%  输出: X=解向量; dX=误差估计向量;
%  Z=迭代近似解序列P0'为第一行;
%------------------------------------------------------
Z = P'; n = length(B); P_old = P;
for k=1:max1,
  for r = 1:n,
    Sum1 = B(r) - A(r,[1:r-1,r+1:n])*P([1:r-1,r+1:n]);
    P(r) = Sum1/A(r,r);
  end
  dP = abs(P_old-P);  err = norm(dP);
  relerr = err/(norm(P)+eps);  P_old = P;
  Z = [Z;P'];
  if (err<delta)|(relerr<delta), break, end
```

```
end
%====================================
```

运行后可得近似解:

```
X =
          -0.0871806666027782
           0.199281909155632
            0.24555858786551
```

误差估计:

```
dX =
        2.95475442656928e-005
        2.36033564388616e-005
        2.59810315696163e-005
```

也可以查看迭代历史解 (按行摆放):

```
Z =
       0              0              0
     0.1           0.075          0.395
     ...            ...            ...
  -0.087180      0.1992819      0.2455585
```

请注意, 本例与上例的迭代停止条件相同, 到停迭代次数为 11 次, 大大少于上例 Jacobi 迭代法的 20 次, 故 Gauss-Seidel 似乎比 Jacobi 更快.

5.1.5   两种方法的比较

(1) Gauss-Seidel 法所需工作单元少于 Jacobi 法, 请思考为什么.

(2) Gauss-Seidel 迭代法比 Jacobi 迭代法收敛快, 该结论在多数情况下是成立的, 但也有后者快于前者的情况, 甚至还有 Jacobi 迭代收敛, 而 Gauss-Seidel 迭代发散的情形.

那么问题来了:

问题 5.1.3   Jacobi 和 Gauss-Seidel 迭代法收敛的条件是什么?

答   欲知其详, 且看下节分解!

5.2   迭代法的收敛条件

对于迭代解法, 两个问题必须解决: 其一是收敛性, 其二是误差估计.

单步定常线性迭代格式一般可以化为 (5.1.1) 所示的标准格式:

$$x^{(k+1)} = Bx^{(k)} + f.$$

知其收敛性即可!

5.2.1 迭代收敛的充要条件

1. 迭代阵幂的极限判敛法

定理 5.2.1 设方程组 $x = Bx + f$ 有唯一解 x^*, 则对任一初始向量 $x^{(0)}$ 和常向量 $f \in \mathbf{R}^n$, 迭代格式 $x^{(k+1)} = Bx^{(k)} + f$ 收敛于 x^* 的充要条件是

$$\lim_{k \to \infty} B^k = 0. \tag{5.2.1}$$

证 先作分析. 注意到 $B^k \to 0$ 等价于 $\|B^k\| \to 0$. 为与 $(x^{(k)} - x^*) \to 0$ 相联系, 令 $e^{(k)} = x^{(k)} - x^*$, $k = 0, 1, 2, \cdots$, 由设知

$$x^* = Bx^* + f,$$

以及

$$x^{(k+1)} = Bx^{(k)} + f,$$

两式相减得

$$e^{(k+1)} = Be^{(k)}. \tag{5.2.2}$$

递推得

$$e^{(k)} = Be^{(k-1)} = B^2 e^{(k-2)} = \cdots = B^k e^{(0)}. \tag{5.2.3}$$

下面先证充分性. 由 (5.2.3) 知 $\|e^{(k)}\| = \|B^k e^{(0)}\| \leqslant \|B^k\| \|e^{(0)}\|$, 故当 $k \to \infty$ 时, 由 $B^k \to 0$ 等价于 $\|B^k\| \to 0$, 可知 $\|e^{(k)}\| \to 0$, 即 $e^{(k)} \to 0$, 也即 $x^{(k)} \to x^*$. 故充分性得证.

下面证明必要性. 因 $x^{(k)} \to x^*$, 故 $e^{(k)} \to 0$, 由 (5.2.3) 知 $B^k e^{(0)} \to 0$. 因 $x^{(0)}$ 为任意向量, 故 $e^{(0)}$ 也可为任意向量, 故可分别取 $e^{(0)}$ 为单位矩阵 E 的 n 个单位列向量 $e_1, e_2, \cdots, e_n$, 所以

$$B^k = B^k E$$
$$= B^k(e_1, e_2, \cdots, e_n)$$
$$= (B^k e_1, B^k e_2, \cdots, B^k e_n),$$

因 $k \to \infty$ 时, $B^k e_i \to 0$ $(i = 1, 2, \cdots, n)$, 故知 $B^k \to (0, 0, \cdots, 0) = 0$. 必要性得证!   证毕.

问题 5.2.1 研判 $B^k \to 0$ 有无良策? (这是后续要点问题.)

2. 迭代阵谱半径判敛法

定理 5.2.2 $\lim\limits_{k\to\infty} B^k = 0$ 的充要条件是 $\rho(B) < 1$.

证 先证必要性. 若 λ 是 B 的特征值, 则 λ^k 是 B^k 的特征值. 按谱范关系定理 (定理 2.5.3) 知矩阵谱半径 $\leqslant$ 其范数. 故

$$[\rho(B)]^k = [\max |\lambda|]^k = \rho(B^k) \leqslant \|B^k\|.$$

按定义知当 $k \to \infty$ 时, $B^k \to 0$, 即 $\|B^k\| \to 0$, 故当 $k \to \infty$ 时, $[\rho(B)]^k \to 0$. 故必有 $\rho(B) < 1$.

次证充分性. 证明思路是先建立特征值与矩阵之间的关系, 然后见机而行 (温馨提醒: 不在意理论推导者可以绕行).

首先声明已知结论 相似矩阵的特征值相同; 任何方阵都与一个 Jordan 矩阵相似. 故对于方阵 B 存在可逆阵 P 使得

$$P^{-1}BP = J = \begin{bmatrix} J_1 & & \\ & \ddots & \\ & & J_r \end{bmatrix}, \tag{5.2.4}$$

其中,

$$J_i = \begin{pmatrix} \lambda_i & 1 & 0 & \cdots & 0 \\ & \lambda_i & 1 & \ddots & \vdots \\ & & \ddots & \ddots & 0 \\ & & & \ddots & 1 \\ & & & & \lambda_i \end{pmatrix}_{n_i \times n_i} \tag{5.2.5}$$

为 Jordan 块, $\sum\limits_{i=1}^{r} n_i = n$, λ_i 为 B 的特征值, n_i 为其重数.

注意到

$$J^k = P^{-1}B^k P, \tag{5.2.6}$$

$$B^k = PJ^k P^{-1}, \tag{5.2.7}$$

所以 J^k 与 B^k 相似, 且

$$\|J^k\| \leqslant \|P^{-1}\| \cdot \|B^k\| \cdot \|P\|;$$

$$\|B^k\| \leqslant \|P\| \cdot \|J^k\| \cdot \|P^{-1}\|.$$

故 B 与 J 有相同的特征值且当 $k \to \infty$ 时, $B^k \to 0$ 等价于 $J^k \to 0$. 故问题转化为由 $\rho(B) = \rho(J) < 1$ 时, 如何推出当 $k \to \infty$ 时, $J^k \to 0$, 即 $J_i^k \to 0$ 的问题. 因为

$$J^k = \begin{pmatrix} J_1^k & & \\ & \ddots & \\ & & J_r^k \end{pmatrix}, \tag{5.2.8}$$

为了方便计算, 注意到上三角矩阵之积仍为上三角阵, 乘积的主对角元素为原元素的平方, 故 J_i^k 形如

$$J_i^k = \begin{pmatrix} \lambda_i^k & \# & \cdots & \# \\ & \lambda_i^k & \# & \vdots \\ & & \ddots & \# \\ & & & \lambda_i^k \end{pmatrix}, \tag{5.2.9}$$

其中, $\#$ 表示可能的非零元素. 令

$$J_i = [\lambda_i I + E(n_i, 1)], \tag{5.2.10}$$

这里

$$E(t, k) = \begin{pmatrix} \tilde{0} & \overbrace{\cdots}^{k} & \tilde{0} & 1 & 0 & \cdots & 0 \\ \vdots & 0 & & 0 & 1 & & \vdots \\ & 0 & \ddots & & \ddots & \ddots \\ & & 0 & \ddots & & \ddots & 1 \\ & & & \ddots & \ddots & & 0 \\ \vdots & & & & 0 & \ddots & \vdots \\ 0 & \cdots & & & \cdots & 0 & 0 \end{pmatrix}_{t \times t}, \tag{5.2.11}$$

令 e_i 表示单位矩阵 I 的第 i 列, 注意到 $E(t, 0) = I$, $E(t, 1) = (0, e_1, \cdots, e_{t-1})$, $E(t, 2) = (0, 0, e_1, \cdots, e_{t-2})$, $\cdots$, $E(t, t) = (0, 0, \cdots, 0)$, 故 $\forall k \leqslant t$, $[E(t, 1)]^k = E(t, k)$, 于是 $\forall k \geqslant t$, $[E(t, 1)]^k = 0$, 而由 (5.2.10) 知

$$J_i^k = (\lambda_i I + E(n_i, 1))^k$$

$$= \sum_{j=0}^{k} C_k^j \lambda_i^{k-j} (E(n_i, 1))^j$$

$$= \sum_{j=0}^{n_i-1} \mathrm{C}_k^j \lambda_i^{k-j} E(n_i, j)$$

$$= \begin{pmatrix} \lambda_i^k & \mathrm{C}_k^1 \lambda_i^{k-1} & \cdots & \mathrm{C}_k^{k-(n_i-1)} \lambda_i^{k-(n_i-1)} \\ & \lambda_i^k & \ddots & \vdots \\ & & \ddots & \mathrm{C}_k^1 \lambda_i^{k-1} \\ & & & \lambda_i^k \end{pmatrix}. \qquad (5.2.12)$$

由此矩阵可知当 $k \to \infty$ 时, $J_i^k \to 0$ 当且仅当 $\lambda_i^k \to 0$, 即当且仅当 $|\lambda_i| < 1$. 若 $\rho(J) < 1$, 则 $\forall i, |\lambda_i| < 1$, 故必有 $J_i^k \to 0$, 由 (5.2.8) 知必有 $J^k \to 0$. 故充分性得证!　　　　　　　　　　　　　　　　　　　　　　　　　　　　　　　证毕.

推论 5.2.1 (谱半径判别法)　设方程组 $x = Bx + f$ 有唯一解 x^*, 则对任一初始向量 $x^{(0)}$ 和常向量 $f \in \mathbf{R}^n$, 迭代格式 $x^{(k+1)} = Bx^{(k)} + f$ 收敛于 x^* 的充要条件是 $\rho(B) < 1$.

证　由定理 5.2.1 和定理 5.2.2 即知.　　　　　　　　　　　　　　　　　证毕.

评注　由推论可知, 迭代格式收敛与否只取决于其迭代矩阵的谱半径, 与初始向量及方程组的右端项无关. 对同一方程组, 由于不同迭代法的迭代矩阵不同, 因此敛散性也会不同. 特别需要注意的是迭代格式收敛时, 迭代矩阵 B 的谱半径 $\rho(B)$ 越小, 收敛速度也会越快, 因此有人将 $-\ln\rho(B)$ 作为迭代格式的**渐近收敛速度** (见文献 [16]).

问题 5.2.2　因谱半径难找, 故依其判敛不易, 可否避之?

答　将收敛的充要条件改为寻求收敛的充分条件会更加容易, 且看下面分解.

5.2.2　迭代收敛的充分条件

1. 迭代阵范数判敛法和误差估计

定理 5.2.3 (范数判敛法)　若有某种相容范数使得 $\|B\| < 1$, 则对任意初始向量 $x^{(0)}$ 和常向量 $f \in \mathbf{R}^n$, 迭代格式 $x^{(k+1)} = Bx^{(k)} + f$ 收敛.

证　由谱范关系定理知 $\rho(B) < \|B\|$, 再由谱半径判别法知迭代格式收敛.　　　　　　　　　　　　　　　　　　　　　　　　　　　　　　　　　　证毕.

定理 5.2.4 (范数误差估计)　对于方程组 $x = Bx+f$, 若有某种算子范数使得 $\|B\| < 1$, 则对任意初始向量 $x^{(0)}$ 和常向量 $f \in \mathbf{R}^n$, 迭代格式 $x^{(k+1)} = Bx^{(k)} + f$ 收敛于方程组的唯一解 x^*, 且

$$\|x^* - x^{(k)}\| \leqslant \frac{\|B\|}{1 - \|B\|} \|x^{(k)} - x^{(k-1)}\|; \qquad (5.2.13)$$

$$\|x^* - x^{(k)}\| \leqslant \frac{\|B\|^k}{1 - \|B\|}\|x^{(1)} - x^{(0)}\|. \tag{5.2.14}$$

证 因 $\|B\| < 1$, 故由定理 2.5.6 知 $(I \pm B)$ 可逆. 所以 $x = Bx + f$ 有唯一解, 设为 x^*. 由谱范关系定理知 $\rho(B) < \|B\|$, 再由谱半径判别法知迭代格式收敛.

为证明 (5.2.13) 式, 考查

$$x^* - x^{(k)} = B(x^* - x^{(k-1)}) = B(x^* - x^{(k)} + x^{(k)} - x^{(k-1)}),$$

故

$$\|x^* - x^{(k)}\| \leqslant \|B\|(\|x^* - x^{(k)}\| + \|x^{(k)} - x^{(k-1)}\|).$$

解出 $\|x^* - x^{(k)}\|$ 即可得到 (5.2.13).

对于 (5.2.14), 考查 $x^{(k)} - x^{(k-1)} = B(x^{(k-1)} - x^{(k-2)}) = \cdots = B^{k-1}(x^{(1)} - x^{(0)})$, 故

$$\|x^{(k)} - x^{(k-1)}\| \leqslant \|B\|^{k-1}\|x^{(1)} - x^{(0)}\|,$$

代入 (5.2.13) 即得 (5.2.14). 证毕.

2. 范数判敛法的几点说明

(1) 范数判敛法表明, 只要迭代矩阵的某种相容范数 (不必非得算子范数) 小于 1, 则迭代过程收敛且迭代矩阵范数越小, 收敛速度越快. 使用时当然应挑选方便的范数, 如 $\|\cdot\|_1$, $\|\cdot\|_\infty$.

(2) 范数判敛法虽回避了矩阵之谱, 但仅为充分条件. 若所有方便的范数均大于等于 1, 则仍需利用谱半径判别法.

(3) 迭代过程的误差与结束条件显然可以由 (5.2.13) 和 (5.2.14) 给出, 与方程近似根的误差估计一样, 前者称为**事后估计法**; 后者称为**事前估计法**, 据此可以预先确定迭代次数.

例 5.2.1 对于 $M = \begin{pmatrix} 0.9 & 0 \\ 0.3 & 0.8 \end{pmatrix}$, 则 $\|M\|_\infty = 1.1$, $\|M\|_1 = 1.2$, $\|M\|_2 = 1.021$, 它们均大于 1, 但 M 的两个特征值分别为 0.8 和 0.9, 故 $\rho(M) = 0.9$. 从而 $x^{(k+1)} = Mx^{(k)} + f$ 收敛.

问题 5.2.3 迭代阵谱半径和范数都受制约, 能否从方程组本身出发给出收敛判别条件?

答 下有妙解.

3. 严格对角占优下的直接判敛法

定理 5.2.5 (严格对角占优判敛法) 若 A 为严格对角占优矩阵, 则求解 $Ax = b$ 的 Jacobi 和 Gauss-Seidel 迭代法均收敛.

证　只需证明 Jacobi 和 Gauss-Seidel 迭代阵的谱半径均小于 1, 即证明任意常数 λ, 若 $|\lambda| \geqslant 1$, 都不可能为二者迭代矩阵的特征值即可. 仅对严格对角行占优证明 (列占优可考虑转置).

对于 Jacobi 迭代阵 $B_{\mathrm{J}} = -D^{-1}(L+U)$, 考查

$$|\lambda I - B_{\mathrm{J}}| = |\lambda I + D^{-1}(L+U)|$$

$$= |D^{-1}(\lambda D + L + U)| = |D^{-1}||\lambda D + L + U|, \qquad (5.2.15)$$

注意 $D = \begin{pmatrix} a_{11} & & & \\ & a_{22} & & \\ & & \ddots & \\ & & & a_{nn} \end{pmatrix}$, $\lambda D + L + U = \begin{pmatrix} \lambda a_{11} & a_{12} & \cdots & a_{1n} \\ a_{21} & \lambda a_{22} & & a_{2n} \\ \vdots & & \ddots & \vdots \\ a_{n1} & a_{n2} & \cdots & \lambda a_{nn} \end{pmatrix}$,

如果 $|\lambda| \geqslant 1$, 则 $|\lambda a_{ii}| \geqslant |a_{ii}| > \sum\limits_{j \neq i} |a_{ij}|$, 故 $\lambda D + L + U$ 也是严格对角行占优的. 由严格对角占优矩阵的可逆性和主对角元素非 0 性 (见定理 4.3.3) 知 $|\lambda D + L + U| \neq 0$ 和 $|D^{-1}| \neq 0$. 由 (5.2.15) 知 $|\lambda I - B_{\mathrm{J}}| \neq 0$. 所以 $\forall \lambda$, 当 $|\lambda| \geqslant 1$ 时都不可能为迭代阵 B_{J} 的特征值, 由谱判敛法知 Jacobi 法收敛.

对于 Gauss-Seidel 迭代阵 B_{G}, 考查

$$|\lambda I - B_{\mathrm{G}}| = |\lambda I + (D+L)^{-1}U|$$

$$= |(D+L)^{-1}(\lambda(D+L)+U)|$$

$$= |(D+L)^{-1}||(\lambda(D+L)+U)|, \qquad (5.2.16)$$

回顾知 L, D, U 如图 5.2.1 所示.

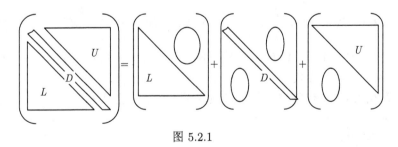

图 5.2.1

所以, $D+L$ 为下三角阵, 其对角线元素与 A 相同, 故不为 0, 所以

$$|(D+L)^{-1}| \neq 0. \qquad (5.2.17)$$

考查

$$\lambda(D+L)+U = \begin{pmatrix} \lambda a_{11} & a_{12} & \cdots & a_{1n} \\ \lambda a_{21} & \lambda a_{22} & \cdots & a_{2n} \\ \vdots & \vdots & \ddots & \vdots \\ \lambda a_{n1} & \lambda a_{n2} & \cdots & \lambda a_{nn} \end{pmatrix},$$

若 $|\lambda| \geqslant 1$, 因 A 严格对角行占优, 故某行元素均放大 $|\lambda|$ 倍后, 严格对角占优性不变, 何况此矩阵仅半行放大, 故仍为严格对角占优矩阵. 具体推导如下

$$|\lambda a_{ii}| = |\lambda|\,|a_{ii}| > |\lambda| \sum_{j \neq i} |a_{ij}| = \sum_{j \neq i} |\lambda a_{ij}| \geqslant \sum_{j=1}^{i-1} |\lambda a_{ij}| + \sum_{j=i+1}^{n} |a_{ij}|,$$

故 $\lambda(D+L)+U$ 也为严格对角行占优阵, 因此

$$|\lambda(D+L)+U| \neq 0. \tag{5.2.18}$$

结合 (5.2.16), (5.2.17) 知, 若 $\forall \lambda$, $|\lambda| \geqslant 1$, 则必有 $|\lambda I - B_{\mathrm{G}}| \neq 0$, 即 λ 不可能为迭代阵 B_{G} 的特征值, 故 $\rho(B_{\mathrm{G}}) < 1$. 由谱判敛法知 Gauss-Seidel 迭代收敛.   证毕.

5.2.3 松弛法

1. 迭代增量叠加渐近原理

设迭代形式为 $x_{k+1} = f(x_k)$, 则从增量叠加渐近的角度可以认为

$$x_{k+1} = x_k + \Delta(x_k),$$

故

$$\Delta(x_k) = x_{k+1} - x_k,$$

增量 $\Delta(x_k)$ 也称为迭代修正量, 其大小与迭代格式相关. 因而, 自然会想到改变增量大小或许可以加快收敛的速度. 令

$$x_{k+1} = x_k + w\Delta(x_k),$$

称 w 为**修正因子**或**松弛因子**, 当 $w > 1$ 与 $w < 1$ 时分别称为**超松弛修正**和**低松弛修正**. 上述想法乃是松弛法的基本思想.

超松弛法通常指 Gauss-Seidel 基础上的松弛法, 简记为 **SOR** (successive over relaxation) 法.

2. Gauss-Seidel 改进法——松弛法

取松弛因子为 w, 对 (5.1.12) 式, Gauss-Seidel 的增量松弛后的迭代格式为

$$
\begin{cases}
x_i^{(k+1)} = x_i^{(k)} + \Delta x_i^{(k)}, \\
\Delta x_i^{(k)} = \dfrac{w}{a_{ii}} \left(b_i - \displaystyle\sum_{j=1}^{i-1} a_{ij} x_j^{(k+1)} - \sum_{j=i}^{n} a_{ij} x_j^{(k)} \right),
\end{cases}
\quad i = 1, 2, \cdots, n, \quad k = 1, 2, \cdots.
$$

$$(5.2.19)$$

为了研究其收敛性, 将 Gauss-Seidel 矩阵形式

$$
x^{(k+1)} = -D^{-1}(Lx^{(k+1)} + Ux^{(k)}) + D^{-1}b,
$$

改写为

$$
x^{(k+1)} = x^{(k)} + D^{-1}[b - Lx^{(k+1)} - (D+U)x^{(k)}]. \tag{5.2.20}
$$

故添加松弛因子后的迭代格式的矩阵形式为

$$
x^{(k+1)} = x^{(k)} + wD^{-1}[b - Lx^{(k+1)} - (D+U)x^{(k)}], \tag{5.2.21}
$$

解出 $x^{(k+1)}$ 可得其标准迭代格式为

$$
x^{(k+1)} = (D+wL)^{-1}[(1-w)D - wU]x^{(k)} + (D+wL)^{-1}wb. \tag{5.2.22}
$$

记

$$
B_w = (D+wL)^{-1}[(1-w)D - wU], \tag{5.2.23}
$$

称之为松弛法迭代矩阵.

松弛法旨在加快迭代收敛速度, 但首先要确保收敛, 故不禁会问下面的问题.

问题 5.2.4　保证松弛算法收敛的松弛因子的取值范围是什么?

下面给出简要答案, 但不做深入探讨.

3. 保敛松弛因子的理论结果

定理 5.2.6 (Kahan (卡亨) 必要条件)　对于方程组 $Ax = b$, 设 A 可逆, 且 $a_{ii} \neq 0$. 若松弛法从任意初始向量 $x^{(0)}$ 出发都收敛, 则必有 $0 < w < 2$.

其证略之, 可参见文献 [4].

定理 5.2.7　若 A 正定, 且有 $0 < w < 2$, 则以任意 $x^{(0)}$ 为初始向量, 对于方程组 $Ax = b$, 松弛法收敛.

其证略之, 参见文献 [4].

推论 5.2.2　若 A 正定, 则对于方程组 $Ax = b$, Gauss-Seidel 迭代法收敛.

证　$w = 1$ 时的松弛法即为 Gauss-Seidel 法.　　　　　　　　　　　　证毕.

评注 虽然保敛松弛因子范围已知, 但关于最佳松弛因子 (即敛速最快的松弛因子), 目前尚未见到一个一般性的实用结果. 松弛因子不同, 收敛速度也不同. 既然没有获取最佳松弛因子的一般方法, 故该如何利用以及该何时使用松弛法便存在一些问题, 从实用性考虑, 下面是一些使用经验:

(1) 松弛因子必须在收敛范围内选取;

(2) 若无法知道最佳松弛因子, 可退而求其次, 即使用满意松弛因子;

(3) 当面对同系数矩阵的不同方程组时, 试算几个不同松弛因子, 找出满意者用之.

5.3 共轭梯度法

共轭梯度 (conjugate gradient, CG) 法是搜索最值点的一种最优化方法. 线性方程组的解可巧妙地转化为二次函数的极值点, 从而可利用该方法求出方程组的解. 关于共轭梯度法, 由于一般文献中通常只是对其进行简要公式描述和论证, 初学者很容易对其原理感到困惑. 所以, 这里特别注重说明该方法的背景意义和建立思想, 严格证明部分从简, 旨在为读者提供一种轻松的感性理解方法. 本节书写方式将部分启用探索者视角与读者共享.

问题 5.3.1 方程组的解是如何转化为函数极值点的? (下面是相关分析.)

5.3.1 二次函数极值与线性方程组解的关系

1. 正定二次函数

定义 5.3.1 设 $A = (a_{ij})_{n \times n}$ 为正定矩阵, $b, x \in \mathbf{R}^n$, 令

$$f(x) = \frac{1}{2}\langle Ax, x \rangle - \langle b, x \rangle, \tag{5.3.1}$$

称其为一个 n 元正定二次函数或**椭型函数**.

这里需要特别提醒的是, 正定二次函数指的是其函数式中二次型部分是正定的, 其自身因含有一次项, 故可能会有部分函数值小于 0. 当常数 $c \geqslant \min f(x)$ 时, 因等值面方程 $f(x) = c$ 表示一个 n 维的超椭球面, 故又称 $f(x)$ 为 n 元二次椭型函数, 简称**椭型函数**.

2. 椭型函数的最值

定理 5.3.1 设 $A = (a_{ij})_{n \times n}$ 为正定矩阵, $b, x \in \mathbf{R}^n$, 则 x 使 (5.3.1) 式椭型函数取极小值的充要条件是 x 为线性方程组 $Ax = b$ 的解. 另外, $f(x)$ 的梯度为

$$\mathrm{grad} f(x) = (f_{x_1}, f_{x_2}, \cdots, f_{x_n})^{\mathrm{T}} = Ax - b. \tag{5.3.2}$$

证 先证充分性. 设 x 是方程组 $Ax = b$ 的解, 只需证明 $\forall u \in \mathbf{R}^n$, $f(u) \geqslant f(x)$.

令 $y = u - x$, 故

$$f(u) = f(y + x) = \frac{1}{2}\langle A(y + x), y + x\rangle - \langle b, y + x\rangle$$
$$= \frac{1}{2}[\langle Ay, y\rangle + \langle Ay, x\rangle + \langle Ax, y\rangle + \langle Ax, x\rangle] - \langle b, y + x\rangle,$$

因 A 对称, 故 $\langle Ay, x\rangle = \langle Ax, y\rangle$, 所以有

$$f(u) = \frac{1}{2}[\langle Ay, y\rangle + 2\langle Ax, y\rangle + \langle Ax, x\rangle] - \langle b, y + x\rangle$$
$$= \frac{1}{2}\langle Ay, y\rangle + \langle Ax, y\rangle + \frac{1}{2}\langle Ax, x\rangle - \langle b, y\rangle - \langle b, x\rangle.$$

注意到 $\langle Ax, y\rangle = \langle b, y\rangle$, 所以有

$$f(u) = \frac{1}{2}\langle Ay, y\rangle + \frac{1}{2}\langle Ax, x\rangle - \langle b, x\rangle = \frac{1}{2}\langle Ay, y\rangle + f(x).$$

因 A 正定, 知 $\langle Ay, y\rangle \geqslant 0$, 故 $f(u) = \frac{1}{2}\langle Ay, y\rangle + f(x) \geqslant f(x)$. 故 $f(x)$ 为 f 的极小值.

再证必要性. 首先注意到 $f(x)$ 的极小值点必为驻点. 计算各个偏导数可知

$$\operatorname{grad} f(x) = (f_{x_1}, f_{x_2}, \cdots, f_{x_n})^{\mathrm{T}} = Ax - b.$$

故令 $\operatorname{grad} f(x) = 0$, 知 $f(x)$ 的驻点必为方程组 $Ax = b$ 的解. 　　　　证毕.

评注 有道是 "他山之石, 可以攻玉!" 此定理说明, 求取 $Ax = b$ 的解, 就是求取对应的椭型函数的极值点, 故可用最优化方法求解. 还应注意到, 椭型函数的极值点就是其最值点, 对其而言, 极值点、最值点、极小值点和最小值点都是同一点.

5.3.2　椭型函数等值面的几何意义

1. 等值面的共性

当 c 变化时, 椭型函数等值面 $f(x) = c$ 表示一族同心的 "平行" 的超椭球面. c 值越大对应的超椭球面也就越大, 但所有超椭球中心点是相同的. 为方便理解, 图 5.3.1 画出了两个不完整的 "平行" 三维椭球面.

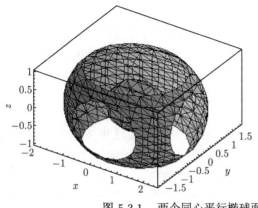

图5.3.1彩色版

图 5.3.1 两个同心平行椭球面示意图

读者也可想象将 $f(x)$ 化成只含平方项和常数项的标准形的过程, 比如, 首先将其中的二次型部分化为标准形 (见线性代数教材), 再用配方法找出平移变换 $\cdots\cdots$. 因为 A 正定, 所以标准形中各平方项的系数均大于 0, 借助于二维椭圆和三维椭球面方程, 即可知晓等值面为超椭球面这一事实.

评注 椭型函数值的大小对应于其等值面, 即椭球面的大小. 如此理解很直观. 另外, 函数在某点处的梯度向量为等值面在该点处的外法向量, 故在该点处, 等值面收缩最快的方向为负梯度方向, 即内法线方向.

2. 超椭球中心点的极小性

因椭型函数标准形所有平方项的系数都大于 0, 故超椭球中心点 x^* 就是椭型函数 $f(x)$ 的最小值点——$Ax = b$ 的解. 图 5.3.2 展示了二元椭型函数 $z = f(x_1, x_2)$ 的图形与其等高线 (等值线/面) 的对应关系. 注意, 二维平面中对应的所谓的超

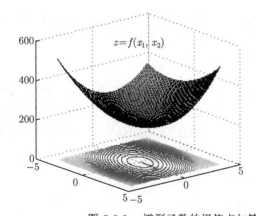

图5.3.2彩色版

图 5.3.2 椭型函数的极值点与等值线关系

椭球面, 就是一个椭圆.

因而, 如何搜索超椭球中心点 x^* 就是目标所在.

问题 5.3.2　读者是否从图 5.3.2 所示的二次椭型函数的极值点与等值线关系想到某种寻找极值点的方法?

5.3.3　最速下降法

对于问题 5.3.2, 首先容易想到的是一维搜索法中的**最速下降** (gradient descent, GD) 法, 其逼近函数极值点序列 $\{x_k\}$ 产生的过程如下: 在第 k 步从 x_{k-1} 处沿函数值下降最快的方向上搜索极小值点 x_k, 第 $k+1$ 步再从 x_k 出发沿函数值下降最快的方向上搜索极小值点 x_{k+1}; 将此过程继续下去, 直到找到满足要求的近似解为止. 用最速下降法对二元椭型函数寻优的过程如图 5.3.3 所示. 其中 x_0, x_1, x_2, x_3 为前几个点. 一般地, 由 x_k 产生 x_{k+1} 的具体过程如下, 在 x_k 沿等值线的内法线方向 (负梯度方向) 作直线, 找到与该直线相切的一条等值线, 切点就是 x_{k+1}. 因为椭型函数的等值线是椭圆, 所以以搜索路径可能会是直角锯齿状的折线构成, 一般会需要弯折很多次才能到达最小值点的附近, 收敛速度欠佳.

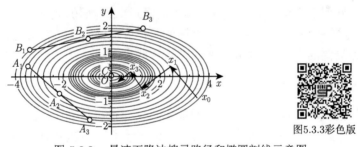

图 5.3.3　最速下降法搜寻路径和椭圆割线示意图

观察可以发现, 若第二步在 x_1 处不沿负梯度方向, 而是在指向椭圆中心方向上进行搜索, 则第二步即可搜索到最小值点, 即椭圆中心点. 如此行事, 对二元椭型函数寻优问题可两步到位, 何乐而不为呢?

> **评注**　求多元函数的最值点, 常用的一种寻优策略是逐步搜索法. 具体到椭型函数, 若能够从任意初始点出发, 确定指向椭球中心的方向, 进而搜索该中心点, 自然是很好的! 但一般人做不到, 然而, M. R. Hestenes 和 E. L. Stiefel (文献 [5]) "慧眼毒辣", 利用上述想法, 给出了一种用有限个椭圆中心连接而成的相继搜索途径——共轭梯度法. 用其能够从任意初始点出发, 只需 n 步即可得到最值点.

问题 5.3.3　对于 n 元椭型函数, 如何借力二维椭圆中心搜索策略? (下面是朴素分析.)

5.3.4 共轭梯度法的朴素思想

1. "理想洋葱" 模型

想象一个长得特别好的 "椭球状的致密无穷层洋葱", 各层长得又是非常薄的标准椭球面, 它们的共同中心就是洋葱的中心. 用这样一个 "理想洋葱" 模型示意 4 元椭型函数的 3 维等值面族, 是再合适不过了! 这也是肉眼能够看到几何意义的最高维数. 我们的目标是找到一个尽快到达洋葱中心的折线路径. 不妨先思考如下问题.

问题 5.3.4 若洋葱外轮廓全被遮挡, 但切开后截面可见, 问如何用尽量少的刀数切到洋葱中心?

如外轮廓未被遮挡, 则其三个对称轴平面是容易判断的, 沿其一切下去, 一刀即可. 现被遮挡, 若不计刀数, 逼近中心倒也容易. 比如, 第一刀随便, 只要往里切就行, 切完后会产生一个椭圆型截面. 随后各刀均在最新截面内的椭圆中心点往里切, 因为它距葱心最近. 显然, 截面内完整的椭圆中最小的一个只剩一点, 就是刀平面与某个椭球面 (与刀平面相交椭球面中最小的那个) 的切点. 将这些中心点形成的序列记为 $\{x_k\}$, 显然它们所在的椭球面将越来越小, 所以这些中心点序列趋于椭球中心.

但请注意, 每一刀向内切的方向, 或者确切地说每一切割面如何选择, 会影响收敛速度. 所以需认真设计, 而且还需设计成方便数学计算的**一维搜索方式**. 实际上, 由当前中心点 x_k 和该点处的梯度方向, 以及与上一点的连线 $x_k x_{k-1}$ 可以确定一个平面 (确定一个面需要面内一点和两个向量), 沿这个平面在当前中心点 x_k 切下新的一刀, 则此刀截面的中心点就是 x_{k+1}, 这种切割刀法不妨简称为**共轭刀法**, 就是**共轭梯度法的朴素思想**.

注意共轭刀法开始的第一刀有一定的随意性, 但最好还是有个好开端. 初始点 x_0 可以任取, 第一刀只要保证以初始点 x_0 为起点的梯度向量在刀平面内即可. 注意到, 自 x_0 沿椭球面收缩最快方向作一直线, 则该直线必与某个椭球面相切, 就取该切点为第二个点 x_1, 然后就可正常实施共轭刀法, 相继构建序列 $\{x_k\}$.

有人会想, 为何 x_1 不取第一刀截面内的椭圆中心点? 此处提醒读者, 算法要求每一步都是确定的才行. 而第一刀有无穷多种选择, 所以中心点随之也有无穷个选择, 故是不确定的, 不符合算法要求. 而上述 x_0, x_1 既符合确定性要求又考虑到了效率, 乃是上乘之选.

借用图 5.3.3 可以想象第一刀截面的样子, 切割面应呈现出无穷个同心椭圆嵌套而成, 其边界轮廓是个大的椭圆, 就是刀平面与洋葱最外层椭球面的交线. 图中 x_0, x_1, x_2, x_3 是最速下降法序列, 其中 x_0, x_1 这两点是最速下降法和共轭梯度法共同拥有的前两点, 但共轭梯度法中的 x_2 就是图中的割面中心 C, 而非图中的 x_2. 显然 C 点所在的椭球面远小于 x_2 所在的椭球面, 从而共轭梯度法的搜索路径一定会优于最速下降法.

　　上述所有考虑均基于这样一个假定: 随意切 "理想洋葱" 一刀, 会看到一环扣一环的椭圆, 椭圆中心点距葱心最近! 严格说则是致密 "平行" 超椭球面族被任一平面所截得的截面, 是一个二维 "平行" 椭圆族, 且它们的中心点所在的超椭球面不仅与该平面相切, 还是与该平面相交的超椭球面中的最小者. 那么问题来了:

　　问题 5.3.5　上述假定是否成立?

　　答　对于想象中的结果, 不妨先绘简图看一看, 若能得到支持再作理论分析不迟. 否则一切都是空想, 应及时止损, 另寻他路.

　　2. 简单图形验证

　　图 5.3.3 中画出的 $A_1A_2A_3$ 和 $B_1B_2B_3$, 是二维椭圆的两条割线段. 可以看出与较大椭圆割线中点相切的较小椭圆为割线上的最小等值线. 故而, 二维椭圆支持上述假定.

　　图 5.3.4(a) 画出的是一个平面与大小椭球面相交的情形, 两个交截面的确形如椭圆. 小椭球面太大而越过了该平面, 故需进一步缩小才能与该平面相切. 故三

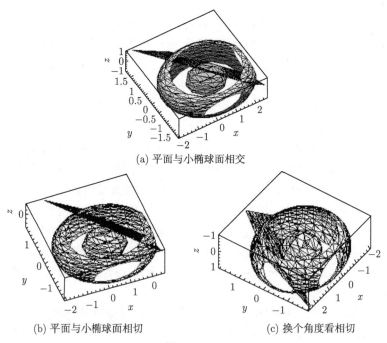

(a) 平面与小椭球面相交

(b) 平面与小椭球面相切　　　　　　(c) 换个角度看相切

图 5.3.4

维椭球也支持上述假定!

图 5.3.4(b) 和 (c) 给出的是一平面与小椭球面相切的情形, 也是二者能够相交的极端情形. 它说明相切的椭球面对应的函数值是该平面内的点能够达到的最小值; 而切点位于大椭球面被平面所截得的椭圆的中心, 它就是椭型函数 $f(x)$ 在该平面上的最小值点.

> **评注** 看来三维椭球完全支持上述假定. 故有望作为一个一般结论进行理论证明. 这的确是太棒了! 设想这个过程和问题是自己提出的, 问君是否有手之舞之, 足之蹈之的冲动?

3. 椭型函数在平面上的条件极值点

将上述假设进行升华和抽象, 可以从理论上证明: 超椭球面 $f(x) = c$ 与任何一个二维平面 π 的交线是一个二维椭圆. 在平面 π 内 $f(x)$ 的条件最小值点是该椭圆的中心点 z^*. 过该点有唯一一个相切超椭球面 $f(x) = f(z^*)$, $f(z^*)$ 就是条件最小值.

故问题 5.3.5 中的假定是成立的! 至此, 由上述共轭梯度法的几何意义, 可知其搜索过程是合理的和高效的. 但请注意, 搜寻序列中 x_2 以后的各个点 x_k, 都是当时截面内椭圆的中心点. 几何意义虽然明确, 一看便知, 但算法必须给出当前点到下一点的搜寻方向, 以便能够利用简单的一维搜索方式进行搜索.

问题 5.3.6 如何确定指向椭圆中心的方向? (下面是方法分析.)

5.3.5 共轭梯度法的几何描述

1. 共轭向量概念

定义 5.3.2 称两个向量 u, v 关于正定矩阵 A 共轭 (或关于 A 正交) 是指 $\langle u, Av \rangle = 0$.

显然, 因 A 对称, 故 $\langle u, Av \rangle = \langle Au, v \rangle = u^{\mathrm{T}} Av$. 因此这三种形式任何一种为 0 均可表示 u, v 共轭. 另外, 对于二阶正定矩阵 A, 因 $\frac{1}{2}\langle Ax, x \rangle - \langle b, x \rangle = c$ 表示一个椭圆, 故两个向量关于二阶正定矩阵 A 共轭也说关于该椭圆共轭.

推论 5.3.1 平面椭圆上任一点的切向量与该点指向椭圆中心的向量关于该椭圆共轭.

证明过程基本上无难度, 读者自证.

在图 5.3.5 中, 向量 P_1 与 P_2 共轭, P_3 与 P_4 共轭.

> **评注** 推论既指明了共轭的几何意义又给出了由椭圆切线方向确定椭圆中心方向的方法. 故而问题 5.3.6 得以解决. 另外, 记 $\langle u, v \rangle_A = u^{\mathrm{T}} Av$, 极易验证其定义了 $\mathbf{R}^n$ 上的一种内积, 称为 A 内积. 故而, 向量 u, v 关于正定矩阵 A 共轭

也说关于 A 正交. 假设 $P = \{p_1, \cdots, p_n\}$ 为一两两共轭的向量组, 因其关于 A 内积正交, 故是无关向量组, 故而可作为 $\mathbf{R}^n$ 的一组基.

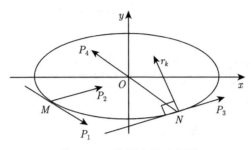

图 5.3.5　共轭向量示意图

下面关于共轭梯度法寻优序列 $\{x_k\}$ 的构建说明, 看起来颇费字墨, 但借助于上面的几个图形, 都很好想象其中的画面.

2. 第 1 步搜索

请再次比照上面提及的 "理想洋葱" 模型思考下面每一步过程. 在某一层上取一点 x_0 作为初始点, 作该点处的切平面 π_0 (作 π_0 不是必须的, 但以其为参照, 可以方便看出有关的空间位置). 现要从 x_0 出发沿下述路径逼近椭球的中心点 x^*.

首先, 初始点所在的超椭球面由等值面方程 $f(x) = f(x_0)$ 给出. 过 x_0 点并沿等值面收缩速度最快的方向 (内法线方向), 即 $f(x)$ 的负梯度方向, 也即向平面 π_0 的法线方向 r_0 作直线, 将该线像针一样扎下去, 如图 5.3.6 所示.

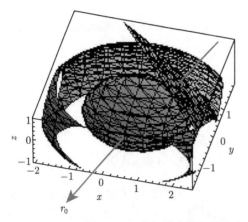

图5.3.6彩色版

图 5.3.6　从初始点沿负梯度方向的直线

穿过很多层之后, 必然有一层是相切的状态. 在与该线相交的椭球面中必可找到一个最小的. 显然该等值面就是与该直线相切者, 设切点为 x_1, 其对应于 $f(x)$ 在该直线上的最小值点, 且该超椭球面方程为 $f(x) = f(x_1)$. 记 $P_0 = r_0$. x_1 就是第一步的目标点. 至此, 共轭刀法的前两点几何意义均已明确!

3. 第 2 步搜索

记 x_1 处等值面收缩速度最快的方向为 r_1, 注意到 $r_1 \perp r_0$. 过点 x_1 作向量 P_0 和 r_1 确定的平面 π_1, 其与等值超椭球面 $f(x) = f(x_1)$ 的交线为一个椭圆 E_1. $f(x)$ 在平面 π_1 内的最小值点就是椭圆 E_1 的中心点, 记为 x_2. x_2 就是第 2 步的目标点.

参考图 5.3.7, 在 x_2 处, 平面 π_1 与超椭球面族中相切的超椭球面就是 $f(x) = f(x_2)$, 由 x_1 指向 x_2 的方向就是 P_0 关于椭圆 E_1 的共轭方向 P_1. 可以证明 P_0 关于超椭球面 $f(x) = f(x_2)$ 的共轭方向与关于截面椭圆 E_1 的共轭方向相同. 注意到 $\pi_1 \perp \pi_0$, $r_1 \perp r_0$, $r_1 \perp P_0$, P_0 与 P_1 共轭. 至此, 对应于共轭刀法的第一个截面椭圆中心点 x_2 的几何意义也已明确.

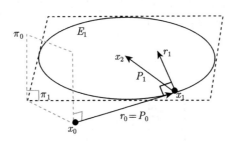

图 5.3.7   共轭梯度法前几个点和向量的相对位置

4. 第 3 步搜索

参考图 5.3.8, 记在 x_2 处等值面收缩速度最快的方向为 r_2, 注意到 r_2 为平面 π_1 的法向, 故 $r_2 \perp r_1$. 过点 x_2 作向量 P_1 和 r_2 确定的平面 π_2, 其与等值超椭球面 $f(x) = f(x_2)$ 的交线为一个椭圆 E_2. $f(x)$ 在二维平面 π_2 内的最小值点就是椭圆 E_2 的中心点, 记为 x_3. x_3 就是第 3 步的目标点.

在 x_3 处, 平面 π_2 与超椭球面族中相切的椭球面就是 $f(x) = f(x_3)$, 由 x_2 指向 x_3 的方向就是 P_1 关于椭圆 E_2 的共轭方向 P_2, 在人眼所能观看的 3 维空间中只能是 $P_2 = r_2$, 高维空间请读者想象. 显然, $\pi_2 \perp \pi_1$, $r_2 \perp r_1$, $r_2 \perp P_1$, P_1 与 P_2 共轭. 至此, 对应于共轭刀法的第二个截面椭圆中心点 x_3 的几何意义也已明确.

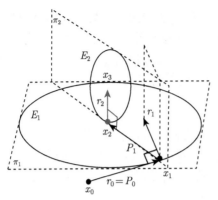

图5.3.8彩色版

图 5.3.8   点 x_0, x_1, x_2, 向量 $r_0, r_1, r_2, P_0, P_1, P_2 = r_2$
和平面 π_1, π_2 及其内的椭圆的相对位置

5. 第 k 步搜索

在知道了 x_{k-1}, P_{k-1} 和 x_k 之后, 可继续如法炮制 x_{k+1}, 其过程不再赘述. 其中第 k 及第 $k+1$ 步的相关点 x_{k-1}, x_k, x_{k+1}, 向量 r_k, r_{k+1}, P_{k-1}, P_k, P_{k+1} 和平面 π_k, π_{k+1} 及 π_{k+1} 内的椭圆的相对位置如图 5.3.9 所示. 注意到 $\pi_{k+1} \perp \pi_k$, $r_{k+1} \perp r_k$, $r_{k+1} \perp P_k$, P_k 与 P_{k+1} 共轭.

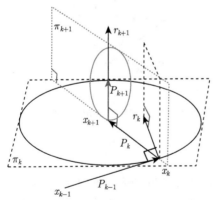

图5.3.9彩色版

图 5.3.9   点 x_{k-1}, x_k, x_{k+1}, 向量 $r_k, r_{k+1}, P_{k-1}, P_k, P_{k+1}$
和平面 π_k, π_{k+1} 及其内的椭圆的相对位置

通过上述过程即可得到序列 x_k. 直观可见, 等值面随 k 的增加而收缩, 即 $f(x_k)$ 是严格单降的. 故可保证 $x_k \to x^*$. 理论上可保证至多 n 步即可到达椭球族中心 x^*. 上述过程可以严格证明.

5.3.6   共轭梯度法的递推算式

思想和几何意义明确之后, 剩下的就是数学语言的表示问题了, 下面将按上述步骤给出各步的算式.

1. 第一步计算公式的获取

任取 x_0 作为初始点, 过该点作直线 $x = x_0 + r_0 t$, 其中 $r_0 = b - Ax_0$ 为 $f(x)$ 在 x_0 处的负梯度向量. 所以 $f(x)$ 在其上的条件极值点即为 x_1. 其对应于 $f(x_0 + r_0 t)$ 的最小值点 t_1. 下面推导 t_1.

考查

$$f(x_0 + r_0 t) = \frac{1}{2}\langle A(x_0 + r_0 t), x_0 + r_0 t \rangle - \langle b, x_0 + r_0 t \rangle,$$

注意到 $A^{\mathrm{T}} = A$, $\langle Ax_0, r_0 \rangle = \langle x_0, Ar_0 \rangle$, 故

$$\begin{aligned} f(x_0 + r_0 t) &= \frac{1}{2}\{f(x_0) + t^2 \langle Ar_0, r_0 \rangle\} + t\langle Ax_0 - b, r_0 \rangle \\ &= \frac{1}{2}\{f(x_0) + t^2 \langle Ar_0, r_0 \rangle\} - t\langle r_0, r_0 \rangle. \end{aligned} \tag{5.3.3}$$

由 $f'_t(x_0 + r_0 t) = t\langle Ar_0, r_0 \rangle - \langle r_0, r_0 \rangle = 0$, 知驻点为

$$t_1 = a_0 = \frac{\langle r_0, r_0 \rangle}{\langle Ar_0, r_0 \rangle},$$

故 $x_1 = x_0 + r_0 a_0$ 为 $f(x)$ 在该线上的条件最小值点. 记 $P_0 = r_0$, 故有如下表示:

$$r_0 = b - Ax_0,$$

$$a_0 = \frac{\langle r_0, r_0 \rangle}{\langle Ar_0, r_0 \rangle},$$

$$x_1 = x_0 + a_0 r_0,$$

$$r_1 = b - Ax_1.$$

第一步逼近完成.

2. 第二步计算公式的获取

在平面 $\pi_1 : \begin{cases} f(x) = f(x_1), \\ x = x_1 + sP_0 + tr_1 \end{cases}$ 内找 $f(x)$ 的条件最小值点 x_2. 只需在过 x_1 且与 P_0 共轭的方向上寻找即可. 共轭向量 P_1 大小无所谓, 只要其方向信息即可, 因其位于 P_0, r_1 所确定的平面内, 故可设 $P_1 = kP_0 + r_1$, 由 $\langle AP_0, P_1 \rangle = 0$, 知 $k = -\dfrac{\langle r_1, AP_0 \rangle}{\langle P_0, AP_0 \rangle}$, 记为 b_0, 总之有 $b_0 = -\dfrac{\langle r_1, AP_0 \rangle}{\langle P_0, AP_0 \rangle}$, $P_1 = b_0 P_0 + r_1$. 同确定 x_1 的

过程类似, 在直线 $x = x_1 + P_1 t$ 上求 $f(x)$ 的最小值点 x_2, 因 $f(x_1 + P_1 t)$ 的驻点为 $t = \dfrac{\langle r_1, P_1 \rangle}{\langle AP_1, P_1 \rangle}$, 记为 a_1, 故 $f(x)$ 在平面 π_1 上的条件最小值点为 $x_2 = x_1 + a_1 P_1$. 总之, 有

$$b_0 = -\frac{\langle r_1, AP_0 \rangle}{\langle P_0, AP_0 \rangle},$$

$$P_1 = b_0 P_0 + r_1,$$

$$a_1 = \frac{\langle r_1, P_1 \rangle}{\langle AP_1, P_1 \rangle},$$

$$x_2 = x_1 + a_1 P_1,$$

$$r_2 = b - Ax_2.$$

第二步逼近完成.

3. 第 $k+1$ 步计算公式的获取

继续按共轭刀法递归过程构造下去 $\cdots$, 归纳可得递推算法如下.

任取初始向量 x_0, 令 $r_0 = b - Ax_0$, $P_0 = r_0$, 对于 $k = 0, 1, 2, \cdots, n-1$, 依次递推计算下列各式:

$$a_k = \frac{\langle r_k, P_k \rangle}{\langle AP_k, P_k \rangle}, \tag{5.3.4}$$

$$x_{k+1} = x_k + a_k P_k, \tag{5.3.5}$$

$$r_{k+1} = b - Ax_{k+1} = r_k - a_k AP_k, \tag{5.3.6}$$

$$b_k = -\frac{\langle r_{k+1}, AP_k \rangle}{\langle P_k, AP_k \rangle}, \tag{5.3.7}$$

$$P_{k+1} = r_{k+1} + b_k P_k. \tag{5.3.8}$$

4. 终止计算的判据

若某个 k 使得 $\langle r_k, r_k \rangle = 0$ 或者 $\langle AP_k, P_k \rangle = 0$, 则停止计算, x_k 即为 $Ax = b$ 的解. 可以证明计算过程不会超过 n 步, 即存在 $k \leqslant n$, 使得 $\langle r_k, r_k \rangle = 0$.

5. 共轭梯度法的简化迭代算式

实际使用时, a_k, b_k 可以进一步简化. 因为

$$\langle r_k, P_k \rangle = \langle r_k, r_k + b_{k-1} P_{k-1} \rangle = \langle r_k, r_k \rangle + \langle r_k, b_{k-1} P_{k-1} \rangle,$$

且 $r_k \perp P_{k-1}$, 故

$$\langle r_k, P_k \rangle = \langle r_k, r_k \rangle, \tag{5.3.9}$$

$$a_k = \frac{\langle r_k, P_k \rangle}{\langle AP_k, P_k \rangle} = \frac{\langle r_k, r_k \rangle}{\langle AP_k, P_k \rangle}. \tag{5.3.10}$$

由 (5.3.6), (5.3.7) 式知

$$b_k = -\frac{\langle r_{k+1}, AP_k \rangle}{\langle P_k, AP_k \rangle} = -\frac{\langle r_{k+1}, a_k^{-1}(r_k - r_{k+1}) \rangle}{\langle P_k, AP_k \rangle} = -\frac{\langle r_{k+1}, (r_k - r_{k+1}) \rangle}{\langle P_k, a_k AP_k \rangle}$$

$$= \frac{\langle r_{k+1}, r_{k+1} \rangle}{\langle P_k, a_k AP_k \rangle} = \frac{\langle r_{k+1}, r_{k+1} \rangle}{\langle P_k, r_k - r_{k+1} \rangle}.$$

因 $P_k \perp r_{k+1}$, 注意到 (5.3.9) 式, 接上式有

$$b_k = \frac{\langle r_{k+1}, r_{k+1} \rangle}{\langle P_k, r_k \rangle} = \frac{\langle r_{k+1}, r_{k+1} \rangle}{\langle r_k, r_k \rangle}.$$

6. 共轭梯度法实用算法

综上, 共轭梯度法的简化迭代公式如下.

任取初始向量 x_0, 令 $r_0 = b - Ax_0$, $P_0 = r_0$, 对于 $k = 0, 1, 2, \cdots, n-1$, 依次递推计算下列各式:

$$a_k = \frac{\langle r_k, r_k \rangle}{\langle AP_k, P_k \rangle}, \tag{5.3.11}$$

$$x_{k+1} = x_k + a_k P_k, \tag{5.3.12}$$

$$r_{k+1} = r_k - a_k AP_k, \tag{5.3.13}$$

$$b_k = \frac{\langle r_{k+1}, r_{k+1} \rangle}{\langle r_k, r_k \rangle}, \tag{5.3.14}$$

$$P_{k+1} = r_{k+1} + b_k P_k. \tag{5.3.15}$$

实际应用时, 一般难以出现 (6.4) 段的终止判据, 通常设定一个最大迭代次数 $K_{\max}$ 和一个容许剩余偏差限 ε, 或是相邻两次的差异容限 δ, 当迭代次数 $k \geqslant K_{\max}$ 或 $\|r_k\|_2 \leqslant \varepsilon$, 或是 $\|x^{(k+1)} - x^{(k)}\|_\infty \leqslant \delta$ 出现时, 即终止迭代.

5.3.7 MATLAB 分分钟代码实现

下面的例子内含共轭梯度法 M-函数代码及其调用说明. 读者可仿照调用. 其中函数体内主要算式可参见 (5.3.11)—(5.3.15), 为利于读者比较, 未作代码简化.

例 5.3.1 用共轭梯度法求解线性方程组:

$$\begin{pmatrix} 10 & 2 & 6 \\ 4 & 8 & -1 \\ -2 & 3 & 5 \end{pmatrix} \begin{pmatrix} x_1 \\ x_2 \\ x_3 \end{pmatrix} = \begin{pmatrix} 1 \\ 1 \\ 2 \end{pmatrix}.$$

解 代码如下.

```
function HL53ex1_CG
A=[10 2 6;4 8 -1;-2 3 5];b=[1 1 2]';
B=A'*A;bb=A'*b;
x_mt=A\b;   %用于比较迭代解的精度.
P0=ones(3,1);Kmax=500;
[x,k]=getd(B,bb,P0,1e-15,20)
see=1;
%===================================
function [x,k]=getd(A,b,x0,delta,Kmax)
% 共轭梯度法解方程组Ax=b;
% 必须输入: A正定阵,b常向量,
% 可选输入: x0初始解; ep相邻容差.
%           Kamx为最大迭代数.
% 输出: x为迭代解, k为迭代次数.
n=length(A);k=0;
if nargin<5 Kmax=500;end;
if nargin<4 delta=1e-10;end;
if nargin<3 x0=zeros(n,1);end;
x=x0;   xk=x0;   xk1=x0+2*delta;
rk=b-A*xk;   Pk=rk;   k=0;
while norm(xk1-x,inf)>delta&k<Kmax
    k=k+1;   x=xk1;
    ak=(rk'*rk)/(Pk'*A*Pk);
    sk_tem=ak*Pk;   xk1=xk+sk_tem;
    rk1=rk-A*sk_tem;
    bk=(rk1'*rk1)/(rk'*rk);   Pk1=rk1+bk*Pk;
    rk=rk1;   Pk=Pk1;   xk=xk1;
end
if k==Kmax, warning('迭代次数已达最大'); end
%===================================
```

运行上述代码后, 可得近似解 x 为

```
x =
    -0.0871886120996446
     0.199288256227758
     0.245551601423488
```

其精度达到 $\|x^{(4)} - x^{(3)}\|_\infty \leqslant 10^{-15}$; 迭代次数 k 为 4 次.

读者不妨改用另一种迭代终止条件 $\|r_k\|_2 \leqslant \varepsilon$, 看看有何区别.

5.3.8 共轭梯度法的理论依据与应用

定理 5.3.2 (共轭相容性) 平面与椭型函数等值面的交是一个椭圆, 其中心点为椭型函数在该平面上的条件最小值点; 交线上任一点的切向量关于该椭圆的共轭向量也是关于该椭型函数矩阵的共轭向量.

证明略 (可参考文献 [6]).

定理 5.3.3 (共轭向量 A 正交性) 共轭梯度法中的剩余向量序列 $\{r_k\}$ 是正交向量组; 共轭向量序列 $\{P_k\}$ 是关于正定矩阵 A 正交的向量组.

可用归纳法证明, 略之.

定理 5.3.4 (n 步终止性) 设 $A = (a_{ij})_{n \times n}$ 为正定矩阵, $b, x \in \mathbf{R}^n$, x^* 为 $Ax = b$ 的解, $\{x_k\}$ 为共轭梯度法求解迭代序列, 则存在整数 $k \leqslant n$, 使得 $x_k = x^*$.

证 注意到共轭梯度法迭代过程中的剩余向量序列 $\{r_k\}$ 是正交向量组, 故是线性无关的. 所以其个数最多不超过空间维数 n, 故必有 $r_{n+1} = 0$, 否则将会有 $n + 1$ 个非零向量线性无关而超过空间维数 n, 故 $\exists k \leqslant n$, 使得 $b - Ax_k = r_k = 0$, 即 $x_k = x^*$.   证毕.

这里需要补充说明的是, 共轭梯度法 n 步即可得到精确解仅仅是一个理论结果. 实际计算中难免有舍入误差, 故难于保证剩余向量序列的正交性, 一般很难在有限步内得到准确解. 实际应用时, 可设定一个最大迭代次数 $K_{\max}$ 和一个剩余偏差容限 ε, 当迭代次数 $k \geqslant K_{\max}$ 或 $\|r_k\|_2 \leqslant \varepsilon$ 出现时, 即终止迭代.

> **评注** 至此, 共轭梯度法已完全建立, 虽说没有费尽 "洪荒之力", 却也一路 "车马劳顿", 仅止于求解一个正定系数矩阵的方程组, 而不能用于一般方程组的求解, 必然不尽如人意!

1. 共轭梯度法求解一般线性方程组

问题 5.3.7 一般方程组可否使用共轭梯度法?

答 对于可逆矩阵 A, 因方程组 $Ax = b$ 与 $A^T Ax = A^T b$ 同解, 而 $A^T A$ 是正定的, 故可采用共轭梯度法通过求解 $A^T Ax = A^T b$ 而得到 $Ax = b$ 的解. 故而共轭梯度法也可以用于一般方程组的求解, 只是稍作变通而已.

2. 共轭梯度法其他应用说明

将方程组的解转化为非线性最优化问题求解, 方法有多种. 共轭梯度法是介于最速下降法与 Newton 法 (见文献 [4]) 之间的一个方法, 它仅需利用一阶导数信息 (即梯度信息), 但克服了最速下降法收敛慢的缺点, 又避免了 Newton 法需要存储和计算 Hesse (黑塞) 矩阵并求逆的缺点; 共轭梯度法不仅是求解大型线性方程组最有用的方法之一, 也是求解大型非线性最优化问题的最有效的算法之一. 在各种优化算法中, 共轭梯度法是非常重要的一种. 其优点是所需存储量小, 具有有限步收敛性, 稳定性高, 而且不需要任何外来参数. 共轭梯度法本质上应该归为直接解法, 但由于舍入误差的存在, 一般难于保证精确计算, 所以又往往被当作迭代法使用.

线性方程组解法小结

实际应用中选择解法主要考虑三个方面, 即精度高、计算量小、需要的内存少. 所谓的经验说法是由问题特点和计算机性能选择算法: 中小型宜用直接解法, 大型稀疏型宜用迭代法. 理论的指导意义虽不容小觑, 但从快速解决实际问题的角度出发, 作者认为, 基于现在计算机的常见配置和一般工科研究生遇到的线性方程组情况, 无需太花精力考虑精度、计算量和内存大小的问题, 因为这些在 MATLAB 中都不太会构成问题. 会用和用好 MATLAB 才是最有效和最实用的方法! 但另一方面, 如果是在某些嵌入式系统, 特别是硬件资源很简陋和计算速度又较慢时, 则必须认真选择算法方可满足诸如实时性、可实施性等方面的要求.

对于非线性方程组的求解问题, 常用的有 Newton 法及拟 Newton 法, 若有需要可参考文献 [4], [14]. 本章不再论及. 另外, 用 MATLAB 也可方便求解非线性方程组, 参见文献 [3, 19].

习　题　5

1. 给定方程组 $\begin{pmatrix} 2 & -1 & 1 \\ 1 & 1 & 1 \\ 1 & 1 & -2 \end{pmatrix} \begin{pmatrix} x_1 \\ x_2 \\ x_3 \end{pmatrix} = \begin{pmatrix} 1 \\ 1 \\ 1 \end{pmatrix}$.

证明: Jacobi 方法发散而 Gauss-Seidel 方法收敛.

2. 设有方程组 $\begin{cases} x_1 + 2x_2 - 2x_3 = 1, \\ x_1 + x_2 + x_3 = 1, \\ 2x_1 + 2x_2 + x_3 = 1, \end{cases}$　试考查解此方程组的 Jacobi 迭代法及 Gauss-Seidel 迭代法的收敛性.

3. 设方程组 $\begin{cases} x_1 + 0.4x_2 + 0.4x_3 = 1, \\ 0.4x_1 + x_2 + 0.8x_3 = 2, \\ 0.4x_1 + 0.8x_2 + x_3 = 3, \end{cases}$ 试考查解此方程组的 Jacobi 迭代法及 Gauss-Seidel 迭代法的收敛性.

4. 已知方程组 $\begin{pmatrix} a & 2 & 1 \\ 2 & a & 2 \\ 1 & 2 & a \end{pmatrix} \begin{pmatrix} x_1 \\ x_2 \\ x_3 \end{pmatrix} = \begin{pmatrix} 1 \\ 2 \\ 1 \end{pmatrix}$.

(1) 写出解此方程组的 Jacobi 法迭代格式;

(2) 证明: 当 $|a| > 4$ 时, Jacobi 迭代法收敛;

(3) 取 $a = 5, x^{(0)} = \left(\dfrac{1}{10}, \dfrac{1}{5}, \dfrac{1}{10} \right)^{\mathrm{T}}$, 求 $x^{(2)}$.

5. 证明: 矩阵 $A = \begin{pmatrix} 1 & 1 & a \\ a & 1 & a \\ a & a & 1 \end{pmatrix}$ 对于 $-\dfrac{1}{2} < a < 1$ 是正定的, 而 Jacobi 迭代只对 $-\dfrac{1}{2} < a < \dfrac{1}{2}$ 是收敛的.

6. 确定 a 的取值范围, 使方程组 $\begin{pmatrix} 1 & a & 0 \\ a & 2 & 0 \\ 1 & 0 & 1 \end{pmatrix} \begin{pmatrix} x_1 \\ x_2 \\ x_3 \end{pmatrix} = \begin{pmatrix} 1 \\ 0 \\ 1 \end{pmatrix}$ 对应的 Jacobi 迭代法收敛.

7. $A = \begin{pmatrix} a & 10 \\ 0 & \dfrac{1}{2} \end{pmatrix}$, 要使 $\lim\limits_{k \to \infty} A^k = 0, a$ 应满足什么条件?

8. 设 $A = (a_{ij})_{2 \times 2}$ 是二阶矩阵, 且 $a_{11}a_{22} \neq 0$. 试证: 求解方程组 $Ax = b$ 的 Jacobi 方法与 Gauss-Seidel 方法同时收敛或发散.

9. 设 $A = \begin{pmatrix} 2 & 3 \\ 1 & 4 \end{pmatrix}, b = \begin{pmatrix} 2 \\ 1 \end{pmatrix}$, 欲利用迭代格式

$$x^{(k+1)} = x^{(k)} + \beta(b - Ax^{(k)}), \quad k = 0, 1, 2, \cdots$$

求解 $Ax = b$,

(1) 问实数 β 在何范围取值可以使迭代格式收敛?

(2) 若只求收敛, 有何快速确定 β 的方法?

(3) 若取 $\beta = 0.2, x^{(0)} = (1, 1)^{\mathrm{T}}$, 计算 $x^{(1)}$.

10. 回答下述问题.

(1) 解线性方程组 $\begin{pmatrix} 1 & -a \\ -a & 1 \end{pmatrix} \begin{pmatrix} x_1 \\ x_2 \end{pmatrix} = \begin{pmatrix} b_1 \\ b_2 \end{pmatrix}$ 的 Jacobi 和 Gauss-Seidel 迭代法收敛的充分必要条件是什么?

(2) 系数矩阵为正定的二元线性方程组, 用 Jacobi 和 Gauss-Seidel 迭代法求解是否一定收敛?

(3) 解释为什么 Gauss-Seidel 方法的迭代矩阵的第一列元素总是 0.

11. 详细推导共轭梯度法中第二步所需要的 b_0, P_1, a_1, x_2 和 r_2.

第 6 章　插　值　法

第 6 章微课视频

本章将介绍一些方法用于求取一个易于计算的函数, 让其在某些给定点处, 与一个不便计算或解析式子未知的函数重合, 以达到用简单函数近似计算复杂或未知函数的目的.

6.1　插值问题背景综述

6.1.1　两类经常遇到的实际问题

例 6.1.1　对于热敏型电阻温度传感器, 其阻值与温度构成一特定关系曲线. 实际使用中, 通常仅能采到有限个离散的 "阻值-温度" 数据对, 问如何利用这有限个数据对, 推测任意阻值对应的温度?

这是一个很具有代表性的问题, 由此不难提出两个更一般的问题如下.

问题 6.1.1　仅知某函数在有限个离散点处的值, 如何推测其任意一点处的函数值?

问题 6.1.2　尽管已知两个变量之间的函数表达式, 但计算太过复杂, 如何给出一种简化方式以方便计算?

答　对于问题 6.1.1, 可考虑在一个简单函数类中, 找一个函数, 让其在那些已知离散点处与该函数相等, 则可用其推测该函数在任意一点处的值. 因为二者既然在这些已知点处重合, 那么其他地方也应该不会离得太远. 对于问题 6.1.2, 可先设法得到这个复杂函数在若干个点处的函数值, 然后按问题 6.1.1 处理. 这便是本章插值法的基本思想和构建初衷.

> **评注**　函数乃是相关变量的数量关系, 集信息压缩和规律总结于一身, 有之特别方便. 城市再复杂, 只要有地图在手, 大街小巷尽知也! 函数就犹如相关变量的一个 "数量地图". 因而对于变量之间, 没有函数要创造一个函数: 面对复杂函数要将其简化, 便成为应用数学的思维习惯.
>
> 故而, 某些传统匠师常常需要天资、悟性, 再加上多年的经验积累才能成就,

因为他们没有函数概念; 而现代工程师则可以批量培养, 仅仅需要读几本书, 掌握一些经验公式也就差不多了, 因为有函数概念.

总之, 用简单函数描述复杂世界, 观复杂世界因之而简. 注意, 所谓简单函数是指那些容易表示和容易计算的函数.

6.1.2 插值问题和插值法

定义 6.1.1 设 $y = f(x)$ 为区间 $[a, b]$ 上的一个实函数, 对于一组离散点 $(x_i, f(x_i))$ $(i = 0, 1, \cdots, n)$, 在便于计算的函数形式中, 选定一个函数 $\varphi(x)$, 要求 $\varphi(x_i) = f(x_i)$ $(i = 0, 1, \cdots, n)$. 此类问题称为插值问题, 确定 $\varphi(x)$ 的方法称为插值法, $f(x)$ 称为**被插值函数**, $\varphi(x)$ 称为**插值函数**, x_i $(i = 0, 1, \cdots, n)$ 称为插值节点, $[a, b]$ 称为插值区间. 特别地, 当插值函数取为多项式时称为**插值多项式**, 对应的问题称为**多项式插值问题**.

为了叙述方便, $(x_i, f(x_i))$ $(i = 0, 1, \cdots, n)$ 又称为被插值函数的**型值点**或**样本点**, 因为它们取自曲线 $y = f(x)$ 的图形, 而且常常是能反映被插值函数关键形状特征的点, 或是实验过程中的关键采样点.

显然, 将插值函数 $\varphi(x)$ 作为被插值函数 $f(x)$ 的近似是插值问题的目的所在.

问题 6.1.3 简单的函数有哪些?

答 线性函数、二次函数和一般的多项式函数, 它们都可以说是简单的函数, 因为它们计算简单, 连续, 任意可导, 可积, 好处多多! 故多项式当然是插值函数的优先选择! 另外, 三角函数也是不错的选择.

问题 6.1.4 多项式插值如何操作?

答 且看下节分解!

6.2 Lagrange 插值

6.2.1 n 次多项式插值问题

所谓 n 次多项式插值问题, 是指已知函数 $f(x)$ 在区间 $[a, b]$ 上 $n+1$ 个不同点 $x_0, x_1, \cdots, x_n$ 处的函数值 $y_i = f(x_i)$ $(i = 0, 1, \cdots, n)$, 如何求一个不超过 n 次的多项式

$$P_n(x) = a_0 + a_1 x + \cdots + a_n x^n, \tag{6.2.1}$$

使其在给定点 $x_i (i = 0, 1, \cdots, n)$ 处与 $f(x)$ 相等, 即满足插值条件:

$$P_n(x_i) = f(x_i) = y_i \quad (i = 0, 1, 2, \cdots, n). \tag{6.2.2}$$

多项式插值的几何意义如图 6.2.1 所示.

问题 6.2.1 $P_n(x)$ 存在否? 唯一否? (本段要点问题.)

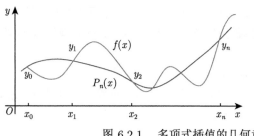

图6.2.1彩色版

图 6.2.1   多项式插值的几何意义

6.2.2   插值多项式的存在性和唯一性

定理 6.2.1   满足插值条件 (6.2.2) 的次数不超过 n 次的多项式存在而且是唯一的.

证   用待定系数法. 由插值条件 (6.2.2) 可得关于系数 $a_0, a_1, \cdots, a_n$ 的 $n+1$ 个方程

$$\begin{cases} a_0 + a_1 x_0 + a_2 x_0^2 + \cdots + a_n x_0^n = y_0, \\ a_0 + a_1 x_1 + a_2 x_1^2 + \cdots + a_n x_1^n = y_1, \\ \qquad \cdots\cdots \\ a_0 + a_1 x_n + a_2 x_n^2 + \cdots + a_n x_n^n = y_n, \end{cases} \tag{6.2.3}$$

其系数行列式为

$$\det(A) = \begin{vmatrix} 1 & x_0 & x_0^2 & \cdots & x_0^n \\ 1 & x_1 & x_1^2 & \cdots & x_1^n \\ \vdots & \vdots & \vdots & & \vdots \\ 1 & x_n & x_n^2 & \cdots & x_n^n \end{vmatrix},$$

这是一个转置 Vandermonde 行列式, 故

$$\det(A) = \prod_{i=1}^{n} \prod_{j=0}^{i-1} (x_i - x_j).$$

其当 x_i, x_j 互不相同时不等于 0, 由 Cramer 法则知方程组有唯一解.   证毕.

这里需要作几点说明

(1) 对同一组节点, 不同的插值方法会得到不同形式的插值多项式, 但它们是恒等的.

(2) $n+1$ 个节点只能唯一确定一个 $\leqslant n$ 次的多项式 (可能 $< n$ 次), 因为只有 $n+1$ 个条件. 若待定次数 $> n$ 次, 则会有多于 $n+1$ 个的待定系数需确定, 条件短缺会导致不定方程出现.

(3) 本定理给出了解决问题的方法, 理论价值虽高但不实用. 因为解方程组计算量偏大, 计算步骤较多, 容易使舍入误差增大. 在第 4 章方程组直接解法引序部分, 已论及其短.

问题 6.2.2 好的插值方法何在?

答 有道是 "八仙过海, 各显神通." Lagrange 插值法、Newton 插值法等各有千秋!

6.2.3 Lagrange 插值多项式

1. Lagrange 插值多项式构造思想

首先, n 次多项式之和仍为 n 次多项式; 其次. 倘若能构造一个 n 次多项式 $l_i(x)$ 使得

$$l_i(x_j) = \begin{cases} 1, & i = j, \\ 0, & i \neq j, \end{cases} \quad i, j = 0, 1, \cdots, n, \tag{6.2.4}$$

即 $l_i(x)$ 仅在节点 x_i 处取值为 1, 而在其他节点处取值为 0. 令

$$L_n(x) = l_0(x)y_0 + l_1(x)y_1 + \cdots + l_n(x)y_n, \tag{6.2.5}$$

则易见 $L_n(x)$ 即为所求.

请注意, $L_n(x)$ 为 $l_i(x)$ 的线性组合, 而线性组合系数就是被插值函数相应的节点函数值.

问题 6.2.3 如何构造 $l_i(x)$?

答 用零点与多项式因子之间的关系易得.

2. Lagrange 插值基函数

注意到 x_j 为 $l_i(x)$ 的一阶零点, 故必有因子 $(x - x_j)$, $j \neq i$, 于是可令

$$l_i(x) = A(x - x_0)(x - x_1) \cdots (x - x_{i-1})(x - x_{i+1}) \cdots (x - x_n).$$

由 $l_i(x_i) = 1$ 可知

$$A = \frac{1}{(x_i - x_0) \cdots (x_i - x_{i-1})(x_i - x_{i+1}) \cdots (x_i - x_n)}.$$

故

$$l_i(x) = \frac{(x - x_0) \cdots (x - x_{i-1})(x - x_{i+1}) \cdots (x - x_n)}{(x_i - x_0) \cdots (x_i - x_{i-1})(x_i - x_{i+1}) \cdots (x_i - x_n)}$$

$$= \prod_{j=0, j\neq i}^{n} \frac{x - x_j}{x_i - x_j} \quad (i = 0, 1, \cdots, n) \tag{6.2.6}$$

显然, $l_i(x)$ 非常重要也很有型! 为此命名如下.

定义 6.2.1 称 (6.2.6) 式给出的 $l_i(x)$ 为 Lagrange 插值基函数, 称 (6.2.5) 式给出的 $L_n(x)$ 为 Lagrange 插值多项式.

记 $w_{n+1}(x) = \prod\limits_{j=0}^{n} (x - x_j)$, 求导可得 $w'_{n+1}(x_i) = \prod\limits_{j=0, j\neq i}^{n} (x_i - x_j)$. 故有些文献中将 Lagrange 插值基函数作如下表示

$$l_i(x) = \frac{w_{n+1}(x)}{(x - x_i)w'_{n+1}(x_i)}. \tag{6.2.7}$$

如此表示是为了简化书写和记忆, 严格讲, (6.2.7) 与 (6.2.6) 中的 $l_i(x)$ 并不完全相同. (为什么?)

> **评注** Lagrange 插值基函数中的 "基函数" 一词绝非随口一说, 因为 $\{l_i(x) \mid i = 0, 1, 2, \cdots, n\}$ 确实构成了多项式线性空间 $H_n[a, b]$ 的一组基. 所以它们可以线性表示任意一个不超过 n 次的多项式. 特别地, 它们对应的被插值函数值作为系数的特定线性组合就是 Lagrange 插值多项式. 另外, 它们也是点集 $\{x_i\}_{i=0}^{n}$ 上的线性无关族 (其证甚简). 读者可查阅 2.3.2 小节.

6.2.4 简单的线性插值和抛物插值

$n = 1$ 时两个节点的插值多项式为

$$L_1(x) = y_0 \frac{x - x_1}{x_0 - x_1} + y_1 \frac{x - x_0}{x_1 - x_0}.$$

因其图形为一条直线, 故称为**线性插值**. 其几何意义如图 6.2.2 所示.

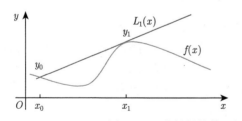

图6.2.2彩色版

图 6.2.2 线性插值的几何意义

当 $n = 2$ 时, 三节点的二次插值多项式为

$$L_2(x) = y_0 \frac{(x - x_1)(x - x_2)}{(x_0 - x_1)(x_0 - x_2)} + y_1 \frac{(x - x_0)(x - x_2)}{(x_1 - x_0)(x_1 - x_2)} + y_2 \frac{(x - x_0)(x - x_1)}{(x_2 - x_0)(x_2 - x_1)}.$$

因其图形为抛物线, 故又称为抛物插值. 其几何意义如图 6.2.3 所示.

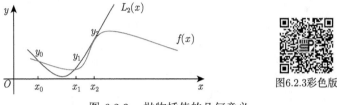

图 6.2.3   抛物插值的几何意义

例 6.2.1   已知 $\sqrt{100} = 10, \sqrt{121} = 11, \sqrt{144} = 12$, 请分别用 Lagrange 线性插值和抛物线插值求 $\sqrt{125}$ 的近似值.

解   先用线性插值. 选择 $x_0 = 100$, $x_1 = 121$ 为插值节点, 则

$$P_1(x) = 10\frac{x - 121}{100 - 121} + 11\frac{x - 100}{121 - 100}$$

为所求一次插值多项式, 而 $\sqrt{125} \approx P_1(125) = 11.19048$.

若选择 $x_1 = 121, x_2 = 144$ 为插值节点, 则

$$Q_1(x) = 11\frac{x - 144}{121 - 144} + 12\frac{x - 121}{144 - 121}$$

为所求一次插值多项式, 而 $\sqrt{125} \approx Q_1(125) = 11.17391$.

再用抛物插值计算. 选择 $x_0 = 100, x_1 = 121, x_2 = 144$ 为插值节点, 则

$$P_2(x) = 10\frac{(x - 121)(x - 144)}{(100 - 121)(100 - 144)} + 11\frac{(x - 100)(x - 144)}{(121 - 100)(121 - 144)}$$

$$+ 12\frac{(x - 100)(x - 121)}{(144 - 100)(144 - 121)}$$

为所求二次插值多项式, 故 $\sqrt{125} \approx P_2(125) = 11.18107$.

与精确值 $\sqrt{125} = 11.1803398\cdots$ 相比较, 可知抛物插值优于线性插值. 而同为线性插值时 $Q_1(125)$ 优于 $P_1(125)$. 请考虑为什么?

问题 6.2.4   如何估计插值精度? (下段要点问题.)

6.2.5   插值余项和误差估计

1. 插值余项定理

定义 6.2.2   设 $P_n(x)$ 是 $f(x)$ 关于互异节点组 $x_0, x_1, \cdots, x_n$ 的 n 次插值多项式, 令

$$R_n(x) = f(x) - P_n(x), \tag{6.2.8}$$

称之为 $P_n(x)$ 的**插值余项**或**截断误差项**.

定理 6.2.2 (插值余项定理) 设 $x_0, x_1, \cdots, x_n$ 是区间 $[a, b]$ 上的互异节点, 又设 $P_n(x)$ 是 $f(x)$ 关于该组节点的 n 次插值多项式. 若 $f^{(n)}(x)$ 在 $[a, b]$ 上连续, $f^{(n+1)}(x)$ 在 (a, b) 内存在, 则 $\forall x \in [a, b]$, 存在 $\xi \in (a, b)$ 使得

$$R_n(x) = \frac{f^{(n+1)}(\xi)}{(n+1)!} w_{n+1}(x), \tag{6.2.9}$$

其中, $w_{n+1}(x) = \prod\limits_{j=0}^{n} (x - x_j)$.

证 $\forall x \in [a, b], x \neq x_j$, 构造辅助函数

$$g(t) = f(t) - P_n(t) - \frac{R_n(x)}{w_{n+1}(x)} w_{n+1}(t), \tag{6.2.10}$$

其中, $R_n(x)$ 为待定函数. 验证即知 $g(x) = 0$, 又由插值条件 (6.2.2), 可知函数 $g(t)$ 在 $[a, b]$ 内至少有 $n + 2$ 个零点 $x, x_0, x_1, \cdots, x_n$. 反复使用罗尔定理可知, 函数与其各阶导函数零点的个数和相对分布, 犹如金字塔状堆放的各层钢管数目与分布. 故函数 $g'(t)$ 在 (a, b) 内至少有 $n + 1$ 个零点, $g''(t)$ 在 (a, b) 内至少有 n 个零点, $\cdots$, 而 $g^{(n+1)}(t) = f^{(n+1)}(t) - P_n^{(n+1)}(t) - \dfrac{R_n(x)}{w_{n+1}(x)} w_{n+1}^{(n+1)}(t)$ 在 (a, b) 内至少有一个零点, 设为 ξ. 因为 $P_n(t)$ 至多为 n 次多项式, 而 $w_{n+1}(t)$ 为最高次项系数为 1 的 $n + 1$ 次多项式, 因而有 $P_n^{(n+1)}(t) \equiv 0, w_{n+1}^{(n+1)}(t) = (n+1)!$, 故

$$g^{(n+1)}(\xi) = f^{(n+1)}(\xi) - \frac{R_n(x)}{w_{n+1}(x)} (n+1)! = 0.$$

故

$$R_n(x) = \frac{f^{(n+1)}(\xi)}{(n+1)!} w_{n+1}(x) = \frac{f^{(n+1)}(\xi)}{(n+1)!} (x - x_0)(x - x_1) \cdots (x - x_n).$$

当 $x = x_i \ (i = 0, 1, \cdots, n)$ 时, 上式自然成立. 因此, 上式对 $\forall x \in [a, b]$ 都成立.

$\hspace{10cm}$ 证毕.

定理 6.2.3 (插值收敛条件) (1) 若存在常数 M 使得 $\forall x \in (a, b)$, $|f^{(n+1)}(x)| \leqslant M$, 则

$$|R_n(x)| \leqslant \frac{M}{(n+1)!} \left| \prod_{j=0}^{n} (x - x_j) \right|. \tag{6.2.11}$$

(2) 若 $\{f^{(n)}(x)\}$ 在 $[a,b]$ 上一致有界, 即存在常数 M 使得 $\forall n = 0, 1, 2, \cdots,$ $\forall x \in [a,b], |f^{(n)}(x)| \leqslant M$, 则

$$\lim_{n \to \infty} R_n(x) = 0, \tag{6.2.12}$$

即

$$\lim_{n \to \infty} P_n(x) = f(x).$$

其证甚简, 略之.

2. 插值误差的几点说明

(1) 插值余项与 Taylor 多项式的 Lagrange 余项颇为相似, 这并不偶然, 因为两者均为多项式与其逼近函数的误差. 只是 Taylor 多项式要求在同一点处与被插值函数的各阶导数值相等, 而插值多项式则要求在多个不同点上函数值相等而已.

(2) 插值收敛条件说明, 当各阶导数一致有界 (有共同的上界) 时, 则可通过增加节点数, 提高插值与被插值两条曲线的贴近程度. 否则, 插值点数增多不见得能使插值精度提高.

(3) 通过 (6.2.11) 式知, 若能让 $\max w_{n+1}(x)$ 尽可能小, 则结果就会尽可能好, 有关方法可参阅 7.6.3 节 Chebyshev 多项式的应用.

(4) 当点 x 位于插值区间内部时, 插值精度通常较高. 此时称为**内插**.

当点 x 位于插值区间的外部时, 称为**外插**, 此时精度一般较差, 使用时必须注意.

例 6.2.2　估计例 6.2.1 中的抛物插值误差.

解　$P_2(x)$ 的余项为

$$R_2(x) = \frac{f^{(3)}(\xi)}{3!}(x - x_0)(x - x_1)(x - x_2),$$

其中, $\xi \in (a,b)$. 而

$$f^{(3)}(x) = \frac{1}{2}\left(-\frac{1}{2}\right)\left(-\frac{3}{2}\right)x^{-\frac{5}{2}} = \frac{3}{8}x^{-\frac{5}{2}},$$

$$|R_2(x)| = \frac{1}{3!}\frac{3}{8}\left|(\xi)^{-\frac{5}{2}}(x - 100)(x - 121)(x - 144)\right|,$$

故

$$|R_2(125)| \leqslant \frac{1}{3!}\frac{3}{8}10^{-5} \cdot 25 \cdot 4 \cdot 19 = 0.00119.$$

6.2.6 Lagrange 插值优劣分析

Lagrange 插值公式形式对称, 容易记忆, 但没有次数叠加功能. 若想增加插值节点, 提高插值次数, 则前功尽弃, 需重新计算. 这就好比三层楼建好之后又想改为四层, 由于结构形式限制, 不能直接加层而必须拆除重建. 显然, 若能直接加层增高, 会极大地减少工作量.

问题 6.2.5 是否有可叠加或可继承的插值法?

答 牛顿插值法可谓当之无愧! 欲知其详且看下节分解!

6.2.7 MATLAB 分分钟代码实现

例 6.2.3 设 $L_{10}(x)$ 为 $f(x) = \dfrac{1}{1+x^2}$ 在 $[-5,5]$ 上的 11 点等距 10 次插值多项式, 求 $L_{10}(2.55), L_{10}(x_k), k = -5 + 0.1k, k = 0,1,\cdots$. 用图形比较 $L_{10}(x)$ 与 $f(x)$ 的近似效果.

解 本例包括 Lagrange 插值 M-函数代码和调用过程, 读者可仿照本例进行调用.

```
function HL62ex3_lagrange
xi=-5:1:5;%产生插值节点向量;
yi=1./(1+xi.^2);%节点函数值向量;
y255=lagrange(xi,yi,2.55)%插算L10(2.55);
x=[-5:.1:5];%产生要插算函数值的点向量;
yy=lagrange(xi,yi,x);%插算函数值向量;
%插值计算任务已经完毕!
%下面是画图部分.
z=1./(1+x.^2); %这是被插值函数.
plot(x,z,'r','linewidth',2);
hold on;
plot(xi,yi,'or');
plot(x,yy,'linewidth',2);
see=1;
%下面是通用的Lagrange插值函数, 附此供前面调用.
function yy=lagrange(xi,yi,x)
% Lagrange插值.
%Input--- xi是插值节点向量,
%         yi是节点函数值向量,
%         x是欲插算的点向量;
%output---yy 是插算出的函数值向量.
m=length(xi);
n=length(yi);
```

```
if m~=n,error('向量yi与向量xi的长度必须一致！');
end;
s=0;
for i=1:n
    z=ones(1,length(x));
    for j=1:n
        if j~=i
            z=z.*(x-xi(j))/(xi(i)-xi(j));
        end
    end
    s=s+z*yi(i);
end
yy=s; %yy is returned;
```

运行上述代码有两种方式. 其一, 在 MATLAB 代码编辑器中输入上述代码, 调试运行. 其二, 也可将输入好的代码以文件名 HL61ex1_lagrange.m 存入工作目录. 然后在 MATLAB 命令窗口输入:

```
>> HL61ex1_lagrange
```

回车运行完毕后, 会出现 $L_{10}(2.55)$ 的插算结果: y255 = 0.2518, 以及图 6.2.4 的窗口曲线, 其中有抖动的曲线为插值曲线 $L_{10}(x)$, 单峰曲线为 $f(x)$ 的图形.

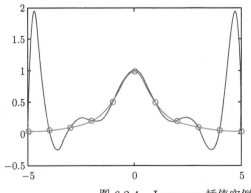

图6.2.4彩色版

图 6.2.4   Lagrange 插值实例图形

若想查看 $L_{10}(x_k)$ 的值, 有很多种方式, 比如, 可在语句 see = 1 处设置断点, 并将程序运行至该断点处, 在命令窗口输入 yy, 会显示各个 x_k 对应的函数值如下:

```
K>>yy
```

```
yy =
   Columns 1 through 3
    0.038461538461538   1.230316555121262   1.804385456128002
...
```

6.3 Newton 插值

6.3.1 差商

1. 差商概念

定义 6.3.1 设 $x_0, x_1, \cdots, x_n$ 为互不相同的点, 对于函数 $f(x)$, 称 $y_i = f(x_i)$ 为零阶差商; 称 $\dfrac{f(x_j) - f(x_i)}{x_j - x_i}$ 为 $f(x)$ 关于节点 x_i, x_j 的一阶差商, 记为 $f[x_i, x_j]$, 即

$$f[x_i, x_j] = \frac{f(x_j) - f(x_i)}{x_j - x_i}. \tag{6.3.1}$$

类似于高阶导数的定义, 由一阶差商的差商可以定义 $f(x)$ 的二阶差商. 令

$$f[x_i, x_j, x_k] = \frac{f[x_i, x_k] - f[x_i, x_j]}{x_k - x_j}, \tag{6.3.2}$$

称之为 $f(x)$ 关于点 x_i, x_j, x_k 的二阶差商. 一般地, 令

$$f[x_0, x_1, \cdots, x_n] = \frac{f[x_0, x_1, \cdots, x_{n-2}, x_n] - f[x_0, x_1, \cdots, x_{n-2}, x_{n-1}]}{x_n - x_{n-1}}, \tag{6.3.3}$$

称之为 $f(x)$ 关于点 $x_0, x_1, \cdots, x_n$ 的 n 阶差商.

另外, 差商又称为均差, 即函数值差的均值.

2. 差商性质

性质 1 (对称性) n 阶差商 $f[x_0, x_1, \cdots, x_n]$ 可表示成 $f(x_0), f(x_1), \cdots, f(x_n)$ 的线性组合:

$$f[x_0, x_1, \cdots, x_n] = \sum_{k=0}^{n} a_k f(x_k), \tag{6.3.4}$$

其中,

$$a_k = \frac{1}{(x_k - x_0) \cdots (x_k - x_{k-1})(x_k - x_{k+1}) \cdots (x_k - x_n)}.$$

证　当 $n = 1$ 时, 结论显然. 当 $n = 2$ 时,

$$f[x_0, x_1, x_2] = \frac{1}{x_2 - x_1} \left(f[x_0, x_2] - f[x_0, x_1] \right)$$

$$= \frac{\dfrac{f(x_2) - f(x_0)}{x_2 - x_0} - \dfrac{f(x_1) - f(x_0)}{x_1 - x_0}}{x_2 - x_1}$$

$$= \frac{f(x_0)}{(x_0 - x_1)(x_0 - x_2)} + \frac{f(x_1)}{(x_1 - x_0)(x_1 - x_2)} + \frac{f(x_2)}{(x_2 - x_0)(x_2 - x_1)}.$$

一般情况可用归纳法证明.　　　　　　　　　　　　　　　　　　　　　　　证毕.

评注　此性质说明, 线性组合的各个系数仅取决于各个节点与其他所有节点之差的乘积, 而与函数值无关. 因而差商对节点具有对称性, 即差商与节点的先后排列次序无关, 只与节点集相关.

性质 2

$$f[x_0, x_1, \cdots, x_n] = \frac{f[x_1, x_2, \cdots, x_{n-1}, x_n] - f[x_0, x_1, \cdots, x_{n-2}, x_{n-1}]}{x_n - x_0}. \tag{6.3.5}$$

证　按照对称性知 $f[x_0, x_1, \cdots, x_n] = f[x_1, \cdots, x_n, x_0]$

$$\xrightarrow{\text{按定义知}} \frac{f[x_1, x_2, \cdots, x_{n-1}, x_0] - f[x_1, \cdots, x_{n-2}, x_{n-1}, x_n]}{x_0 - x_n}.$$

注意, 上式分子中的前一项再按对称性有

$$\xrightarrow{\text{按定义知}} \frac{f[x_0, x_1, \cdots, x_{n-2}, x_{n-1}] - f[x_1, x_2, \cdots, x_{n-1}, x_n]}{x_0 - x_n}.$$

将分子分母同时改变先后次序可得所证!　　　　　　　　　　　　　　　　证毕.

评注　初学者往往不容易记忆各阶差商的计算公式. 实际上, 仅需注意到 3 个要点即可. 其一, 各阶差商分子中的两个低一阶差商一定有两个非公共节点; 其二, 这两个节点之差构成分母; 其三, 这两个节点在分子、分母中的前后次序相同.

6.3.2　Newton 插值多项式及其余项

1. Newton 插值多项式

由各阶差商的定义, 依次可得

$$f(x) = f(x_0) + (x - x_0)f[x, x_0],$$

$$f[x, x_0] = f[x_0, x_1] + (x - x_1)f[x, x_0, x_1],$$

$$f[x, x_0, x_1] = f[x_0, x_1, x_2] + (x - x_2)f[x, x_0, x_1, x_2],$$

$$\cdots\cdots$$

$$f[x, x_0, \cdots, x_{n-1}] = f[x_0, x_1, \cdots, x_n] + (x - x_n)f[x, x_0, \cdots, x_n].$$

依次将后式代入前式, 可得

$$\begin{aligned}
f(x) = {} & f(x_0) \\
& + (x - x_0)f[x_0, x_1] \\
& + (x - x_0)(x - x_1)f[x_0, x_1, x_2] \\
& + \cdots \\
& + (x - x_0)(x - x_1)\cdots(x - x_{n-1})f[x_0, x_1, \cdots, x_n] \\
& + (x - x_0)(x - x_1)\cdots(x - x_n)f[x, x_0, x_1, \cdots, x_n].
\end{aligned}$$

令

$$\begin{aligned}
N_n(x) = {} & f(x_0) \\
& + (x - x_0)f[x_0, x_1] \\
& + (x - x_0)(x - x_1)f[x_0, x_1, x_2] \\
& + \cdots \\
& + (x - x_0)(x - x_1)\cdots(x - x_{n-1})f[x_0, x_1, \cdots, x_n]. \tag{6.3.6}
\end{aligned}$$

$$\begin{aligned}
R_n(x) &= (x - x_0)(x - x_1)\cdots(x - x_n)f[x, x_0, x_1, \cdots, x_n] \\
&= w_{n+1}(x)f[x, x_0, x_1, \cdots, x_n]. \tag{6.3.7}
\end{aligned}$$

则

$$f(x) = N_n(x) + R_n(x). \tag{6.3.8}$$

注意, 组成 $N_n(x)$ 的各个项很有规律, 项中有几个一次因子, 则其系数即为几阶差商. $N_n(x)$ 为不超过 n 次的多项式, 且满足插值条件 (6.2.2) (代入可验).

定义 6.3.2 称 (6.3.6) 式给出的 $N_n(x)$ 为 Newton 插值多项式; 而 (6.3.7) 给出的 $R_n(x)$ 为 Newton 插值余项.

评注 再次强调, 其系数很有规律, 项中有几个一次因子, 则该项系数就为几阶差商.

定理 6.3.1 设 $x_0, x_1, \cdots, x_n$ 是区间 $[a, b]$ 上的互异节点, 若 $f^{(n)}(x)$ 在 $[a, b]$ 上连续, $f^{(n+1)}(x)$ 在 (a, b) 内存在, 则 $\forall x \in [a, b]$, Newton 插值余项与 Lagrange 插值余项有如下关系:

$$(x - x_0)(x - x_1) \cdots (x - x_n) f[x, x_0, \cdots, x_n] = \frac{f^{(n+1)}(\xi)}{(n+1)!} w_{n+1}(x), \qquad (6.3.9)$$

其中, $\xi \in (a, b)$.

    证 由多项式插值唯一性和插值余项定理即知.   证毕.

    评注 (6.3.9) 式左右端给出的余项分别称为**差商型余项**和**导数型余项**. 显然差商型余项对被插值函数的光滑性要求要比导数型余项更低. 因为各阶差商都可计算, 但导数则未必.

    推论 6.3.1 (差商与导数之间的关系) 若 $f^{(n-1)}(x)$ 在 $[a, b]$ 上连续, $f^{(n)}(x)$ 在 (a, b) 内存在, 则存在 $\xi \in (a, b)$ 使得

$$f[x_0, x_1, \cdots, x_n] = \frac{f^{(n)}(\xi)}{n!}. \qquad (6.3.10)$$

    证 由 (6.3.9) 式即知.   证毕.

    评注 此式可看作是微分中值定理的推广, $n = 1$ 时就是 Lagrange 微分中值定理.

    2. 用空间意识看 Newton 插值基函数

    容易证明函数集 $\{1, (x-x_0), (x-x_0)(x-x_1), (x-x_0)(x-x_1)(x-x_2), \cdots, (x-x_0)(x-x_1)(x-x_2) \cdots (x-x_{n-1})\}$ 也构成多项式线性空间 $H_n[a, b]$ 的一组基; 另外, 也是点集 $\{x_i\}_{i=0}^{n}$ 上的线性无关族. Newton 插值多项式正是该组基下的一个特定线性组合, 且每个基函数中有几个因子, 系数就是相应的几阶差商. 所以该组基内的各个连乘函数又称为 **Newton 插值基函数**. 在关于节点集线性无关函数族的生成空间内寻找插值函数可以得到更为一般的结论, 有关问题可查阅 6.8 节.

    3. Newton 插值的优点

    Newton 插值多项式有如下递推形式

$$N_{n+1}(x) = N_n(x) + (x - x_0)(x - x_1) \cdots (x - x_n) f[x_0, x_1, \cdots, x_{n+1}]. \qquad (6.3.11)$$

每增加一个节点, 插值多项式只需增加一项, 差商也仅需多计算一行, 故便于递推运算, 具有继承性. 计算次序如表 6.3.1 所示. 因而 Newton 插值的计算量小于 Lagrange 插值.

表 6.3.1　差商表

x_i	$f(x_i)$	一阶差商	二阶差商	三阶差商	四阶差商
x_0	$f(x_0)$				
x_1	$f(x_1)$	(1) $f[x_0,x_1]$			
x_2	$f(x_2)$	(2) $f[x_1,x_2]$	(3) $f[x_0,x_1,x_2]$		
x_3	$f(x_3)$	(4) $f[x_2,x_3]$	(5) $f[x_1,x_2,x_3]$	(6) $f[x_0,x_1,x_2,x_3]$	
x_4	$f(x_4)$	(7) $f[x_3,x_4]$	(8) $f[x_2,x_3,x_4]$	(9) $f[x_1,x_2,x_3,x_4]$	(10) $f[x_0,x_1,x_2,x_3,x_4]$
x_5	$f(x_5)$	(11) $f[x_4,x_5]$	(12) $f[x_3,x_4,x_5]$	(13) $f[x_2,x_3,x_4,x_5]$	(14) $f[x_1,x_2,x_3,x_4,x_5]$

注意, 此表中 k 阶差商 "k 行差" 作分母, 分子都是 "邻行差". 统统都是 "下上差".

例 6.3.1　已知 $f(x)=\mathrm{sh}\,x$ 的数值表如表 6.3.2 所示, 求二次 Newton 多项式, 并计算 $f(0.6)$ 的近似值. 已知 $f(0.6)=0.6366538\cdots$.

解　构造差商表如表 6.3.2 所示.

表 6.3.2　$\mathrm{sh}\,x$ 的差商表 1

k	x_k	$f(x_k)$	一阶差商	二阶差商
0	0.4	0.41075		
1	0.55	0.57815	1.116	
2	0.65	0.69675	1.18600	0.28

故 Newton 二次插值多项式为

$$N_2(x)=0.41705+1.116(x-0.4)+0.28(x-0.4)(x-0.55),$$

故 $f(0.6)\approx N_2(0.6)=0.63655$.

若增加节点 $x_3=0.8$, 则可列表如 6.3.3 所示.

表 6.3.3　$\mathrm{sh}\,x$ 的差商表 2

k	x_k	$f(x_k)$	一阶差商	二阶差商	三阶差商
0	0.4	0.41075			
1	0.55	0.57815	1.116		
2	0.65	0.69675	1.18600	0.28	
3	0.8	0.88811	1.27573	0.35892	0.1973

表中几个数值的计算过程示例如下, 其中 $B(i,j)$ 表示表中第 i 行第 j 列的数值.

$$B(4,4)=(0.69675-0.57815)/(0.65-0.55)=1.186,$$

$$B(5,5)=(1.27573-1.18600)/(0.8-0.55)=0.35892,$$

$$B(5,6)=(0.35892-0.28)/(0.8-0.4)=0.1973.$$

故 Newton 的 3 次多项式为

$$N_3(x) = 0.41075 + 1.116(x - 0.4) + 0.28(x - 0.4)(x - 0.55)$$

$$+ 0.19733(x - 0.4)(x - 0.55)(x - 0.65),$$

故 $f(0.6) \approx N_3(0.6) = 0.63665$.

对于节点 $x_3 = 0.4$, 如表 6.3.4 所示的添加方式也可.

表 6.3.4 $\mathrm{sh}\, x$ 的差商表 3

k	x_k	$f(x_k)$	一阶差商	二阶差商	三阶差商
0	0.55	0.57815			
1	0.65	0.69675	1.18600		
2	0.8	0.88811	1.27573	0.35893	
3	0.4	0.41075	1.19340	0.32932	0.19742

问题 6.3.1   用高阶导数估计误差甚为不便! 有无变通之法?

实际计算时, 由于 $f(x)$ 的函数式子未知, 高阶导数就更不易获取, 故用导数型余项进行误差估计不方便. 此时, 可增加一个节点 x_{n+1}, 依据 (6.3.7), 用 $x_0, \cdots, x_n, x_{n+1}$ 的 $n+1$ 阶差商 $f[x_0, \cdots, x_n, x_{n+1}]$ 近似余项 $R_n(x)$, 进行误差估计, 即

$$|R_n(x)| \approx |(x - x_0)(x - x_1) \cdots (x - x_n) f[x_0, \cdots, x_n, x_{n+1}]|. \qquad (6.3.12)$$

6.3.3   MATLAB 分分钟代码实现

例 6.3.2   用 MATLAB 重新求解例 6.3.1 中的差商表 (表 6.3.3).

解   本例中含有通用 Newton 插值多项式和差商表的 M-函数代码, 读者可参考使用, 有关代码也可参考 [2].

```
function HL63ex2_Newton
X=[0.4 0.55 0.65 0.80];    %准备插值节点;
Y=sinh(X);                 %准备插值点的函数值;
[C,D] = newpoly(X,Y)       %获取插多项式系数和差商表.
t=0.6;
N3t = polyval(C,t)         %计算0.6的插算值.
see=1;
%计算已全部完成, 下面是Newton插值通用函数.
function [C,D] = newpoly(X,Y)
%-------------------------------------------------------------
% Newton interpolation
```

```
%  调用格式.
%    [C] = newpoly(X,Y)
%    [C,D] = newpoly(X,Y)
% Input
%    X   插值节点向量;
%    Y   节点函数值向量;
% Output
%  C   Newton 插值多项式系数降幂排列.
%  D   差商表[函数值列, 一阶差商列, 二阶差商列, ...];
%---------------------------------------------------------------
n = length(X);
D = zeros(n,n);
D(:,1) = Y';
for j=2:n,
  for k=j:n,
      D(k,j) = (D(k,j-1)-D(k-1,j-1))/(X(k)-X(k-j+1));
  end
end
C = D(n,n);
for k=(n-1):-1:1,
  C = conv(C,poly(X(k)));
  m = length(C);
  C(m) = C(m) + D(k,k);
end
```

在 MATLAB 中运行 HL63ex1_Newton, 运行完毕后会出现如下计算结果:

```
C =
    0.1980    -0.0369     1.0160    -0.0024
D =
    0.4108         0          0          0
    0.5782    1.1160         0          0
    0.6967    1.1860    0.2799         0
    0.8881    1.2757    0.3591    0.1980
N3t =
    0.6367
```

其中, C 是插值多项式系数, 降幂排列. 故

$$N_3(x) = 0.198x^3 - 0.0369x^2 + 1.016x - 0.0024,$$

D 为差商表, 与表 6.3.3 相比基本相同, 但数据略有差异, 这是因为节点函数

值产生的方式不同. 表 6.3.3 取的是 5 位有效数字, 而本例中是用 Y=sinh(X) 产生的, 有 32 位有效数字. 最后的 N3t = $N_3(t) = N_3(0.6)$.

6.4　等距节点插值多项式

平均主义从某种意义上说反映的是一种简洁的处理思想. 差商在等距节点时当然有更简洁的处理形式.

6.4.1　差分

1. 基本概念

定义 6.4.1 (差分)　设有等距节点 $x_k = x_0 + kh$ $(k = 0, 1, \cdots, n)$, 步长 h 为常数, 记 $f(x)$ 在节点 x_k 处的函数值为 $f_k = f(x_k)$, 令

$$\Delta f_k = f_{k+1} - f_k \quad (k = 0, 1, \cdots, n), \tag{6.4.1}$$

称之为函数 $f(x)$ 在点 x_k 处以 h 为步长的一阶向前差分. 一般地, 若定义了节点 x_k 处的 $m-1$ 阶向前差分, 则可递归定义 m 阶向前差分为

$$\Delta^m f_k = \Delta^{m-1} f_{k+1} - \Delta^{m-1} f_k, \tag{6.4.2}$$

其中 $m = 2, 3, \cdots$.

> **评注**　向前差分是将来时与现在时的差而已.

例如,

$$\Delta f_0 = f_1 - f_0, \quad \Delta f_1 = f_2 - f_1, \quad \Delta f_2 = f_3 - f_2, \cdots,$$

$$\Delta^2 f_0 = \Delta f_1 - \Delta f_0 = f_2 - f_1 - (f_1 - f_0) = f_2 - 2f_1 + f_0, \quad \Delta^2 f_k = f_{k+2} - 2f_{k+1} + f_k.$$

类似地, 可定义节点 x_k 处的向后差分:

$$\nabla f_1 = f_1 - f_0, \nabla f_2 = f_2 - f_1, \cdots, \nabla f_k = f_k - f_{k-1},$$

以及高阶向后差分 (现在时与过去时的差而已). $\nabla^m f_k = \nabla^{m-1} f_k - \nabla^{m-1} f_{k-1}$, 例如, $\nabla^2 f_2 = \nabla f_2 - \nabla f_1 = f_2 - 2f_1 + f_0$.

定理 6.4.1 (前后差分的关系)

$$\nabla^m f_k = \Delta^m f_{k-m}. \tag{6.4.3}$$

此结论直接验算便知. 例如,

$$\Delta^2 f_0 = \Delta f_1 - \Delta f_0 = f_2 - 2f_1 + f_0; \quad \nabla^2 f_2 = \nabla f_2 - \nabla f_1 = f_2 - 2f_1 + f_0.$$

故 $m = 2$ 时, 结论成立. 一般情况也是如此.

2. 差商差分导数之三者关系

定理 6.4.2 (差商与差分关系)

$$f[x_k, x_{k+1}, \cdots, x_{k+m}] = \begin{cases} \dfrac{1}{m!h^m} \Delta^m f_k, \\[3mm] \dfrac{1}{m!h^m} \nabla^m f_{k+m}. \end{cases} \quad (6.4.4)$$

证 验证如下

$$f[x_k, x_{k+1}] = \frac{f(x_{k+1}) - f(x_k)}{x_{k+1} - x_k} = \frac{\Delta f_k}{h} = \frac{\nabla f_{k+1}}{h};$$

$$f[x_k, x_{k+1}, x_{k+2}] = \frac{f[x_{k+1}, x_{k+2}] - f[x_k, x_{k+1}]}{x_{k+2} - x_k} = \frac{\frac{1}{h}(\Delta f_{k+1} - \Delta f_k)}{2h}$$

$$= \frac{\Delta^2 f_k}{2!h^2} = \frac{\frac{1}{h}(\nabla f_{k+2} - \nabla f_{k+1})}{2h} = \frac{\nabla^2 f_{k+2}}{2!h^2}.$$

一般情形易用归纳法证明, 略之. 证毕.

利用差商与导数之间的关系, 可得差分与导数的关系如下.

定理 6.4.3 (差分、差商与导数的关系) 设 $x_k, x_{k+1}, \cdots, x_{k+m}$ 是区间 $[a, b]$ 上的互异节点, 若 $f^{(m-1)}(x)$ 在 $[a, b]$ 上连续, $f^{(m)}(x)$ 在 (a, b) 内存在, 则 $\forall x \in [a, b]$,

$$\Delta^m f_k = m!h^m f[x_k, x_{k+1}, \cdots, x_{k+m}] = h^m f^{(m)}(\xi) \quad (x_k < \xi < x_{k+m}). \quad (6.4.5)$$

其证甚简, 略之.

6.4.2 等距节点插值公式

1. Newton 向前插值公式

插值节点等距时, 插值公式可用差分简洁表示.

设已知节点 $x_k = x_0 + kh\ (k = 0, 1, 2, \cdots, n)$, 将 Newton 插值公式中的差商用差分表示得

$$N_n(x) = f(x_0) + f[x_0, x_1](x - x_0) + \cdots$$

$$+ f[x_0, x_1, \cdots, x_n](x - x_0)(x - x_1) \cdots (x - x_{n-1})$$

$$= f_0 + \frac{1}{h}\Delta f_0 (x - x_0) + \frac{\Delta^2 f_0}{2!h^2}(x - x_0)(x - x_1) + \cdots$$

$$+ \frac{\Delta^n f_0}{n! h^n}(x - x_0)(x - x_1) + \cdots + (x - x_{n-1}). \tag{6.4.6}$$

为了充分利用等距的简洁性, 令 $x = x_0 + th$, 则上式又可变形为

$$N_n(x_0 + th) = f_0 + t\Delta f_0 + \frac{t(t-1)}{2!}\Delta^2 f_0 + \cdots + \frac{t(t-1)\cdots(t-n+1)}{n!}\Delta^n f_0. \tag{6.4.7}$$

为了利于记忆, 借用组合系数的表示方式, 令

$$C_t^k = \frac{t(t-1)\cdots(t-k+1)}{k!}, \tag{6.4.8}$$

则差分表示之下的 Newton 插值公式有如下简洁表示

$$N_n(x_0 + th) = \sum_{k=0}^{n} C_t^k \Delta^k f_0. \tag{6.4.9}$$

称之为 **Newton 向前插值公式**, 其余项为

$$\begin{aligned}
R_n(x) &= \frac{f^{(n+1)}(\xi)}{(n+1)!}(x - x_0)(x - x_1)\cdots(x - x_n) \\
&= \frac{t(t-1)\cdots(t-n)}{(n+1)!}h^{n+1}f^{(n+1)}(\xi), \quad \xi \in (x_0, x_n) \\
&= C_t^{n+1}h^{n+1}f^{(n+1)}(\xi), \quad \xi \in (x_0, x_n).
\end{aligned} \tag{6.4.10}$$

> **评注**　回顾 Newton 二项式定理展开式 $(1 + x)^n = \sum_{k=0}^{n} C_n^k x^k$, 可见它与 Newton 插值公式 (6.4.9) 很相像, 因为都是 "牛家产品"!

2. Newton 向后插值公式

完全类似地, 也可以用向后差分表示 Newton 插值公式.

$$\begin{aligned}
N_n(x) &= f(x_n) + f[x_n, x_{n-1}](x - x_n) + \cdots \\
&\quad + f[x_n, x_{n-1}, \cdots, x_0](x - x_n)(x - x_{n-1})\cdots(x - x_1) \\
&= f_n + \frac{1}{h}\nabla f_n(x - x_n) + \frac{\nabla^2 f_n}{2! h^2}(x - x_n)(x - x_{n-1}) + \cdots \\
&\quad + \frac{\nabla^n f_n}{n! h^n}(x - x_n)(x - x_{n-1})\cdots(x - x_1).
\end{aligned} \tag{6.4.11}$$

若令 $x = x_n - th, x \in [x_0, x_n]$, 再次借用组合系数的表示方式, 则用向后差分表示的 Newton 插值公式有如下简洁表示:

$$N_n(x_n - th) = \sum_{k=0}^{n} (-1)^k C_t^k \nabla^k f_n. \qquad (6.4.12)$$

式 (6.4.12) 称为 **Newton 向后插值公式**, 其余项为

$$R_n(x) = (-1)^{(n+1)} C_t^{n+1} h^{n+1} f^{(n+1)}(\xi), \quad \xi \in (x_0, x_n).$$

3. 差分表

Newton 向前、向后插值公式均是 Newton 插值公式在等距节点时的变形. 实际计算时, 也可列表进行, 如表 6.4.1 所示.

表 6.4.1 Newton 向前、向后插值公式差分计算表

x_i	$f(x_i)$	一阶差分	二阶差分	三阶差分	$\cdots$	n 阶差分	
x_0	f_0						1
x_1	f_1	$\Delta f_0(\nabla f_1)$					t
x_2	f_2	$\Delta f_1(\nabla f_2)$	$\Delta^2 f_0(\nabla^2 f_2)$				$t(t-1)/2$
x_3	f_3	$\Delta f_2(\nabla f_3)$	$\Delta^2 f_1(\nabla^2 f_3)$	$\Delta^3 f_0(\nabla^3 f_3)$			$\frac{1}{3!}\prod_{j=0}^{2}(t-j)$
$\vdots$	$\vdots$	$\vdots$	$\vdots$	$\vdots$		$\vdots$	
x_n	f_n	$\Delta f_{n-1}(\nabla f_n)$	$\Delta^2 f_{n-2}(\nabla^2 f_n)$	$\Delta^3 f_{n-3}(\nabla^3 f_n)$	$\cdots$	$\Delta^n f_0(\nabla^n f_n)$	$\frac{1}{n!}\prod_{j=0}^{n-1}(t-j)$
	1	$-t$	$(-1)^2 t(t-1)/2$	$\frac{1}{3!}\prod_{j=0}^{2}(-1)^3(t-j)$	$\cdots$	$\frac{1}{n!}\prod_{j=0}^{n-1}(-1)^n(t-j)$	

将上表中对角线上的差分值与对应行右端因子乘积求和即得 Newton 向前插值公式, 而 Newton 向后插值公式则为最后节点所在行的各阶差分值与对应列下端因子乘积之和.

例 6.4.1 已知 $f(x) = \sin x$ 的函数值如表 6.4.2 前两列所示, 分别用 Newton 向前、向后插值公式求 $\sin 0.57891$ 的近似值. 已知 $\sin 0.57891 \approx 0.5471119$, 具有 7 位有效数字.

解 作差分表如表 6.4.2 所示.

表 6.4.2 $\sin x$ 的差分表

x_i	$\sin x_i$	一阶差分	二阶差分	三阶差分	
0.4	0.38942				1
0.5	0.47943	0.09001			t
0.6	0.56464	0.08521	-0.00480		$t(t-1)/2$
0.7	0.64422	0.07958	-0.00563	-0.00083	$t(t-1)(t-2)/6$
	1	$-t$	$t(t-1)/2$	$-t(t-1)(t-2)/6$	

则 Newton 向前插值公式为

$$N_3(x_0+th) = 0.38942 + 0.09001t - \frac{1}{2} \times 0.00480t(t-1) - \frac{1}{6} \times 0.00083t(t-1)(t-2),$$

将 $t = \dfrac{x-x_0}{h} = (0.57891 - 0.4)/0.1 = 1.7891$ 代入上式得

$$\sin 0.57891 \approx N_3(0.57891)$$

$$= 0.38942 + 0.09001 \times 1.7891$$

$$- \frac{1}{2} \times 0.00480 \times 1.7891 \times 0.7891$$

$$+ \frac{1}{6} \times 0.00083 \times 1.7891 \times 0.7891 \times 0.2109$$

$$\approx 0.54711.$$

误差为

$$|R_3(0.57891)| = \left| \frac{(0.1)^4}{4!} \times 1.7891 \times 0.7891 \times (-0.2109) \times (-1.2109) \sin \xi \right|$$

$$< 2 \times 10^{-6}.$$

Newton 向后插值公式为

$$N_3(x_4 - th) = 0.64422 - 0.07958t - \frac{0.00563}{2}t(t-1) - \frac{0.00083}{3!}t(t-1)(t-2).$$

将 $t = \dfrac{x_3 - x}{h} = 1.2109$ 代入上式得

$$\sin 0.57891 \approx N_3(0.57891)$$

$$= 0.64422 + 0.07958 \times 1.2109$$

$$- \frac{1}{2} \times 0.00563 \times 1.2109 \times 0.2109$$

$$- \frac{1}{3!} \times 0.00083 \times 1.2109 \times 0.2109 \times (-0.7891)$$

$$\approx 0.54717.$$

如果取 $x_0 = 0.4, x_1 = 0.5, x_2 = 0.6$, 用二阶 Newton 向后插值公式则得

$$N_2(x) = 0.56464 - 0.08521t + \frac{1}{2} \times 0.00480t(t-1).$$

将 $t = \dfrac{x_2 - x}{h} = 0.2109$ 代入上式得

$\sin(0.57891) \approx 0.56464 - 0.08521 \times 0.2109 + 0.00240 \times 0.2109 \times (-0.7891) \approx 0.54707.$

其误差为 $|R_2(0.57891)| = \dfrac{(0.1)^3}{3!}\left|(0.2109) \times (-0.7891) \times (-1.7891)\cos\xi\right| \leqslant 0.5 \times 10^{-4}.$

评注 上例中如此原始的展示算式, 旨在让读者明察利用插值多项式进行计算的整个过程, 实际问题中可借助于 MATLAB, 一切都会在弹指之间轻松得手!

求取插值多项式, 应遵循一个总的原则, 即 "少快好省" 原则, 也即节点要少, 计算要快, 精度要好, 存储单元要省. 故而, 当节点较多时, 通常没有必要用尽所有节点, 仅用距插值区间较近的那些节点就足够了. 当被预测点靠近数据表头时, 当然考虑用表初的那些点作为插值节点; 而当被预测点接近数据表尾时, 应选用表尾的那些点作插值节点. 正因如此才有了 Newton 向前和向后插值公式.

等距节点插值公式有很多应用, 例如, 很多控制系统需要计算各种函数值, 若用表格存放那些值, 势必占用很多存储单元. 一种变通的方法是将必要的少量函数值存入, 根据需要, 用插值公式计算被预测点上的函数值, 既可做到节省内存, 又可满足精度和速度方面的要求.

客观地讲, Lagrange 插值和 Newton 插值确实方便实用, 书读至此, 读者或许会觉得插值天下一片光明, 然而不知插值的 Runge (龙格) 现象, 插值过程的险恶会让读者不期而遇……

6.5 高次插值的缺陷与改进对策

6.5.1 多项式插值的缺陷

1. 插值 Runge 现象

问题 6.5.1 插值多项式次数越高是否插值精度越好?

容易想象, 在插值区间上, 插值点越多 → 被插值函数与插值多项式重合点也就越多 → 逼近程度也就越好!

上述判断似乎没毛病, 因为人们首先想到的可能是交织的导线或是青藤缠树的景象. 然而, 事实并非如此!

在 $[-5, 5]$ 上考查 $f(x) = \dfrac{1}{1+x^2}$ 的 Lagrange 插值多项式 $L_n(x)$. 取节点 $x_i = -5 + \dfrac{10}{n}i$ $(i = 0, 1, \cdots, n)$ 可得插值结果如图 6.5.1 所示. 图中的较窄的单峰

曲线为 $f(x)$, 较宽的单峰曲线为 3 点二次抛物插值 P_2; 另外, 6 点 5 次和 11 点 10 次插值多项式 P_5 和 P_{10} 的图形也不难辨认.

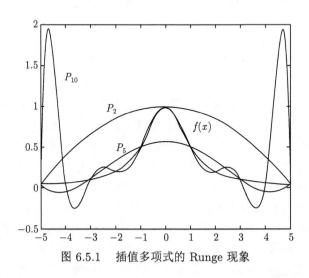

图 6.5.1   插值多项式的 Runge 现象

观察可见, $P_{10}(x)$ 在端点附近误差很大, 并且与 $P_5(x)$ 相比较, $P_{10}(x)$ 在区间中间能较好地逼近 $f(x)$, 但在两端点附近 $P_{10}(x)$ 的波动要大得多.

故而, 认为 $L_n(x)$ 的次数越高, 逼近 $f(x)$ 的程度越好的想法是脱离实际的. 可以证明当 $n \to \infty$ 时, 上述 $P_n(x)$ 在端点附近不收敛于 $f(x)$. 高次多项式插值产生的这种不收敛现象或随 n 的增大使抖动加剧的现象称为多项式插值的 **Runge 现象**.

> **评注**   通常情况下, 重合点数越多, 插值精度越高, 这对于起伏不大的很多常见曲线插值确实如此. 故而, 上述 Runge 现象并不是对所有函数都发生. 在没有计算机的年代里, 求取一个高次插值多项式的计算量是很大的. 1901 年 Runge 找到了发生这一现象的 Runge 函数 (参见文献 [7]), 实属不易!

2. Lagrange 插值的误差累积效应

设数据 y_i 有误差 δy_i, 计算过程不再产生误差, 则 Lagrange 插值多项式为

$$Q_n(x) = \sum_{i=0}^{n} (y_i + \delta y_i) l_i(x) = \sum_{i=0}^{n} y_i l_i(x) + \sum_{i=0}^{n} \delta y_i l_i(x), \qquad (6.5.1)$$

第二项就是原始数据的误差积累.

显然, 误差可通过插值基函数全面扩散, 再想象一下高次多项式的图形, 有些抖动强劲, 幅度会很大, 若正好同号叠加, 则可产生严重的误差积累现象. 因而, 次数越高会对节点数据越加敏感, 数据也会越发不稳定. 特别是在插值区间的两端附近, 基函数中的那些因子可能会产生类似于阶乘的放大作用, 使得高次插值收敛性得不到保证.

3. 几点启示与对策

(1) "惹不起躲得起". 既然增加节点并不一定能保证插值函数很好地逼近 $f(x)$, 弃用总是可行的. 故高次插值 (如 7, 8 次以上) 很少被采用.

(2) "物尽其用". 既然高次插值会导致高误差, 采用分段低次多项式插值是一种解决方案.

(3) "高规格限制". 若在插值节点处, 要求插值与被插值函数的导数或更高的各阶导数相同, 显然可使密切度增高, 也可减少插值误差. 后面将给出的 Hermite (埃尔米特) 和分段低次 Hermite 插值是不错的解决方案. 但需事先知道各节点导数值, 有些不便. 为了避开导数值, 采用分段低次但要求拼接点处保持较高的光滑程度, 比如二阶光滑也是一种方案, 后面将给出的样条插值便是如此.

(4) 方法转移. 注意到构建插值法的终极目的是寻求被插值函数 $f(x)$ 的一个简单逼近函数 $P(x)$. 达此目的可有多种变通方法, 而不必非得用插值法. 比如考虑寻找一个简单函数 $P(x)$, 不必强制要求它在某些点处与 $f(x)$ 重合 (故不必满足插值条件), 但在整个区间上它都能与 $f(x)$ 保持在某个允许的误差范围之内. 如若可行, 则可消除插值函数可能出现的大的波动. 后面的曲线拟合即萌生于此.

(5) 形式转移. 多项式是一类简单实用的函数, 而三角函数也不失为一类简单函数, 特别是面对类似波动起伏的型值点时, 用三角函数作为插值函数或近似函数或许是适宜的选择.

上述几种想法, 部分是后面学习的内容. 下面先考虑简单情形.

6.5.2 分段多项式插值

在区间范围较大且节点较多的情况下, 分段低次插值多项式是一种常用做法. 其大致可分为两类. 一类为**局部化的分段插值**, 也叫**简单分段插值**, 即把插值区间分段后, 在每个小区间上分别构造低次插值多项式. 这种插值是各段独立的, 段与段之间互不关联. 另一类是**非局部化分段插值**, 即在整个区间上构造分段插值多项式, 各段插值会影响到整个插值区间. 如样条插值即属此类.

下面先介绍几种简单分段插值. 总假设: 给定节点为 $a = x_0 < x_1 < \cdots < x_n = b$, 且 $h_i = x_{i+1} - x_i$ $(i = 0, 1, \cdots, n-1)$, $h = \max\limits_{0 \leqslant i \leqslant n-1} |h_i|$.

1. **分段线性插值**

已知 $y_i = f(x_i)$, 在每个子区间 $[x_i, x_{i+1}]$ $(i = 0, 1, \cdots, n-1)$ 上分别作线性插值, 得

$$P_1(x) = y_i \frac{x - x_{i+1}}{x_i - x_{i+1}} + y_{i+1} \frac{x - x_i}{x_{i+1} - x_i}, \quad x \in [x_i, x_{i+1}], \tag{6.5.2}$$

则 $P_1(x)$ 即为在 $[a, b]$ 上的分段一次多项式, 它满足插值条件 $P_1(x_i) = y_i(i = 0, 1, \cdots, n)$, 且在节点处连续. $P_1(x)$ 的几何意义为一条过型值点的折线, 如图 6.5.2 所示.

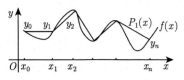

图 6.5.2   分段线性插值示意图

2. **分段抛物插值**

设已知 $y_i = f(x_i)$, $x_{i+1/2} \in (x_i, x_{i+1})$, $y_{i+1/2} = f(x_{i+1/2})$, $i = 0, 1, \cdots, n-1$, 则可在每个小区间 $[x_i, x_{i+1}]$ 上分别作抛物插值得

$$P_2(x) = y_i \frac{(x - x_{i+1/2})(x - x_{i+1})}{(x_i - x_{i+1/2})(x_i - x_{i+1})} + y_{i+1/2} \frac{(x - x_i)(x - x_{i+1})}{(x_{i+1/2} - x_i)(x_{i+1/2} - x_{i+1})}$$
$$+ y_{i+1} \frac{(x - x_i)(x - x_{i+1/2})}{(x_{i+1} - x_i)(x_{i+1} - x_{i+1/2})}, \tag{6.5.3}$$

其中, $x \in [x_i, x_{i+1}]$ $(i = 0, 1, \cdots, n-1)$, 则 $P_2(x)$ 为 $[a, b]$ 上的分段二次多项式, 它满足插值条件 $P_2(x_i) = y_i$ $(i = 0, 1, \cdots, n)$, 且在节点 x_i 处连续. 当然在各段内点 $x_{i+1/2}$ 处也连续. $x_{i+1/2}$ 通常取各段中点.

6.5.3   分段插值的余项及收敛性和稳定性

1. **插值余项估计**

利用插值余项定理, 并对因子部分取最值, 可得分段线性插值多项式 $P_1(x)$ 在子区间 $[x_i, x_{i+1}]$ 上的余项估计式如下:

$$|f(x) - P_1(x)| = \left| \frac{f''(\xi)}{2!}(x - x_i)(x - x_{i+1}) \right| \leqslant \frac{h_i^2}{8} \max_{x_i \leqslant x \leqslant x_{i+1}} |f''(x)|, \quad x \in [x_i, x_{i+1}], \tag{6.5.4}$$

而在整个插值区间 $[a, b]$ 上有

$$|f(x) - P_1(x)| \leqslant \frac{h^2}{8} \max_{a \leqslant x \leqslant b} |f''(x)|, \quad x \in [a, b], \tag{6.5.5}$$

其中, $h_i = x_{i+1} - x_i$, $h = \max\{h_i : 0 \leqslant i \leqslant n-1\}$.

例 6.5.1 构造函数 $y = \ln x$ 在 $x \in [1, 10]$ 上的等距数表, 应如何选取步长 h, 才能利用该数表进行分段线性插值时, 使误差不超过 $10^{-6}/2$.

解 令 $f(x) = \ln x$, 则 $f''(x) = -\dfrac{1}{x^2}$, 所以 $\max\limits_{1 \leqslant x \leqslant 10} |f''(x)| = \max\limits_{1 \leqslant x \leqslant 10} \left| \dfrac{1}{x^2} \right| = 1$, 利用估计式 (6.5.5), 欲使

$$|f(x) - P_1(x)| \leqslant \frac{h^2}{8} \max_{1 \leqslant x \leqslant 10} |f''(x)| = \frac{h^2}{8} \leqslant \frac{1}{2} 10^{-6},$$

应取 $h \leqslant 2 \times 10^{-3}$, 即数表的步长不应超过 2×10^{-3}.

2. 收敛性和稳定性

设 $f(x)$ 在 $[a, b]$ 上连续, 则不难证明, 当 $h \to 0$ 时, 上述分段插值多项式 $P_1(x)$, $P_2(x)$ 都一致收敛于 $f(x)$.

简单分段插值具有突出的局部性质, 每个节点仅能影响其左右两个子区间, 而不会波及其他区间. 因而, 节点的数据误差基本上不扩散和不放大. 所以, **简单分段插值具有高度的数值稳定性**.

> **评注** 上述分段低次插值曲线在分段点处十分突兀, 况乎七拱八翘不光滑, 若有破解之策最好! 咋破? 不难想象, 若插值与被插值函数在插值点的各阶导数相同, 则会相交、相切、同凹凸! 故而可以削弱 Runge 现象. 故而, 下节的 Hermite 插值应运而生!

6.6 Hermite 插值

按照各阶导数的几何意义可知, 在某点处, 若两函数有相同的 0 阶导数, 则表明二者在该点相交; 若一阶导数也相同, 则说明二者在该点处不仅相交, 而且是相切相交; 若二阶导数仍相同, 则表明二者在该点处凹凸性一致地相切相交. 故而, 若能构造一个多项式, 使之与被插值函数在插值节点上有相同的各阶导数, 则可使二者的逼近程度得到显著提高. 这就是 Hermite 插值多项式的构建动机.

6.6.1　Hermite 插值问题的一般形式

已知 $f(x)$ 在 n 个节点 x_i 处的函数值和导数值如下:

$$f(x_0), f'(x_0), \cdots, f^{(m_0)}(x_0);$$
$$f(x_1), f'(x_1), \cdots, f^{(m_1)}(x_1);$$
$$\cdots\cdots$$
$$f(x_n), f'(x_n), \cdots, f^{(m_n)}(x_n).$$

求一个多项式 $H(x)$ 满足条件:

$$H^{(k)}(x_i) = f^{(k)}(x_i), \tag{6.6.1}$$

这里, $k = 0, \cdots, m_i$, $i = 0, 1, 2, \cdots, n$. (简单地说, 即在给定的节点处要求插值多项式与被插值函数有相同的各阶导数.) 条件 (6.6.1) 称为 **Hermite 插值条件**; 此类问题称为 **Hermite 插值问题**; 相应的插值多项式称为 **Hermite 插值多项式**, 也有人形象地称为**密切插值多项式**.

　　问题 6.6.1　Hermite 插值条件所能确定的 Hermite 插值多项式的次数是多少?

　　答　条件总数 $N = m_0 + \cdots + m_n + n + 1$, 由于多项式系数的个数 = 其次数 $+1$, 故能确定的多项式的次数不会超过 $N - 1$ 次.

　　特别地, 当节点仅有 1 个时, $H(x)$ 即为大家熟知的 Taylor 多项式.

　　但 Hermite 插值问题的一般研究是困难的. 下面仅就简单情形给予讨论.

6.6.2　简单 Hermite 插值问题

　1. 最简 Hermite 插值问题

　　设 x_0, x_1, x_2 为互异节点, 已知 $f(x_i) = y_i$, 如何求不超过三次的多项式 $H(x)$ 使 $H(x_i) = y_i$ $(i = 0, 1, 2)$, 且 $H'(x_1) = f'(x_1) = y_1'$, 并估计误差.

　　评注　此处最简 Hermite 插值问题, 是一种具有代表性的最简情形, 它既摒弃繁杂信息以至简, 又不失 Hermite 插值之精要而求全. 克之, 有一叶知秋之功效!

　2. 求解思路

　　回顾 Lagrange 插值多项式的构造, 插值基函数法功不可没! 此处不妨再次考虑启用. 为此可设立两种基函数: 一类主管函数值, 另一类主管导数值. 具体而言, 设 $a_0(x)$, $a_1(x)$, $a_2(x)$ 负责函数值, $b_1(x)$ 负责导数值, 且它们均为三次多项式, 并满足条件

$$a_i(x_j) = \delta_{ij}, \quad a_i'(x_1) = 0, \quad b_1(x_j) = 0, \quad b_1'(x_1) = 1,$$

$$i = 0, 1, 2, \quad j = 0, 1, 2, \quad \delta_{ij} = \begin{cases} 1, & i = j, \\ 0, & i \neq j. \end{cases}$$

具体表示为

$$\begin{aligned}
a_0(x_0) &= 1, & a_0(x_1) &= 0, & a_0(x_2) &= 0, & a_0'(x_1) &= 0; \\
a_1(x_0) &= 0, & a_1(x_1) &= 1, & a_1(x_2) &= 0, & a_1'(x_1) &= 0; \\
a_2(x_0) &= 0, & a_2(x_1) &= 0, & a_2(x_2) &= 1, & a_2'(x_1) &= 0; \\
b_1(x_0) &= 0, & b_1(x_1) &= 0, & b_1(x_2) &= 0, & b_1'(x_1) &= 1.
\end{aligned}$$

若 $a_0(x)$, $a_1(x)$, $a_2(x)$, $b_1(x)$ 一旦得手, 则

$$H(x) = a_0(x)y_0 + a_1(x)y_1 + a_2(x)y_2 + b_1(x)y_1' \tag{6.6.2}$$

即为所求.

> **评注** 这里, 读者是否见到了线性空间的影子? $a_0(x)$, $a_1(x)$, $a_2(x)$ 和 $b_1(x)$ 称为 "基函数", 是基于何种考虑, 读者可细细品之!

3. 基函数的确定方法

回顾 Lagrange 插值基函数的获取过程, 此处当然还应依据多项式与其零点因子的关系, 构造此时的各个基函数.

下求 $a_0(x)$. 因 $a_0(x_1) = 0$, $a_0'(x_1) = 0$, 可知 x_1 是 $a_0(x)$ 的二重零点, 而 x_2 是 $a_0(x)$ 的 1 重零点. 故可设

$$a_0(x) = C(x - x_1)^2(x - x_2),$$

其中, C 为待定系数. 而由 $a_0(x_0) = 1$, 知 $C = \dfrac{1}{(x_0 - x_1)^2(x_0 - x_2)}$, 于是,

$$a_0(x) = \frac{(x - x_1)^2(x - x_2)}{(x_0 - x_1)^2(x_0 - x_2)}.$$

同理可得

$$a_2(x) = \frac{(x - x_0)(x - x_1)^2}{(x_2 - x_0)(x_2 - x_1)^2}.$$

对于 $a_1(x)$, 因为 x_0, x_2 分别为其一重零点, 故可设

$$a_1(x) = (Ax + B)(x - x_0)(x - x_2),$$

其中 A, B 为待定系数. 由 $\begin{cases} a_1(x_1) = 1, \\ a_1'(x_1) = 0, \end{cases}$ 知

$$\begin{cases} (Ax_1 + B)(x_1 - x_0)(x_1 - x_2) = 1, \\ A(x_1 - x_0)(x_1 - x_2) + (Ax_1 + B)(x_1 - x_2) + (Ax_1 + B)(x_1 - x_0) = 0, \end{cases}$$

解此方程组得

$$A = \frac{(x_0 + x_2) - 2x_1}{(x_1 - x_0)^2(x_1 - x_2)^2},$$

$$B = \frac{1}{(x_1 - x_0)(x_1 - x_2)} - \frac{((x_0 + x_2) - 2x_1)\, x_1}{(x_1 - x_0)^2(x_1 - x_2)^2}.$$

故

$$a_1(x) = [(x_0 + x_2 - 2x_1)x + 3x_1^2 - 2x_0x_1 - 2x_1x_2 + x_0x_2] \cdot \frac{(x - x_0)(x - x_2)}{(x_1 - x_0)^2(x_1 - x_2)^2}.$$

对于 $b_1(x)$, 因为 x_0, x_1, x_2 分别为其一重零点, 故可设

$$b_1(x) = D(x - x_0)(x - x_1)(x - x_2),$$

其中, D 为待定系数. 利用 $b_1'(x_1) = 1$ 可得

$$D = \frac{1}{(x_1 - x_0)(x_1 - x_2)}.$$

故

$$b_1(x) = \frac{1}{(x_1 - x_0)(x_1 - x_2)}(x - x_0)(x - x_1)(x - x_2).$$

至此, $a_0(x)$, $a_1(x)$, $a_2(x)$, $b_1(x)$ 已全部得到! 将它们代入 (6.6.2) 式, 可得最简 Hermite 插值问题的解 $H(x)$.

问题 6.6.2　密切插值误差确实小了吗? (下段要点问题.)

4. 误差估计

因插值多项式是 3 次的, 故记插值余项为 $R_3(x)$, 即

$$R_3(x) = f(x) - H(x). \tag{6.6.3}$$

若能将其表示为 Lagrange 余项类似的形式, 则会有很多好处! 现分析如下.

注意到 x_1 是 $R_3(x)$ 的二重零点, x_0, x_2 为其一重零点, 所以存在 $k(x)$ 满足

$$R_3(x) = k(x)(x - x_0)(x - x_1)^2(x - x_2). \tag{6.6.4}$$

为确定 $k(x)$, 作辅助函数

$$\varphi(t) = R_3(t) - k(x)(t - x_0)(t - x_1)^2(t - x_2), \tag{6.6.5}$$

故 $t = x$, x_0, x_2 为 $\varphi(t)$ 的一重零点, $t = x_1$ 为二重零点. 因此 $\varphi(t)$ 共有五个零点. 注意到, Rolle 定理对重零点也是适用的, 只要 $f(x)$ 足够光滑 (足够高阶的连续导数), 则可对 $\varphi(t)$ 反复使用 Rolle 定理. 故使用 Rolle 定理 4 次可知存在 ξ_x, 使 $\varphi^{(4)}(\xi_x) = 0$, 即

$$\varphi^{(4)}(\xi_x) = f^{(4)}(\xi_x) - H^{(4)}(\xi_x) - 4!k(x) = 0.$$

由于 $H(t)$ 是 t 的 3 次多项式, 故 $H^{(4)}(\xi_x) = 0$, 因此 $k(x) = \dfrac{1}{4!}f^{(4)}(\xi_x)$, 故

$$R_3(x) = \frac{f^{(4)}(\xi_x)}{4!}(x - x_0)(x - x_1)^2(x - x_2). \tag{6.6.6}$$

> **评注**　注意, 上述三个互异节点的 Hermite 插值余项是由四阶导数表示的, 而对应的 Lagrange 两次插值余项是由三阶导数表示的, 因而只要 $f(x)$ 足够光滑, 精度就可得以提高. 在上述推导中, $f(x)$ 足够光滑保证了其各阶导数满足在闭区间连续、在开区间可导这一 Rolle 定理的必要条件, 建议读者尝试给出上述光滑性的确切要求.

6.6.3　一阶 Hermite 插值多项式

1. 问题描述

定义 6.6.1　设 x_0, x_1, $\cdots$, x_n 为互异节点, 求不超过 $2n + 1$ 次的多项式 $H(x)$ 使得 $H(x_i) = f(x_i) = y_i$ 且 $H'(x_i) = f'(x_i) = y_i'$ $(i = 0, \cdots, n)$. 称此插值问题为具有一阶插值条件的 Hermite 插值问题, $H(x)$ 称为具有一阶插值条件的 Hermite 插值多项式, 简称为**一阶 Hermite 插值多项式**.

2. 求解方法

仿照 Hermite 最简问题, 仍利用构造插值基函数方法. 可设两类基函数: 一类负责函数值, 用 $h_i(x)$ 表示; 另一类负责导数值, 用 $H_i(x)$ 表示. 即设

$$H(x) = \sum_{i=0}^{n} (h_i(x)y_i + H_i(x)y_i'), \tag{6.6.7}$$

其中 $h_i(x)$ 和 $H_i(x)$ $(i = 0, 1, 2, \cdots, n)$ 满足:

(1) $h_i(x)$ 和 $H_i(x)$ 都是不超过 $2n + 1$ 次的多项式;

(2) $h_i(x_j) = \begin{cases} 0, & i \neq j, \\ 1, & i = j, \end{cases}$ $h_i'(x_j) = 0$ $(j = 0, 1, 2, \cdots, n)$;

(3) $H_i(x_j) = 0$, $H_i'(x_j) = \begin{cases} 0, & i \neq j, \\ 1, & i = j \end{cases}$ $(j = 0, 1, 2, \cdots, n)$.

下面分别确定 $h_i(x)$ 和 $H_i(x)$.

先讨论 $h_i(x)$ 的确定.

对 $h_i(x)$, 因 $x = x_j (j \neq i)$ 为其二重零点, 故应含有因式 $(x - x_j)^2$ $(j \neq i)$, 因此可设

$$h_i(x) = (a + b(x - x_i)) l_i^2(x), \tag{6.6.8}$$

其中, a, b 为待定系数. $l_i(x) = \dfrac{w_{n+1}(x)}{(x - x_i) w_{n+1}'(x_i)}$ 为 Lagrange 插值基函数.

> **评注** 这里借用 w_{n+1} 的导数表示基函数纯属为了方便, 回顾 $w_{n+1}(x) = \prod\limits_{j=0}^{n}(x - x_j)$, $w_{n+1}'(x_i) = \prod\limits_{j=0, j \neq i}^{n}(x_i - x_j)$, 另外, 读者可能会想, $h_i(x)$ 为何不设为如下形式
>
> $$h_i(x) = (a + bx)(x - x_0)^2(x - x_1)^2 \cdots (x - x_{i-1})^2 (x - x_{i+1})^2 \cdots (x - x_n)^2,$$
>
> 这是因为由之确定 a, b 较繁, 而用 (6.6.8) 式的形式则较简. 读者可自己推导比较.

因 $h_i(x)$ 满足 $\begin{cases} h_i(x_i) = 1, \\ h_i'(x_i) = 0, \end{cases}$ 故有

$$h_i(x_i) = a l_i^2(x_i) = a = 1,$$

$$h_i'(x_i) = b l_i^2(x_i) + (a + b(x_i - x_i)) 2 l_i(x_i) l_i'(x_i) = b + 2a l_i'(x_i) = 0,$$

故可求出 $\begin{cases} a = 1, \\ b = -2a l_i'(x_i), \end{cases}$ 因此

$$h_i(x) = (1 - 2(x - x_i) l_i'(x_i)) l_i^2(x), \tag{6.6.9}$$

这里, $i = 0, 1, 2, \cdots, n$.

请注意, $h_i(x)$ 与被插值函数 $f(x)$ 无关, 仅与节点有关.

再讨论 $H_i(x)$ 的确定.

对 $H_i(x)$, 由于 $x = x_j$ $(j \neq i)$ 为其二重零点, x_i 为一重零点, 故可设

$$H_i(x) = C(x - x_i) l_i^2(x).$$

利用 $H_i'(x_i) = 1$ 可知 $H_i'(x_i) = C l_i^2(x_i) = C = 1$, 故

$$H_i(x) = (x - x_i) l_i^2(x) \quad (i = 0, 1, 2, \cdots, n), \tag{6.6.10}$$

按照 (6.6.7) 知

$$H(x) = \sum_{i=0}^{n} [(1 - 2(x - x_i)l_i'(x_i))y_i + (x - x_i)y_i']l_i^2(x) \tag{6.6.11}$$

为所求.

请注意, $H_i(x)$ 也与被插值函数 $f(x)$ 无关, 也仅与节点有关.

3. 误差估计

定理 6.6.1 (插值余项) 设 $x_0, x_1, \cdots, x_n$ 为区间 $[a, b]$ 上的互异节点, $H(x)$ 为 $f(x)$ 关于这组节点不超过 $2n + 1$ 次的一阶 Hermite 插值多项式. 若 $f^{(2n+1)}(x)$ 在 $[a, b]$ 上连续, $f^{(2n+2)}(x)$ 在 (a, b) 内存在, 则对任何 $x \in [a, b]$, 存在 $\xi \in (a, b)$, 使得 $H(x)$ 的插值余项有如下表示:

$$R(x) = f(x) - H(x) = \frac{f^{(2n+2)}(\xi)}{(2n + 2)!}w_{n+1}^2(x). \tag{6.6.12}$$

上式可仿照余项 (6.6.6) 式类似得到, 此略. 可以看出, 此余项形式与前面的 Lagrange 插值余项实际上是相同的, 只是二重零点算两个零点而已!

问题 6.6.3 Hermite 插值问题的解是否具有唯一性?

4. Hermite 插值唯一性

定理 6.6.2 区间 $[a, b]$ 上的 $n + 1$ 个互异节点的一阶 Hermite 插值多项式是唯一的.

证 (反证法) 假设另有不超过 $2n + 1$ 次的多项式 $Q(x)$ 满足相同插值条件. 故可将 $Q(x)$ 视作 $H(x)$ 的不超过 $2n + 1$ 次的一阶 Hermite 插值多项式, 由余项公式 (6.6.12) 知

$$H(x) - Q(x) = \frac{H^{(2n+2)}(\xi)}{(2n + 2)!}w_{n+1}^2(x). \tag{6.6.13}$$

因 $H(x)$ 为不超过 $2n+1$ 次的多项式, 故 $H^{(2n+2)}(x) \equiv 0$, 于是 $H(x) - Q(x) \equiv 0$. 这表明一阶 Hermite 插值多项式是唯一的.   证毕.

推论 6.6.1 不超过 $2n + 1$ 次的多项式在任意 $n + 1$ 个互异节点上的一阶 Hermite 插值多项式就是其自身.

推论 6.6.2

$$\sum_{i=0}^{n} h_i(x) = 1. \tag{6.6.14}$$

证　由 $h_i(x)$, $H_i(x)$ 的构造过程知它们与被插值函数 $f(x)$ 无关, 仅与节点有关. 可令 $f(x) = 1$, 故 $f(x_i) = 1$, $f'(x_i) = 0$ $(i = 0, 1, \cdots, n)$, 以这些条件作为插值条件, 显然 $H(x) = \sum_{i=0}^{n} h_i(x)$ 满足这组插值条件, 故该插值多项式就是 $f(x) = 1$ 自身.　　　　　　　　　　　　　　　　　　　　　　　　　　　　　　　　　　　证毕.

同样可以证明, 对于部分节点具有一阶 Hermite 插值条件的 Hermite 插值问题的解同样具有插值唯一性. 这便是下述定理结论.

定理 6.6.3　满足插值条件 $H(x_i) = f(x_i) = y_i$ $(i = 0, \cdots, n)$, 以及 $H'(x_i) = f'(x_i) = y_i'$ $(i = 0, \cdots, r)$ 且次数不超过 $n + r + 1$ 的 Hermite 插值多项式存在且唯一. 这里, $r \leqslant n$.

6.6.4　MATLAB 分分钟代码实现

参照 [3], 下面给出一阶 Hermite 插值多项式 M-函数代码, 其后将给出调用例子. 由其可以方便得到一阶 Hermite 插值多项式的表达式和插算点处的值.

```
function [HPL y0]=Hermiterp(x1,y1,dy1,x0)
% Input:
% x1 -------- 插值节点向量;
% y1 -------- 节点函数值;
% dy1 ------ 节点导数值;
% x0 ------ 插算点向量;
% Output:
% HPL --------- Hermite 多项式.
% y0 --------- x0对应的插算值.
n=length(x1);
    syms x;
    S=0;
    for k=1:n
        L=1;
        for j=1:n
            if j~=k
                L=L*((x-x1(j))^2/(x1(k)-x1(j))^2);
            end
        end
        G=0;
        for j=1:n
            if j~=k
                G=G+1/(x1(k)-x1(j));
            end
        end
```

```
                S=S+(y1(k)+(x1(k)-x)*(2*G*y1(k)-dy1(k)))*L;
            end
    S=simplify(S);
    xishu= sym2poly(S);
    r= poly2sym(xishu);
    disp('Hermite插值多项式为')
    HPL =vpa(r,4)
        mm=length(x0);
        H=0;
        for i=1:mm
            for k=1:n
                L=1;
                for j=1:n
                    if j~=k
                    L=L*((x0(i)-x1(j))^2/(x1(k)-x1(j))^2);
                    end
                end
                 G=0;
                 for j=1:n
                    if j~=k
                    G=G+1/(x1(k)-x1(j));
                    end
                end
    H=H+(y1(k)+(x1(k)-x0(i))*(2*G*y1(k)-dy1(k)))*L;
            end
        y0(i)=H;
    end
```

例 6.6.1 在 $[-5,5]$ 上取 $x_i = -5 + 2i$, $i = 0,1,\cdots,5$, 求基于该组节点下 $f(x) = \dfrac{1}{1+x^2}$ 的一阶 Hermite 插值多项式 HPL (x), 并计算其在点 $-2,-1,0,1,$ $2,3,4$ 的值 (用 yyy 表示).

解 调用上述一阶 Hermite 插值多项式 M-函数 Hermiterp, 形成求解本例代码如下:

```
function HL66ex1_Hermite
xvals=-5:2:5;
yvals=subs(f1,xvals);
Df=diff(f1);
ydvals=subs(Df,xvals);
xx=-5:0.05:5;
```

```
xxx=-2:4;
[poly, yyy]=Hermiterp(xvals,yvals,ydvals,xxx);
yy=subs(poly,xx);
zz=feval('f2',xx);
plot(xx,yy,'--',xx,zz,'-r','Linewidth',1.5);
hold on;
plot(xvals,yvals,'o');
h=legend('Hermite','1/(1+x^2)','型值点');
set(h);
yyy
see=1;
function y=f2(x)
y=1./(1+x.^2);
function y=f1(x)
syms x;
y=1./(1+x.^2);
```

运行完毕后会在 MALTLAB 命令窗口出现运行结果:
Hermite 插值多项式为

```
HPL =
-0.3698e-5*x^10+0.2626e-3*x^8-0.6709e-2*x^6+0.7542e-1*x
    ^4-0.3817*x^2+0.8128
yyy =
     0.1266    0.6266    1.4394    1.9394    2.0660    2.1660
          2.0305
```

并在绘图窗口出现图 6.6.1.

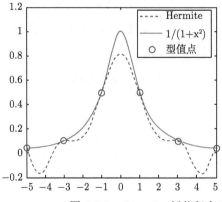

图6.6.1彩色版

图 6.6.1   Hermite 插值仍有 Runge 现象

评注 通过改变本例中的插值节点和插值函数, 进行更多的实验不难发现, 对于起伏不剧烈的函数, 比如 $\sin x$, Hermite 插值多项式是贴切的; 但对于起伏较陡的函数, 插值误差还是比较大的. 因而, 高次 Hermite 插值可以改善但依然不能彻底消除 Runge 现象. 采用适当分段的低次 Hermite 插值是有效改善 Runge 现象的方法.

6.6.5 Hermite 插值法小结和优缺点分析

1. 求 Hermite 多项式的基本步骤

对于一阶 Hermite 插值问题, 可根据公式 (6.6.11) 求解, 对于一般的 Hermite 插值问题可尝试按下述步骤待定求解.

(1) 写出相应条件的 $h_i(x)$, $H_i(x)$ 的组合形式;

(2) 对每一个 $h_i(x)$, $H_i(x)$, 找出其在插值节点中的全部零点;

(3) 根据多项式的总次数和零点写出相应的待定表达式; 对于 k 重零点 u, 多项式一定具有 k 重因子 $(x-u)^k$.

(4) 根据尚未利用的条件确定表达式中的待定系数;

(5) 最后写出完整的 $H(x)$.

第 (3),(4) 两步是上述方法的关键. 此方法不仅仅限于 Lagrange, Hermite 插值基函数法待定求解, 也可用于 Newton 插值基函数法待定求解, 参见 [6].

2. Hermite 插值法的优缺点

由于插值条件中对导数有要求, 较一般插值多项式而言, Hermite 插值多项式会更加逼近被插值函数; 但节点较多时, 次数会较高, 且不能保证完全消除 Runge 现象, 故实际应用中, 也应尽量避免高次插值. 最常使用的是分段三次 Hermite 插值多项式, 因其在节点处具有一阶连续导数, 故既可保证与被插值函数密合程度较好, 又可保证在分段拼接点处比较光滑, 从而克服了简单分段插值的尖角问题. 但需注意, 实际使用中, 通常仅知道被插值函数的若干个采样点而已, 函数尚未知晓, 导数就更困难了! 所以 Hermite 插值有一定的局限性.

评注 就 Hermite 插值多项式的总体效果而言, 其贴切流畅, 漂亮美观, 拥有密切插值的美称, 并非浪得虚名. 但需注意到, 其插值条件对导数有要求, 通常难以满足, 故不太实用. 若能寻一妙策, 仅靠型值点而无需知道其导数值, 便可得到整条插值曲线, 且线型光滑流畅, 融合贴切, 那就太棒了! 所谓事在人为, 确有样条曲线, 其形之美, 犹如飘逸发丝, 又似随风垂柳, 唯善唯美. 欲知其详, 且看下节样条插值!

6.7 样 条 插 值

6.7.1 样条曲线和三次样条

1. 已有插值方法小结

简单分段插值　稳定性良好, 可避免 Runge 现象, 但其光滑性较差.

分段三次 Hermite 插值　在各节点处一阶导数连续, 密合程度较好. 但使用时函数尚未知晓, 何谈导数?

然而, 在很多应用中, 要求插值曲线具有连续的曲率, 而曲率

$$K = \frac{|y''|}{[1 + (y')^2]^{\frac{3}{2}}},$$

从而要求插值函数具有连续的二阶导数, 但已有的插值法都不能或不能方便地满足要求, 故催生了下面的样条插值.

> **评注**　一阶导连续的几何意义是曲线切线的连续变动, 对应的物理意义是运动物体速度的连续变化; 二阶导连续则可保证曲线曲率连续变化, 在运动上可保证运动物体的加速度连续变化, 故而相对于一阶导连续会使曲线形状或运动的过程更加流畅. 火车转弯轨道采用二阶导连续曲线设计, 就是为了确保转弯时离心力不会突变, 从而可以避免列车颠覆.

2. 样条曲线

传统样条的意义: 所谓样条 (spline) 原指匠师手中的一种绘图工具, 它是一种质地均匀而富有弹性的细长木条, 在飞机或轮船制造过程中, 被用于描绘光滑的外形曲线. 使用时, 用压铁将其固定在一些给定的可调整的型值点上, 在其他地方任其自然弯曲. 适当调整型值点, 使样条具有满意的形状 (各段接口处呈光滑状), 然后沿样条画出曲线, 称为**样条曲线**. 均匀的细钢丝、竹篾都是绘制样条曲线不错的工具 ……

3. 样条函数

现代样条的意义更加宽泛, 计算机辅助设计或制造过程中, 当然需要用数学模型替代原始样条曲线. 能够模仿原始样条曲线的函数通常称为 "样条函数". 经过分析比较, 在型值点上二阶导数连续 (从而自身及一阶导数也是连续的), 是保证模拟样条光滑形状的必要条件.

> **评注**　技术之美, 美在简单实用、美在简单够用, 所以二阶导连续的函数曲线作为样条曲线就足够了!

问题 6.7.1　何种简单函数可以作为样条函数?

答 一次、二次函数拼接而成的函数一般不能满足二阶导数连续的要求. 4 次以上虽可, 但系数众多, 不宜处理. 三次多项式不高不低, 可谓正好! 故常用的样条函数由分段三次曲线拼接而成.

利用样条函数作为插值函数, 称为**样条插值**.

4. 三次样条

定义 6.7.1 (三次样条) 已知函数 $y = f(x)$ 在区间 $[a, b]$ 上的 $n+1$ 个节点 $a = x_0 < x_1 < \cdots < x_n = b$ 上的值 $y_j = f(x_j)(j = 0, 1, \cdots, n)$, 若插值函数 $S(x)$ 满足:

(1) $S(x_j) = y_j(j = 0, 1, \cdots, n)$;

(2) 在每小区间 $[x_{j-1}, x_j](j = 1, \cdots, n)$ 上 $S(x)$ 是不高于三次的多项式, 记为 $S_j(x)$;

(3) $S(x)$ 在内节点 $x_j(j = 1, \cdots, n-1)$ 上有二阶连续导数,

则 $S(x)$ 称为区间 $[a, b]$ 上的 $f(x)$ 的三次样条插值函数, 简称**三次样条**.

5. 确定三次样条函数的三种边界条件

由样条插值定义知, $S(x)$ 在每个小区间 $[x_{i-1}, x_i]$ 上是一个三次多项式, 需确定 4 个待定系数. 一共有 n 个小区间, 故应确定 $4n$ 个系数. 可利用的条件分析如下:

各型值点处插与被插值函数重合: $n+1$ 个; 各个内节点处二阶导数连续, 即应满足条件:

$$\begin{cases} S(x_i - 0) = S(x_i + 0), \\ S'(x_i - 0) = S'(x_i + 0), \quad i = 1, 2, \cdots, n-1. \\ S''(x_i - 0) = S''(x_i + 0), \end{cases}$$

共有 $3(n-1)$ 个条件. 因此, 要确定一个三次样条函数, 还需要另补充 $4n - (n+1) - 3(n-1) = 2$ 个条件.

> **评注** 有多少个未知数需要确定, 就需要有多少个条件, 是自中小学就开始习惯的道理.

这两个待定条件可有不同的选择, 通常根据问题的具体情况, 在区间的两个端点处给出相应的条件, 称为**边界条件**. 常用的边界条件有以下三种:

(1) 转角边界条件: 给定两端点处的导数值 $S'(a) = y_0'$, $S'(b) = y_n'$. 特别地, 当 $y_0' = y_n' = 0$ 时, 样条曲线在端点处呈水平状态.

(2) 弯矩边界条件: 给定两端点处的二阶导数 $S''(a) = y_0''$, $S''(b) = y_n''$. 特别地, 当 $y_0'' = y_n'' = 0$ 时, 称为自然边界条件.

(3) 周期边界条件: 如果 $f(x)$ 是以 $b-a$ 为周期的周期函数, 则 $S(x)$ 也应是与其同周期的周期函数, 在端点处应满足

$$S'(a+0) = S'(b-0), \quad S''(a+0) = S''(b-0).$$

6. 样条插值的存在唯一性

定理 6.7.1 在上述三种边界条件下, 三次样条插值问题的解存在且是唯一的.

证 由下面的三弯矩和三转角法给出. 证毕.

问题 6.7.2 确定一个三次样条需要多少个条件?

答 确定一个过 $n+1$ 个型值点的三次样条, 需要 $n+3$ 个给定条件, 即型值点和边界条件. 特别提醒, 内部节点导数的连续性是样条固有要求, 无需另外给定.

6.7.2 三次样条的三弯矩求解方法

1. 求解思路

首先注意到三次样条函数 $S(x)$ 二阶导数连续, 则 $S(x), S'(x), S''(x)$ 必然在各节点处都连续. 由于待定的三次插值样条 $S(x)$ 在每一个子区间段 $[x_{i-1}, x_i]$ 上是一个三次多项式, 故 $S''(x)$ 为分段线性函数; $S''(x)$ 在各节点处的连续性说明其图形为一条连续的折线, 其各段线性函数可用对应子区间端点的值, 即待定二阶导数值为参数进行表示 (直线的两点式或 Lagrange 插值均可); 对各段线性函数进行两次不定积分可得 $S(x)$, 各段两次积分所出现的两个任意常数, 可利用 $S(x)$ 在各个节点处的连续性, 由 $S(x)$ 在对应子区间两端点处的值确定; 如此可将三次样条 $S(x)$ 表示成用节点二阶导数相联系的分段三次多项式; 然后再利用 $S'(x)$ 在各个节点处的连续性, 也就是左右两段函数在节点处的一阶导数值相等, 形成一个关联那些节点待定二阶导数值的方程组, 解该方程组求出那些二阶导数值, 即可进一步得到所求样条.

> **评注** 三次样条有众多待定系数需要确定, 若根据相关连续性条件, 直接联立成关于待定系数的方程组, 景象将会相当壮观! 然上述思路清晰明了, 可行可期, 小喜!

2. 待定三次样条系数方程组的建立

设在 $[x_{i-1}, x_i]$ 上, $S(x) = S_i(x)(i = 1, 2, \cdots, n)$, 假定 $S(x)$ 在 x_i 处的二阶导数 $S''(x_i)$ 为 M_i, 则有

$$S_i''(x_{i-1}) = M_{i-1}, \quad S_i''(x_i) = M_i.$$

由于 $S(x)$ 在 $[x_{i-1}, x_i]$ 上是三次多项式, 故 $S''(x)$ 在 $[x_{i-1}, x_i]$ 上是一次多项式, 故有

$$S_i''(x) = \frac{x - x_i}{x_{i-1} - x_i} M_{i-1} + \frac{x - x_{i-1}}{x_i - x_{i-1}} M_i.$$

令 $h_i = x_i - x_{i-1}$, $f(x_i) = y_i$, 对上式相继求两次不定积分得

$$S_i(x) = M_{i-1}\frac{(x_i - x)^3}{6h_i} + M_i\frac{(x - x_{i-1})^3}{6h_i} + C_1(x_i - x) + C_2(x - x_{i-1}),$$

评注 尽管 $C_1(x_i-x)+C_2(x-x_{i-1})$ 与 C_1x+C_2 表示的原函数集合是一样的, 似乎后者更加简单, 但读者在下面将会发现用 $C_1(x_i-x)+C_2(x-x_{i-1})$ 比 C_1x+C_2 更方便!

由 $S_i(x_i) = y_i$, $S_i(x_{i-1}) = y_{i-1}$, 得 $C_1 = \dfrac{1}{h_i}\left(y_{i-1} - \dfrac{M_{i-1}}{6}h_i^2\right)$, $C_2 = \dfrac{1}{h_i}\left(y_i - \dfrac{M_i}{6}h_i^2\right)$. 从而

$$S_i(x) = M_{i-1}\frac{(x_i - x)^3}{6h_i} + M_i\frac{(x - x_{i-1})^3}{6h_i} + \left(y_{i-1} - \frac{M_{i-1}}{6}h_i^2\right)\frac{x_i - x}{h_i}$$
$$+ \left(y_i - \frac{M_i}{6}h_i^2\right)\frac{x - x_{i-1}}{h_i} \quad (i = 1, \cdots, n), \tag{6.7.1}$$

评注 至此, 以小区间两端点的二阶导数为待定参数的三次样条表达式已经得到. 为了求出 $S(x)$, 只要把系数 $M_0, \cdots, M_n$ 求出即可. 可谓小捷, 中喜!

问题 6.7.3 如何将 $M_0, \cdots, M_n$ 相联系?

答 样条在节点处的 0, 2 阶导数连续性条件均已用尽, 而一阶导数连续即节点处左右导数相等这一条件尚未使用, 正好用其将这些系数相联系! 具体分析如下.

考查

$$S_i'(x) = -\frac{(x_i - x)^2}{2h_i}M_{i-1} + \frac{(x - x_{i-1})^2}{2h_i}M_i + (y_i - y_{i-1})\frac{1}{h_i} + \frac{M_{i-1} - M_i}{6}h_i. \tag{6.7.2}$$

从而

$$S_i'(x_i - 0) = \frac{M_i}{2}h_i + \frac{M_{i-1} - M_i}{6}h_i + \frac{y_i - y_{i-1}}{h_i}, \tag{6.7.3}$$

$$S_{i+1}'(x_i + 0) = -\frac{M_i}{2}h_{i+1} + \frac{M_i - M_{i+1}}{6}h_{i+1} + \frac{y_{i+1} - y_i}{h_{i+1}}. \tag{6.7.4}$$

由于 $S(x)$ 在内节点处导函数连续, 故 $S_i'(x_i-0) = S_{i+1}'(x_i+0)(i = 1, 2, \cdots, n-1)$, 故可得

$$\frac{h_i}{6}M_{i-1} + \frac{h_i + h_{i+1}}{3}M_i + \frac{h_{i+1}}{6}M_{i+1} = \frac{y_{i+1} - y_i}{h_{i+1}} - \frac{y_i - y_{i-1}}{h_i}. \tag{6.7.5}$$

令

$$\lambda_i = \frac{h_{i+1}}{h_i + h_{i+1}}, \quad \mu_i = 1 - \lambda_i = \frac{h_i}{h_i + h_{i+1}},$$

$$d_i = \frac{6}{h_i + h_{i+1}} \left(\frac{y_{i+1} - y_i}{h_{i+1}} - \frac{y_i - y_{i-1}}{h_i} \right) = 6f[x_{i-1}, x_i, x_{i+1}], \quad i = 1, 2, \cdots, n-1.$$

则式 (6.7.5) 可化为

$$\mu_i M_{i-1} + 2M_i + \lambda_i M_{i+1} = d_i, \tag{6.7.6}$$

其中, $i = 1, 2, \cdots, n-1$.

评注　上述方程共记 $n-1$ 个, 而未知系数 M_i 共有 $n+1$ 个, 为了唯一确定 M_i, 尚缺两个方程. 注意到, 三种边界条件每种都正好是两个条件构成. 故启用任何一种边界条件均可增加两个方程, 进而可企及唯一解 $M_0, \cdots, M_n$. 行进至此, 曙光已现!

3. 第一边界条件下的系数方程组

第一边界条件为

$$\begin{cases} S'(x_0) = f'(x_0), \\ S'(x_n) = f'(x_n). \end{cases}$$

具体到分段表示, 即 $S_1'(x_0) = y_0'$, $S_n'(x_n) = y_n'$, 由此导出两个方程并联立 (6.7.6) 即可大功告成! 为此, 在 (6.7.4) 中取 $i = 0$ 计算知

$$S_1'(x_0) = -M_0 \frac{h_1}{2} + \frac{y_1 - y_0}{h_1} + \frac{h_1}{6}(M_0 - M_1).$$

故

$$-M_0 \frac{h_1}{2} + \frac{M_0 - M_1}{6} h_1 = y_0' - \frac{y_1 - y_0}{h_1},$$

即

$$2M_0 + M_1 = \frac{6}{h_1} \left(\frac{y_1 - y_0}{h_1} - y_0' \right), \tag{6.7.7}$$

如此便得到了边界条件的第一个方程!

同理, 由 $S_n'(x_n) = f'(x_n) = y_n'$ 可得边界条件的另一个方程:

$$M_{n-1} + 2M_n = \frac{6}{h_n} \left(y_n' - \frac{y_n - y_{n-1}}{h_n} \right). \tag{6.7.8}$$

将 (6.7.6)—(6.7.8) 联立并用矩阵形式表示, 可得 $M_0, M_1, \cdots, M_n$ 所满足的方程组如下:

$$
\begin{bmatrix}
2 & \lambda_0 & & & & \\
\mu_1 & 2 & \lambda_1 & & & \\
& \mu_2 & 2 & \lambda_2 & & \\
& & \ddots & \ddots & \ddots & \\
& & & & & \lambda_{n-1} \\
& & & & \mu_n & 2
\end{bmatrix}
\cdot
\begin{bmatrix}
M_0 \\
M_1 \\
M_2 \\
\vdots \\
M_{n-1} \\
M_n
\end{bmatrix}
=
\begin{bmatrix}
d_0 \\
d_1 \\
d_2 \\
\vdots \\
d_{n-1} \\
d_n
\end{bmatrix},
\tag{6.7.9}
$$

其中,

$$
\lambda_0 = \mu_n = 1, \quad d_0 = \frac{6}{h_1}\left(\frac{y_1 - y_0}{h_1} - y_0'\right), \quad d_n = \frac{6}{h_n}\left(y_n' - \frac{y_n - y_{n-1}}{h_n}\right),
$$

或

$$
d_0 = \frac{6}{h_1}(f[x_0, x_1] - y_0'), \quad d_n = \frac{6}{h_n}(y_n' - f[x_{n-1}, x_n]),
$$

其他的 λ_i, μ_i, d_i 由介于 (6.7.5) 与 (6.7.6) 式之间的式子给出.

至此, 第一边界条件下的三次样条系数满足的三对角方程组已经得到, 因其系数矩阵为严格对角占优的, 故必可逆, 从而所确定的三次样条是唯一的. 求解方程组 (6.7.9) 可得到 $M_0, M_1, \cdots, M_n$, 而三次样条 $S(x)$ 的第 i 段的 3 次多项式 $S_i(x)$ 由 (6.7.1) 式给出.

4. 第二边界条件下的系数方程组

第二边界条件为

$$
\begin{cases}
S''(x_0) = f''(x_0) = y_0'', \\
S''(x_n) = f''(x_n) = y_n'',
\end{cases}
$$

即 $M_0 = y_0'', M_n = y_n''$.

评注 此情此景真是太棒了! 因为方程组的两个未知数 M_0, M_n 不用解了!

再联立条件 (6.7.6), 可得 $M_0, M_1, \cdots, M_n$ 满足的方程组仍为 (6.7.9) 的形式, 只是, 此时 $\lambda_0 = 0, d_0 = 2y_0''$; $\mu_n = 0, d_n = 2y_n''$. 与第一边界条件下的情形同理, 所对应的三次样条也是唯一的.

为了编程方便, 不管是第一边界条件还是第二边界条件, $M_0, M_1, \cdots, M_n$ 所满足的方程组都可以统一写成如下形式:

$$
\begin{bmatrix}
2 & \lambda_0 & & & & \\
\mu_1 & 2 & \lambda_1 & & & \\
& \mu_2 & 2 & \lambda_2 & & \\
& & & \ddots & & \\
& & \ddots & \ddots & \lambda_{n-1} & \\
& & & \mu_n & 2 &
\end{bmatrix}
\cdot
\begin{bmatrix}
M_0 \\
M_1 \\
M_2 \\
\vdots \\
M_{n-1} \\
M_n
\end{bmatrix}
=
\begin{bmatrix}
d_0 \\
d_1 \\
d_2 \\
\vdots \\
d_{n-1} \\
d_n
\end{bmatrix},
\tag{6.7.10}
$$

其中, $d_0 = \dfrac{6\lambda_0}{h_1}(f[x_0, x_1] - y_0') + 2(1 - \lambda_0)y_0''$, $d_n = \dfrac{6\mu_n}{h_n}(y_n' - f[x_{n-1}, x_n]) + 2(1 - \mu_n)y_n''$, $d_i = 6f[x_{i-1}, x_i, x_{i+1}](i = 1, 2, \cdots, n - 1)$. 当取第一边界条件时, $\lambda_0 = \mu_n = 1$, 当取第二边界条件时, $\lambda_0 = \mu_n = 0$. 其他的 λ_i, μ_i, d_i 由介于 (6.7.5) 与 (6.7.6) 式之间的式子给出.

5. 第三边界条件下的系数方程组

第三边界条件为

$$
S_1'(x_0) = S_n'(x_n),
$$

$$
S_1''(x_0) = S_n''(x_n).
$$

注意, 第二个条件本身即为一个方程:

$$
M_n = M_0.
$$

求导数计算 $S_1'(x_0)$ 和 $S_n'(x_n)$, 并注意到 $y_n = y_0$, 可得第三边界条件的另一个方程

$$
\mu_n M_{n-1} + 2M_n + \lambda_n M_1 = \frac{6}{h_1 + h_n}(f[x_0, x_1] - f[x_{n-1}, x_n]).
\tag{6.7.11}
$$

为了简化表示, 令

$$
d_n = \frac{6}{h_1 + h_n}(f[x_0, x_1] - f[x_{n-1}, x_n]),
\tag{6.7.12}
$$

$$
\lambda_n = \frac{h_1}{h_1 + h_n}, \quad \mu_n = 1 - \lambda_n = \frac{h_n}{h_1 + h_n},
\tag{6.7.13}
$$

将 $M_0 = M_n$ 代入 (6.7.6) 式 i 取值为 1 时的方程, 并将 (6.7.6) 式给出的所有方程与 (6.7.11) 联立, 便得 $M_1, \cdots, M_n$ 所满足的方程组如下:

$$
\begin{bmatrix}
2 & \lambda_1 & & & \mu_1 \\
\mu_2 & 2 & \lambda_2 & & \\
& \ddots & \ddots & \ddots & \\
& & \mu_{n-1} & 2 & \lambda_{n-1} \\
\lambda_n & & & \mu_n & 2
\end{bmatrix}
\cdot
\begin{bmatrix}
M_1 \\ M_2 \\ \vdots \\ M_{n-1} \\ M_n
\end{bmatrix}
=
\begin{bmatrix}
d_1 \\ d_2 \\ \vdots \\ d_{n-1} \\ d_n
\end{bmatrix},
\tag{6.7.14}
$$

其中,

$$
d_n = \frac{6}{h_1 + h_n}\left(f\left[x_0, x_1\right] - f\left[x_{n-1}, x_n\right]\right), \quad \lambda_n = \frac{h_1}{h_1 + h_n},
$$

$$
\mu_n = 1 - \lambda_n, \quad
\begin{cases}
\lambda_i = \dfrac{h_{i+1}}{h_i + h_{i+1}}, \\
\mu_i = 1 - \lambda_i, \\
d_i = 6f\left[x_{i-1}, x_i, x_{i+1}\right],
\end{cases}
\quad i = 1, 2, \cdots, n-1.
$$

评注 至此, 三种边界条件下三次样条函数 $S(x)$ 的待定系数所满足的方程组已经全部得到, 求解相应的方程组便可得到待定系数 $M_0, M_1, \cdots, M_n$, 而样条 $S(x)$ 的第 i 段的三次多项式 $S_i(x)$ 由 (6.7.1) 式给出. 注意到三个方程组的系数阵均为严格对角占优阵, 故解都是唯一的, 进而对应的三次样条也都是唯一的.

建立三次样条插值函数有不同的方法. 上述方法中, M_i 相应于力学中细梁 x_i 处截面的弯矩, 每一个方程中又至多出现三个 M_i, 故上述方法通常称为**三弯矩法**.

6.7.3 三次样条的三转角确定法

1. 求解思路

设 $S'(x_k) = m_k (k = 0, 1, \cdots, n)$ 为待定参数, 则它们与节点函数值一起, 在每个子区间上就有 4 个条件可用, 故而在每个子区间上以端点作为插值节点, 就可考虑两节点的一阶 Hermite 三次插值多项式, 再利用二阶导连续性, 将不同子区间上的分段三次多项式相联系, 即可找到 m_i 的求解条件. 这些分段三次多项式拼接起来就是要找的三次样条 $S(x)$.

2. 系数方程组的建立

令 $f(x_k) = y_k$, $S'(x_k) = m_k (k = 0, 1, \cdots, n)$, $h_i = x_i - x_{i-1} (i = 1, 2, \cdots, n)$, 在区间 $[x_{i-1}, x_i]$ 上, 套用两个节点 x_{i-1}, x_i 的一阶 Hermite 三次插值多项式得

$$
S_i(x) = \sum_{k=i-1}^{i} \left[(1 - 2(x - x_k)l_k'(x_k))l_k^2(x)y_k + (x - x_k)l_k^2(x)y_k'\right] \quad (i = 1, 2, \cdots, n),
$$

$$
\tag{6.7.15}
$$

其中, $l_{i-1}(x) = -\dfrac{x - x_i}{h_i}, l_i(x) = \dfrac{x - x_{i-1}}{h_i}$, 故将 $S_i(x)$ 具体化, 得

$$S_i(x) = \frac{1}{h_i^3}[h_i + 2(x - x_{i-1})](x - x_i)^2 y_{i-1} + \frac{1}{h_i^3}[h_i - 2(x - x_i)](x - x_{i-1})^2 y_i$$

$$+ \frac{1}{h_i^2}(x - x_{i-1})(x - x_i)^2 m_{i-1} + \frac{1}{h_i^2}(x - x_i)(x - x_{i-1})^2 m_i. \quad (6.7.16)$$

求二阶导数得

$$S_i''(x) = \frac{1}{h_i^3}[2h_i + 8(x - x_i) + 4(x - x_{i-1})]f(x_{i-1})$$

$$+ \frac{1}{h_i^3}[2h_i - 8(x - x_{i-1}) - 4(x - x_i)]f(x_i)$$

$$+ \frac{1}{h_i^2}[4(x - x_i) + 2(x - x_{i-1})]m_{i-1}$$

$$+ \frac{1}{h_i^2}[4(x - x_{i-1}) + 2(x - x_i)]m_i. \quad (6.7.17)$$

由二阶导函数的连续性, 对于内节点, 即当 $i = 1, 2, \cdots, n-1$ 时, 有 $S_i''(x_i - 0) = S_{i+1}''(x_i + 0)$, 用 (6.7.17) 式具体计算可知

$$\frac{6}{h_i^2}y_{i-1} - \frac{6}{h_i^2}y_i + \frac{2}{h_i}m_{i-1} + \frac{4}{h_i}m_i = -\frac{6}{h_{i+1}^2}y_i + \frac{6}{h_{i+1}^2}y_{i+1} - \frac{4}{h_{i+1}}m_i - \frac{2}{h_{i+1}}m_{i+1},$$
$$(6.7.18)$$

关于 $m_k(k = i-1, i, i+1)$ 合并同类项并整理, 得

$$\frac{2}{h_i}m_{i-1} + \frac{4(h_{i+1} + h_i)}{h_{i+1}h_i}m_i + \frac{2}{h_{i+1}}m_{i+1} = \frac{6}{h_i}f[x_{i-1}, x_i] + \frac{6}{h_{i+1}}f[x_i, x_{i+1}]. \quad (6.7.19)$$

为了简化表示, 令 $\lambda_i = \dfrac{h_{i+1}}{h_{i+1} + h_i}, \mu_i = 1 - \lambda_i = \dfrac{h_i}{h_{i+1} + h_i}, g_i = 3(\lambda_i f[x_{i-1}, x_i] + \mu_i f[x_i, x_{i+1}])$, 整理可得

$$\lambda_i m_{i-1} + 2m_i + \mu_i m_{i+1} = g_i, \quad i = 1, \cdots, n-1. \quad (6.7.20)$$

为了唯一确定 $n+1$ 个系数 $m_0, m_1, \cdots, m_n$, 还缺少两个方程, 而边界条件正好可以补齐.

3. 第一边界条件的情形

此时 $m_0 = y'_0, m_n = y'_n$, 分别将其代入 (6.7.20) 式当 i 取值为 1 和 $n-1$ 时的两个方程, 则 $m_1, \cdots m_{n-1}$ 可由如下方程组求解

$$\begin{bmatrix} 2 & \mu_1 & & & \\ \lambda_2 & 2 & \mu_2 & & \\ & \ddots & \ddots & \ddots & \\ & & \lambda_{n-2} & 2 & \mu_{n-2} \\ & & & \lambda_{n-1} & 2 \end{bmatrix} \cdot \begin{bmatrix} m_1 \\ m_2 \\ \vdots \\ m_{n-2} \\ m_{n-1} \end{bmatrix} = \begin{bmatrix} g_1 - \lambda_1 y'_0 \\ g_2 \\ \vdots \\ g_{n-2} \\ g_{n-1} - \mu_{n-1} y'_n \end{bmatrix}. \tag{6.7.21}$$

4. 第二边界条件的情形

此时, $S''(x_0) = y''_0$, $S''(x_n) = y''_n$, 具体到分段函数即 $S''_1(x_0) = y''_0$, $S''_n(x_n) = y''_n$, 利用二阶导函数 (6.7.17) 可得如下两个方程:

$$2m_0 + m_1 = 3\left(f[x_0, x_1] - \frac{h_1}{6}y''_0\right) = g_0, \tag{6.7.22}$$

$$m_{n-1} + 2m_n = 3\left(f[x_{n-1}, x_n] + \frac{h_n}{6}y''_n\right) = g_n, \tag{6.7.23}$$

将它们联同 (6.7.20) 式得 $m_0, m_1, \cdots, m_n$ 满足的方程组:

$$\begin{bmatrix} 2 & 1 & & & \\ \lambda_1 & 2 & \mu_1 & & \\ & \ddots & \ddots & \ddots & \\ & & \lambda_{n-1} & 2 & \mu_{n-1} \\ & & & 1 & 2 \end{bmatrix} \cdot \begin{bmatrix} m_0 \\ m_1 \\ \vdots \\ m_{n-1} \\ m_n \end{bmatrix} = \begin{bmatrix} g_0 \\ g_1 \\ \vdots \\ g_{n-1} \\ g_n \end{bmatrix}. \tag{6.7.24}$$

5. 第三边界条件的情形

此时 $S'_1(x_0) = S'_n(x_n)$, 故 $m_0 = m_n$, 而由 $S''_1(x_0 + 0) = S''_n(x_n - 0)$, 可导出另一方程. 整理知 $m_1, \cdots, m_n$ 满足的方程组为

$$\begin{bmatrix} 2 & \mu_1 & & & \lambda_1 \\ \lambda_2 & 2 & \mu_2 & & \\ & \ddots & \ddots & \ddots & \\ & & \lambda_{n-1} & 2 & \mu_{n-1} \\ \mu_n & & & \lambda_n & 2 \end{bmatrix} \cdot \begin{bmatrix} m_1 \\ m_2 \\ \vdots \\ m_{n-1} \\ m_n \end{bmatrix} = \begin{bmatrix} g_1 \\ g_2 \\ \vdots \\ g_{n-1} \\ g_n \end{bmatrix}, \tag{6.7.25}$$

其中, $g_n = 3(\lambda_n f[x_{n-1}, x_n] + \mu_n f[x_0, x_1])$, $\lambda_n = \dfrac{h_1}{h_n + h_1}$, $\mu_n = 1 - \lambda_n = \dfrac{h_n}{h_n + h_1}$,

$\lambda_i = \dfrac{h_{i+1}}{h_{i+1} + h_i}$, $\mu_i = 1 - \lambda_i = \dfrac{h_i}{h_{i+1} + h_i}$, $g_i = 3\{\lambda_i f[x_{i-1}, x_i] + \mu_i f[x_i, x_{i+1}]\}$ $(i = 1, 2, \cdots, n-1)$.

注意到三种边界条件下的方程组系数阵均为严格对角占优阵, 故解必唯一. 求解相应的方程组便可得到待定系数 $m_0, m_1, \cdots, m_n$. 至此, 三种边界条件下的样条曲线 $S(x)$ 的各个待定系数 m_i 已全部确定, 样条函数各段对应的三次多项式 $S_i(x)$ 由 (6.7.16) 给出.

> **评注** 无论三弯矩法还是三转角法, 所得样条系数方程组的系数矩阵均是严格对角占优矩阵, 可谓个个蕙质兰心. 特别是前两种边界情形, 方程组还具倾城之美! 因何怒赞? 观其里, 对角优兮, 其秩必满, 故解必唯一! 观其表, 三对角兮, 美在其型, 追乎喜之! 赶乎喜之! 用追赶法便乐得其解, 蕙质乎? 倾城乎?

6.7.4 样条插值示例

首先对三弯矩和三转角方法进行比较, 以便择优选用.

注意到边界条件会有 "免解未知数" 出现的特点, 一般地, 对第一种边界条件, 即转角边界限定条件, 因两个导数已知, 用三转角法可减少两个未知数, 故宜用三转角法; 对第二种边界条件, 即弯矩边界限定条件, 因两个二阶导数已知, 故宜用三弯矩法; 对于第三种边界条件, 即周期边界限定条件, 二者相当.

例 6.7.1 确定三次自然样条插值函数 $S(x)$, 它在节点 $x_i (i = 0, 1, 2, 3, 4)$ 满足如表 6.7.1 所示的插值条件.

表 6.7.1   型值表点

x_i	0.25	0.30	0.39	0.45	0.53
f_i	0.500	0.5477	0.6245	0.6708	0.7280

解 按 (6.7.10) 式所需, 计算各个参数有

$$h_1 = 0.05, \quad h_2 = 0.09, \quad h_3 = 0.06, \quad h_4 = 0.08;$$

$$\lambda_1 = \frac{9}{14}, \quad \lambda_2 = \frac{3}{5}, \quad \lambda_3 = \frac{4}{7}, \quad \mu_1 = \frac{5}{14}, \quad \mu_2 = \frac{2}{5}, \quad \mu_3 = \frac{3}{7};$$

$$f[x_0, x_1] = 0.9540, \quad f[x_1, x_2] = 0.8533, \quad f[x_2, x_3] = 0.7717, \quad f[x_3, x_4] = 0.7150;$$

$$d_1 = 6f[x_0, x_1, x_2] = -4.3143, \quad d_2 = 6f[x_1, x_2, x_3] = -3.2667,$$

$$d_3 = 6f[x_2, x_3, x_4] = -2.4286.$$

从而得

$$\begin{cases} \dfrac{5}{14}M_0 + 2M_1 + \dfrac{9}{14}M_2 & = -4.3143, \\[2mm] \dfrac{3}{5}M_1 + 2M_2 + \dfrac{2}{5}M_3 & = -3.2667, \\[2mm] \dfrac{3}{7}M_2 + 2M_3 + \dfrac{4}{7}M_4 = -2.4286. \end{cases}$$

因自然边界条件为 $M_0 = M_4 = 0$, 代入并解方程组得 $M_1 = -1.8796$, $M_2 = -0.8636$, $M_3 = -1.0292$. 从而可由 (6.7.1) 写出 $S(x)$, 它是一个分段函数, 本例中, $n = 4$. 读者可自行书写.

> **评注** 对于大型问题, 三对角方程组可由追赶法求解. 在实际问题中, 借助于 MATLAB 一般均可方便求解. 另外, 一些实用的完整的算法代码可参阅文献 [3,12].

6.7.5 MATLAB 分分钟代码实现

例 6.7.2 对于例 6.7.1 中的型值点, 用 MATLAB 给出样条插值函数, 并求 $x = 0.27, 0.30, 0.37, 0.39$ 处的样条值.

解
```
function HL67ex4_spline
x=[0.25,0.30,0.39,0.45,0.53];
y=[0,0.500,0.5477,0.6245,0.6708,0.7280,0];
pp=csape(x,y,'second');
[breaks,coefs,l,k,d] = unmkpp(pp);
xx = [0.27,0.30,0.37,0.39] ;
yy = ppval(pp,xx)%
```

运行上述代码后会显示计算结果. 下面给出的是对其裁剪后的结果.

```
coefs =
   -6.2652    0.0000    0.9697    0.5000
    1.8813   -0.9398    0.9227    0.5477
   -0.4600   -0.4318    0.7992    0.6245
    2.1442   -0.5146    0.7424    0.6708
yy =
    0.5193    0.5477    0.6083    0.6245
```

其中 coefs 的第 i 行对应 $S_i(x)$ 的系数 $(i = 1, \cdots, 4)$. 如

$$S_2(x) = 1.8813x^3 - 0.9398x^2 + 0.9227x + 0.5477,$$

其中 $0.30 \leqslant x \leqslant 0.39$.

yy 给出了 $x = 0.27, 0.30, 0.37, 0.39$ 处的样条值.

评注 上面的代码仅仅是用 MATLAB 中的内建函数 csape 产生三次样条的一个简例, 该函数可以方便地产生几种边界条件下的样条. 进一步了解可查看 MATLAB 关于函数 csape 的说明. 本例中, 两个二阶导数 $f''(0.25) = 0$, $f''(0.53) = 0$ 需分别放到 y 的两端; 这里, csape 函数的输出变量为 pp, 其内含有 csape 函数产生的三次样条的所有信息. coefs 是分段多项式系数矩阵, 每行对应一个分段三次多项式, 系数按降幂排列. ppval 是求分段多项式值的函数. 更详细的信息可查阅 MATLAB help 文档.

问题 6.7.4 同一组型值点在不同边界条件下的样条差异如何?

例 6.7.3 本例给出同一组型值点在三种不同边界条件下的样条图形, 结果见图 6.7.1. 读者可自行更改代码进行实验观察.

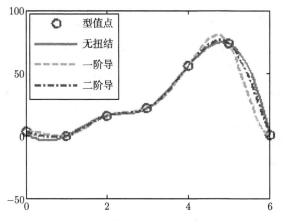

图6.7.1彩色版

图 6.7.1   不同边界条件下的样条曲线差异

```
function HL67ex5_spline
x=0:6;
y=[3,0,16,22,56,74,1];
y0=y;
y1=[3,y,1];
y2=[-2,y,-1];
pp0=csape(x,y0,'not-a-knot');%无扭结边界.
pp1=csape(x,y1,'clamped');%一阶导边界.
pp2=csape(x,y2,'second');%二阶导边界.
xx=0:0.05:6;
yy0 = ppval(pp0,xx);
```

```
yy1 = ppval(pp1,xx);
yy2 = ppval(pp2,xx);
plot(x,y0,'o',xx,yy0,'-r',xx,yy1,'--g',xx,yy2,'-.b','LineWidth',2);
h=legend('型值点','无扭结','一阶导','二阶导');
set(h);
see=1
```

评注 图中可见, 边界条件不同, 会导致样条曲线在两个边界子段中有较大差异. 所谓的无扭结 (not-a-knot) 边界限定条件, 即强制样条函数在 x_1 和 x_{n-1} 处的三阶左右导数跳变为 0. 对三次样条而言, 等效于最前两段和最后两段的三次项系数相同. 显然 "not-a-knot" 限定可使样条更光滑. 若边界条件无特定要求, 建议直接使用 MATLAB 内建函数 spline 获取三次样条, 其默认边界条件为无扭结限定, 简单方便.

例 6.7.4 在 $[-5,5]$ 上, 以 $x_i = -5 + 2k(k = 0,1,\cdots,5)$ 为插值节点, 求 $f(x) = \dfrac{1}{1+x^2}$ 的三次样条插值函数 $S(x)$, 绘出二者图形, 观察逼近程度.

解 MATLAB 代码如下:

```
function HL67ex2_spline
a=-5;b=5;
x=a:0.1:b;
y=1./(1+x.^2);
plot(x,y,'color','k','linewidth',2);%用黑色画y=1/(1+x^2)图形.
hold on;
xi=a:(b-a)/5:b; %等距产生插值节点xi;
yi=1./(1+xi.^2);%产生被插函数的节点函数值yi;
yy = spline(xi,yi,x);%产生插值样条并计算向量x的函数值向量yy.
plot(x,yy,'color','b','linewidth',2);%用蓝色绘制插值样条曲线.
plot(xi,yi,'o');%用''o''标识插值型值点.
axis auto
text(0.65,0.85,'f(x)');
text(2,0.4,'S(x)');
text(-0.4,-0.05,'0');
text(4.7,-0.05,'x');
text(-0.3,1.1,'y');
plot([-5,5],[0,0],'b');
plot([0,0],[-0.1,1.1],'b');
see=1;% 此处设断点利于观察调试代码!
```

将上述代码输入至 MATLAB 代码编辑器, 运行完毕后会出现图 6.7.2 所示图形. 图中可见样条插值曲线很光滑, 若读者尝试加密节点, 就会发现样条与被插函数会更加贴合, 故可以避免插值的 Runge 现象 (参见图 6.5.1).

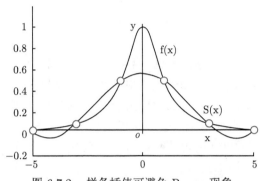

图 6.7.2 样条插值可避免 Runge 现象

6.7.6 三次样条插值的理论结果

1. 三次样条插值函数的误差和收敛性

定理 6.7.2 设被插函数 $f(x) \in C^4[a,b]$, $S(x)$ 为相应于第一边界条件或第二边界条件的三次样条插值函数, 则在 $[a,b]$ 上有如下误差估计:

$$\left\|f^{(i)}(x) - S^{(i)}(x)\right\|_\infty \leqslant C_i \|f^{(4)}(x)\|_\infty h^{4-i} \quad (i = 0, 1, 2), \tag{6.7.26}$$

其中 $h = \max_{0 \leqslant i \leqslant n-1} (x_{i+1} - x_i)$, C_0, C_1, C_2 都是与 f 和 h 无关的常数.

其证有一定难度, 可参见文献 [8].

> **评注** 此定理表明, 当分段步长 $h \to 0$ 时, 三次样条插值函数 $S(x)$ 具有很好的收敛性, 不仅 $S(x)$ 收敛于 $f(x)$, 其一、二阶导函数也对应收敛于 $f(x)$ 的一、二阶导函数.

2. 三次样条的极值性和光滑性

定理 6.7.3 设被插函数 $f(x) \in C^2[a,b]$, $S(x)$ 为相应于第一边界条件的三次样条插值函数, 则

$$\|S''(x)\|_2^2 \leqslant \|f''(x)\|_2^2, \tag{6.7.27}$$

且仅当 $f(x) \equiv S(x)$ 时等号成立.

证 设 $S(x)$ 由 n 段组成, 其在 $[x_{i-1}, x_i]$ 上, $S(x) = S_i(x)(i = 1, \cdots, n)$. 考查

$$\int_a^b [f''(x) - S''(x)]^2 \mathrm{d}x = \int_a^b [f''(x)]^2 \mathrm{d}x - \int_a^b [S''(x)]^2 \mathrm{d}x$$

$$- 2\int_a^b [f''(x) - S''(x)] S''(x) \mathrm{d}x. \tag{6.7.28}$$

注意到 $S(x)$ 是不高于三次的分段多项式, 故 $S^{(3)}(x)$ 在各段都是常数, 不妨设在 (x_{j-1}, x_j) 上, $S^{(3)}(x) = C_j (j = 1, \cdots, n)$. 对式 (6.7.28) 最后一项积分按子区间分段, 并采用分部积分法有

$$\int_a^b [f''(x) - S''(x)] S''(x) \mathrm{d}x$$

$$= \sum_{i=1}^n \int_{x_{i-1}}^{x_j} [f''(x) - S_i''(x)] S_i''(x) \mathrm{d}x$$

$$= \sum_{i=1}^n \int_{x_{i-1}}^{x_i} S_i''(x) \mathrm{d}(f'(x) - S_i'(x))$$

$$= \sum_{i=1}^n \left[S_i''(x)(f'(x) - S_i'(x))|_{x_{i-1}}^{x_i} \right] - \sum_{i=1}^n \int_{x_{i-1}}^{x_i} (f'(x) - S_i'(x)) S_i^{(3)}(x) \mathrm{d}x \tag{6.7.29}$$

$$= S''(x)(f'(x) - S'(x))|_a^b - \sum_{i=1}^n \int_{x_{i-1}}^{x_i} (f'(x) - S_i'(x)) C_i \mathrm{d}x. \tag{6.7.30}$$

注意在第一边界限定条件下, $f'(a) = S'(a), f'(b) = S'(b)$, 故上式第一项

$$S''(x)(f'(x) - S'(x))\big|_a^b = 0, \tag{6.7.31}$$

由插值条件知 $f(x_i) = S(x_i)(i = 0, 1, \cdots, n)$, 故

$$\sum_{i=1}^n \int_{x_{i-1}}^{x_i} (f'(x) - S_i'(x)) C_i \mathrm{d}x = \sum_{i=1}^n \left[C_i(f(x) - S_i(x))\big|_{x_{i-1}}^{x_i} \right] = 0. \tag{6.7.32}$$

故由 (6.7.28) 知

$$\int_a^b [f''(x)]^2 \mathrm{d}x - \int_a^b [S''(x)]^2 \mathrm{d}x = \int_a^b [f''(x) - S''(x)]^2 \mathrm{d}x \geqslant 0, \tag{6.7.33}$$

故 $\int_a^b [S''(x)]^2 \mathrm{d}x \leqslant \int_a^b [f''(x)]^2 \mathrm{d}x$, 即 (6.7.27) 式真! 又因 $f(x), S(x) \in C^2[a, b]$, 故 $f''(x)$ 与 $S''(x)$ 连续, 由 (6.7.33) 知等号成立的充要条件是 $f''(x) - S''(x) \equiv 0$,

故 $f(x) - S(x)$ 必为线性函数, 由插值条件 $f(a) = S(a), f(b) = S(b)$, 可知 $f(x) \equiv S(x)$.   证毕.

评注 曲线 $f(x)$ 的曲率 $K = \dfrac{|f''(x)|}{[1 + [f'(x)]^2]^{\frac{3}{2}}}$, 所以当 $|f'(x)|$ 远小于 1 时, 曲线在一点处的曲率基本上取决于 $|f''(x)|$. 其在区间 $[a, b]$ 上的定积分可视为曲线曲率的累加, 该积分值的几何意义功能上等同于 $||f''(x)||_2$, 其值越小则曲线整体弯曲程度或弯曲次数将会越小或越少, 曲线也就越流畅光滑. 比如, 直线最流畅, 因其没有弯曲, 所以对应的 $|f''(x)|$ 的积分为 0. 故而, 本定理从理论上保证了这样一个结论: 即一组型值点的三次样条曲线是, 过该组型值点的所有二阶光滑的曲线中, 二阶导函数之 2-范数最小的曲线, 故几乎就是过该组型值点的最光滑的曲线.

综上, 为提高精度只需加密分划节点, 不需要提高样条函数的次数. 由于样条插值有这样好的性质, 在外形设计及计算机辅助设计的许多应用中, 都是十分有效的数学工具.

3. 样条插值的优缺点

样条曲线光滑流畅, 很讨人喜, 但其由多段曲线拼接而成, 确也多遭人怨. 因型值点有任何改动, 都将导致整个样条发生改变. 可谓牵一发而动全身, 这为理论分析带来极大不便. 而型值点易动乃造型设计之常事, 若能克上述两短, 又能保样条之长, 可谓人之向往. 幸有 B 样条可担此任, 其具有数学式子整体表示, 局部图形拉伸不影响全局、二阶光滑等良好性质, 在曲线和曲面计算机辅助设计中有很好的应用 (参阅文献 [9, 13]). 限于篇幅这里不再介绍.

6.7.7　保形插值

实际问题中可能还需要所谓的**保形光滑插值**, 即相邻型值点之间插值曲线是单调的, 且在型值点处是一阶光滑的. 显然, 保形插值曲线的起伏与型值点起伏相同, 且其极值点与型值点保持一致, 不会像样条曲线那样出现超调现象. 有关理论可参考文献 [10,11]. MATLAB 中有内建函数 pchip 可以给出分段 3 次保形插值函数, 使用非常方便. 下例给出了保形插值的求取过程以及和样条插值的区别.

例 6.7.5　设型值点 (x_k, y_k) 如下述代码中所示. 用 MATLAB 求取其保形插值函数, 并与样条插值进行绘图比较.

解　代码如下 (HL67ex3_baoxing.m):

```
x = -3:3;
y = [-1 -2 -1 2 1 4];
t = -3:.01:3;
```

```
pp = pchip(x,y)%得到分段3次保形插值结构数据pp.
p = pchip(x,y,t);%计算保形函数值向量.
s = spline(x,y,t);%计算样条函数值向量.
plot(x,y,'o',t,p,'-',t,s,'-.','linewidth',2);
legend('data','pchip','spline',4);
[breaks,coefs,l,k,d] = unmkpp(pp);
coefs %显示保形插值函数各段系数.
```

运行上述代码后可以得到保形插值函数的各段三次多项式系数 (降幂排列) 和图 6.7.3. 其中系数部分如下:

```
coefs =
         0    1.0000   -2.0000   -1.0000
   -0.5000    1.5000         0   -2.0000
   -4.5000    6.0000    1.5000   -1.0000
    2.0000   -3.0000         0    2.0000
   -6.0000    9.0000         0    1.0000
   -1.0000         0         0    4.0000
```

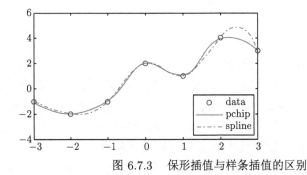

图6.7.3彩色版

图 6.7.3   保形插值与样条插值的区别

由图 6.7.3 可见, 样条插值 (spline 标识线型) 会有超调, 但更光滑. 保形插值 (pchip 标识线型) 各段单调, 没有超调, 光滑性略差.

6.7.8   插值法小结

几种插值方法各有特点. 简要总结如下:

多项式插值一般不建议用高次, 通常 $n \leqslant 6$, 当次数较高时, 容易产生 Runge 现象.

分段线性插值或分段低次插值具有较好的稳定性与收敛性, 且计算简便. 但多段使用时, 拼接点通常有尖角, 光滑程度很差.

样条插值克服了这一缺点, 并具有良好的收敛性. 但其计算复杂, 不过以计算机为工具时, 此缺点可以忽略.

Lagrange 插值: 基函数表达形式很有规律, 容易记忆, 获取插值多项式非常方便. 但若增加节点提高插值次数, 需要重新开始, 不具有可继承性.

Newton 插值: 与 Lagrange 插值恒等, 只是形式不同; 特别优点是具有可递推性, 与 Lagrange 插值法相比提高插值次数时计算量更小. 节点等距时更方便处理.

Hermite 插值: 插值与被插值曲线非常贴切; 两类基函数也很好写出. 但不仅需要给出节点函数值, 还需要给出导数值, 使用中有些不便.

spline 插值: 分段低次; 自身二阶光滑; 随节点加密具有非常好的收敛性. 理论和实用价值都很高. 在 MATLAB help 文档中有很多应用方面的事例, 读者可自行参考.

问题 6.7.5 二元或多元插值又该如何进行呢?

答 也很有趣! 下节奉献!

6.8 二元多项式插值

6.8.1 一般插值的共有问题

本节内容旨在与有研读兴趣的读者共享.

1. 从读书习惯说插值学习

评注 有效率的学习过程可分为两个层次: 其一稍浅, 包括领会、模仿、归纳和总结 4 个部分; 其二略深, 包括推广与创新, 此部分多少带点儿研究的味道. 推广较之创新稍显容易, 一般人还是可以尝试一下的, 起码应做到举一反三的程度. 两个层次中最重要的是提问和求解. 其中浅层过程侧重的是为什么和怎么做; 而深层过程则侧重如何抽取问题共性和如何提升视角以拓宽结果的适用范围. 有志于科研者最怕没有问题. **有人读完一节书就会有一箩筐的问题, 有人学完一门课都提不出什么问题**. 若为前者, 恭喜, 羡慕, 期待. 若非前者, 不妨看看风景, 试着参与一下, 比如马上闭眼自问, 对插值能提出些什么问题? 或者睁开双目试着回答下述问题.

问题 6.8.1 插值问题的初衷是什么?

问题 6.8.2 插值学至此, 都解决了哪些问题?

问题 6.8.3 各种方法的共性是什么?

问题 6.8.4 要想做点什么, 还有什么可做的?

2. 插值初衷与推广问题

插值问题的初衷在于解决函数逼近问题, 旨在用简单的插值函数逼近复杂的或未知的被插值函数. 采用的做法是让两者在型值点上重合. 潜在的假设是既然在那些型值点处二者都重合在一起了, 其他点处也就应该近乎相同, 自然插值函数就可以作为被插值函数的近似替代者.

对于推广, 前面的讨论都是针对单变量的, 对于曲面是否也可以进行插值逼近? 是否也像一元函数一样具有插值多项式的存在性和唯一性? 还有, 插值函数可否用非多项式函数取代? 这些问题就属于显而易见的推广问题.

建议读者先对上面的提示闭目思考后, 再进一步阅读.

3. 通用插值函数存在唯一性

定义 6.8.1 设函数族 $\{\varphi_1, \cdots, \varphi_n\}$ 为点集 $\{x_i\}_{i=1}^n \subset [a, b]$ 上的线性无关族, $y = f(x)$ 为区间 $[a, b]$ 上的一个实函数, 若 $\varphi(x) \in \text{span}\{\varphi_1, \cdots, \varphi_n\}$ 且 $\varphi(x_i) = f(x_i)(i = 1, \cdots, n)$. 则称 $\varphi(x)$ 为 $f(x)$ 关于点集 $\{x_i\}_{i=1}^{n_i}$ 和基函数 $\varphi_1, \cdots, \varphi_n$ 的插值函数, 也称 $\varphi(x)$ 为 $f(x)$ 关于节点集 $\{x_i\}_{i=1}^{n_i}$ 在 $\text{span}\{\varphi_1, \cdots, \varphi_n\}$ 中的**插值函数**, $\varphi_1, \cdots, \varphi_n$ 称为**插值基函数**.

定理 6.8.1 (线性无关基底插值存在唯一性) 设函数族 $\{\varphi_1, \cdots, \varphi_n\}$ 为点集 $\{x_i\}_{i=1}^n$ 上的线性无关族, 则函数 $f(x)$ 关于节点集 $\{x_i\}_{i=1}^n$ 在 $\text{span}\{\varphi_1, \cdots, \varphi_n\}$ 中的插值函数是存在唯一的.

证 由 $\{\varphi_1, \cdots, \varphi_n\}$ 是线性无关族知 $\forall \varphi(x) \in \text{span}\{\varphi_1, \cdots, \varphi_n\}$, 存在唯一一组系数 $a_1, \cdots, a_n \in \mathbf{R}$, 使得

$$\varphi(x) = a_1\varphi_1(x) + a_2\varphi_2(x) + \cdots + a_n\varphi_n(x), \tag{6.8.1}$$

故只需确定待定系数 $a_1, a_2, \cdots, a_n$ 让 $\varphi(x)$ 满足插值条件即知存在性真. 由插值条件 $\varphi(x_i) = f(x_i)(i = 1, 2, \cdots, n)$, 可得线性方程组:

$$\begin{cases} a_1\varphi_1(x_1) + a_2\varphi_2(x_1) + \cdots + a_n\varphi_n(x_1) = y_1, \\ a_1\varphi_1(x_2) + a_2\varphi_2(x_2) + \cdots + a_n\varphi_n(x_2) = y_2, \\ \qquad\qquad\cdots\cdots \\ a_1\varphi_1(x_n) + a_2\varphi_2(x_n) + \cdots + a_n\varphi_n(x_n) = y_n. \end{cases} \tag{6.8.2}$$

其系数行列式为

$$\det(A) = \begin{vmatrix} \varphi_1(x_1) & \varphi_2(x_1) & \cdots & \varphi_n(x_1) \\ \varphi_1(x_2) & \varphi_2(x_2) & \cdots & \varphi_n(x_2) \\ \vdots & \vdots & & \vdots \\ \varphi_1(x_n) & \varphi_2(x_n) & \cdots & \varphi_n(x_n) \end{vmatrix}. \tag{6.8.3}$$

因为 $\{\varphi_1, \cdots, \varphi_n\}$ 为点集 $\{x_i\}_{i=1}^{n_i}$ 上的线性无关族, 所以该行列式 $\det(A) \neq 0$, 按 Cramer 法则知方程组有唯一解. 故存在唯一性同时得证.

> **评注**　按上述定理, 若节点数目为 n, 只要能构造关于节点集线性无关的 n 个函数, 则在以它们为基函数的生成空间中就一定能找到唯一一个插值函数, 其生成系数可由插值条件产生的线性方程组确定. Lagrange 插值、Newton 插值的存在唯一性都可以作为上述定理的特例, 它们都可以归结为某个基函数集合所生成的线性空间内的插值问题, 从而这些基函数在插值问题中又称为相应方法的**插值基函数**.

例 6.8.1　Newton 插值存在唯一性如何套用上述定理证明?

答　结合 Newton 插值一节的内容, 不难证明连因子形式的 Newton 插值基函数集合是关于插值点集的线性无关组, 其生成空间就是 n 次多项式形成的线性空间, 依定理 6.8.1, 在该空间内满足插值条件的插值多项式是存在和唯一的.

问题 6.8.5　如何解决二元多项式插值问题?

权且当作上述通用插值定理的应用, 下面给出二元插值多项式的分析和求解过程.

6.8.2　二元函数插值

1. 问题描述

设 $f(x,y)$ 在区域 $D = \{(x,y) \mid a \leqslant x \leqslant b, c \leqslant y \leqslant d\}$ 上有定义, 取点集 $B = \{(x_i, y_j) \mid i = 0, 1, \cdots, m, j = 0, 1, \cdots, n;$ 且 $x_0 < x_1 < \cdots < x_m; y_0 < y_1 < \cdots < y_n\} \subset D$ 为插值格点集, 欲求一个 x 和 y 的次数分别不超过 m 次和 n 次的二元多项式 $P_{mn}(x,y)$ 使得

$$P_{mn}(x_i, y_j) = f(x_i, y_j) \quad (i = 0, 1, \cdots, m, j = 0, 1, \cdots, n). \tag{6.8.4}$$

2. 具体构造

首先作思路分析, 这里不妨称之为开启**思想力**. 模仿 Lagrange 插值基函数方法应是不错的选择. 不妨先构造关于格点集 B 的线性无关的函数组作为基函数组, 且其函数个数与格点个数相同. 再将 $P_{mn}(x,y)$ 写成基函数组的线性组合应该就完成了, 而基函数可取为变量 x 和变量 y 各自的 Lagrange 基函数之积, 以便保留 Lagrange 基函数一个格点函数值为 1 而其余为 0 的特点.

其次将思想变为行动, 这里不妨称为**行动力**. 令

$$g_{ij}(x,y) = l_i(x)h_j(y), \tag{6.8.5}$$

其中 $i = 0, 1, \cdots, m, j = 0, 1, \cdots, n,$

$$l_i(x) = \prod_{k=0, k \neq i}^{m} \frac{x - x_k}{x_i - x_k} \quad (i = 0, 1, \cdots, m); \tag{6.8.6}$$

$$h_j(y) = \prod_{k=0,k\neq j}^{n} \frac{y-y_k}{y_j-y_k} \quad (j=0,1,\cdots,n). \tag{6.8.7}$$

显然, $g_{ij}(x,y)$ 是一个 x 和 y 的次数分别不超过 m 和 n 次的二元多项式, 其在各个插值格点处有

$$g_{ij}(x_s,y_t) = \begin{cases} 1, & (s,t)=(i,j), \\ 0, & (s,t)\neq(i,j). \end{cases} \tag{6.8.8}$$

令

$$P_{mn}(x,y) = \sum_{i=0}^{m}\sum_{j=0}^{n} f(x_i,y_j)g_{ij}(x,y), \tag{6.8.9}$$

显然 $P_{mn}(x,y)$ 是一个 x 和 y 的次数分别不超过 m 和 n 次的二元多项式, 且满足插值条件:

$$P_{mn}(x_i,y_j) = f(x_i,y_j) \quad (i=0,1,\cdots,m, j=0,1,\cdots,n), \tag{6.8.10}$$

故 $P_{mn}(x,y)$ 即为满足要求的二元插值多项式.

3. 二元插值多项式的唯一性

定理 6.8.2 记 $G=\{g_{ij}(x,y)|i=0,1,\cdots,m,j=0,1,\cdots,n\}$, 则

(1) G 关于插值格点集是线性无关组.

(2) 满足插值条件 (6.8.10) 且 x 和 y 的次数分别不超过 m 次和 n 次的二元多项式是唯一的.

证 先证无关性. 设一组系数 C_{ij} 使得

$$\sum_{i=0}^{m}\sum_{j=0}^{n} C_{ij}g_{ij}(x,y) \equiv 0. \tag{6.8.11}$$

只需证明 $C_{ij}=0(i=0,1,\cdots,m,j=0,1,\cdots,n)$ 即可. 为此, 在式 (6.8.11) 中取 $(x,y)=(x_i,y_j)(i=0,1,\cdots,m,j=0,1,\cdots,n)$, 利用 (6.8.8) 式知 (6.8.11) 左端仅剩一项, 即 $C_{ij}g_{ij}(x_i,y_j)=C_{ij}$, 从而 $C_{ij}=0$. 因而, G 是线性空间 span$\{G\}$ 的一组基函数. 按照一般插值函数存在唯一性定理, 知满足插值条件 (6.8.10) 式的二元插值多项式是唯一的.   证毕.

评注 "思想力 + 行动力 + 意志力"是一种科研行为模式, 分析、观察、联想和抽象是思想力的部分, 这些做事的想法一般人都会有, 但真正去做的人不多, 执着做下去的人更少! 上面关于二元插值多项式的构造不外乎是沿用已有"基函数"技术所尝试的一点点推广而已, 读者可借用上述过程细品"想法 + 尝试 + 执着"的乐趣, 进而见证数学——其实也不难!

4. 二元插值多项式的截断误差

定理 6.8.3　设 $f(x,y)$ 在区域 $D = \{(x,y)|a \leqslant x \leqslant b, c \leqslant y \leqslant d\}$ 内对 x 和 y 分别有 m 和 n 阶偏导数, 记 $R_{mn}(x,y) = f(x,y) - P_{mn}(x,y)$, 则

$$R_{mn}(x,y) = \frac{v_{m+1}(x)}{(m+1)!}f_{x^{m+1}}^{(m+1)}(\xi,y) + \frac{w_{n+1}(y)}{(n+1)!}\sum_{i=0}^{m}l_i(x)f_{y^{n+1}}^{(n+1)}(x_i,\eta_i), \quad (6.8.12)$$

其中, $v_{m+1}(x) = \prod_{j=0}^{m}(x-x_j), w_{n+1}(y) = \prod_{j=0}^{n}(y-y_j), f_{x^{m+1}}^{(m+1)}(\xi,y) = \dfrac{\partial^{m+1}f(\xi,y)}{\partial x^{m+1}}$,

$f_{y^{n+1}}^{(n+1)}(x_i,\eta_i) = \dfrac{\partial^{n+1}f(x_i,\eta_i)}{\partial x^{n+1}}$ (后同), $P_{mn}(x,y)$ 由 (6.8.9) 式给出, $\xi \in (x_0,x_m)$, $\eta_i \in (y_0,y_n)$.

证　下述过程中会两次用到 Lagrange 插值余项. 考查

$$f(x,y) - P_{mn}(x,y)$$

$$=f(x,y) - \sum_{i=0}^{m}f(x_i,y)l_i(x) + \sum_{i=0}^{m}f(x_i,y)l_i(x) - P_{mm}(x,y)$$

$$=\left\{f(x,y) - \sum_{i=0}^{m}f(x_i,y)l_i(x)\right\} + \sum_{i=0}^{m}l_i(x)\left\{f(x_i,y) - \sum_{j=0}^{n}h_j(y)f(x_i,y_j)\right\},$$

其中, $l_i(x)$, $h_j(y)$ 分别由 (6.8.6), (6.8.7) 给出. 对上式中两个大括号分别套用 Lagrange 插值余项, 可知 $\exists \xi \in (x_0,x_m), \exists \eta_i \in (y_0,y_n)$, 使得上式

$$= \frac{v_{m+1}(x)}{(m+1)!}f_{x^{m+1}}^{(m+1)}(\xi,y) + \frac{w_{n+1}(y)}{(n+1)!}\sum_{i=0}^{m}l_i(x)f_{y^{n+1}}^{(n+1)}(x_i,\eta_i),$$

即 (6.8.12) 成立.　　　　　　　　　　　　　　　　　　　　　　　　　证毕.

请注意, 上述证明过程也是插值余项的获取过程, 其对变量 x 和 y 具有对称性, 改变处理次序可得如下结论.

推论 6.8.1　$\exists \mu_j \in (x_0,x_m), \zeta \in (y_0,y_n)$, 使得

$$f(x,y) = P_{mn}(x,y) + \frac{w_{n+1}(y)}{(n+1)!}f_{y^{n+1}}^{(n+1)}(x,\zeta) + \frac{v_{m+1}(x)}{(m+1)!}\sum_{j=0}^{n}h_j(y)f_{x^{m+1}}^{(m+1)}(\mu_j,y_j).$$

$$(6.8.13)$$

显然, 若能够估计两个对应偏导的上界, 比如

$$\max_{(x,y)\in D}\left|f_{x^{n+1}}^{(m+1)}(x,y)\right| \leqslant M, \quad \max_{(x,y)\in D}\left|f_{y^{n+1}}^{(n+1)}(x,y)\right| \leqslant N,$$

则依 (6.8.12) 式可有余项估计:

$$|R_{mn}(x,y)| \leqslant \frac{v_{m+1}(x)}{(m+1)!}M + \frac{w_{n+1}(y)}{(n+1)!}N\sum_{i=0}^{m}|l_i(x)|. \tag{6.8.14}$$

5. 分片低次插值

与一元多项式类似, 二元高次多项式插值也很少使用. 通常采用分片低次插值, 一般取双 3 次以下, x, y 的次数可以随意进行组合. 比如采用双线性或者对其中一个变量采用一次而对另一变量采用二次插值等. 格点的选择应遵循择近和内插原则, 即应选择与预测点最近的格点作内插. 对于双线性插值, 需要 4 个格点, 最近格点的选择是唯一的. 若取 x 为二次、y 为一次时, 插值格点的选择会有多种. 如图 6.8.1 所示. 图中 p_{ij} 为插值格点, p 为欲插值计算的点. 若选用双线性插值, 格点集应选择 $\{p_{10}, p_{11}, p_{20}, p_{21}\}$; 若选用 x 为二次且 y 为一次的二元多项式进行插值, 则格点集有两种选择, 即 $\{p_{00}, p_{10}, p_{20}; p_{01}, p_{11}, p_{21}\}$, 或者 $\{p_{10}, p_{20}, p_{30}; p_{11}, p_{21}, p_{31}\}$. 就图 6.8.1 而言, 按择近原则, 应选择前者!

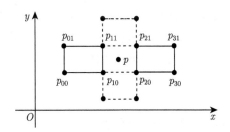

图 6.8.1　插值格点示意图

6. MATLAB 现成工具

MATLAB 中有内建函数 interp2, 使用非常方便, 其中可以选择插值方法, 包括线性、三次多项式和三次样条等插值方法, 但它们可能与本书相应的二元插值方法有些区别. 可以肯定的是无论哪种方法, 其型值格点纵横两个方向的插值曲线均同单变量插值方法一致. 即对格点集 $B = \{(x_i, y_j)|i = 0, 1, \cdots, m, j = 0, 1, \cdots, n;$ 且 $x_0 < x_1 < \cdots < x_m, y_0 < y_1 < \cdots < y_n\}$, 按选定的插值方法分别作两个一元分段插值多项式, 即固定 i, 将型值点集 $\{(x_i, y_j, z_{ij})|j = 0, \cdots, n\}$ 视为自变量 y 与因变量 z 之间的单变量插值型值点集, 进行分段插值, 得到插值函数 $P(x_i, y), i = 0, 1, \cdots, m$, 这些曲线构成了纵向插值曲线. 类似地, 再固定 j, 将型值点集 $\{(x_i, y_j, z_{ij})|i = 0, 1, \cdots, m\}$ 视为自变量 x 与因变量 z 之间的单变量插值型值点集, 进行分段插值, 得到插值函数 $P(x, y_j), j = 0, \cdots, n$, 这些曲线构成了横向插值曲线. 纵横插值曲线在所有格点处的值与 interp2 是相同的. 但对于

型值格点之间的点处的值, interp2 具体插值是如何得到的, 不甚明了. 图 6.8.2 的网状曲线是 interp2 样条插值的图形, 而中间两条深色曲线是按单变量样条插值所得, 可以看出两者与 interp2 的插值结果是一致的.

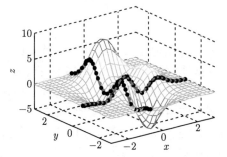

图 6.8.2　interp2 插值曲线网

6.8.3　插值问题的进一步推广

本章几节仅仅讨论了插值多项式这一特定的函数形式, 如果被插值函数是周期函数, 则用三角函数插值可能更为合适. 沿用定理 6.8.1 的结论, 也可以处理三角多项式插值存在唯一性. 三角多项式插值对周期函数的逼近效果通常会优于多项式插值, 有关讨论可查阅本书第 7 章相应的内容.

习　题　6

1. 设 $l_k(x)$ 是关于互异节点 $x_0, x_1, \cdots, x_n$ 的 Lagrange 插值基函数, $k = 0, 1, \cdots, n$, 解答或证明下述问题

(1) 证明: $f(x) = \sum\limits_{k=0}^{n} x_k^{n+1} l_k(x)$ 是 n 次多项式, 且最高次系数为 $x_0 + \cdots + x_n$.

(2) 证明: $\sum\limits_{k=0}^{n} x_k^m l_k(x) = x^m, m = 0, 1, \cdots, n$.

(3) 证明: $\sum\limits_{k=0}^{n} (x_k - x)^m l_k(x) \equiv 0, m = 1, 2, \cdots, n$.

(4) 证明: $\sum\limits_{k=0}^{n} x_k^j l_k(0) = \begin{cases} 1, & j = 0, \\ 0, & j = 1, 2, \cdots, n, \\ (-1)^n x_0 x_1 \cdots x_n, & j = n+1. \end{cases}$

(5) 设 $P(x)$ 是任意首次项系数为 1 的 $n+1$ 次多项式, 证明:

$$P(x) - \sum_{k=0}^{n} P(x_k) l_k(x) = w_{n+1}(x), \quad \text{其中}, \quad w_{n+1}(x) = \prod_{j=0}^{n} (x - x_j).$$

2. 设 $P_k(x_k, y_k), k = 1, 2, \cdots, 5$ 为曲线 $y = x^2 - 3x + 1$ 上的 5 个互异的点 (可自行具体选定), 求过 $P_1, \cdots, P_5$ 且次数不超过 4 次的插值多项式.

3. 已知过点 $(0,0)$, $(0.5,y)$, $(1,3)$ 和 $(2,2)$ 构造的 3 次插值多项式 $P_3(x)$ 的 x^3 的系数为 6, 试确定数据 y.

4. 用 $n+1$ 个不同节点作不超过 n 次的多项式插值, 分别采用 Lagrange 插值方法与 Newton 插值方法所得多项式是否相等? 为什么?

5. 证明 n 阶均差有下列性质:

(1) 若 $F(x)=cf(x)$, 则 $F[x_0,x_1,\cdots,x_n]=cf[x_0,x_1,\cdots,x_n]$;

(2) 若 $F(x)=f(x)+g(x)$, 则 $F[x_0,x_1,\cdots,x_n]=f[x_0,x_1,\cdots,x_n]+g[x_0,x_1,\cdots,x_n]$.

6. 已知函数 $y=f(x)$ 在点 x_0 的某邻域内有 n 阶连续导数, 记 $x_k=x_0+kh(k=1,2,\cdots,n)$. 证明:

$$\lim_{h\to 0} f[x_0,x_1,\cdots,x_n]=\frac{f^{(n)}(x_0)}{n!}.$$

7. Newton 差商 $f[x,x_0,\cdots,x_n]$ 与导数之间的关系是什么? 令 $f(x)=3x^7+x^4+3x+1$, 计算

(1) $f[2^0,2^1,\cdots,2^7]$;

(2) $f[2^0,2^1,\cdots,2^8]$.

8. 在等式 $f[x_0,x_1,\cdots,x_n]=\sum_{k=0}^{n}a_k f(x_k)$ 中, 系数 a_k 与函数 $f(x)$ 有无关系.

9. 设函数 $f(x)$ 是 k 次多项式, 对于互异节点 $x_1,\cdots,x_n$, 证明:

(1) 当 $n>k$ 时, 差商 $f[x,x_1,\cdots,x_n]\equiv 0$;

(2) 当 $n\leqslant k$ 时, 该差商是 $k-n$ 次多项式.

10. 依据下列函数值表, 建立不超过 3 次的过所有节点的 Lagrange 插值多项式 $L_3(x)$.

x	0	1	2	3
$f(x)$	1	9	23	3

11. 已知 $f(x)=2^x$ 的数据表如下:

x	-1	0	1
$f(x)$	0.5	1	2

(1) 用 Lagrange 插值基函数建立 $f(x)$ 的二次插值多项式 $L_2(x)$;

(2) 用 $L_2(0.3)$ 给出 $2^{0.3}$ 的近似值并估计其截断误差;

(3) 若用 $f(x)$ 的 Newton 二次插值多项式 $N_2(x)$ 计算同样的值, 其截断误差有何变化?

12. 函数 $f(x)=\begin{cases} 0, & -1\leqslant x<0, \\ x^3+x, & 0\leqslant x<1, \\ x^3+(x-1)^3, & 1\leqslant x<2, \end{cases}$ 与函数 $g(x)=\begin{cases} x^3+2x+1, & -1\leqslant x<0, \\ 2x^3+2x+1, & 0\leqslant x<1, \end{cases}$

是否都是三次样条函数? 为什么?

13. 已知 $S(x)$ 是区间 $[0,2]$ 上具有自然边界条件 $S''(2)=S''(0)=0$ 的三次样条函数, 试确定

$$S(x) = \begin{cases} 1 + 2x - x^3, & 0 \leqslant x \leqslant 1, \\ 2 + b(x-1) + c(x-1)^2 + d(x-1)^3, & 1 \leqslant x \leqslant 2 \end{cases}$$

中的参数 b, c, d.

14. 回答下述问题:

(1) 确定 $n+1$ 个节点的三次样条函数, 至少需要给定多少个条件?

(2) 三弯矩和三转角法中参数 M_i 和 m_i 的数学意义是什么?

第 7 章　曲线拟合和函数逼近

本章介绍最小二乘法、最佳平方逼近、正交多项式、最佳一致逼近、周期函数逼近等常用的函数逼近方法. 这些方法都可以产生一个易于计算的函数, 用于近似描述样本数据的规律或趋势, 以及复杂函数的简化近似.

7.1　曲线拟合问题

7.1.1　实际问题的需求

1. 实际数据的样子

实际问题中, 通常可获取大量实验数据或样本点 $(x_i, y_i)(i = 1, 2, \cdots, m)$ 如图 7.1.1 所示. 观察可以发现, 实验数据往往有三个特点: 第一, 数据往往不准确, 每个 x_i 所对应的 y_i 一般均有测量误差; 第二, 数据比较多甚至很多; 第三, 采样数据尽管是离散的有限个点, 但基本上能反映出 x 与 y 之间连续的无限多个数据间的大致对应关系.

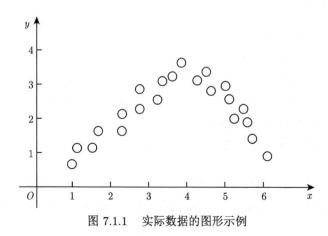

图 7.1.1　实际数据的图形示例

评注 面对上述问题, 不妨先想象一下. 若能把 x 与 y 之间的函数关系挖掘出来, 用其表示二者之间的对应规律, 那便可轻松应对预判、决策和控制等诸多问题! 复杂世界会因之而简! 且慢! x, y 可能确有函数关系, 但其形式未知, 仅凭有限个点就想搞定它, 似乎与妄想无异! 故可退一步考虑无妨, 精确函数关系难得, 但近似函数关系还是比较容易获取的, 况乎**采用近似手段**是所有数值方法的共性. 实际上, 人们很善于用有限的信息推测无限的世界; 用离散的信息推测连续的世界; 而不管那个无限的或连续的世界是什么样子的!

问题 7.1.1 如何求该数据组的一个简单近似函数 $\varphi(x)$? (下面是方法分析.) 读者可能会首先想到插值多项式, 但其不可取, 因其弊端在此尤为凸显.

2. 插值方法的弊端

(1) 在节点等距时, 高次插值容易产生 Runge 现象, 有时效果会很差;

(2) 既然高次插值有问题, 读者可能又会设想选用某个低次多项式, 比如不超过 5 次的多项式. 但需注意 5 次多项式, 至多需 6 个节点即可. 而实际情况是样本点往往很多, 通常会多于 6 个, 常导致不相容方程组 (无解方程组) 出现.

(3) 由观测得到的实验数据不可避免地带有误差, 而插值函数过全部样本点, 相当于保留了全部数据误差. 各点的测量误差会通过插值多项式扩散到整个插值区间.

(4) 读者可能还会想到采用低次插值多项式分段逼近, 但数据多导致分段数目也多, 其情形之繁想想就够了.

综上, 对于数量多且不甚精确的数据组, 用插值函数近似其内在的函数关系不太合适.

问题 7.1.2 既然插值法不太适宜, 又该咋办? (下面是解决方案.)

7.1.2 曲线拟合概念

1. 一般曲线拟合问题

定义 7.1.1 (曲线拟合问题) 对给定的一组数据点 $(x_i, y_i)(i = 1, 2, \cdots, m)$, 在某类函数中, 求函数 $\varphi(x)$, 使其在某种意义 (要求或标准) 下与该组数据最 "逼近". 这样的问题称为**曲线拟合问题**, 函数 $\varphi(x)$ 称为该组数据点的**拟合函数**, 其对应的曲线称为**拟合曲线**或**回归线**.

注意, 拟合函数无需过给定的点, 即不要求 $\varphi(x_i) = y_i(i = 1, 2, \cdots, m)$, 故与插值函数不同.

总之, 曲线拟合问题需要明确两个方面: 一是确定拟合曲线的选取类型, 该类曲线应能较好地反映给定数据点的分布特征和总体趋势; 二是需要给定曲线拟合标准.

2. 曲线拟合标准

一个函数类通常可以表示为一个含有多个参数 a_j 的函数集合:

$$\Phi = \{\varphi(x; a_0, a_1, \cdots, a_n) \mid a_j \in \mathbf{R}, j = 0, 1, \cdots, n\}.$$

比如, 一次函数类 $y = a_0 + a_1 x$, 指数函数类 $y = ae^{b/t}$ 等.

问题 7.1.3 怎样选取待定系数才能使**拟合函数** "最好" 地反映数据点的总体趋势?

不难想象, $\forall \varphi \in \Phi$, 若以 φ 作为近似函数, 令

$$r_i(\varphi) = \varphi(x_i; a_0, a_1, \cdots, a_n) - y_i, \tag{7.1.1}$$

则 $r_i(\varphi)$ 表示点 x_i 处的近似偏差, $i = 1, 2, \cdots, m$. 记 φ 的偏差向量为

$$r(\varphi) = (r_1(\varphi), r_2(\varphi), \cdots, r_m(\varphi))^{\mathrm{T}}. \tag{7.1.2}$$

显然, 偏差大小可作为衡量近似函数好坏的标准.

不难想到以下三种具体标准.

(1) 使偏差的绝对值之和最小.

挑选 $\varphi \in \Phi$, 使得

$$\|r(\varphi)\|_1 = \min_{h \in \Phi} \|r(h)\|_1 = \min_{h \in \Phi} \sum_{i=1}^{m} |(h(x_i; a_0, \cdots, a_n) - y_i)|, \tag{7.1.3}$$

即让最优函数 φ 的偏差向量的 1-范数最小.

> **评注** 欲求最小值 → 想到驻点 → 想到求偏导. 此准则虽自然合理, 但绝对值函数求导不便, 故以 1-范数最小为衡量标准, 通常不被采用.

(2) 使偏差向量分量的最大绝对值最小.

即挑选 $\varphi \in \Phi$, 使得

$$\|r(\varphi)\|_\infty = \min_{h \in \Phi} \|r(h)\|_\infty = \min_{h \in \Phi} \left(\max_{1 \leqslant i \leqslant m} |(h(x_i; a_0, \cdots, a_n) - y_i)| \right), \tag{7.1.4}$$

即让最优函数 φ 的偏差向量的 ∞-范数最小.

> **评注** 此种方法使用中求导不方便. 但给出了最大偏差, 有其可取之处, 故当数据点集扩大到一个区间时采用了这一标准, 此标准下的最优函数称为函数的最佳一致逼近.

(3) 使偏差的平方和最小.

即挑选 $\varphi \in \Phi$, 使得

$$\|r(\varphi)\|_2^2 = \min_{h \in \varPhi} \|r(h)\|_2^2 = \min_{h \in \varPhi} \sum_{i=1}^m |(h(x_i; a_0, \cdots, a_n) - y_i)|^2, \qquad (7.1.5)$$

其等效于让最优函数 φ 的偏差向量的 2-范数最小.

依此确定参数, 尽管较繁, 但求导容易, 故被采用. 按该标准求近似函数的方法称为**曲线拟合的最小二乘法**. 这是实践中常用的一种函数逼近方法. 而当数据点集扩大到一个区间时, 该标准下的最优近似称为最佳平方逼近.

3. 曲线拟合与插值的异同

曲线拟合问题实为函数逼近问题. 要求 (准则或标准) 不同, 逼近的意义也就不同. 插值是一种逼近, 是在 "过给定点" 意义下的逼近. 而拟合是一种综合意义下的逼近, 最优近似函数可能不经过任何已知点.

插值也好, 拟合也好, 两种逼近方法共有一个朴素的观点: 若两个函数在有限个点处离得很近, 则在其他地方也不应该离得太远.

4. 求解拟合问题的空间意识

2-范数是内积范数, 设节点集 $\{x_i\}_{i=1}^m \subset [a, b]$, $\forall f, g \in C[a, b]$, 则二者关于该节点集之内积下的距离平方为 $\langle f - g, f - g \rangle = \sum_{i=1}^m (f(x_i) - g(x_i))^2$, 从而最佳平方逼近问题可放到内积空间考虑.

提醒读者, 放到高层次的空间考虑问题犹如鸟瞰迷宫, 寻求解决途径更加容易.

问题 7.1.4　有何具体的拟合方法?

答　下节的最小二乘法可供读者轻松观览!

7.2　最小二乘法和多项式拟合

7.2.1　曲线拟合的最小二乘法

1. 最小二乘法的数学描述

定义 7.2.1　设 $\varPhi = \{\varphi(x; a_0, a_1, \cdots, a_n) \mid a_j \in \mathbf{R}, j = 0, 1, \cdots, n\}$ 是以 a_j 为参数的某个函数集合, 对给定的一组数据点 $(x_i, y_i)(i = 1, 2, \cdots, m)$, 求函数 $\varphi(x) \in \varPhi$, 使偏差 $r_i = \varphi(x_i) - y_i (i = 1, 2, \cdots, m)$ 的平方和为最小, 即

$$\sum_{i=1}^m (\varphi(x_i) - y_i)^2 = \min_{h \in \varPhi} \sum_{i=1}^m (h(x_i; a_0, a_1, \cdots, a_n) - y_i)^2, \qquad (7.2.1)$$

这种问题称为数据拟合或曲线拟合的**最小二乘问题**; 求近似函数 $\varphi(x)$ 的方法称为离散数据曲线拟合的**最小二乘法**; 函数 $\varphi(x)$ 称为这组数据的**最小二乘拟合函数**.

拟合函数集 $\varPhi$ 通常取一些简单函数的集合, 如低次多项式、指数函数等.

2. 几何意义

在所有待定曲线中, 拟合曲线 $y = \varphi(x)$ 是与给定点集综合接近程度最大的那条曲线, 即其上的点 $(x_1, \varphi(x_1)), (x_2, \varphi(x_2)), \cdots, (x_m, \varphi(x_m))$ 与相应的给定点 $(x_1, y_1), (x_2, y_2), \cdots, (x_m, y_m)$ 的距离平方和在所有被选择的曲线中最小. 图 7.2.1 给出的是关于图中样本点的一条 6 次最小二乘拟合多项式的图形.

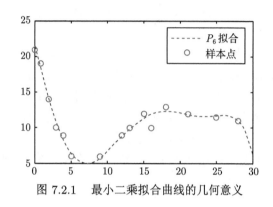

图 7.2.1 最小二乘拟合曲线的几何意义

7.2.2 线性最小二乘法

1. 线性最小二乘拟合函数

定义 7.2.2 设给定数据对 $(x_i, y_i)(i = 1, 2, \cdots, m)$, $\{\varphi_k(x)\}$ 为点集 $\{x_i\}_{i=1}^{m}$ 上的线性无关族, 又设在函数集 $\Phi = \mathrm{span}\{\varphi_0(x), \cdots, \varphi_n(x)\}$ 中对该组数据的最小二乘拟合函数为

$$\varphi(x) = a_0\varphi_0(x) + a_1\varphi_1(x) + \cdots + a_n\varphi_n(x), \tag{7.2.2}$$

则称 $\varphi(x)$ 为对该组数据的以 $\{\varphi_0(x), \cdots, \varphi_n(x)\}$ 为基底的**线性最小二乘拟合函数**. 特别地, 当 $\varphi_k(x) = x^k, k = 0, 1, \cdots, n(n < m)$ 时, 相应的拟合函数为一个多项式, 称之为对该组数据的**最小二乘拟合多项式**.

评注 线性最小二乘拟合之 "线性" 的由来有如下解释. $\forall h(x) \in \Phi$, 必存在常数 $a_0, a_1, \cdots, a_n$, 使得 $h(x) = a_0\varphi_0(x) + a_1\varphi_1(x) + \cdots + a_n\varphi_n(x)$, 不妨改记 $h(x)$ 为 $h(x; a_0, a_1, \cdots, a_n)$, 所以, 确定 $\varphi(x)$ 的问题, 可归结为各个待定系数 a_k 的选择问题. 若将这些系数看作自变量, 则 $h(x; a_0, a_1, \cdots, a_n)$ 可视为 a_k 的 "线性" 函数. 因而 Φ 内的函数都是 a_k 的 "线性" 函数, 故相应的最小二乘拟合称为 "线性" 最小二乘拟合. 不要小看线性性质, 正是此性质使得问题很容易得到解决, 没有此性质的最小二乘拟合即为非线性拟合, 一般都很困难.

2. 线性最小二乘拟合函数的解法

(1) 最佳逼近向量法.

最小二乘问题乃是一个最小距离问题, 故应考虑使用最佳逼近定理的套路进行求解 (查看 2.7 节). 故而, 令 $Y = \{f(x)|f(x)$ 为点集 $\{x_i\}_{i=1}^m$ 上的函数$\}$, 其上有离散函数内积:

$$\langle f, g \rangle = \sum_{i=1}^m f(x_i) g(x_i),　　　　　　(7.2.3)$$

其中 $f(x), g(x) \in Y$. 按照定理 2.6.5 知, 函数集合 Y 在该内积下构成一个内积空间. 而 $\Phi = \text{span}\{\varphi_0(x), \cdots, \varphi_n(x)\}$ 为 Y 的一个 $n+1$ 维的子空间, 且 $\{\varphi_0(x), \cdots, \varphi_n(x)\}$ 就是该空间的一组基. 而数据对 $(x_i, y_i)(i = 1, 2, \cdots, m)$ 全体定义了 Y 中的一个函数 $y(x)$. 按照内积空间最佳逼近定理可知, $y(x)$ 在 Φ 中的最佳逼近向量就是线性最小二乘拟合问题的解 $\varphi(x)$.

按照最佳逼近向量的求法, 其系数为法方程组的解. 法 (正规) 方程组为

$$G^{\mathrm{T}} G a = G^{\mathrm{T}} y,　　　　　　(7.2.4)$$

其中 $G = \begin{pmatrix} \varphi_0(x_1) & \varphi_1(x_1) & \cdots & \varphi_n(x_1) \\ \varphi_0(x_2) & \varphi_1(x_2) & \cdots & \varphi_n(x_2) \\ \vdots & \vdots & & \vdots \\ \varphi_0(x_m) & \varphi_1(x_m) & \cdots & \varphi_n(x_m) \end{pmatrix} = (\varphi_0, \cdots, \varphi_n)$, $a = (a_0, a_1, \cdots,$
$a_n)^{\mathrm{T}}$, $y = (y_0, y_1, \cdots, y_m)^{\mathrm{T}}$.

因 $\{\varphi_0, \cdots, \varphi_n\}$ 为点集 $\{x_i\}_{i=1}^m$ 上的线性无关族, 按照定理 2.7.3 的推论知, 法方程组有唯一解向量 a, 将 a 代入 (7.2.2) 式即得最小二乘拟合函数 $\varphi(x)$.

至此, 线性最小二乘拟合问题得以彻底解决.

> **评注**　在此再次见证到用空间意识解决问题的优势, 若不太明白, 可翻阅和比照 2.7.4 小节矛盾方程组的求解过程.

(2) 多元函数最值法.

为了让读者体会不用空间意识的艰辛, 下面给出在一般教材中常见的法方程组导出过程.

按照 (7.2.1), (7.2.2) 式, 最小二乘解的系数等同于如下多元函数的最小值点坐标.

$$F(a_0, a_1, \cdots, a_n) = \sum_{i=1}^m \left(y_i - \sum_{k=0}^n a_k \varphi_k(x_i) \right)^2.　　　　(7.2.5)$$

由 $\dfrac{\partial F}{\partial a_j} = 0 (j = 0, 1, \cdots, n)$ 得驻点应满足的方程

$$\sum_{i=1}^{m} \left(y_i - \sum_{k=0}^{n} a_k \varphi_k(x_i) \right) \varphi_j(x_i) = 0, \tag{7.2.6}$$

整理得

$$\sum_{k=0}^{n} \left(\sum_{i=1}^{m} \varphi_k(x_i)\varphi_j(x_i) \right) a_k = \sum_{i=1}^{m} y_i \varphi_j(x_i), \quad j = 0, 1, \cdots, n. \tag{7.2.7}$$

为借用向量内积记号对上式进行简化表示, 令

$$\varphi_j = \left(\varphi_j(x_1), \varphi_j(x_2), \cdots, \varphi_j(x_m) \right)^{\mathrm{T}}, \quad j = 0, \cdots, n,$$
$$y = (y_1, y_2, \cdots, y_m)^{\mathrm{T}}, \quad a = (a_0, a_1, \cdots, a_n)^{\mathrm{T}},$$

注意到

$$\begin{cases} \langle \varphi_k, \varphi_j \rangle = \displaystyle\sum_{i=1}^{m} \varphi_k(x_i)\varphi_j(x_i) = \langle \varphi_j, \varphi_k \rangle, \\[2mm] \langle y, \varphi_j \rangle = \displaystyle\sum_{i=1}^{m} y_i \varphi_j(x_i), \end{cases}$$

故可将 (7.2.7) 表示为

$$\sum_{k=0}^{n} \langle \varphi_k, \varphi_j \rangle a_k = \langle y, \varphi_j \rangle, \quad j = 0, 1, \cdots, n. \tag{7.2.8}$$

验证可知, 将 (7.2.8) 所有方程联立并用矩阵表示, 即可得到大家熟知的法方程组

$$G^{\mathrm{T}} G a = G^{\mathrm{T}} y, \tag{7.2.9}$$

其中

$$G = \begin{pmatrix} \varphi_0(x_1) & \varphi_1(x_1) & \cdots & \varphi_n(x_1) \\ \varphi_0(x_2) & \varphi_1(x_2) & \cdots & \varphi_n(x_2) \\ \vdots & \vdots & & \vdots \\ \varphi_0(x_m) & \varphi_1(x_m) & \cdots & \varphi_n(x_m) \end{pmatrix} = (\varphi_0, \cdots, \varphi_n). \tag{7.2.10}$$

下面证明, 若 $a_0, a_1, \cdots, a_n$ 为法方程组 (7.2.9) 的解, 则函数

$$\varphi(x) = \sum_{k=0}^{n} a_k \varphi_k(x) \tag{7.2.11}$$

为给定数据组 $(x_i, y_i)(i = 1, 2, \cdots, m)$ 的最小二乘拟和函数. 对任意的 $h(x) \in \Phi$, 不妨设

$$h(x) = \sum_{k=0}^{n} c_k \varphi_k(x), \tag{7.2.12}$$

考查

$$\sum_{i=1}^{m} \left(y_i - h\left(x_i \right) \right)^2 = \sum_{i=1}^{m} \left(y_i - \varphi\left(x_i \right) + \varphi\left(x_i \right) - h\left(x_i \right) \right)^2$$

$$= \sum_{i=1}^{m} \left(y_i - \varphi\left(x_i \right) \right)^2 + 2 \sum_{i=1}^{m} \left(y_i - \varphi\left(x_i \right) \right) \left(\varphi\left(x_i \right) - h\left(x_i \right) \right)$$

$$+ \sum_{i=1}^{m} \left(\varphi\left(x_i \right) - h\left(x_i \right) \right)^2. \tag{7.2.13}$$

为了化简上式中间项, 将 (7.2.11) 和 (7.2.12) 式的 $\varphi(x)$ 与 $h(x)$ 的表示式代入 (7.2.13) 式, 则有

$$\sum_{i=1}^{m} (y_i - \varphi(x_i))(\varphi(x_i) - h(x_i)) = \sum_{i=1}^{m} (y_i - \varphi(x_i)) \left[\sum_{k=0}^{n} (a_k - c_k)\varphi_k(x_i) \right]$$

$$= \sum_{k=0}^{n} (a_k - c_k) \left[\sum_{i=1}^{m} (y_i - \varphi(x_i))\varphi_k(x_i) \right]. \tag{7.2.14}$$

再将 (7.2.11) 式的 $\varphi(x)$ 代入并利用驻点方程 (7.2.6) 知上式等于 0. 故

$$\sum_{i=1}^{m} (y_i - h(x_i))^2 = \sum_{i=1}^{m} (y_i - \varphi(x_i))^2 + \sum_{i=1}^{m} (\varphi(x_i) - h(x_i))^2$$

$$\geqslant \sum_{i=1}^{m} (y_i - \varphi(x_i))^2.$$

所以,

$$\sum_{i=1}^{m} (y_i - \varphi(x_i))^2 = \min_{h \in \Phi} \sum_{i=1}^{m} (y_i - h(x_i))^2,$$

即 $\varphi(x)$ 是数据组 $(x_i, y_i)(i = 1, 2, \cdots, m)$ 的最小二乘拟合函数.

评注 读者读到此处可能会问, 如何看出 (7.2.13) 式的中间项为 0? 确实, 非慧眼难以察觉! 但若站在空间意识的角度, 不外乎是偏差向量与投影子空间正交而已! 若有不明, 可再次翻阅图 2.6.1 所示的最佳逼近定理的几何意义. 比较可知用最佳逼近定理更加简洁明了. 正所谓 "一个如居高临下知来识往, 一个如云山雾罩难辨归途".

3. 线性最小二乘拟合步骤小结

(1) 草绘拟合数据点的分布图;

(2) 根据其分布特征趋势选择拟合函数类型及其基函数;

(3) 求解法 (正规) 方程组;

(4) 写出拟合函数.

评注 有照猫画虎之说, 无比牛绘马之言. 熟知某些函数曲线之形态, 是正确选取拟合函数类型的基础. 另外, 曲线拟合之本意是在 "某种简单函数类" 中寻求其一, 使之与数据组最贴切. 所以拟合函数类型没有选好, 拟合结果一般也就不会太好!

问题 7.2.1 拟合误差如何描述?

4. 线性最小二乘的拟合误差

依照数值方法的一般讨论范式, 结果的误差是必须要刻画的. 设拟合函数为 φ, 其拟合误差通常采用**平方误差** $\|r(\varphi)\|_2^2$ $(r(\varphi)$ 见 (7.1.2) 式), 即拟合偏差向量的 2-范数的平方来刻画.

问题 7.2.2 如何比较不同拟合函数的优劣?

答 通过比较拟合函数 φ 的偏差向量 $r(\varphi)$ 的大小即可! 可采用多种范数比较, 如 2-范数、∞-范数等.

例 7.2.1 已知一组实验数据如表 7.2.1 所示, 求其最小二乘拟合函数.

表 7.2.1

i	1	2	3	4
x_i	2	4	6	8
y_i	1.1	2.8	4.9	7.2

解 这里将以本例说明解决实际问题的过程.

首先要选择函数类型, 为此先画出实验数据点的图形如图 7.2.2 所示. 观察可见, 数据分布很像一条直线, 故选用一次函数 $y = a_0 + a_1 x \in \mathrm{span}\{1, x\}$ 拟合是合适的. 此处 $\varphi_0(x) = 1, \varphi_1(x) = x$, 按照 (7.2.4) 式中的有关记号, 有

$$
G = \begin{pmatrix} \varphi_0(x_1) & \varphi_1(x_1) \\ \varphi_0(x_2) & \varphi_1(x_2) \\ \varphi_0(x_3) & \varphi_1(x_3) \\ \varphi_0(x_4) & \varphi_1(x_4) \end{pmatrix} = \begin{pmatrix} 1 & 2 \\ 1 & 4 \\ 1 & 6 \\ 1 & 8 \end{pmatrix}, \quad y = \begin{pmatrix} 1.1 \\ 2.8 \\ 4.9 \\ 7.2 \end{pmatrix}.
$$

故法方程组 $G^{\mathrm{T}}Ga = G^{\mathrm{T}}y$ 为

$$
\begin{cases} 4a_0 + 20a_1 = 16, \\ 20a_0 + 120a_1 = 100.4. \end{cases}
$$

其解为 $a_0 = -1.1, a_1 = 1.02$, 所以 $y = -1.1 + 1.02x$ 就是所给数据组的最小二乘拟合多项式.

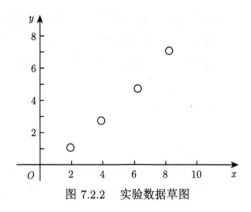

图 7.2.2　实验数据草图

问题 7.2.3　若用更高次多项式拟合可行否? 为什么?

请读者不妨实验后再尝试回答.

例 7.2.2　已知数据如表 7.2.2 所示, 求其拟合函数 $y = a_0 + a_1 \mathrm{e}^x + a_2 \mathrm{e}^{-x}$.

表 7.2.2

x	y
0	2
0.1	2.20254
0.2	2.40715
0.3	2.61592
0.4	2.83096
0.5	3.05448
0.6	3.28876

解 此处, $y(x) \in \mathrm{span}\{1, \mathrm{e}^x, \mathrm{e}^{-x}\}$, $\varphi_0(x) = 1, \varphi_1(x) = \mathrm{e}^x, \varphi_2(x) = \mathrm{e}^{-x}$, 按照 (7.2.4) 式中的有关记号, 有

$$
G = \begin{pmatrix} 1 & 1 & 1 \\ 1 & 1.10517 & 0.90484 \\ 1 & 1.22140 & 0.81873 \\ 1 & 1.34986 & 0.74082 \\ 1 & 1.49182 & 0.67032 \\ 1 & 1.64872 & 0.60653 \\ 1 & 1.82212 & 0.54881 \end{pmatrix}, \quad y = \begin{pmatrix} 2 \\ 2.20254 \\ 2.40715 \\ 2.61592 \\ 2.83096 \\ 3.05448 \\ 3.28876 \end{pmatrix},
$$

$$
G^{\mathrm{T}}G = \begin{pmatrix} 7 & 9.639 & 5.290 \\ 9.639 & 13.799 & 7 \\ 5.290 & 7 & 4.156 \end{pmatrix}, \quad G^{\mathrm{T}}y = \begin{pmatrix} 18.4 \\ 26.157 \\ 13.457 \end{pmatrix},
$$

解法方程组 $G^{\mathrm{T}}Ga = G^{\mathrm{T}}y$, 得 $a_0 = 1.98614, a_1 = 1.01700, a_2 = -1.00304$, 故所求拟合曲线为

$$
y = 1.98614 + 1.017\mathrm{e}^x - 1.00304\mathrm{e}^{-x}.
$$

评注 若读者已对拟合的原理和方法了然于心, 可忽略上述初级的原始求解过程, 而直接采用 MATLAB 编程求解 (见例 7.2.4), 弹指间结果尽现.

例 7.2.3 已知数据如表 7.2.3, 求一个二次多项式, 使之与所给数据拟合.

表 7.2.3

x	y
-1	1
-0.5	0.495
0	0.001
0.5	0.480
1	1.01

解 以 x 为横坐标, y 为纵坐标, 在直角坐标系内描图观察可见, x 与 y 之间的函数关系可能为一偶函数, 故考虑用偶次多项式作拟合函数. 为此, 取 $\varphi_0(x) = 1$, $\varphi_1(x) = x^2$, 于是所求二次多项式可设为 $\varphi(x) = a_0 + a_1 x^2$, 此时, 按照 (7.2.4) 式有关记号, 有

$$G = \begin{pmatrix} 1 & 1 \\ 1 & 0.25 \\ 1 & 0 \\ 1 & 0.25 \\ 1 & 1 \end{pmatrix}, \quad y = \begin{pmatrix} 1 \\ 0.495 \\ 0.001 \\ 0.480 \\ 1.01 \end{pmatrix},$$

故

$$G^{\mathrm{T}}G = \begin{pmatrix} 5 & 2.5 \\ 2.5 & 2.125 \end{pmatrix}, \quad G^{\mathrm{T}}y = \begin{pmatrix} 2.986 \\ 2.25375 \end{pmatrix},$$

因而法方程组 $G^{\mathrm{T}}Ga = G^{\mathrm{T}}y$ 为

$$\begin{pmatrix} 5 & 2.5 \\ 2.5 & 2.125 \end{pmatrix} \begin{pmatrix} a_0 \\ a_1 \end{pmatrix} = \begin{pmatrix} 2.986 \\ 2.25375 \end{pmatrix}.$$

解之得 $a_0 = 0.1625, a_1 = 0.8694$, 故所求拟合多项式为

$$\varphi(x) = 0.1625 + 0.8694x^2.$$

为了消除不含一次项的疑虑, 再以二次多项式的一般形式拟合, 有

$$P_2(x) = 0.8694x^2 + 0.0010x + 0.1625.$$

计算可知

$$\|r(\varphi)\|_\infty = \|r(P_2)\|_\infty = 0.1615;$$

$$\mathrm{rms}\, r(\varphi) = \mathrm{rms}\, r(P_2) = 0.1009.$$

即两种拟合与给定数据的最大偏差以及均方根误差均是相同的, 但显然 φ 更简单方便. 因用 MATLAB 绘出二者在区间 $[-1.1]$ 上的图形几乎没有区别, 故略.

> **评注**　此例可见, 通过对数据特点进行分析, 选用不带一次项的二次多项式为拟合函数, 不仅符合数据组近似对称的特征, 而且使计算更加简单. 可见, 在实际问题中选择合适的拟合函数形式是十分重要的.

5. 多项式拟合的摆动现象

多项式形式虽简, 但其曲线形状颇丰, 无论给出的数据点分布多杂散, 通常总会有一款与它们总体相近. 所以在拟合类型不好确定时, 多项式便成为拟合类型的首选. 但多项式拟合有摆动现象 (polynomial wiggle), 图 7.2.3 给出了数据组: $\{(0.25,23.1), (1.0,1.68), (1.5,1.0), (2.0,0.84), (2.4,0.826), (5,1.2576)\}$ 的 4 次和 5

次拟合多项式 $P_4(x)$ 和 $P_5(x)$ 的图形. 该组数据取自 $y = f(x) = \dfrac{1.44}{x^2} + 0.24x$.
图中可见 $P_4(x)$ 和 $P_5(x)$ 均出现摆动现象, 所以实际拟合时要多做试验比较, 以
确定最后拟合次数和类型.

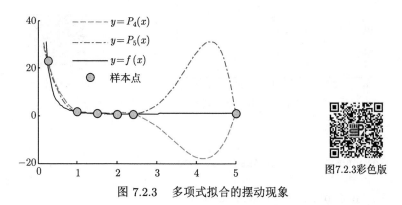

图 7.2.3 彩色版

图 7.2.3 多项式拟合的摆动现象

7.2.3 MATLAB 分分钟代码实现

下例通过 MATLAB 内建函数 polyfit 求取最小二乘多项式, 供读者参照使用.

例 7.2.4 用 MATLAB 分别求表 7.2.4 样本数据的 3 次和 6 次最小二乘拟
合多项式 $P_3(x)$ 和 $P_6(x)$, 并画出样本点和它们的图形.

表 7.2.4

x_i	1	2	3	5	9	12	13	15	18	21	25	28
y_i	19	14	10	6	6	9	10	12	13	12	11.5	11

解 function HL72ex4_polyfit

```
X=[1 2 3 5 9 12 13 15 18 21 25 28];
Y=[19 14 10 6 6 9 10 12 13 12 11.5 11];
P3 = polyfit(X,Y,3) %P3系数降幂排列.
P6 = polyfit(X,Y,6) %P6系数降幂排列.
x=0:0.1:30;
y1=polyval(P3',x);
y2=polyval(P6',x);
plot(x,y1,'-',x,y2,'--',X,Y,'o','Linewidth', 1.5);
legend('P_3拟合','P_6拟合','样本点');
see=1;
```

运行上述程序后, 可在图形窗口出现 $P_3(x)$ 和 $P_6(x)$ 两个多项式的图形, 如
图 7.2.4 所示. 并在命令窗口出现两个多项式的系数向量:

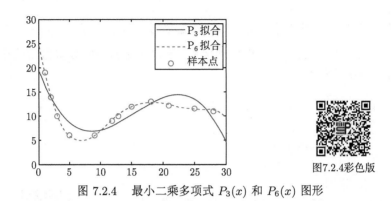

图 7.2.4　最小二乘多项式 $P_3(x)$ 和 $P_6(x)$ 图形

图7.2.4彩色版

```
P3 =
    -0.0060 0.2775 -3.4584 19.7360
P6 =
    -0.0000 0.0001 -0.0023 0.0005
    0.6493 -6.8978 25.2045
```

其中, 系数向量是按降幂排列的, 比如,

$$P_3(x) = -0.0060x^3 + 0.2775x^2 - 3.4584x + 19.7360.$$

读者可稍加改写上述代码, 验证例 7.2.1—例 7.2.3 几个例子的拟合结果.

7.2.4　非线性最小二乘拟合

1. 非线性最小二乘拟合问题.

定义 7.2.3　当拟合函数类型 $\varphi(x; a_0, a_1, \cdots, a_n)$ 关于待定参数 $a_0, a_1, \cdots, a_n$ 是非线性函数时, 相应的最小二乘拟合问题称为非线性最小二乘拟合问题.

所谓求解最小二乘拟合问题, 无非就是确定拟合函数类中的那些待定参数. 但令人郁闷的是内积空间最佳逼近法, 不再适用于求解非线性最小二乘拟合问题. 因为非线性函数不能以待定参数 $a_0, a_1, \cdots, a_n$ 为线性组合系数, 故拟合函数类构成的集合通常不构成线性空间, 进而不能构成内积空间, 也就不能套用子空间最佳逼近向量的法方程组求解方法.

问题 7.2.4　非线性最小二乘拟合问题应如何求解?

现略作分析如下. 由 (7.2.1) 式可见最小二乘函数 $\varphi(x)$ 满足

$$\sum_{i=1}^{m} (\varphi(x_i) - y_i)^2 = \min_{h \in \Phi} \sum_{i=1}^{m} (h(x_i; a_0, a_1, \cdots, a_n) - y_i)^2,$$

即 φ 是 Φ 内所有函数中距 y 最近的那一个. 该问题等同于求多元函数 $F(a_0, a_1, \cdots, a_n)$ 的最小值, 这里,

$$F(a_0, a_1, \cdots, a_n) = \sum_{i=1}^{m} \left(h(x_i; a_0, a_1, \cdots, a_n) - y_i\right)^2. \tag{7.2.15}$$

故一旦得到其最小值点, 便可得到最小二乘函数的待定参数 $a_j (j = 0, 1, \cdots, n)$. 欲求其最值点, 需求解驻点方程组:

$$\frac{\partial F}{\partial a_j} = 0 \quad (j = 0, 1, \cdots, n). \tag{7.2.16}$$

不难想象, 此方程组是关于 $a_j (j = 0, 1, \cdots, n)$ 的非线性方程组, 其求解困难. 因此, 一般的非线性最小二乘拟合问题, 在这里不作详细讨论. 下面仅讨论一些可以变换为线性拟合的情形.

2. 可化为线性拟合问题的常见函数类

对于一些较特殊的非线性拟合函数类型, 可以通过适当的变量代换化为线性最小二乘问题, 下面列出了部分这样的函数类型.

拟合类型	换元	化成的拟合函数
$\begin{cases} y = ae^{b/x} \\ (a > 0) \end{cases}$	$\begin{cases} \bar{y} = \ln y \\ \bar{x} = \dfrac{1}{x} \end{cases}$	$\begin{cases} \bar{y} = \bar{a} + b\bar{x} \\ (\bar{a} = \ln a) \end{cases}$
$\begin{cases} y = 1/(a + be^{-x}) \\ (a > 0) \end{cases}$	$\begin{cases} \bar{x} = e^{-x} \\ \bar{y} = 1/y \end{cases}$	$\bar{y} = a + b\bar{x}$
$y = 1/(ax + b)$	$\bar{y} = 1/y$	$\bar{y} = ax + b$
$y = x/(ax + b)$	$\begin{cases} \bar{y} = 1/y \\ \bar{x} = 1/x \end{cases}$	$\bar{y} = a + b\bar{x}$
$y^2 = ax^2 + bx + c$	$\bar{y} = y^2$	$\bar{y} = ax^2 + bx + c$
$y = x/(ax^2 + bx + c)$	$\bar{y} = \dfrac{x}{y}$	$\bar{y} = ax^2 + bx + c$
$y = a + \dfrac{b}{x} + \dfrac{c}{x^2}$	$\bar{x} = 1/x$	$y = a + b\bar{x} + c\bar{x}^2$

实际拟合时应将所有数据进行换元计算, 即将 (x, y) 变换到 $(\bar{x}, \bar{y})$, 先求出基于数据 $(\bar{x}, \bar{y})$ 的线性拟合问题的解, 再利用系数对应关系求取原拟合函数.

3. 线性化前后的区别与联系

将非线性拟合问题通过变换转化为线性拟合问题, 变换前和变换后的最小化问题通常是不等效的. 故而, 它们所确定出的待定参数通常也不相同. 究竟哪种方法更合理, 取决于用户在意哪种数据误差最小. 好比开车出行, 将目标路程最短转换为用时最少之后, 对应的最优决策路径可能是不同的.

例 7.2.5 非线性拟合举例. 某化学实验所得生成物的浓度与时间关系数据记录如表 7.2.5 所示, 求浓度 y 与时间 t 的拟合曲线 $y = F(t)$.

表 7.2.5

t_i	1	2	3	4	5	6	7	8
$y(t_i)$	4.00	6.40	8.00	8.80	9.22	9.50	9.70	9.86
t_i	9	10	11	12	13	14	15	16
$y(t_i)$	10.00	10.20	10.32	10.42	10.52	10.55	10.58	10.60

解 将数据在平面直角坐标系内画出, 见图 7.2.5. 由图可见, 开始时浓度增加较快, 后来逐渐减弱, 到一定时间就基本稳定在一个数值上. 即当 $t \to \infty$ 时, y 趋于某个定数, 故有一水平渐近线. 而 $t \to 0$ 时, 反应未开始, 生成物的浓度为零. 根据这些特点, 可设想 $y = F(t)$ 是双曲线型或指数型函数.

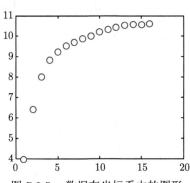

图 7.2.5 数据在坐标系中的图形

(1) 取拟合函数为双曲线型.

$$\frac{1}{y} = a + \frac{b}{t}, \quad 即 y = \frac{t}{at + b}.$$

可见 y 关于参数 a, b 是非线性的. 为确定 a, b, 可令 $Y = \dfrac{1}{y}$, $T = \dfrac{1}{t}$, 则拟合函数化为 $Y = a + bT$, 而将数据 (t_i, y_i) 相应地变换为 (T_i, Y_i), 列表 7.2.6 如下.

表 7.2.6

T_i	1	1/2	1/3	1/4	1/5	1/6	1/7	1/8
Y_i	0.2500	0.1563	0.1250	0.1136	0.1085	0.1053	0.1031	0.1014
T_i	1/9	1/10	1/11	1/12	1/13	1/14	1/15	1/16
Y_i	0.1000	0.0980	0.0969	0.0960	0.0951	0.0948	0.0945	0.0943

对应的法方程组为

$$\begin{cases} 16a + 3.3807b = 1.8327, \\ 3.3807a + 1.5843b = 0.5288. \end{cases}$$

解之得 $a = 0.0802, b = 0.1628$. 故 $y = F_1(t) = \dfrac{t}{0.0802t + 0.1628}$.

(2) 取拟合函数为指数型.

$$y = ae^{b/t}, \quad b < 0,$$

两边取对数得

$$\ln y = \ln a + \frac{b}{t},$$

令 $Y = \ln y, T = \dfrac{1}{t}, A = \ln a, B = b$, 则拟合函数化为

$$Y = A + BT.$$

拟合过程与上面类似, 先由 (t_i, y_i) 算出相应的 (T_i, Y_i), 然后进行多项式拟合, 解得 $A = 2.4272, B = -1.0570$, 从而 $a = e^A = 11.3273$, 故拟合函数为

$$y = F_2(t) = 11.3573e^{-1.057/t}.$$

(3) 两个模型的优劣比较.

模型的优劣可以通过比较拟合函数值与所给数据误差的大小来确定. 误差大小可以采用不同的范数进行度量, 二者误差向量的无穷范数为

$$\max_{0 \leqslant i \leqslant 15} |y_i - F_1(t_i)| = 0.5599,$$
$$\max_{0 \leqslant i \leqslant 15} |y_i - F_2(t_i)| = 0.2774.$$

而均方根误差为

$$\sqrt{\frac{1}{16} \sum_{i=0}^{15} (y_i - F_1(t_i))^2} = 0.3119,$$

$$\sqrt{\frac{1}{16} \sum_{i=0}^{15} (y_i - F_2(t_i))^2} = 0.0861.$$

可见指数型的 $y = F_2(t)$ 的两种误差都比较小, 二者之中, 用它作为拟合曲线更好. 二者图形见图 7.2.6, 图中孰优孰劣一目了然. 下面是本例的 MATLAB 代码.

```
function HL72ex5
xi=1:16;
yi=[4 6.4 8 8.8 9.22 9.5 9.7 9.86 10 10.2...
    10.32 10.42 10.52 10.55 10.58 10.6];
plot(xi,yi,'o');
Yi=1./yi;Ti=1./xi;
P1=polyfit(Ti,Yi,1);%P1为拟合系数, 降幂排列.
Lnyi=log(yi);
P2=polyfit(Ti,Lnyi,1);
a=exp(P2(2));
x=1:0.1:16;
y_sq=x./((P1(2)*x)+P1(1));
y_zs=a*exp(P2(1)./x);
hold on
plot(xi,yi,'o',x,y_sq,'--',x,y_zs,'-','Linewidth',1.5);
legend('样本点','双曲型','指数型');
y_sqi=xi./((P1(2)*xi)+P1(1));
y_zsi=a*exp(P2(1)./xi);
Norm_sq=norm((y_sqi-yi),inf)%双曲最大偏差.
Norm_zs=norm((y_zsi-yi),inf)%指数最大偏差.
rms_sq=norm(y_sqi-yi)/sqrt(length(yi))%双曲均方根误差.
rms_zs=norm(y_zsi-yi)/sqrt(length(yi))%指数均方根误差.
```

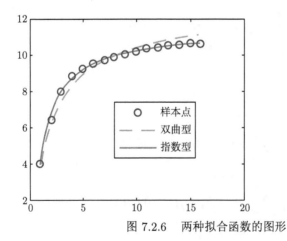

图7.2.6彩色版

图 7.2.6　两种拟合函数的图形

评注 此例可见, 关于拟合曲线的选型问题, 最好将计算机绘图与误差比较相结合, 做综合考虑. 绘图法利于粗看, 误差比较利于细究!

7.2.5 带权线性拟合

实验数据往往具有不同的可靠性. 可靠数据委以重权以显其要, 不可靠数据配以轻权以取其善, 加权拟合乃明智之举! 也就是说, 对可靠数据可采用较大的权数以加重其作用, 而不可靠数据也有可利用的信息, 可以取较小的权数予以采用, 从而就有了下面的加权拟合.

1. 线性加权最小二乘法问题

定义 7.2.4 设给定数据组 $(x_i, y_i)(i = 1, 2, \cdots, m)$, 又 $\{\varphi_k(x)\}_{k=0}^n$ 为点集 $\{x_i\}_{i=1}^m$ 上的线性无关族, 函数 $\varphi(x) \in \Phi = \mathrm{span}\{\varphi_0, \cdots, \varphi_n\}$ 使得

$$\sum_{i=1}^m w_i(y_i - \varphi(x_i))^2 = \min_{h \in \Phi} \sum_{i=1}^m w_i(y_i - h(x_i))^2, \tag{7.2.17}$$

其中, $w_i > 0$ 为数据对 (x_i, y_i) 的权重. 上述 $\varphi(x)$ 的求解问题称为加权线性最小二乘问题, 其解 $\varphi(x)$ 称为加权最小二乘拟合函数.

显然, 一般线性最小二乘问题为加权线性最小二乘问题的特例.

2. 加权最小二乘求解方法

仍采用最佳逼近向量法.

令 $Y = \{f(x)|f(x)$ 为点集 $\{x_i\}_{i=1}^m$ 上的函数$\}$, 其上有带权内积

$$\langle f, g \rangle = \sum_{i=1}^m w_i f(x_i) g(x_i), \tag{7.2.18}$$

这里 $f(x), g(x) \in Y$; $w = (w_1, \cdots, w_m)$ 称为权向量, 其中 $w_i > 0 (i = 1, \cdots, m)$ 为常数, Y 在该内积下构成一个内积空间. 注意到 $M = \mathrm{span}\{\varphi_0(x), \cdots, \varphi_n(x)\}$ 为 Y 的一个 $n+1$ 维的子空间, 令 $y = (y_1, \cdots, y_m)^{\mathrm{T}}$, 其确定了一个函数 $y(x) \in Y, y(x)$ 在 M 中的最佳逼近向量就是线性加权最小二乘拟合问题的解 $\varphi(x)$. 其系数是法方程组的解. 法方程组如下:

$$\begin{pmatrix} \langle \varphi_0, \varphi_0 \rangle & \langle \varphi_0, \varphi_1 \rangle & \cdots & \langle \varphi_0, \varphi_n \rangle \\ \langle \varphi_1, \varphi_0 \rangle & \langle \varphi_1, \varphi_1 \rangle & \cdots & \langle \varphi_1, \varphi_n \rangle \\ \vdots & \vdots & & \vdots \\ \langle \varphi_n, \varphi_0 \rangle & \langle \varphi_n, \varphi_1 \rangle & \cdots & \langle \varphi_n, \varphi_n \rangle \end{pmatrix} \begin{pmatrix} a_0 \\ a_1 \\ \vdots \\ a_n \end{pmatrix} = \begin{pmatrix} \langle y, \varphi_0 \rangle \\ \langle y, \varphi_1 \rangle \\ \vdots \\ \langle y, \varphi_n \rangle \end{pmatrix}. \tag{7.2.19}$$

$$\text{令 } G = \begin{pmatrix} \varphi_0(x_1) & \varphi_1(x_1) & \cdots & \varphi_n(x_1) \\ \varphi_0(x_2) & \varphi_1(x_2) & \cdots & \varphi_n(x_2) \\ \vdots & \vdots & & \vdots \\ \varphi_0(x_m) & \varphi_1(x_m) & \cdots & \varphi_n(x_m) \end{pmatrix}, W = \mathrm{diag}(w_1, w_2, \cdots, w_m) =$$

$$\begin{pmatrix} w_1 & & \\ & \ddots & \\ & & w_m \end{pmatrix}, \text{ 则法方程组可用矩阵表示为}$$

$$G^{\mathrm{T}}WGa = G^{\mathrm{T}}Wy. \tag{7.2.20}$$

按照相关定理 (定理 2.7.3), 只要 $\{\varphi_0, \cdots, \varphi_n\}$ 为点集 $\{x_i\}_{i=1}^m$ 上的线性无关族, 则法方程有唯一解向量 a. 最小二乘拟合函数 $\varphi(x)$ 仍由 (7.2.2) 式给出, 即

$$\varphi(x; a_0, a_1, \cdots, a_n) = a_0 \varphi_0(x) + a_1 \varphi_1(x) + \cdots + a_n \varphi_n(x).$$

带权拟合的 MATLAB 代码, 不难自行写出, 也可参考 [15].

问题 7.2.5   带权拟合误差如何描述, 拟合优劣如何比较?

本问题请读者自行解决.

7.2.6   最小二乘法的短处

至此, 加权或不加权线性最小二乘问题, 均采用了内积空间最佳逼近定理得以简单解决, 但请读者不要太高兴, 因为此法很不完美. 原因在于线性最小二乘问题的法方程组往往是病态的.

问题 7.2.6   如何避免法方程组的病态问题?

答   欲知后事如何, 请看正交拟合!

7.3   基于正交系的最小二乘拟合

7.3.1   正交拟合的萌发

本节记号含义与上节相同, 不再另行说明.

求解线性最小二乘问题, 必须求解法方程组, 然而不幸的是法方程组往往是病态的. 注意到法方程组系数矩阵

$$\begin{pmatrix} \langle \varphi_0, \varphi_0 \rangle & \langle \varphi_0, \varphi_1 \rangle & \cdots & \langle \varphi_0, \varphi_n \rangle \\ \langle \varphi_1, \varphi_0 \rangle & \langle \varphi_1, \varphi_1 \rangle & \cdots & \langle \varphi_1, \varphi_n \rangle \\ \vdots & \vdots & & \vdots \\ \langle \varphi_n, \varphi_0 \rangle & \langle \varphi_n, \varphi_1 \rangle & \cdots & \langle \varphi_n, \varphi_n \rangle \end{pmatrix}$$

是向量组 $\{\varphi_0, \cdots, \varphi_n\}$ 内积排列而成的 Gram 矩阵. 倘若 $\{\varphi_0, \cdots, \varphi_n\}$ 为正交系, 则 Gram 矩阵必是非主对角线元素全为 0 的满秩矩阵, 故病态得到改善, 且法方程组也容易求解.

7.3.2 离散正交系下的最小二乘法

1. 离散正交系下的最小二乘拟合函数

定义 7.3.1 若 $\{\varphi_0(x), \varphi_1(x), \cdots, \varphi_n(x)\}$ 是点集 $\{x_1, x_2, \cdots, x_m\}$ 上的带权离散内积下的正交系, 则称 $\{\varphi_0(x), \varphi_1(x), \cdots, \varphi_n(x)\}$ 是点集 $\{x_1, x_2, \cdots, x_m\}$ 上的带权的离散正交函数系 (族), 简称**离散正交系 (族)**.

> **评注** 简言之, 两函数内积为 0, 谓之正交. 不含 0 且两两正交的函数系谓之正交系 (族).

若 $\{\varphi_0(x), \varphi_1(x), \cdots, \varphi_n(x)\}$ 是点集 $\{x_1, x_2, \cdots, x_m\}$ 上的带权离散内积下的正交系. 则其 Gram 矩阵为

$$
\begin{pmatrix}
\langle \varphi_0, \varphi_0 \rangle & \langle \varphi_0, \varphi_1 \rangle & \cdots & \langle \varphi_0, \varphi_n \rangle \\
\langle \varphi_1, \varphi_0 \rangle & \langle \varphi_1, \varphi_1 \rangle & \cdots & \langle \varphi_1, \varphi_n \rangle \\
\vdots & \vdots & & \vdots \\
\langle \varphi_n, \varphi_0 \rangle & \langle \varphi_n, \varphi_1 \rangle & \cdots & \langle \varphi_n, \varphi_n \rangle
\end{pmatrix}
=
\begin{pmatrix}
\langle \varphi_0, \varphi_0 \rangle & & & \\
& \langle \varphi_1, \varphi_1 \rangle & & \\
& & \ddots & \\
& & & \langle \varphi_n, \varphi_n \rangle
\end{pmatrix}.
$$

> **评注** 此矩阵为一个对角矩阵, 故法方程组将很容易求解, 而且还是对角占优的, 真是太棒了!

此时法方程组为

$$
\begin{pmatrix}
\langle \varphi_0, \varphi_0 \rangle & & & \\
& \langle \varphi_1, \varphi_1 \rangle & & \\
& & \ddots & \\
& & & \langle \varphi_n, \varphi_n \rangle
\end{pmatrix}
\begin{pmatrix}
a_0 \\ a_1 \\ \vdots \\ a_n
\end{pmatrix}
=
\begin{pmatrix}
\langle y, \varphi_0 \rangle \\ \langle y, \varphi_1 \rangle \\ \vdots \\ \langle y, \varphi_n \rangle
\end{pmatrix},
\qquad (7.3.1)
$$

其解为

$$
a_k = \frac{\langle y, \varphi_k \rangle}{\langle \varphi_k, \varphi_k \rangle} \quad (k = 0, 1, \cdots, n), \qquad (7.3.2)
$$

最小二乘拟合函数 $\varphi(x)$ 仍由 (7.2.2) 式给出, 即

$$
\varphi(x) = a_0 \varphi_0(x) + a_1 \varphi_1(x) + \cdots + a_n \varphi_n(x). \qquad (7.3.3)
$$

问题 7.3.1 如何构造正交系? (下段要点问题.)

2. 离散正交多项式的三项递推法

设已知节点集 $\{x_1, x_2, \cdots, x_m\}$ 和权函数 $w(x)$, 按下述方法可构造出首次项系数为 1 的正交多项式系 $\{P_0(x), P_1(x), \cdots, P_n(x)\}(n \leqslant m-1)$, 这里

$$\begin{cases} P_0(x) = 1, \\ P_1(x) = (x - \alpha_1)P_0(x), \\ P_{k+1}(x) = (x - \alpha_{k+1})P_k(x) - \beta_k P_{k-1}(x) \quad (k = 1, 2, \cdots, n-1), \end{cases} \tag{7.3.4}$$

其中, 简记 $P_k(x)$ 为 P_k,

$$\alpha_{k+1} = \frac{\langle xP_k, P_k \rangle}{\langle P_k, P_k \rangle} = \frac{\displaystyle\sum_{i=1}^{m} w_i x_i P_k^2(x_i)}{\displaystyle\sum_{i=1}^{m} w_i P_k^2(x_i)}, \quad k = 0, 1, \cdots, n-1, \tag{7.3.5}$$

$$\beta_k = \frac{\langle P_k, P_k \rangle}{\langle P_{k-1}, P_{k-1} \rangle} = \frac{\displaystyle\sum_{i=1}^{m} w_i P_k^2(x_i)}{\displaystyle\sum_{i=1}^{m} w_i P_{k-1}^2(x_i)}, \quad k = 1, \cdots, n-1. \tag{7.3.6}$$

上述方法称为**三项递推法**.

评注 利用 Schmidt 正交化方法也可以将无关组 $\{1, x, x^2, \cdots, x^n\}$ 正交化为关于点集 $\{x_1, x_2, \cdots, x_m\}$ 的正交族. 三项递推法是 Schmidt 正交化过程的递推形式, 使用起来更加方便. 但 Schmidt 法容易记忆, 适宜某些手算的场合. 在 Schmidt 正交化中, 有

$$P_0(x) = 1,$$

$$P_n(x) = x^n - \sum_{k=0}^{n-1} \frac{\langle x^n, P_k \rangle}{\langle P_k, P_k \rangle} P_k(x) \quad (n \geqslant 1). \tag{7.3.7}$$

定理 7.3.1 由递推公式 (7.3.4) 确定的多项式系 $\{P_0(x), P_1(x), \cdots, P_n(x)\}$ $(n < m-1)$ 为节点集 $\{x_1, x_2, \cdots, x_m\}$ 上的离散正交系.

证 用归纳法. 当 $n = 1$ 时,

$$\langle P_0, P_1 \rangle = \langle P_0, (x - \alpha_1)P_0 \rangle$$

$$= \langle P_0, xP_0 \rangle - \langle P_0, \alpha_1 P_0 \rangle$$

$$= \langle P_0, xP_0 \rangle - \frac{\langle xP_0, P_0 \rangle}{\langle P_0, P_0 \rangle} \langle P_0, P_0 \rangle$$

$$= \langle P_0, xP_0 \rangle - \langle xP_0, P_0 \rangle = 0,$$

故 $n = 1$ 时结论成立.

假定 $n = k$ 时, $\{P_0(x), P_1(x), \cdots, P_k(x)\}$ 为正交系. 即 $\langle P_t, P_s \rangle = 0 (t \neq s,$ $t = 1, 2, \cdots, k, s = 0, 1, \cdots, t - 1)$.

下证 $n = k + 1$ 时, $\{P_0(x), P_1(x), \cdots, P_{k+1}(x)\}$ 为正交系. 仅需证明

$$\langle P_{k+1}, P_s \rangle = 0, \quad s = 0, 1, \cdots, k. \tag{7.3.8}$$

首先由 (7.3.4) 式有

$$P_{k+1} = (x - \alpha_{k+1})P_k - \beta_k P_{k-1}.$$

现将 s 分为两段处理.

当 $0 \leqslant s \leqslant k - 2$ 时,

$$\langle P_{k+1}, P_s \rangle = \langle (x - \alpha_{k+1})P_k - \beta_k P_{k-1}, P_s \rangle$$

$$= \langle xP_k, P_s \rangle - \alpha_{k+1} \langle P_k, P_s \rangle - \beta_k \langle P_{k-1}, P_s \rangle.$$

由归纳假设可知后两项为 0. 故

$$\langle P_{k+1}, P_s \rangle = \langle xP_k, P_s \rangle = \langle P_k, xP_s \rangle. \tag{7.3.9}$$

注意到 xP_s 是首次系数为 1 的 $s + 1$ 次多项式, 故可表示为 $P_0, P_1, \cdots, P_{s+1}$ 的线性组合, 故可设

$$xP_s = \sum_{j=0}^{s+1} c_j P_j, \tag{7.3.10}$$

于是接 (7.3.9) 式, 再次利用归纳假设可得

$$\langle P_{k+1}, P_s \rangle = \langle P_k, xP_s \rangle = \sum_{j=0}^{s+1} c_j \langle P_k, P_j \rangle = 0.$$

所以, 当 $0 \leqslant s \leqslant k - 2$ 时, $\langle P_{k+1}, P_s \rangle = 0$, 即 (7.3.8) 式真.

当 $s = k - 1$ 和 k 时, 分别计算. 先看 $s = k$ 时的情形.

$$\langle P_{k+1}, P_k \rangle = \langle (x - \alpha_{k+1}) P_k - \beta_k P_{k-1}, P_k \rangle$$

$$= \langle x P_k, P_k \rangle - \alpha_{k+1} \langle P_k, P_k \rangle - \beta_k \langle P_{k-1}, P_k \rangle$$

$$= \langle x P_k, P_k \rangle - \alpha_{k+1} \langle P_k, P_k \rangle$$

$$= \langle x P_k, P_k \rangle - \frac{\langle x P_k, P_k \rangle}{\langle P_k, P_k \rangle} \langle P_k, P_k \rangle = 0.$$

所以, 当 $s = k$ 时, $\langle P_{k+1}, P_s \rangle = 0$, 即 (7.3.8) 式真.

再看 $s = k - 1$ 时的情形.

$$\langle P_{k+1}, P_{k-1} \rangle = \langle (x - \alpha_{k+1}) P_k - \beta_k P_{k-1}, P_{k-1} \rangle$$

$$= \langle x P_k, P_{k-1} \rangle - \alpha_{k+1} \langle P_k, P_{k-1} \rangle - \beta_k \langle P_{k-1}, P_{k-1} \rangle$$

$$= \langle x P_k, P_{k-1} \rangle - \beta_k \langle P_{k-1}, P_{k-1} \rangle$$

$$= \langle x P_k, P_{k-1} \rangle - \frac{\langle P_k, P_k \rangle}{\langle P_{k-1}, P_{k-1} \rangle} \langle P_{k-1}, P_{k-1} \rangle$$

$$= \langle x P_k, P_{k-1} \rangle - \langle P_k, P_k \rangle. \tag{7.3.11}$$

注意到

$$\langle x P_k, P_{k-1} \rangle = \langle P_k, x P_{k-1} \rangle, \tag{7.3.12}$$

$x P_{k-1}$ 是首次系数为 1 的 k 次多项式, 故可表示为 $P_0, P_1, \cdots, P_k$ 的线性组合. 因为 P_k 的首次系数也是 1, 所以在线性组合中 P_k 系数必为 1, 故可设 $x P_{k-1} = P_k + \sum_{j=0}^{k-1} c_j P_j(x)$, 故

$$\langle P_k, x P_{k-1} \rangle = \langle P_k, P_k \rangle + \sum_{j=0}^{k-1} c_j \langle P_k, P_j \rangle = \langle P_k, P_k \rangle,$$

故由 (7.3.11), (7.3.12) 知 $\langle P_{k+1}, P_{k-1} \rangle = 0$. 所以当 $s = k - 1$ 时, $\langle P_{k+1}, P_s \rangle = 0$, 即 (7.3.8) 式真.

综上, 可知 (7.3.8) 式成立.　　　　　　　　　　　　　　　　　　　　　　证毕.

7.3.3　正交与非正交拟合的比较

1. 应用实例

例 7.3.1　如表 7.3.1, 用一般最小二乘拟合和正交拟合分别求其二次拟合多项式, 权系数均为 1, 比较二者的法方程组系数矩阵的条件数大小.

表 7.3.1

x_i	1	2	3	4
y_i	4	10	18	26

解 先由一般最小二乘法求解. 设二次拟合多项式为

$$y = a_2 x^2 + a_1 x + a_0.$$

其系数法方程组为

$$\begin{pmatrix} 4 & 10 & 30 \\ 10 & 30 & 100 \\ 30 & 100 & 345 \end{pmatrix} \begin{pmatrix} a_0 \\ a_1 \\ a_2 \end{pmatrix} = \begin{pmatrix} 58 \\ 182 \\ 622 \end{pmatrix}.$$

解之得: $a_2 = \dfrac{1}{2}$, $a_1 = \dfrac{49}{10}$, $a_0 = -\dfrac{3}{2}$.

故二次最小二乘拟合多项式为

$$y = \frac{1}{2}x^2 + \frac{49}{10}x - \frac{3}{2}. \tag{7.3.13}$$

令 A 表示法方程组系数矩阵, 计算知其条件数为

$$\mathrm{cond}_\infty(A) = ||A||_\infty ||A^{-1}||_\infty = 7623.$$

下面由正交拟合求解. 设二次拟合多项式为

$$y = c_0 P_0(x) + c_1 P_1(x) + c_2 P_2(x), \tag{7.3.14}$$

其中 $\{P_0(x), P_1(x), P_2(x)\}$ 为正交系. 按照三项递推法 (7.3.4) 得

$$P_0(x) = 1, \quad \langle P_0, P_0 \rangle = 4, \quad \langle y, P_0 \rangle = y_1 + y_2 + y_3 + y_4 = 58,$$

故 $c_0 = \dfrac{\langle y, P_0 \rangle}{\langle P_0, P_0 \rangle} = \dfrac{58}{4} = \dfrac{29}{2}.$

$$\langle xP_0, P_0 \rangle = \sum_{i=1}^{4} w_i x_i P_0^2(x_i) = 10, \quad \alpha_1 = \frac{\langle xP_0, P_0 \rangle}{\langle P_0, P_0 \rangle} = \frac{5}{2},$$

$$P_1(x) = (x - \alpha_1) P_0 = x - \frac{5}{2}.$$

$$\langle P_1, P_1 \rangle = \sum_{i=1}^{4} \left(x_i - \frac{5}{2} \right)^2 = 5, \quad \langle y, P_1 \rangle = \sum_{i=1}^{4} y_i \left(x_i - \frac{5}{2} \right) = 37,$$

故 $c_1 = \dfrac{\langle y, P_1 \rangle}{\langle P_1, P_1 \rangle} = \dfrac{37}{5}$.

$$\langle xP_1, P_1 \rangle = \sum_{i=1}^{4} x_i \left(x_i - \frac{5}{2} \right)^2 = \frac{25}{2}, \quad \alpha_2 = \frac{\langle xP_1, P_1 \rangle}{\langle P_1, P_1 \rangle} = \frac{5}{2}, \quad \beta_1 = \frac{\langle P_1, P_1 \rangle}{\langle P_0, P_0 \rangle} = \frac{5}{4},$$

$$P_2(x) = (x - \alpha_2) P_1(x) + \beta_1 P_0 = x^2 - 5x + 5.$$

$$\langle P_2, P_2 \rangle = 4, \quad \langle y, P_2 \rangle = 2,$$

故 $c_2 = \dfrac{1}{2}$. 按 (7.3.14) 知

$$y = \frac{1}{2}x^2 + \frac{49}{10}x - \frac{3}{2} \tag{7.3.15}$$

为所求.

令 B 表示法方程组系数矩阵, 故 $B = \mathrm{diag}(4,5,4)$, 其条件数为 $\mathrm{cond}_\infty(B) = \|B\|_\infty \|B^{-1}\|_\infty = 5/4$, 故而 $\mathrm{cond}_\infty(B) \ll \mathrm{cond}_\infty(A)$.

上述正交化过程用 Schmidt 方法也可以得到同样结果.

思考题 7.3.1   为何一般拟合和正交拟合两种方法所得结果相同呢? 请读者尝试回答这个问题.

2. 正交拟合与一般拟合的比较

通过上例可见, 正交拟合的法方程组的条件数远远小于一般最小二乘法方程组的条件数. 事实上, 该结果具有普遍性, 故正交拟合法避免了一般最小二乘法常出现的病态问题, 结果更为可靠.

正交拟合尽管理论上麻烦一些, 但避免了大型方程组求解问题, 因而对于数据量较大的拟合问题更为适用.

另外, 因为正交拟合逼近次数增加一次时, 只需在原有的多项式中增加一项, 故而, 正交拟合法可让计算机自动控制拟合次数.

3. 拟合误差与自动拟合的停止条件

记 δ 表示拟合误差向量的 2-范数, 则拟合的平方误差为

$$\delta^2 = \sum_{i=1}^{m} w(x_i) \left[y_i - P_n(x_i) \right]^2. \tag{7.3.16}$$

若事先给定拟合误差 ε, 则停止拟合的条件可取为

$$\delta^2 \leqslant \varepsilon. \tag{7.3.17}$$

评注 平方误差在不同教科书上有不同的简化形式, 但此表达式在 MAT-LAB 中较之简化之后更易使用.

4. 正交拟合的 MATLAB 程序实现

有关正交多项式拟合的 MATLAB 代码不难自行书写, 也可参考 [3,15]. 但建议读者不必大费周折, 一般问题可直接使用其内建函数 polyfit 就好. 因为 MAT-LAB 应付病态方程组的能力还是很强的!

7.4 函数的最佳平方逼近

本节的问题是在整个区间 $[a, b]$ 上, 而不只是仅在某些离散数据点上, 求取某个复杂函数的一个简单近似函数, 这太有用了.

与离散情形类似, 可有不同的近似标准.

问题 7.4.1 函数的距离如何度量?

回顾向量之间以及矩阵之间的距离, 它们都用范数完成了距离度量. 推而广之, 函数间的距离当然也考虑用范数形成, 读者还应记得内积范数下的距离在很多情况下, 是最好用的.

7.4.1 函数距离和正交函数系

设 $f, g \in C[a, b]$, f 的 ∞-范数为

$$||f||_\infty = \max_{x \in [a,b]} |f(x)|. \tag{7.4.1}$$

函数 f, g 的带权内积为

$$\langle f, g \rangle = \int_a^b w(x) f(x) g(x) \mathrm{d}x, \tag{7.4.2}$$

其中 $w(x) \in C[a, b]$ 为权函数. 而

$$||f||_2 = \sqrt{\langle f, f \rangle} \tag{7.4.3}$$

为 f 在 $[a, b]$ 上的欧氏范数或 2-范数.

相应的两种距离分别为

$$||f - g||_\infty = \max_{x \in [a,b]} |f(x) - g(x)|, \tag{7.4.4}$$

$$||f - g||_2 = \left(\int_a^b w(x) [f(x) - g(x)]^2 \mathrm{d}x \right)^{1/2}, \tag{7.4.5}$$

二者都是常用的函数间的距离.

定义 7.4.1 若函数族 $\{\varphi_0(x), \varphi_1(x), \cdots, \varphi_n(x)\}$ 在带权函数 $w(x)$ 的内积之下构成正交系, 即

$$\langle \varphi_i, \varphi_j \rangle = \begin{cases} 0, & i \neq j, \\ A_j > 0, & i = j, \end{cases} \tag{7.4.6}$$

则称 $\{\varphi_0(x), \varphi_1(x), \cdots, \varphi_n(x)\}$ 是区间 $[a,b]$ 上关于权函数 $w(x)$ 的**正交函数系** (**族**), 不强调具体权函数时, 也简称**正交系** (**族**). 特别地, $A_j = 1(j = 0, 1, 2, \cdots)$ 时称为**标准正交函数系**. 当 $\varphi_k(x)$ 为多项式时, 称为**正交多项式系**, 并简称 $\varphi_k(x)$ 为 **k 次正交多项式**.

> **评注** 各位读者可以回顾一下, 无论是什么内积之下的正交系, 正交系一定为线性无关系.

7.4.2 最佳平方逼近

1. 最佳平方逼近问题

设 $f(x) \in C[a,b]$, $\{\varphi_0(x), \varphi_1(x), \cdots, \varphi_n(x)\}$ 在 $[a,b]$ 上线性无关, 求 $\varphi(x) \in H = \mathrm{span}\{\varphi_0(x), \varphi_1(x), \cdots, \varphi_n(x)\}$, 使

$$\|f(x) - \varphi(x)\|_2 = \min_{h \in H} \|f(x) - h(x)\|_2, \tag{7.4.7}$$

这类问题称为函数的**最佳平方逼近问题**; 而 $\varphi(x)$ 称为 $f(x)$ 在 H 中的**最佳平方逼近函数**. 特别地, 当 $\varphi_k(x) = x^k (k = 0, 1, \cdots, n)$ 时, $\varphi(x)$ 称为 $f(x)$ 的 n 次最佳平方逼近多项式.

2. 最佳平方逼近问题的解法

仍采用最佳逼近向量法. 考虑带权内积空间 $C[a,b]$, 即 $\forall f, g \in C[a,b]$, 二者内积由下式给出

$$\langle f, g \rangle = \int_a^b w(x) f(x) g(x) \mathrm{d}x. \tag{7.4.8}$$

而 $H = \mathrm{span}\{\varphi_0(x), \varphi_1(x), \cdots, \varphi_n(x)\}$ 为 $C[a,b]$ 的一个 $n+1$ 维的子空间, 按照内积空间最佳逼近定理可知, $f(x)$ 在 H 中的 "最佳逼近向量" 就是最佳平方逼近问题的解:

$$\varphi(x) = a_0 \varphi_0(x) + a_1 \varphi_1(x) + \cdots + a_n \varphi_n(x), \tag{7.4.9}$$

其系数 $a_0, a_1, \cdots, a_n$ 是如下法方程组的解:

$$
\begin{pmatrix}
\langle \varphi_0, \varphi_0 \rangle & \langle \varphi_0, \varphi_1 \rangle & \cdots & \langle \varphi_0, \varphi_n \rangle \\
\langle \varphi_1, \varphi_0 \rangle & \langle \varphi_1, \varphi_1 \rangle & \cdots & \langle \varphi_1, \varphi_n \rangle \\
\vdots & \vdots & & \vdots \\
\langle \varphi_n, \varphi_0 \rangle & \langle \varphi_n, \varphi_1 \rangle & \cdots & \langle \varphi_n, \varphi_n \rangle
\end{pmatrix}
\begin{pmatrix}
a_0 \\
a_1 \\
\vdots \\
a_n
\end{pmatrix}
=
\begin{pmatrix}
\langle f, \varphi_0 \rangle \\
\langle f, \varphi_1 \rangle \\
\vdots \\
\langle f, \varphi_n \rangle
\end{pmatrix}. \tag{7.4.10}
$$

称此方程组为**最佳平方逼近的法 (正规) 方程组**.

因为 $\varphi_0(x), \varphi_1(x), \cdots, \varphi_n(x)$ 线性无关, 按照内积空间相应的结论知, **法方程组存在唯一解**.

> **评注** 至此, 按照内积空间最佳逼近定理可知, 最佳平方逼近问题的解的存在性和唯一性均得以轻松解决.
>
> 回顾矛盾方程组、最小二乘法、加权最小二乘法和当下的最佳平方逼近问题的求解过程可见, 它们均是 "内积空间最佳逼近向量" 求解法在不同场合的具体表现, 求解过程和步骤都是相同的, 不同的仅仅是元素形式及内积的具体运算形式而已!

7.4.3 MATLAB 分分钟代码实现

下述例子内含在 $[a, b]$ 区间上, 依据法方程组, 求取 n 次最佳平方逼近多项式的 M-函数代码, 读者可参照使用.

例 7.4.1 求 $f(x) = x^2 \ln x$ 在 $x \in [1, 3]$ 上的一次和二次最佳平方逼近多项式, 并绘出它们的图形、给出平方误差.

解 function HL74ex1_2approx

```
global S;
for n=1:2
S=squar_approx(1,3,n)
E2=quad(@EE2,1,3)
aee=1;
x=1:0.1:3;plot(x,polyval(S,x),'-r',x,obj(x),'-o');
hold on;
end
return;
function y=EE2(x) % 平方误差.
global S;z=0;S1=fliplr(S);
for k=0:length(S1)-1;
    z=z+S1(k+1).*x.^k;
end
y=(z-obj(x)).^2;
%======================================
```

```
function S=squar_approx(a,b,n)
% [a,b]上最佳平方多项式法方程组函数.
% 输入:a,b,n分别为区间端点和多项式次数.
% 输出: S为多项式系数, 降幂排列.
% 须函数w_phi和f_phi伴随使用.
% 调用时需附加具体w(x), 基函数phi_k(x,k),obj(x);
global i;global j;
GTG=zeros(n+1);
for i=0:n
    for j=0:n
        GTG(i+1,j+1)=quad(@w_phi,a,b,1e-9);
    end
end
GTY=zeros(n+1,1);
    for i=0:n
        GTY(i+1)=quad(@f_phi,a,b,1e-9);
    end
S=GTG\GTY;
S=fliplr(S');
%-----------------------------------
function y=w_phi(x)
global i;global j;
y=(w(x).*phi_k(x,i)).*phi_k(x,j);
function y=f_phi(x)
global i;
y=(w(x).*phi_k(x,i)).*obj(x);
%===================================
function y=w(x)
y=1;
function y=phi_k(x,k)
if k==0
    y=ones(size(x));
else
    y=x.^k;
end
function y=obj(x)
y=log(x).*x.^2;
```

运行上述代码后可得到最佳平方一次和二次多项式的系数向量 S1 和 S2(降幂排列), 以及平方误差 E1, E2 分别为

```
S1 =[ 4.874483  -6.2496554]
E1=0.8419531
S2=[2.1744831  -3.823449 1.72344942]
E2 = 0.00135285
```

另外, 运行上述代码后会画出图 7.4.1 所示曲线. 其中, "o" 标识的曲线为 $f(x) = x^2 \ln x$ 的图形, 图中的直线为一次最佳平方逼近多项式的图形. 而二次最佳平方逼近多项式的图形几乎与 $f(x)$ 重合, 本图中不易分辨. 所得到的一次与二次最佳平方逼近多项式分别为

$$y = 4.874483x - 6.2496554,$$

$$y = 2.1744831x^2 - 3.823449x + 1.72344942.$$

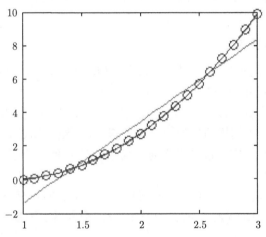

图 7.4.1 $f(x) = x^2 \ln x$ 的一次和二次最佳平方逼近多项式的图形

7.4.4 基于正交系的最佳平方逼近

1. 著名病态矩阵——Hilbert 矩阵的产生

$\forall f \in C[0,1]$, 取权函数 $w(x) \equiv 1$, 为求 $f(x)$ 在 $\mathrm{span}\{1, x, x^2, \cdots, x^n\}$ 上的最佳平方逼近多项式, 由

$$\langle x^j, x^k \rangle = \int_0^1 x^{j+k} \mathrm{d}x = \frac{1}{k+j+1}, \quad 0 \leqslant j, k \leqslant n,$$

可得法方程系数阵为

$$H = \begin{pmatrix} 1 & \dfrac{1}{2} & \cdots & \dfrac{1}{n} \\ \dfrac{1}{2} & \dfrac{1}{3} & \cdots & \dfrac{1}{n+1} \\ \vdots & \vdots & & \vdots \\ \dfrac{1}{n} & \dfrac{1}{n+1} & \cdots & \dfrac{1}{2n-1} \end{pmatrix}, \tag{7.4.11}$$

称之为 **Hilbert 矩阵**, 该矩阵是极为典型的病态矩阵. 在 4.5.2 小节里, 读者曾领教过其病态的威力. 故而直接通过法方程组求解, 会存在严重病态问题. 联想最小二乘法中规避法方程组病态的经验, 自然有下述问题.

问题 7.4.2　正交系下的最佳平方逼近会更好吗?

答　必须的! 基于正交系下的最佳平方逼近同样可以避免法方程组的病态问题.

2. **主要结论和方法简述**

类似的讨论可知, 正交系下最佳平方逼近的结论与离散正交系下的最小二乘逼近结论相同, 它们都是内积空间最佳逼近定理的特例, 这里不再一一赘述. 只需声明的是, 此时的内积是 (7.4.8) 式给出的定积分形式下的函数内积, 法方程系数矩阵——Gram 矩阵, 也同样简化为一个对角阵. 主要结论简述如下.

(1) 正交系生成空间中的最佳平方逼近函数存在且唯一, 该方法可以避免非正交系下的病态方程组.

(2) 设函数族 $\{\varphi_0(x), \varphi_1(x), \cdots, \varphi_n(x)\}$ 是 $[a,b]$ 上的正交系, $f(x) \in C[a,b]$, 则 $f(x)$ 在 $\mathrm{span}\{\varphi_0(x), \varphi_1(x), \cdots, \varphi_n(x)\}$ 的最佳平方逼近函数 $\varphi(x)$ 为

$$\varphi(x) = a_0\varphi_0(x) + a_1\varphi_1(x) + \cdots + a_n\varphi_n(x), \tag{7.4.12}$$

这里,

$$a_k = \frac{\langle f, \varphi_k \rangle}{\langle \varphi_k, \varphi_k \rangle} \quad (k = 0, 1, \cdots, n). \tag{7.4.13}$$

(3) 最佳平方逼近的误差, 一般采用误差函数 $\delta(x) = f(x) - \varphi(x)$ 的 2-范数的平方, 即**平方误差** $\|\delta\|_2^2$ 进行刻画:

$$\|\delta\|_2^2 = \|f(x) - \varphi(x)\|_2^2 = \|f\|_2^2 - \|\varphi\|_2^2. \tag{7.4.14}$$

评注　读者可以尝试自己推导此式, 也可以依据内积空间勾股定理而知 (参见最佳逼近定理的几何意义 (图 2.7.1).

上面的讨论说明, 要想求取最佳平方逼近函数, 最好先有正交系, 故有关具体算例放到下节给出. 首先需要回答下述问题:

问题 7.4.3 可有已研究好的正交函数系? 有哪些? (下节奉献.)

7.5 正交多项式系

7.5.1 正交多项式的共性

正交多项式是一类好用的正交函数系, 有多种具体形式, 下面给出其共有性质.

性质 1 (多项式之正交基) 设 $\varphi_k(x)$ 是 $[a,b]$ 上关于权函数 $w(x)$ 的 k 次正交多项式, $k = 0, 1, \cdots, n$, 则其构成 n 次多项式空间 $H_n[a,b]$ 的一组正交组基.

此性质说明 $H_n[a,b] = \mathrm{span}\{\varphi_0(x), \varphi_1(x), \cdots, \varphi_n(x)\}$, 即任一不超过 n 次的多项式均可由 $\{\varphi_0(x), \varphi_1(x), \cdots, \varphi_n(x)\}$ 线性表示.

性质 2 (低次正交性) 设 $\varphi_k(x)(k=0,1,2,\cdots)$ 是 k 次多项式, 则 $\{\varphi_k(x)|k = 0, 1, \cdots, n\}$ 是 $[a,b]$ 上关于权函数 $w(x)$ 的正交多项式系的充要条件是 $\varphi_k(x)(1 \leqslant k \leqslant n)$, 与对任意不超过 $k-1$ 次的多项式 $Q_{k-1}(x)$ 正交, 即

$$\langle \varphi_k, Q_{k-1} \rangle = \int_a^b w(x)\varphi_k(x)Q_{k-1}(x)\mathrm{d}x = 0. \tag{7.5.1}$$

证 充分性显然. 下证必要性.

因 $\{\varphi_j(x) \mid j = 0, 1, \cdots, k-1\}$ 是正交系, 故为 $H_{k-1}[a,b]$ 的一组正交基, 故任一不超过 $k-1$ 次的多项式 $Q_{k-1}(x)$ 均可由 $\{\varphi_j(x)|j = 0, 1, \cdots, k-1\}$ 线性表示, 不妨设

$$Q_{k-1}(x) = \sum_{j=0}^{k-1} b_j \varphi_j(x), \tag{7.5.2}$$

于是,

$$\begin{aligned}
\langle \varphi_k, Q_{k-1} \rangle &= \int_a^b w(x)\varphi_k(x)Q_{k-1}(x)\mathrm{d}x \\
&= \int_a^b w(x)\varphi_k(x)\left[\sum_{j=0}^{k-1} b_j \varphi_j(x)\right]\mathrm{d}x \\
&= \sum_{j=0}^{k-1} b_j \int_a^b w(x)\varphi_k(x)\varphi_j(x)\mathrm{d}x.
\end{aligned}$$

注意到 $\varphi_k(x) \perp \varphi_j(x)(j = 0, 1, \cdots, k-1)$, 故上式 $= 0$, 即 $\langle \varphi_k, Q_{k-1} \rangle = 0$, 故 (7.5.1) 真. 证毕.

评注　若对此性质感到诧异, 尝试空间视角就会很显然了. 因其像极了 $\mathbf{R}^3$ 中的事情, 试问与某个 2 维平面内所有向量都正交的 3 维向量有没有?

性质 3 (n 个互异单零点)　$[a,b]$ 上的 n 次正交多项式 $g_n(x)$ 在 $[a,b]$ 内必有 n 个互异的一重零点, 其中 $n > 1$.

证　先证 g_n 有奇重零点. 反证如下. 否则, $g_n(x)$ 仅可能有偶重零点. 故 $\forall x \in [a,b]$, 要么恒有 $g_n(x) \geqslant 0$, 要么恒有 $g_n(x) \leqslant 0$. 由其连续性并注意到 $g_0(x)$ 为常数, 知两种情况均导致

$$\langle g_n, g_0 \rangle = \int_a^b w(x) g_n(x) g_0(x) \mathrm{d}x \neq 0,$$

故与 $g_n \perp g_0$ 矛盾! 所以 g_n 有奇重零点.

次证 g_n 恰有 n 个单零点. 设 $g_n(x)$ 在 $[a,b]$ 上仅有 k 个奇重零点, 不妨设为

$$g_n(x) = (x - x_1)^{r_1} \cdots (x - x_k)^{r_k} Q(x),$$

其中, $r_1, \cdots, r_k$ 均为奇数, 而 $Q(x)$ 仅可能含偶重零点, 所以不变号. 只需证明 $k = n$ 即可. 显然 $k \leqslant n$. 若 $k < n$, 可取 k 次多项式

$$h(x) = (x - x_1)(x - x_2) \cdots (x - x_k).$$

由正交多项式低次正交性知 $\langle g_n, h \rangle = 0$, 但

$$g_n(x) h(x) = (x - x_1)^{r_1+1} \cdots (x - x_k)^{r_k+1} Q(x).$$

所以, 其所有因子均为偶重因子, 故在 $[a,b]$ 上不变号, 进而

$$(g_n, h) = \int_a^b w(x) (x - x_1)^{r_1+1} \cdots (x - x_k)^{r_k+1} Q(x) \mathrm{d}x \neq 0.$$

故产生矛盾! 所以 $k = n$.　　　　　　　　　　　　　　　　　　　　　证毕.

问题 7.5.1　如何构造正交多项式?

7.5.2　正交多项式系构造法

1. 三项递推法

对于权函数 $w(x)$ 和最高次项系数为 1 的正交多项式系 $\{P_0(x), P_1(x), \cdots, P_n(x), \cdots\}$, 有如下三项递推公式:

$$\begin{cases} P_0(x) = 1, \\ P_1(x) = (x - \alpha_1) P_0(x), \\ P_{k+1}(x) = (x - \alpha_{k+1}) P_k(x) - \beta_k P_{k-1}(x) \quad (k = 1, 2, \cdots, n-1), \end{cases} \quad (7.5.3)$$

其中, 简记 $P_k(x)$ 为 P_k,

$$\alpha_{k+1} = \frac{\langle xP_k, P_k\rangle}{\langle P_k, P_k\rangle} \quad (k = 0, 1, \cdots, n-1), \tag{7.5.4}$$

$$\beta_k = \frac{\langle P_k, P_k\rangle}{\langle P_{k-1}, P_{k-1}\rangle} \quad (k = 1, \cdots, n-1). \tag{7.5.5}$$

上述方法也称为**三项递推法**, 公式与离散情形完全相同, 只是内积换成了积分. 证明过程也与离散情形相同, 仅仅内积的计算方法不同而已. 略证.

2. Schmidt 正交化方法

用 Schmidt 正交化方法对线性无关组 $\{1, x, x^2, \cdots, x^n\}$ 实施正交化, 可得正交多项式如下:

$$P_0(x) = 1,$$
$$P_n(x) = x^n - \sum_{k=0}^{n-1} \frac{\langle x^n, P_k\rangle}{\langle P_k, P_k\rangle} P_k(x) \quad (n \geqslant 1). \tag{7.5.6}$$

评注 本方法与三项递推法结果等同, 但 Schmidt 方法好记. 故某些简单场合, 比如只求几个低次正交多项式时非常好用.

3. **待定系数法**

对于简单情形, 可采用待定系数法直接按定义获取待定系数. 但设定待定形式时, 需注意首次项系数设为 1.

例如, 设 $g_0(x) = 1, g_1(x) = x + a, g_2(x) = x^2 + bx + c, \cdots$ 正交, 故由 $\langle g_1, g_0\rangle = 0$ 可得 a;

再由 $\begin{cases} \langle g_2, g_0\rangle = 0, \\ \langle g_2, g_1\rangle = 0, \end{cases}$ 可求出 $b, c; \cdots\cdots$

评注 本方法也好记, 故应付某些简单场合也好用.

问题 7.5.2 既然正交多项式可递归构造, 最佳逼近次数越高是否逼近程度也就越高呢? (下段要点问题.)

7.5.3 最佳平方逼近多项式的误差与收敛性

定理 7.5.1 设 $f(x) \in C[a, b], \varphi_k(x)$ 是 $[a, b]$ 上的 $k(k = 0, 1, 2, \cdots)$ 次正交多项式,

$$S_n(x) = a_0\varphi_0(x) + a_1\varphi_1(x) + \cdots + a_n\varphi_n(x)$$

是 $f(x)$ 在 $\text{span}\{\varphi_0(x), \varphi_1(x), \cdots, \varphi_n(x)\}$ 中的最佳平方逼近多项式, 则

(1) $\|f(x) - S_n(x)\|_2$ 是随 n 单调下降的;

(2) $S_n(x)$ 与 $f(x)$ 的平方误差为

$$\|f(x) - S_n(x)\|_2^2 = \|f(x)\|_2^2 - \sum_{k=0}^{n} a_k \langle \varphi_k(x), f(x) \rangle. \tag{7.5.7}$$

(3) $S_n(x)$ 依范数收敛于 $f(x)$, 即

$$\lim_{n \to \infty} \|f(x) - S_n(x)\|_2 = 0. \tag{7.5.8}$$

证　(1) 读者自证! (3) 略证. (可参见 [4].)

下面证明 (2). 利用 $\varphi_k(x)$ 的正交性, 计算知

$$\|f(x) - S_n(x)\|_2^2$$

$$= \left\langle f(x) - \sum_{k=0}^{n} a_k \varphi_k(x), f(x) - \sum_{k=0}^{n} a_k \varphi_k(x) \right\rangle$$

$$= \langle f(x), f(x) \rangle - 2 \sum_{k=0}^{n} a_k \langle f(x), \varphi_k(x) \rangle + \left\langle \sum_{k=0}^{n} a_k \varphi_k(x), \sum_{k=0}^{n} a_k \varphi_k(x) \right\rangle$$

$$= \|f(x)\|_2^2 - 2 \sum_{k=0}^{n} a_k \langle f(x), \varphi_k(x) \rangle + \sum_{k=0}^{n} a_k^2 \langle \varphi_k(x), \varphi_k(x) \rangle.$$

由 (7.4.13) 知 $a_k = \dfrac{\langle f, \varphi_k \rangle}{\langle \varphi_k, \varphi_k \rangle} (k = 0, 1, \cdots, n)$, 代入上式即得 (7.5.7).　　　　证毕.

评注　本定理说明, 在 2-范数距离意义下, 随着次数的升高, $f(x)$ 与其最佳平方逼近多项式 $S_n(x)$ 的距离会越来越小. 这种单调逼近的过程并不难想象, 逼近次数越高, 挑选最佳多项式的范围就越大, 逼近程度当然会越好. 而逼近误差可以由 (7.5.7) 式估计.

7.5.4　最佳平方逼近的例子

例 7.5.1　求 $f(x) = \sin \pi x$ 在 [0,1] 上的二次最佳平方逼近多项式.

解　取权函数 $w(x) = 1$, 用三项递推法求解如下 (参见 (7.5.3)—(7.5.5) 式):

$$\varphi_0(x) = 1, \quad \alpha_1 = \frac{\langle x\varphi_0, \varphi_0 \rangle}{\langle \varphi_0, \varphi_0 \rangle} = \frac{\displaystyle\int_0^1 x\mathrm{d}x}{\displaystyle\int_0^1 \mathrm{d}x} = \frac{1}{2}, \quad \varphi_1(x) = x - \frac{1}{2};$$

$$\alpha_2 = \frac{\langle x\varphi_1, \varphi_1 \rangle}{\langle \varphi_1, \varphi_1 \rangle} = \frac{\int_0^1 x\left(x - \frac{1}{2}\right)^2 \mathrm{d}x}{\int_0^1 \left(x - \frac{1}{2}\right)^2 \mathrm{d}x} = \frac{1}{2}, \quad \beta_1 = \frac{\langle \varphi_1, \varphi_1 \rangle}{\langle \varphi_0, \varphi_0 \rangle} = \frac{1}{12},$$

$$\varphi_2(x) = \left(x - \frac{1}{2}\right)^2 - \frac{1}{12} = x^2 - x + \frac{1}{6}.$$

故按 (7.4.13) 有

$$a_0 = \frac{\langle f, \varphi_0 \rangle}{\langle \varphi_0, \varphi_0 \rangle} = \int_0^1 \sin \pi x \mathrm{d}x = \frac{2}{\pi},$$

$$a_1 = \frac{\langle f, \varphi_1 \rangle}{\langle \varphi_1, \varphi_1 \rangle} = \frac{\int_0^1 (x - 1/2) \sin \pi x \mathrm{d}x}{1/12} = 0,$$

$$a_2 = \frac{(f, \varphi_2)}{(\varphi_2, \varphi_2)} = \frac{\int_0^1 \left(x^2 - x + \frac{1}{6}\right) \sin \pi x \mathrm{d}x}{1/180} = 180(\pi^2 - 12)/3\pi^3.$$

再按 (7.4.12) 有

$$\varphi(x) = \sum_{k=0}^{2} a_k \varphi_k(x) = \frac{60\pi^2 - 720}{\pi^3}\left(x^2 - x + \frac{1}{6}\right) + \frac{2}{\pi}$$

$$\approx -4.1225x^2 + 4.1225x - 0.05047.$$

例 7.5.2 用待定系数法再解上例.

解 设 $g_0(x) = 1, g_1(x) = x + a, g_2(x) = x^2 + bx + c$ 正交.

由 $\langle g_1, g_0 \rangle = 0$ 知 $\frac{1}{2} + a = 0$, 故 $a = -\frac{1}{2}$. 于是 $g_1(x) = x - \frac{1}{2}$.

由 $\langle g_2, g_0 \rangle = 0$ 得 $\frac{1}{3} + \frac{b}{2} + c = 0$.

由 $\langle g_2, g_1 \rangle = 0$ 得 $\frac{1}{4} + \frac{(a+b)}{3} + \frac{(ab+c)}{2} + ac = 0$.

两式联立得 $b = -1, c = \frac{1}{6}$, 故 $g_2(x) = x^2 - x + \frac{1}{6}$.

其余过程与上例相同, 略.

评注 上述两例旨在说明理论的落地过程, 但未作误差估计, 这并非遗漏, 只是因为手算过程很繁琐而略之. 虽不反对读者亲自试算以品味其苦, 但更推荐读者基于例 7.4.1 的 n 次最佳平方逼近代码, 尝试进行两三行的改动, 便可得到二次最佳逼近多项式的系数向量 S 和平方误差 E2 的结果如下:

```
S =[-4.1225,4.1225,-0.050464],
E2=0.00029803184842855,
```

以及二次最佳平方逼近多项式与 $\sin \pi x$ 的图形, 如图 7.5.1 所示.

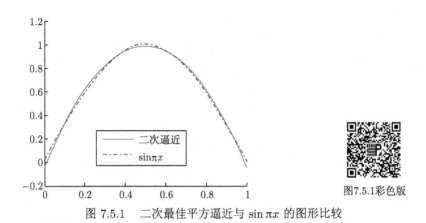

图 7.5.1　二次最佳平方逼近与 $\sin \pi x$ 的图形比较

当然, 也可尝试 3 次以上的逼近. 因为目前计算机算力大幅提高, 用 MAT-LAB 实现轻松即得, 故有 "算力就是生产力" 之说.

问题 7.5.3　具体正交多项式有哪些?

7.5.5　Legendre 正交多项式

1. Legendre 多项式的两种常用表达式

回顾内积空间正交系部分, 知 Legendre 多项式在 $[-1,1]$ 上是关于权函数 $w(x) \equiv 1$ 的正交函数系, 其常用的一种形式为

$$P_n(x) = \frac{1}{2^n n!} \frac{\mathrm{d}^n}{\mathrm{d}x^n}[(x^2 - 1)^n] \quad (n = 0, 1, 2, \cdots). \tag{7.5.9}$$

另一种是首次项系数为 1 的形式, 为

$$P_n^*(x) = \frac{n!}{(2n)!} \frac{\mathrm{d}^n}{\mathrm{d}x^n}[(x^2 - 1)^n] \quad (n = 0, 1, 2, \cdots). \tag{7.5.10}$$

2. Legendre 多项式的几个主要性质

(1) $\{P_k(x)\}$ 在 $[-1,1]$ 上是关于权函数 $w(x) \equiv 1$ 的正交函数系, 且

$$\langle P_n, P_m \rangle = \int_{-1}^{1} P_n(x) P_m(x) \mathrm{d}x = \begin{cases} 0, & n \neq m, \\ \dfrac{2}{2n+1}, & n = m. \end{cases} \tag{7.5.11}$$

评注 此式可简化 (7.4.13) 式, 方便计算逼近多项式的系数.

(2) Legendre 多项式满足递推公式:

$$P_0(x) = 1,$$

$$P_1(x) = x,$$

$$(n+1)P_{n+1}(x) = (2n+1)xP_n(x) - nP_{n-1}(x) \quad (n=1,2,\cdots), \qquad (7.5.12)$$

因而有

$$P_0(x) = 1,$$

$$P_1(x) = x,$$

$$P_2(x) = \frac{(3x^2-1)}{2},$$

$$P_3(x) = \frac{(5x^3-3x)}{2},$$

$$P_4(x) = \frac{(35x^4-30x^2+3)}{8},$$

$$\cdots\cdots$$

(3) $P_n(x)$ 在 $[-1,1]$ 上有 n 个互异零点.

(4) 如果 $g(x)$ 是次数小于 n 次的多项式, 则

$$\int_{-1}^{1} g(x)P_n(x)\mathrm{d}x = 0. \qquad (7.5.13)$$

(5) (2-范数最小) 令 $Q_n(x)$ 为最高次系数是 1 的 n 次多项式, $P_n(x)$ 为最高次系数为 1 的 n 次 Legendre 多项式, 则在区间 $[-1,1]$ 上有

$$\|P_n(x)\|_2 \leqslant \|Q_n(x)\|_2. \qquad (7.5.14)$$

证 因为 $\{P_0, P_1(x), \cdots, P_n(x)\}$ 是 n 次多项式空间 $H_n[-1,1]$ 的一组基, 所以可以线性表示 $Q_n(x)$. 又因首次系数为 1, 故可设

$$Q_n(x) = P_n(x) + \sum_{k=0}^{n-1} a_k P_k(x),$$

考查

$$(\|Q_n(x)\|_2)^2$$

$$= \left\langle P_n(x) + \sum_{k=0}^{n-1} a_k P_k(x), P_n(x) + \sum_{k=0}^{n-1} a_k P_k(x) \right\rangle$$

$$= \langle P_n(x), P_n(x) \rangle + 2\left\langle P_n(x), \sum_{k=0}^{n-1} a_k P_k(x) \right\rangle + \left\langle \sum_{k=0}^{n-1} a_k P_k(x), \sum_{k=0}^{n-1} a_k P_k(x) \right\rangle,$$

因不同的 P_k 正交, 所以交叉内积为 0, 故接上式

$$= (\|P_n(x)\|_2)^2 + \left(\left\|\sum_{k=0}^{n-1} a_k P_k(x)\right\|_2\right)^2$$

$$\geqslant (\|P_n(x)\|_2)^2.$$

所以 (7.5.14) 真!

此性质说明, 在区间 $[-1,1]$ 上的最高次系数为 1 的 n 次多项式中, 在 2-范数距离下, n 次 Legendre 多项式是距 0 函数最近的 n 次多项式, 或说它与 0 函数的平方逼近误差最小.

3. Legendre 多项式的应用

(1) 在 $[-1,1]$ 上求某个 n 次多项式的 $n-1$ 次最佳平方逼近多项式.

例 7.5.3　求 $f(x) = 2x^3 + x^2 - 2x - 1$ 在 $[-1,1]$ 上的二次最佳平方逼近多项式 $Q_2(x)$.

解　二次最佳平方逼近多项式 $Q_2(x)$ 满足

$$\int_{-1}^{1} [f(x) - Q_2(x)]^2 \mathrm{d}x = \min_{h\in H_2} \int_{-1}^{1} [f(x) - h(x)]^2 \mathrm{d}x.$$

注意, 对于任意的不超过二次的多项式 $h(x)$, $f(x) - h(x)$ 都是首次项系数为 2 的 3 次多项式, 由 Legendre 多项式 2-范数最小性知, $f(x) - Q_2(x)$ 必为首次项系数为 2 的 3 次 Legendre 多项式

$$P_3(x) = 2\frac{3!}{6!}\frac{\mathrm{d}^3}{\mathrm{d}x^3}[(x^2-1)^3] = 2x^3 - \frac{6}{5}x,$$

故

$$Q_2(x) = f(x) - P_3(x) = x^2 - \frac{4}{5}x - 1.$$

(2) 在 $[a,b]$ 上求 $f(x)$ 的最佳平方逼近多项式.

先利用变换 $x(t) = \dfrac{b-a}{2}t + \dfrac{b+a}{2}$ 将 $x \in [a,b]$ 变换为 $t \in [-1,1]$, 求出 $g(t) = f(x(t))$ 在 $[-1,1]$ 上的最佳平方逼近多项式 $\varphi(t)$; 再利用逆变换 $t(x) = \dfrac{1}{b-a}(2x-a-b)$ 将其转换到 $[a,b]$ 上, 则 $h(x) = \varphi(t(x))$ 为所求.

评注 用三项递推法直接构造 $[a,b]$ 上的正交多项式, 再求最佳平方逼近, 其结果等效于上述区间变换法. 但区间变换法可以直接利用 Legendre 多项式的现成结果, 比较省事.

例 7.5.4 求 $\sqrt{x}$ 在 $[0,1]$ 上的一次最佳平方逼近多项式 $h(x)$.

解 思路为将区间 $[0,1]$ 变换为 $[-1,1]$, 利用现成的首次项系数为 1 的 Legendre 多项式求 $[-1,1]$ 上对应的最佳平方逼近, 然后再换回即可. 故令

$$x = \frac{1}{2}(t+1), \quad t \in [-1,1],$$

其逆变换为

$$t = 2x - 1, \quad x \in [0,1].$$

则

$$\sqrt{x} = \frac{1}{\sqrt{2}}\sqrt{t+1} = g(t), \quad t \in [-1,1].$$

下面利用 Legendre 多项式求 $g(t)$ 的一次最佳平方逼近. 按 (7.4.12), (7.4.13) 式求取如下.

注意到 Legendre 多项式的前两个为 $P_0(t) = 1, P_1(t) = t$, 而

$$\langle g, P_0 \rangle = \int_{-1}^{1} \frac{1}{\sqrt{2}}\sqrt{t+1}\mathrm{d}t = \frac{4}{3},$$

$$\langle g, P_1 \rangle = \int_{-1}^{1} \frac{t}{\sqrt{2}}\sqrt{t+1}\mathrm{d}t = \frac{4}{15},$$

由 Legendre 多项式内积公式 (7.5.11) 知

$$\langle P_0, P_0 \rangle = 2, \quad \langle P_1, P_1 \rangle = \frac{2}{3}.$$

按正交逼近系数公式 (7.4.13) 知

$$a_0 = \frac{\langle g, P_0 \rangle}{\langle P_0, P_0 \rangle} = \frac{2}{3}, \quad a_1 = \frac{\langle g, P_1 \rangle}{\langle P_1, P_1 \rangle} = \frac{2}{5}.$$

再按 (7.4.12), $g(t)$ 的最佳平方逼近多项式为

$$\varphi(t) = \frac{2}{3}P_0 + \frac{2}{5}P_1 = \frac{2}{3} + \frac{2}{5}t.$$

再用逆变换换回 x, 得 $\sqrt{x}$ 在 $[0,1]$ 上的一次最佳平方逼近多项式为

$$h(x) = \varphi(2x - 1) = \frac{4}{15} + \frac{4}{5}x.$$

7.5.6　Chebyshev 多项式

对于 $x \in [-1, 1], n = 0, 1, 2, \cdots$, 令

$$T_n(x) = \cos(n \arccos x), \tag{7.5.15}$$

称其为 Chebyshev 多项式.

1. Chebyshev 多项式的性质

(1) 带权正交性.

$\{T_n(x)\}$ 在区间 $[-1,1]$ 上是关于权函数 $w(x) = (1 - x^2)^{-\frac{1}{2}}$ 的正交系, 且

$$\langle T_n, T_m \rangle = \int_{-1}^{1} \frac{T_n(x)T_m(x)}{\sqrt{1 - x^2}} \, \mathrm{d}x = \begin{cases} 0, & n \neq m, \\ \dfrac{\pi}{2}, & n = m \neq 0, \\ \pi, & n = m = 0. \end{cases} \tag{7.5.16}$$

(2) 三项递推性.

$$T_0(x) = 1,$$
$$T_1(x) = x, \tag{7.5.17}$$
$$T_{n+1}(x) = 2xT_n(x) - T_{n-1}(x), \quad n = 1, 2, \cdots.$$

(3) $T_n(x)$ 在 $[-1,1]$ 上有 n 个互异零点:

$$x_k = \cos \frac{2k+1}{2n}\pi, \quad k = 0, 1, \cdots, n - 1. \tag{7.5.18}$$

(4) $n+1$ 个交错极值点.

$T_n(x)$ 在 $[-1,1]$ 上有 $n+1$ 个交错极值点:

$$x_k = \cos \frac{k\pi}{n}, \tag{7.5.19}$$

且 $|T_n(x_k)| = 1, |T_n(x)| \leqslant 1, k = 0, 1, \cdots, n.$

(5) $T_n(x)$ 是首次项系数为 2^{n-1} 的 n 次多项式 $(n = 1, 2, \cdots)$.

(6) ∞-范数最小.

在 $[-1,1]$ 上首次项系数为 1 的 n 次多项式中 $T_n^*(x) = \dfrac{1}{2^{n-1}} T_n(x)(n = 1, 2, \cdots)$ 的 ∞-范数最小, 且

$$\|T_n^*(x)\|_\infty = \max_{-1 \leqslant x \leqslant 1} \|T_n^*(x)\| = \frac{1}{2^{n-1}}. \tag{7.5.20}$$

证 见下一节. 证毕.

上述性质除个别外均不难证明, 也可在文献 [4] 中找到, 此处略之.

评注 在 $[-1,1]$ 上, 当权函数为 $w(x) = (1-x^2)^{-\frac{1}{2}}$ 时, 将 $\{1, x, x^2, \cdots, x^n, \cdots\}$ 作 Schmidt 正交化所得的正交多项式, 即首次项系数为 1 的 Chebyshev 多项式. 它可以表示为

$$T_n^*(x) = \frac{1}{2^{n-1}} T_n(x) \quad (n = 1, 2, \cdots), \tag{7.5.21}$$

注意, 它的幅值 $\dfrac{1}{2^{n-1}}$ 随着 n 的增大下降得 "很着急".

2. 亲密接触 Chebyshev 多项式

令 $x = \cos\theta$, 则当 $\theta \in [0, \pi]$ 时有 $x \in [-1, 1]$, 故 $T_n(x) = \cos n\theta$, 算出 T_0, T_1, 再用三项递推公式得

$$\begin{aligned}
T_0(x) &= \cos 0 = 1, \\
T_1(x) &= \cos\theta = x, \\
T_2(x) &= \cos 2\theta = 2\cos^2\theta - 1 = 2x^2 - 1, \\
T_3(x) &= \cos 3\theta = 4x^3 - 3x, \\
T_4(x) &= \cos 4\theta = 8x^4 - 8x^2 + 1, \\
&\quad\quad \cdots\cdots
\end{aligned}$$

$$T_n(x) = \frac{n}{2} \sum_{k=0}^{\left[\frac{n}{2}\right]} (-1)^k \frac{(n-k-1)!}{k!(n-2k)!} (2x)^{n-2k} \quad (n = 1, 2, \cdots), \tag{7.5.22}$$

其中, $\left[\dfrac{n}{2}\right]$ 是对 $\dfrac{n}{2}$ 下取整运算.

评注　Chebyshev 多项式当然可以用来作正交最佳平方逼近, 此外, 由于其 ∞-范数最小性, Chebyshev 多项式在处理后面的最佳一致逼近问题中具有决定性的作用!

7.5.7　其他正交多项式和正交系

正交多项式还有多种, 一般而言, 区间和权函数不同, 得到的正交多项式也不相同. 常用的还有第二类的 Chebyshev 多项式、Laguerre (拉盖尔) 多项式和 Hermite 多项式等等, 在此不再罗列, 有关内容可参阅文献 [4,16]. 另外, 三角函数正交系在周期函数最佳平方逼近中具有天然优越性, 相关问题将在 7.7 节中讨论.

问题 7.5.4　Chebyshev 多项式名字如此响亮, 到底有哪些应用呢?

答　下节最佳一致逼近会给你满意的答案!

7.6　最佳一致逼近多项式

在数值计算中, 人们对多项式情有独钟, 得益于它们的计算过程容易实施. 所以人们想尽各种办法用其逼近复杂函数. 前面章节的插值、拟合、最佳平方逼近乃至本节的最佳一致逼近都出于同样的想法.

问题 7.6.1　多项式可否任意逼近 $f \in C[a,b]$?

定理 7.6.1 (Weierstrass(魏尔斯特拉斯))　设 $f(x) \in C[a,b]$, 则对任意 $\varepsilon > 0$, 存在多项式 $p(x)$ 使得

$$\max_{a \leqslant x \leqslant b} |f(x) - p(x)| < \varepsilon.$$

此定理的证明可参见文献 [12].

评注　Weierstrass 定理表明, 多项式可以任意逼近一个连续函数, 可以说有着极高的理论价值, 但因次数可能会很高, 所以不太实用. 故而, 人们对有次数限制的最佳一致逼近问题更感兴趣.

7.6.1　最佳一致逼近问题

定义 7.6.1 (最佳一致逼近函数)　设 $H \subseteq C[a,b]$ 为一个函数族, $f(x) \in C[a,b]$. 若 $\varphi(x) \in H$ 使得

$$\|f - \varphi\|_\infty = \min\left\{\|f - h\|_\infty \mid h \in H\right\}, \tag{7.6.1}$$

则称 $\varphi(x)$ 为 $f(x)$ 在 H 中的最佳一致逼近函数. 特别地, 当 $H = H_n[a,b] = \mathrm{span}\{1, x, x^2, \cdots, x^n\}$ 时, 称 $\varphi(x)$ 为 $f(x)$ 在 $[a,b]$ 上的 n 次最佳一致逼近多项式.

显然, 最佳一致逼近多项式所产生的最大偏差是所有多项式逼近方法中最小的.

问题 7.6.2 如何寻找 n 次最佳一致逼近多项式? (下面是一些相关分析.)

1. 最佳一致逼近多项式的存在性

定义 7.6.2 (偏差和偏差点) 设 $f, \varphi \in C[a,b]$, 称

$$\mu = \max_{a \leqslant x \leqslant b} |f(x) - \varphi(x)| \tag{7.6.2}$$

为 f 与 φ 的偏差. 若 x_0 使得 $|f(x_0) - \varphi(x_0)| = \mu$, 则称 x_0 为 f 与 φ 的偏差点; 且当 $\varphi(x_0) - f(x_0) > 0$ 时, 称 x_0 为 φ 与 f 的正偏差点; 当 $\varphi(x_0) - f(x_0) < 0$ 时, 称 x_0 为 φ 与 f 的负偏差点.

简言之, 两函数差的最大绝对值谓之二者的偏差, 取得该偏差的点为偏差点.

定义 7.6.3 设 $f(x) \in C[a,b]$, 令

$$E_n = \inf_{h \in H_n[a,b]} \{\|f - h\|_\infty\}, \tag{7.6.3}$$

称 E_n 为 $f(x)$ 与 n 次多项式在 $[a,b]$ 上的最小偏差.

简言之, 取得最小偏差的多项式是在所有不超过 n 次的多项式中与 $f(x)$ 的偏差最小的.

定理 7.6.2 设 $f(x) \in C[a,b]$, 则 $f(x)$ 的 n 次最佳一致逼近多项式是存在的, 并且其正负偏差点存在性相同.

证 仅证正负偏差点的同时存在性. 其余结论的证明可参阅文献 [9,17].

评注 先对证明思路说明如下. 沿 y 轴平移不改变多项式的最值点和次数, 但可改变偏差大小. 若只有正偏差, 向下平移则可使之减小而加大负偏差, 可参考图 7.6.1 想象偏差随平移的变化过程. 图中 $g(x)$ 表示偏差函数, 其最大值点 x_1^*, x_2^* 为两个正偏差点, 其中, $c > 0$ 为常数. 显然, 最佳一致逼近多项式的偏差具有均衡性, 有正偏差点则必有负偏差点. 有了上述理解. 下面的论证不看也可以!

令 $P_n(x)$ 为 $f(x)$ 的 n 次最佳一致逼近多项式, 令 $g(x) = P_n(x) - f(x)$, $M = \max_{a \leqslant x \leqslant b} g(x), m = \min_{a \leqslant x \leqslant b} g(x)$. 假定仅有正偏差点, 没有负偏差点, 由假定知 $E_n = M > |m|$, 令 $Q_n = P_n - (M+m)/2$, 则

$$\max_{a \leqslant x \leqslant b} [Q_n(x) - f(x)] = M - (M+m)/2 = (M-m)/2,$$

$$\min_{a \leqslant x \leqslant b} [Q_n(x) - f(x)] = m - (M+m)/2 = -(M-m)/2.$$

故 $\max\limits_{a \leqslant x \leqslant b} |Q_n(x) - f(x)| = (M - m)/2 < M = E_n$. 但 Q_n 仍为一个 n 次多项式, 与 $P_n(x)$ 的最佳性矛盾! 同理可证仅有负偏差点, 而无正偏差点是不可能的.

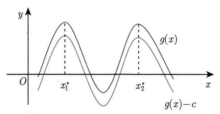

图 7.6.1   正偏差点下移偏差减小

2. 最佳一致逼近多项式的几何意义

定理 7.6.3 (Chebyshev 定理) $P_n(x) \in H_n[a,b]$ 是 $f(x) \in C[a,b]$ 的 n 次最佳一致逼近多项式的充要条件是在 $[a,b]$ 上至少有 $n+2$ 个不同的依次轮流为非负、非正的偏差点 (这组点称为 Chebyshev **交错点组**).

证   必要性证明可参见文献 [12,18]. 充分性后有类似证明.   证毕.

> **评注**   本定理指出, 最佳一致逼近多项式与目标函数之间, 要么偏差为 0, 要么偏差具有交错性. 依据本定理不难想象最佳一致逼近多项式的样子. 图 7.6.2 给出了 $f(x)$ 的最佳一致逼近多项式 $P_n(x)$ 的示意图. 图中振荡状的曲线即为 $P_n(x)$, 其上下两个包络曲线与它的切点集构成了 Chebyshev 交错点组. 而 $f(x)$ 恰好位于包络带的中部, 其与多项式的交点至少有 $n+1$ 个.

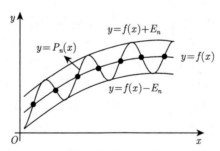

图 7.6.2   最佳一致逼近多项式的几何意义

3. 最佳一致逼近多项式的唯一性

定理 7.6.4   设 $f(x) \in C[a,b]$, 则其在 $H_n[a,b]$ 中的最佳一致逼近多项式是唯一的.

证 (本证明供侧重理论者阅读)   设 $P_n(x), Q_n(x)$ 均为 $f(x)$ 在 $H_n[a,b]$ 中的最佳一致逼近多项式, E_n 为 $f(x)$ 与 n 次多项式在 $[a,b]$ 上的最小偏差. 当 $E_n = 0$

时, 显然有 $f(x) = P_n(x) = Q_n(x)$, 故唯一性真. 当 $E_n \neq 0$ 时, 只需证明 $P_n(x)$ 与 $Q_n(x)$ 在多于 $n+1$ 个互异点上重合即可 (因二者皆为 n 次多项式, $n+1$ 个点重合必恒等). 故仅需下证二者各自与 $f(x)$ 的 $n+2$ 个偏差点构成的交错组相同即可. 令

$$R_n(x) = \frac{1}{2}(P_n(x) + Q_n(x)),$$

因

$$-E_n \leqslant P_n - f(x) \leqslant E_n,$$

$$-E_n \leqslant Q_n - f(x) \leqslant E_n,$$

故

$$-E_n \leqslant R_n - f(x) \leqslant E_n.$$

所以 R_n 也为 $f(x)$ 在 $H_n[a,b]$ 中的最佳一致逼近多项式. 由 Chebyshev 定理知存在 R_n 与 $f(x)$ 的交错组 $\{x_1, x_2, \cdots, x_{n+2}\} \subseteq [a, b]$ 满足

$$\begin{aligned}
E_n &= |R_n(x_k) - f(x_k)| \\
&= \left| \frac{1}{2}(P_n(x_k) + Q_n(x_k)) - f(x_k) \right| \\
&\leqslant \frac{1}{2}|P_n(x_k) - f(x_k)| + \frac{1}{2}|Q_n(x_k) - f(x_k)|, \\
&\leqslant \frac{1}{2}E_n + \frac{1}{2}E_n = E_n \quad (k = 1, \cdots, n+2).
\end{aligned}$$

所以, 上述 "$\leqslant$" 仅可取为 "$=$". 故必有 $|P_n(x_k) - f(x_k)| = E_n$, $|Q_n(x_k) - f(x_k)| = E_n$. 否则必有其一大于 E_n 而与最佳性矛盾. 故

$$|P_n(x_k) - f(x_k)| = |Q_n(x_k) - f(x_k)|.$$

两边绝对值打开后有两个等式, 但必须是 $P_n(x_k) - f(x_k) = Q_n(x_k) - f(x_k)$ 成立, 即 $P_n(x_k) = Q_n(x_k)$. 否则若 $P_n(x_k) - f(x_k) = -(Q_n(x_k) - f(x_k))$, 则 $P_n(x_k) + Q_n(x_k) = 2f(x_k)$, 从而 $2E_n = 2[R_n(x_k) - f(x_k)] = P_n(x_k) + Q_n(x_k) - 2f(x_k) = 0$, 这与 $E_n \neq 0$ 矛盾! 故 $P_n(x_k) = Q_n(x_k), k = 1, \cdots, n+2$. 所以 $P_n(x) = Q_n(x)$.

证毕.

4. 最佳一致逼近多项式的插值性

定理 7.6.5 设 $f(x) \in C[a, b]$, 则 $f(x)$ 在 $H_n[a, b]$ 中的最佳一致逼近多项式 $P_n(x)$, 就是 $f(x)$ 在 $[a, b]$ 上的某个 n 次插值多项式.

证　因 P_n 与 $f(x)$ 有交错点组 $\{x_1, x_2, \cdots, x_{n+2}\}$, 故 $P_n(x_k) - f(x_k)$ 正负交替至少 $n+1$ 次, 由连续函数零点定理知 $P_n(x) - f(x)$ 在 $[a, b]$ 上至少有 $n+1$ 个交点. 取其为插值点, 由插值多项式唯一性可知 $P_n(x)$ 就是该插值多项式.　证毕.

　　评注　一路费尽周折, 原来最佳一致逼近多项式就是一个插值多项式! 好亲切的感觉! 似乎就要到手了! 问题是那组插值点如何寻找? 答曰: 不易. 可否变通? 当年 Chebyshev 作了同样的思考, 最后转而求其次, 将问题变通为求次最佳一致逼近多项式.

7.6.2　Chebyshev 最小偏差多项式

1. 近似最佳插值余项问题

回顾知, $f(x)$ 的 n 次多项式插值余项为

$$R_n(x) = \frac{f^{(n+1)}(\xi)}{(n+1)!} w_{n+1}(x),$$

其中, $w_{n+1}(x) = (x - x_0)(x - x_1) \cdots (x - x_n), \xi \in (a, b)$. 若 $|f^{(n+1)}\xi| \leqslant M$, 则

$$|R_n(x)| \leqslant \frac{M}{(n+1)!} |w_{n+1}(x)|. \tag{7.6.4}$$

显然 $\|w_{n+1}(x)\|_\infty$ 越小, 插值多项式越接近 $f(x)$. 而 $\|w_{n+1}(x)\|_\infty$ 仅与插值点 x_k 有关, 与 $f(x)$ 无关, 若选择点 x_k, $k = 0, 1, \cdots, n$, 让 $\|w_{n+1}(x)\|_\infty$ 最小, 则以它们为插值节点的 n 次插值多项式就可作为近似最佳插值多项式.

　　问题 7.6.3　让 $\|w_{n+1}(x)\|_\infty$ 最小的插值点何在? (下段要点问题.)

　　评注　Chebyshev 提出, 在最高次项系数为 1 的多项式中, 何者在 $[-1,1]$ 上与 0 的偏差最小? 从图形上看, 即哪个多项式在 x 轴上下方起伏最小?

　　注意到最高次项系数为 1 的多项式可以表示为 $x^n - P_{n-1}(x)$ 的形式, 故上述问题等同于在 $n-1$ 次多项式中寻求与 x^n 有最小偏差的多项式 $P_{n-1}^*(x)$, 也就是求 x^n 的 $n-1$ 次最佳一致逼近多项式 $P_{n-1}^*(x)$ 的问题. 依 Chebyshev 定理, x^n 与 $P_{n-1}^*(x)$ 至少有交错幅点 $n+1$ 个, 这让人容易联想到正余弦函数幅值交替出现的样子. 若能将它们的幅点收缩到 $[-1,1]$, 并转换成多项式的最值点, 或许是一种可行的思路! 受此启示, Chebyshev 找到了最小偏差多项式. 在生活中, 针对某个问题有同样想法的人很多, 但努力实现该想法的人很少. 正所谓, 所见略同者众, 尊为英雄者寡. 可见, **高人之 "高" 在其高思, 更在其高为**. Chebyshev 乃高人也!

2. Chebyshev 最小偏差定理

回顾 7.5.6 小节, Chebyshev 多项式有如下表示:

$$T_n(x) = \cos(n \arccos x), \qquad (7.6.5)$$

其中, $x \in [-1,1], n = 0, 1, 2, \cdots$. 且其重要性质之一是 ∞-范数最小, 现重新书写如下.

定理 7.6.6 (Chebyshev 最小偏差定理) 设 H 为 $[-1,1]$ 上最高次项系数为 1 的 n 次多项式的集合, 令 $T_n^*(x) = \dfrac{1}{2^{n-1}} T_n(x)$, 则有

$$\max_{-1 \leqslant x \leqslant 1} |T_n^*(x)| = \min_{P_n \in H} \max_{-1 \leqslant x \leqslant 1} |P_n(x)|. \qquad (7.6.6)$$

$$\max_{-1 \leqslant x \leqslant 1} |T_n^*(x)| = \frac{1}{2^{n-1}}. \qquad (7.6.7)$$

证 因为 $T_n(x)$ 是最高次项系数为 2^{n-1} 的 n 次多项式, 故 $T_n^*(x)$ 的最高次项系数为 1. 从而有 $\min\limits_{P_n \in H} \max\limits_{-1 \leqslant x \leqslant 1} |P_n(x)| \leqslant \max\limits_{-1 \leqslant x \leqslant 1} |T_n^*(x)|$. 下证 "<" 不成立, 从而只能等号成立. 用反证法. 假设存在 $P_n(x) \in H$ 使得

$$\max_{-1 \leqslant x \leqslant 1} |P_n(x)| < \max_{-1 \leqslant x \leqslant 1} |T_n^*(x)|. \qquad (7.6.8)$$

因 $|T_n(x)| \leqslant 1$, 故

$$|P_n(x)| < \frac{1}{2^{n-1}}. \qquad (7.6.9)$$

令

$$Q(x) = T_n^*(x) - P_n(x). \qquad (7.6.10)$$

首先注意, $T_n^*(x)$ 与 $P_n(x)$ 的最高次项系数均为 1, 故必相消, 所以 $Q(x)$ 为 $n-1$ 次多项式. 另一方面, 由 Chebyshev 多项式的性质, $T_n(x)$ 在 $[-1,1]$ 中的 $n+1$ 个交错偏差点 (极值点)$x_k = \cos \dfrac{k\pi}{n}$ 处有 $T_n(x_k) = (-1)^k$ $(k = 0, 1, 2, \cdots, n)$, 故在 x_k 处 $Q(x_k)$ 与 $T_n(x_k)$ 取相同正负号. 故 $Q(x)$ 在 $[-1,1]$ 上正负号至少变换 n 次, 由连续函数介值定理知存在 n 个不同零点. 注意 $Q(x)$ 是 $n-1$ 次多项式, 故 $Q(x) \equiv 0$, 这与 $Q(x)$ 在 x_k 处取正负号矛盾, 故 "<" 不成立. 从而 (7.6.6) 得证. 对于 (7.6.7) 式, 利用 $T_n(x)$ 的交错偏差点即得. 证毕.

推论 7.6.1 在 $[-1,1]$ 上所有最高次项系数为 C 的 n 次多项式之中,

$$C \frac{1}{2^{n-1}} T_n(x) \qquad (7.6.11)$$

与 0 的偏差最小且其零点与 $T_n(x)$ 相同.

评注　Chebyshev 最小偏差定理说明, 在 $[-1,1]$ 上所有最高次项系数为 1 的 n 次多项式之中, $T_n^*(x) = \dfrac{1}{2^{n-1}}T_n(x)$ 与 0 的偏差最小. 应特别注意, 偏差 $\dfrac{1}{2^{n-1}}$ 减小的速度还 "很着急"! 推论 7.6.1 则表明, 在最高次项系数相同的 n 次多项式中, 与 n 次 Chebyshev 多项式有相同零点的 n 次多项式, 是距 0 的偏差最小的. 图 7.6.3 绘出了前几个 $T_n^*(x)$ 的图形, 可见随着 n 的增加, $T_n^*(x)$ 愈加 "低调沉稳", 这正是 $T_n^*(x)$ 特别实用的缘由! 特别提醒, 摆幅很大的多项式易得, 摆幅很小的多项式难求.

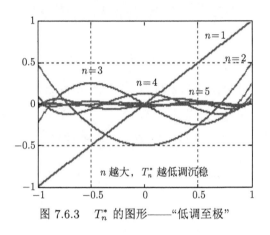

图 7.6.3　T_n^* 的图形——"低调至极"

7.6.3　Chebyshev 多项式的应用

1. $[-1,1]$ 上的 Chebyshev 零点插值多项式

当插值区间为 $[-1,1]$ 时, 选择 $T_{n+1}(x)$ 的 $n+1$ 个零点, 即

$$x_k = \cos\frac{2k+1}{2(n+1)}\pi, \quad k = 0,1,\cdots,n. \tag{7.6.12}$$

作为插值节点而做出的插值多项式即**为近似最佳插值多项式**.

事实上, 注意到插值余项中 $w_{n+1}(x)$ 是最高次项系数为 1 的多项式, 故取

$$w_{n+1}(x) = \frac{1}{2^n}T_{n+1}(x), \tag{7.6.13}$$

则依 Chebyshev 最小偏差定理知 $\|w_{n+1}(x)\|_\infty$ 最小. 所以按照前面对 (7.6.4) 式的分析可知, 对应的插值多项式即为近似最佳插值多项式.

2. [a,b] 上的近似最佳插值多项式

求解思路: 只需将 [a,b] 区间上的 n 次近似最佳多项式插值问题经可逆变换 $x = x(t)$, 转换成 [−1,1] 上的 n 次近似最佳多项式插值问题, 求解完毕后, 再利用逆变换 $t = t(x)$ 将所得插值多项式变换到 [a,b] 区间即可. 实际求解时, 只需找到那些 $x_k = x(t_k)$, $k = 0, \cdots, n$, 其中 t_k 为 [−1,1] 上的近似最佳插值节点, 即 Chebyshev $n+1$ 次多项式的零点, 直接以 x_k 为插值节点的插值多项式即为所求的在 [a,b] 区间上的 n 次近似最佳插值多项式.

事实上, 按照对 (7.6.4) 式的分析可知, 只需选定一组互异点 x_k, 让 $w_{n+1}(x) = (x-x_0)(x-x_1)\cdots(x-x_n)$ 成为 [a,b] 上的最小偏差多项式, 然后再以 x_k 作为插值节点做对应的插值多项式, 则该多项式即为区间 [a,b] 上的近似最佳插值多项式, 这里 $k = 0,1,\cdots,n$. 注意到 $\|w_{n+1}(x)\|_\infty = \|w_{n+1}(x(t))\|_\infty$. 故而, 只要让 $w_{n+1}(x(t))$ 成为 [−1,1] 上的最小偏差多项式即可. 在 [−1,1] 上与 $w_{n+1}(x(t))$ 最高次项系数相同且与 Chebyshev 有相同零点的 $n+1$ 次多项式可担此任. 设 $t_k, k = 0,\cdots,n$ 为 Chebyshev $n+1$ 次多项式的零点, 则 $x_k = x(t_k)$ 即为近似最佳插值节点.

下面给出 x_k 的求解过程. 作换元

$$x = \frac{b+a}{2} + \frac{b-a}{2}t, \tag{7.6.14}$$

则 $x \in [a,b]$ 对应于 $t \in [-1,1]$. 故而, 在 [a,b] 上的近似最佳插值节点为

$$x_k = \frac{b+a}{2} + \frac{b-a}{2}t_k, \tag{7.6.15}$$

其中, $t_k = \cos\dfrac{2k+1}{2(n+1)}\pi$ 为 Chebyshev 零点. 故 [a,b] 上的近似最佳插值节点为

$$x_k = \frac{b+a}{2} + \frac{b-a}{2}\cos\frac{2k+1}{2(n+1)}\pi, \quad k = 0,1,\cdots,n. \tag{7.6.16}$$

3. [a,b] 上的近似最佳插值误差

由 (7.6.14) 和 (7.6.15) 式, 可得 Chebyshev 零点插值对应的插值余项 (7.6.4) 有如下估计:

$$|R_n(x)| \leqslant \frac{M}{(n+1)!}\,|w_{n+1}(x)| = \frac{M}{(n+1)!}\frac{(b-a)^{n+1}}{2^{n+1}}\prod_{k=0}^{n}(t-t_k)$$

$$= \frac{M}{(n+1)!}\frac{(b-a)^{n+1}}{2^{n+1}}\frac{1}{2^n}\,|T_{n+1}(t)|$$

$$\leqslant \frac{M}{(n+1)!} \frac{(b-a)^{n+1}}{2^{2n+1}}. \tag{7.6.17}$$

评注　对于给定的插值误差限, 根据上式不难预估所需要的插值次数. 另外, 当 $f(x)$ 各阶导数一致有界时, 显然有 $\lim\limits_{n\to\infty} R_n(x) = 0$, 故此时可避免插值的 Runge 现象.

4. Chebyshev 零点插值和等距插值对比

图 7.6.4 对于 $f(x) = \dfrac{1}{1+x^2}$, 在 $[-5,5]$ 上给出了两种不同的 10 次插值多项式的结果. 其中图 (a) 为 Chebyshev 零点插值, 图 (b) 为等距节点插值. 可以看出, Chebyshev 零点插值可以抑制插值的 Runge 现象. 下面是 MATLAB 代码.

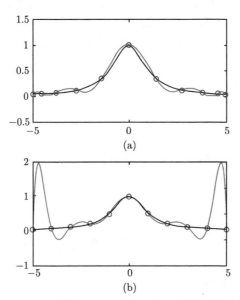

(a)

(b)

图7.6.4彩色版

图 7.6.4　Chebyshev 零点插值与等距插值误差比较

```
function HL76_ex1
% 比较等距插值与 Chebyshev节点插值的区别.
n=11;a=-5;b=5;
% 计算[-1,1]内的Chebyshev0节点.
for k=1:n
    chebynodes(k)=cos((2*k-1)*pi/(2*n));
end
% 计算[a,b]内对应的 Cheby nodes.
```

```
chebynodes_ab=((b-a)/2)*chebynodes+(b+a)/2;
 x=chebynodes_ab;
 y=1./(1+x.^2);
 xi=[-5:.1:5];
cheby=lagrange(x,y,xi); %用Cheby节点按Lagrange插值.
z=1./(1+xi.^2);
    subplot(2,1,1),plot(xi,z,'k',xi,cheby,'-r',x,y,'bo','
        LineWidth',2);
hold on;
    x=a:1:b; % 进行等距插值.
    y=1./(1+x.^2);
    eqn=lagrange(x,y,xi);
      subplot(2,1,2),plot(xi,z,'k',xi,eqn,'r',x,y,'bo','
          LineWidth',2);
see=1
function yy=lagrange(xi,yi,x)
% Lagrange插值.
% xi,yi 分别是有插值节点x,y的坐标向量;
% x是用插值函数欲计算的点,yy为算出的值.
% 插值多项式次数=length(xi)-1.
m=length(xi);
n=length(yi);
if m~=n,error('向量xi与向量yi的长度必须一致!');
end;
s=0;
for i=1:n
    z=ones(1,length(x));
    for j=1:n
        if j~=i
                  z=z.*(x-xi(j))/(xi(i)-xi(j));
            end
    end
    s=s+z*yi(i);
end
yy=s;
%------------------------------------------------------------%
```

例 7.6.1 求 $f(x) = e^x$ 在 [0,1] 上的近似最佳插值多项式, 使其误差不超过 $\frac{1}{2} \times 10^{-4}$.

解 这是一个由误差限确定插值多项式次数 n 的问题.

因 $f^{(n)}(x) = \mathrm{e}^x$, 故 $\forall x \in [0,1], |f^{(n)}(x)| \leqslant \mathrm{e} \leqslant 2.72$. 又由 (7.6.17) 式得

$$|R_n(x)| \leqslant \frac{M}{(n+1)!} \frac{(b-a)^{n+1}}{2^{2n+1}} \leqslant \frac{\mathrm{e}}{(n+1)!} \frac{1}{2^{2n+1}},$$

令

$$\frac{\mathrm{e}}{(n+1)!} \frac{1}{2^{2n+1}} \leqslant \frac{1}{2} \times 10^{-4},$$

试算解之, 取 $n = 4$ 即可满足要求. 故插值节点为 5 个:

$$x_k = \frac{b+a}{2} + \frac{b-a}{2} \cos \frac{2k+1}{2(n+1)} \pi$$

$$= \frac{1}{2} + \frac{1}{2} \cos \frac{2k+1}{10} \pi, \quad k = 0,1,2,3,4,$$

故 $x_0 \approx 0.975528, x_1 \approx 0.79389, x_2 = 0.5, x_3 \approx 0.20611, x_4 \approx 0.02447$.

用 Lagrange 插值公式得

$$L_4(x) \approx 0.06942x^4 + 0.14028x^3 + 0.50978x^2 + 0.99876x + 1.00003.$$

$$R_4(0) \approx \mathrm{e}^0 - 1.00003 \approx -0.00003.$$

$$R_4(1) \approx \mathrm{e}^1 - L_4(1) \approx 0.00003.$$

5. 多项式降幂

例 7.6.2   在区间 $[-1,1]$ 上, 如何求取 n 次多项式的最佳一致逼近的 $n-1$ 次多项式?

解   设 n 次多项式 $P_n(x)$ 的最高次系数为 C, 欲求 $n-1$ 次最佳一致逼近多项式为 $G(x)$, 则 $P_n(x) - G(x)$ 仍为最高次系数为 C 的 n 次多项式. 由定理 7.6.6 的推论知, 当

$$P_n(x) - G(x) = C \frac{1}{2^{n-1}} T_n(x)$$

时, 二者偏差最小, 即

$$G(x) = P_n(x) - C \frac{1}{2^{n-1}} T_n(x)$$

为所求.

例 7.6.3   若将 $[-1,1]$ 改为 $[a,b]$, 上述问题应如何处理?

答 对一般区间 $[a, b]$, 先作变换 $x = x(t)$ 将 $[a, b]$ 映射到 $[-1, 1]$, 求 $f(x(t))$ 在 $[-1, 1]$ 上的最佳一致逼近 $P_{n-1}(t)$, 再用逆变换 $t = t(x)$ 将 t 换回 x, 最后得到 $P_{n-1}(t(x))$ 即为所求. 即令

$$x = \frac{b+a}{2} + \frac{b-a}{2}t,$$

则 $g(t) = f(x(t))$ 为 $[-1, 1]$ 上的多项式, 仿照上例求出 $g(t)$ 的低一次的最佳一致逼近多项式 $P(t)$, 则

$$P(t(x)) = P\left(\frac{2x - b - a}{b - a}\right)$$

为所求.

例 7.6.4 求 $f(x) = 2x^3 + x^2 + 2x - 1$ 在 $[-1, 1]$ 上的二次最佳一致逼近多项式 $P(x)$.

解 令 $f(x) - P(x) = 2 \cdot \frac{1}{2^{3-1}} T_3(x) = \frac{1}{2} T_3(x)$, 故

$$P(x) = f(x) - \frac{1}{2} T_3(x) = 2x^3 + x^2 + 2x - 1 - 2x^3 + \frac{1}{2} 3x = x^2 + \frac{7}{2} x - 1.$$

$f(x)$ 与 $P(x)$ 的逼近程度如图 7.6.5 所示.

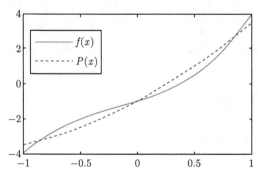

图 7.6.5 三次多项式 $f(x)$ 与其二次最佳逼近多项式 $P(x)$ 的图形比较

6. 幂级数的缩减

首先陈述几个事实:

(1) $\{x^k\}$ 与 $\{T_k(x)\}(k = 0, 1, \cdots, n)$ 都是线性无关组, 均为 $H_n[-1, 1]$ 上的一组基函数, 故可相互线性表示.

(2) $x^n = \frac{1}{2^{n-1}} \sum_{k=0}^{\left[\frac{n}{2}\right]} C_n^k T_{n-2k}(x) \left(\text{此处 } T_0 = \frac{1}{2}\right).$

(3) 一般地, 设 $x^n = \sum\limits_{k=0}^{n} a_k T_k(x)$, 其非 0 的系数 a_k 是快速递减的真分数序列.

基于上述事实, 可将幂级数改用 $T_k(x)$ 表示, 在允许的误差下可考虑丢弃某些高次项. 具体操作如下:

$$\sum_{k=0}^{n} a_k x^k = \sum_{k=0}^{n} b_k T_k = \sum_{k=0}^{m} b_k T_k + \sum_{k=m+1}^{n} b_k T_k,$$

而

$$\left| \sum_{k=m+1}^{n} b_k T_k \right| \leqslant \sum_{k=m+1}^{n} |b_k|,$$

故

$$\sum_{k=0}^{n} a_k x^k - \sum_{k=0}^{m} b_k T_k \leqslant \sum_{k=m+1}^{n} |b_k|.$$

若 $\sum\limits_{k=m+1}^{n} |b_k|$ 可忽略不计, 则 $\sum\limits_{k=0}^{n} a_k x^k \approx \sum\limits_{k=0}^{m} b_k T_k$.

> **评注**　注意, 上述处理后, 使得 x 的幂降了很多次. 若明白了降幂的原理, 则有关降幂的例子基本上可视为琐碎的整理过程, 此略. 有关降幂的详细分析过程可参见 [19]. 另外, 当要逼近的区间不是 $[-1,1]$ 时, 也应将相应的区间变换到 $[-1,1]$ 进行处理. 由于有降幂奇效, 以 Chebyshev 多项式为基函数的展式有最经济计算式的美誉.

问题 7.6.4　除多项式外, 三角函数也是一类简单函数, 能否用其对连续函数进行逼近呢?

答　必须的! 且看下节分解!

7.7　周期函数逼近

振动现象可用不同频率的正弦波和余弦波叠加而成, 从数学的角度来看, 不外乎就是将函数用系列三角函数的线性组合近似地表示出来. 为了研究该问题, 按照内积空间最佳逼近定理, 将该问题放到不同频率的正弦和余弦函数作为基函数所张成的空间内来处理, 自然是首选之策. 如果基函数集合是正交系那就太棒了.

问题 7.7.1　连续周期函数如何用三角多项式逼近?

答　这不是新问题, 高等数学中的 Fourier(傅里叶) 级数已经是一种方式.

7.7.1 最佳平方逼近三角多项式

1. 周期函数的最佳平方逼近问题

定义 7.7.1 记 $U = \left\{ 1, \cos\dfrac{\pi x}{l}, \sin\dfrac{\pi x}{l}, \cdots, \cos\dfrac{n\pi x}{l}, \sin\dfrac{n\pi x}{l} \right\}$, 设 $f(x)$ 是周期为 $2l$ 的连续函数, 求其在三角多项式集合 span U 中的最佳平方逼近函数称为周期函数的最佳平方逼近问题; 该问题的解称为 $f(x)$ 的最佳平方逼近三角多项式.

2. 最佳平方逼近三角多项式的求取公式

定理 7.7.1 设 $f(x)$ 是周期为 $2l$ 的连续函数, 则最佳平方逼近三角多项式为

$$S_n(x) = \frac{a_0}{2} + \sum_{k=1}^{n} \left(a_n \cos\frac{k\pi x}{l} + b_n \sin\frac{k\pi x}{l} \right), \tag{7.7.1}$$

其平方误差

$$\|\delta\|_2^2 = \|f\|_2^2 - \left[\frac{1}{2}a_0^2 + \sum_{k=1}^{n} (a_k^2 + b_k^2) \right] l, \tag{7.7.2}$$

其中,

$$a_0 = \frac{1}{l} \int_{-l}^{l} f(x)\mathrm{d}x, \tag{7.7.3}$$

$$a_k = \frac{1}{l} \int_{-l}^{l} f(x) \cos\frac{k\pi x}{l}\mathrm{d}x, \tag{7.7.4}$$

$$b_k = \frac{1}{l} \int_{-l}^{l} f(x) \sin\frac{k\pi x}{l}\mathrm{d}x, \tag{7.7.5}$$

$k = 1, 2, \cdots, n, l > 0$.

$$\delta(x) = f(x) - S_n(x). \tag{7.7.6}$$

证 先作思路分析. 沿用有限维内积空间最佳逼近向量解法是上策之选. 令 C_{2l} 表示以 $2l$ 为周期的连续函数集合, 即 $C_{2l} = \{f(x) | f(x) \in C(-\infty, +\infty)$ 且 $f(x) = f(x + 2l)\}$, 给其配备上函数内积

$$\langle f, g \rangle = \int_{-l}^{l} f(x)g(x)\mathrm{d}x,$$

就构成了一个内积空间. 按照高等数学中 Fourier 级数理论知

$$U = \left\{ 1, \cos\frac{\pi x}{l}, \sin\frac{\pi x}{l}, \cdots, \cos\frac{n\pi x}{l}, \sin\frac{n\pi x}{l} \right\}$$

是周期为 $2l$ 的正交系, 故 span U 是 C_{2l} 的 $2n+1$ 维子空间. 故对于周期为 $2l$ 的连续函数 $f(x)$, 可按照有限维内积空间最佳逼近向量法, 或直接套用正交系下最佳平方逼近结果 (7.4.12) 和 (7.4.13) 式, 求解其最佳平方逼近三角多项式.

下面是证明过程. 为了完全套用公式 (7.4.12), 此时记 $\varphi_0 = 1, \varphi_{k1} = \cos\dfrac{k\pi x}{l}$, $\varphi_{k2} = \sin\dfrac{k\pi x}{l}, k = 1, 2, \cdots, n$.

$$S_n(x) = a_0\varphi_0(x) + a_1\varphi_{11}(x) + b_1\varphi_{12}(x) + \cdots + a_n\varphi_{n1}(x) + b_n\varphi_{n2}(x).$$

回顾高数 Fourier 级数内容知 $k \neq 0$ 时,

$$\int_{-l}^{l} \cos^2\frac{k\pi x}{l}\mathrm{d}x = \int_{-l}^{l} \sin^2\frac{k\pi x}{l}\mathrm{d}x = l,$$

按 (7.4.13) 式知

$$a_k = \frac{\langle f, \varphi_k \rangle}{\langle \varphi_k, \varphi_k \rangle} = \frac{\displaystyle\int_{-l}^{l} f(x)\cos\frac{k\pi x}{l}\mathrm{d}x}{\displaystyle\int_{-l}^{l} \cos^2\frac{k\pi x}{l}\mathrm{d}x} = \frac{1}{l}\int_{-l}^{l} f(x)\cos\frac{k\pi x}{l}\mathrm{d}x.$$

类似可得 b_k; 而 $k = 0$ 时, $\langle \varphi_0, \varphi_0 \rangle = \displaystyle\int_{-l}^{l}\mathrm{d}x = 2l$. 故 (7.7.3)—(7.7.5) 成立.

按照内积空间最佳逼近定理中的勾股关系 (定理 2.7.2) 知

$$\|\delta\|_2^2 = \|f\|_2^2 - \|S_n(x)\|_2^2. \tag{7.7.7}$$

而 $\|S_n(x)\|_2^2 = \langle S_n(x), S_n(x) \rangle$, 注意到 U 是正交系, 将 (7.7.1) 式代入, 计算整理即得

$$\|S_n(x)\|_2^2 = \left[\frac{1}{2}a_0^2 + \sum_{k=1}^{n}(a_k^2 + b_k^2)\right]l. \tag{7.7.8}$$

结合 (7.7.7) 和 (7.7.8) 知 (7.7.2) 式真.　　　　　　　　　　　　　　　　证毕.

> **评注**　如果读者熟悉高数中的 Fourier 级数, 容易看出最佳平方逼近三角多项式 $S_n(x)$ 不外乎就是 $f(x)$ 的 Fourier 级数的部分和函数而已.

问题 7.7.2　最佳平方逼近三角多项式 $S_n(x) \to f(x)$?

3. 最佳平方逼近三角多项式的收敛性

定理 7.7.2 设 $f(x)$ 是周期为 $2l$ 的连续函数, $S_n(x)$ 为其最佳平方逼近三角多项式, 则 $S_n(x)$ 依平方 (按 2-范数) 收敛于 $f(x)$, 即

$$\lim_{n\to\infty} \|f(x) - S_n(x)\|_2 = 0. \tag{7.7.9}$$

证明略. 可参阅文献 [4].

评注 平方收敛是 2-范数距离意义下的收敛, 与一般收敛意义不同, 不能理解为 $S_n(x)$ 每一点都收敛于 $f(x)$, 即可能个别点处不收敛. 实际上, 按照高等数学中的 Fourier 级数性质, 在相当宽松的条件下 (Dirichlet(狄利克雷) 条件), 特别是仅有有限个极值点的连续条件下, 可以保证 $S_n(x)$ 收敛于 $f(x)$. 所以对于连续周期函数用三角多项式逼近, 可以得到非常好的效果.

问题 7.7.3 若 $f(x)$ 不是周期函数, 该如何用三角多项式作最佳平方逼近?

答 请翻看高等数学中 Fourier 级数的相关问题.

至此, 区间上的三角函数逼近问题已经得以很好地解决. 然而, 离散点集上的三角多项式离散拟合问题更为常见. 并由此可以引出一个更为一般的问题如下.

问题 7.7.4 插值与拟合有何数值关系? 何时等同? (下段要点问题.)

评注 插值和拟合都是函数逼近的方法, 二者都是基于被近似函数有限个样本点处的信息所设计的. 拟合的评判目标是关于样本点综合偏差最小, 而插值则要求过全部样本点, 其综合偏差为 0. 相对于一般情形而言, 基于正交系下的拟合和插值具有简单关系.

7.7.2 正交基下拟合和插值的关系

1. 正交基拟合与插值的关系定理

定理 7.7.3 (正交拟合与插值关系) 设函数族 $\{\varphi_0, \cdots, \varphi_n\}$ 为点集 $\{x_i\}_{i=0}^n$ 上的离散正交, 而 $f(x)$ 关于节点集 $\{x_i\}_{i=0}^n$ 在 $\mathrm{span}\{\varphi_0, \cdots, \varphi_n\}$ 中的插值函数为

$$\varphi^*(x) = a_0\varphi_0(x) + a_1\varphi_1(x) + \cdots + a_n\varphi_n(x). \tag{7.7.10}$$

对于 $m \leqslant n$, 又设 $\varphi(x)$ 是在 $\mathrm{span}\{\varphi_0, \cdots, \varphi_m\}$ 内对数据组 $\{(x_k, f(x_k)) | k = 0, 1, \cdots, n\}$ 的线性最小二乘拟合函数, 则

$$\varphi(x) = a_0\varphi_0(x) + a_1\varphi_1(x) + \cdots + a_m\varphi_m(x), \tag{7.7.11}$$

即 $\varphi(x)$ 为 $\varphi^*(x)$ 的前 m 项之和. 特别地, 当 $m = n$ 时,

$$\varphi(x) = \varphi^*(x), \tag{7.7.12}$$

$$\varphi(x_i) = f(x_i) \quad (i = 0, \cdots, n). \tag{7.7.13}$$

证　根据线性无关基底插值存在唯一性定理 (定理 6.8.1), 可知 $\varphi^*(x)$ 是存在且唯一的. 记插值条件为

$$\varphi(x_i) = f(x_i) = y_i \quad (i = 0, 1, \cdots, n),$$

令 $G = \begin{pmatrix} \varphi_0(x_0) & \varphi_1(x_0) & \cdots & \varphi_n(x_0) \\ \varphi_0(x_1) & \varphi_1(x_1) & \cdots & \varphi_n(x_1) \\ \vdots & \vdots & & \vdots \\ \varphi_0(x_n) & \varphi_1(x_n) & \cdots & \varphi_n(x_n) \end{pmatrix} = (\varphi_0, \cdots, \varphi_n), a = (a_0, a_2, \cdots,$

$a_n)^{\mathrm{T}}, \quad y = (y_0, y_1, \cdots y_n)^{\mathrm{T}}.$ 由插值条件可知, 系数向量 a 满足如下线性方程组:

$$Ga = y, \tag{7.7.14}$$

由于 $\{\varphi_1, \cdots, \varphi_n\}$ 关于点集 $\{x_i\}_{i=0}^n$ 正交, 故线性无关. 故矩阵 G 满秩, 故方程组有唯一解且与方程组

$$G^{\mathrm{T}} G a = G^{\mathrm{T}} y, \tag{7.7.15}$$

即

$$\begin{pmatrix} \langle\varphi_0,\varphi_0\rangle & & & \\ & \langle\varphi_1,\varphi_1\rangle & & \\ & & \ddots & \\ & & & \langle\varphi_n,\varphi_n\rangle \end{pmatrix} \begin{pmatrix} a_0 \\ a_1 \\ \vdots \\ a_n \end{pmatrix} = \begin{pmatrix} \langle y,\varphi_0\rangle \\ \langle y,\varphi_1\rangle \\ \vdots \\ \langle y,\varphi_n\rangle \end{pmatrix} \tag{7.7.16}$$

同解. 显然, 其解为

$$a_k = \frac{\langle y,\varphi_k\rangle}{\langle\varphi_k,\varphi_k\rangle} \quad (k = 0, 1, \cdots, n). \tag{7.7.17}$$

另一方面, 设在 $\mathrm{span}\{\varphi_0, \cdots, \varphi_m\}$ 内对数据组 $\{(x_k, f(x_k))|k = 0, 1, \cdots, n\}$ 的最小二乘解为

$$\varphi(x) = b_0\varphi_0(x) + b_1\varphi_1(x) + \cdots + b_m\varphi_m(x),$$

因其为正交拟合 (参见 7.3 节), 故对应的拟合系数 b_k 需满足法方程组

$$
\begin{pmatrix}
\langle \varphi_0, \varphi_0 \rangle & & & \\
& \langle \varphi_1, \varphi_1 \rangle & & \\
& & \ddots & \\
& & & \langle \varphi_m, \varphi_m \rangle
\end{pmatrix}
\begin{pmatrix}
b_0 \\ b_1 \\ \vdots \\ b_m
\end{pmatrix}
=
\begin{pmatrix}
\langle y, \varphi_0 \rangle \\ \langle y, \varphi_1 \rangle \\ \vdots \\ \langle y, \varphi_m \rangle
\end{pmatrix},
$$

其解为

$$
b_k = \frac{\langle y, \varphi_k \rangle}{\langle \varphi_k, \varphi_k \rangle} \quad (k = 0, 1, \cdots, m). \tag{7.7.18}
$$

比较 (7.7.17) 和 (7.7.18), 知 $k \leqslant m$ 时, $b_k = a_k$, 所以定理结论真.   证毕.

评注 本定理表明, 当正交基函数个数 m 与样本点数 n 相同时, 过全部样本点的插值函数与对全部样本点的拟合函数相同. 当基函数数目 m 少于样本点数 n 时, 拟合函数仅取插值函数的前 m 项. 这与有限维最佳逼近定理的几何意义是一致的. 可以再次查看图 2.6.1 或图 2.1.1 和图 2.1.2. 对比三维向量分别在 x 轴、在 xy 平面以及在三维空间自身的最佳逼近向量 (投影向量), 结论就非常明显了! 因而, "极致" 的拟合函数就应该是其同类函数中的插值函数; "非极致" 的拟合就应该是对同类插值函数的某种近似. 总之, 拟合表现得更仁厚, 总是穷尽所能顾全大局, 而插值则相对严苛, 仅保证插值点处重合, 而其他样本点的误差就完全不考虑了.

2. 正交拟合的灵活运用

线性拟合一般是在某个基函数集合的生成空间内进行的, 该集合的不同子集生成不同的子空间. 正交拟合与插值关系定理关于拟合部分的结论, 可以推广到基函数集合的任意子集, 不必非取前面的 m 个基函数; 基函数的顺序也无关紧要; 只需在插值函数 (7.7.10) 中丢弃那些不在该子集中的基函数对应的项, 就可得到该子集生成空间内的最小二乘解.

至此, 对于周期函数自然有下述问题.

问题 7.7.5 离散点集上的最小二乘三角多项式该如何得到? (下段要点问题.)

评注 此问题意义重大, 在信号处理中, 更多的是仅能知道周期函数在一些离散点处的采样值, 若能用三角多项式对其拟合, 将会给信号处理带来方便. 特别对人工智能的某些应用场合意义非凡, 如音频处理、声音识别等.

7.7.3 周期函数的最小二乘三角多项式

1. 最小二乘三角多项式拟合问题

为了简化书写, 令 $U_n = \{1, \cos x, \sin x, \cos 2x, \sin 2x, \cdots, \cos nx, \sin nx\}$. U_n **将作为本段专用记号**, 其中 n 可以取不同的正整数, 比如, 当 $n = m$ 时, 有

$$U_m = \{1, \cos x, \sin x, \cos 2x, \sin 2x, \cdots, \cos mx, \sin mx\}.$$

定义 7.7.2　设已知以 2π 为周期的函数 $f(x)$, 在 $[0, 2\pi]$ 上的 N 个等距节点 $x_j = \dfrac{2j\pi}{N}$ 处的函数值 $f(x_j), j = 0, 1, \cdots, N-1$. 求取关于这组数据在三角多项式集合 $\operatorname{span} U_n \left(n < \dfrac{N}{2}\right)$ 中的线性最小二乘拟合函数 $S_n(x)$ 的问题, 称为周期函数的离散数据最小二乘三角多项式拟合问题; 该问题的解称为 $f(x)$ 的**最小二乘三角多项式**.

2. 离散正交三角函数系

定理 7.7.4　三角函数系 U_n 关于节点集 $x_j = \dfrac{2j\pi}{N}, j = 0, 1, \cdots, N-1$ 构成离散正交系 (族).

证　仅需验证

$$\langle \sin lx, \sin kx \rangle = \sum_{j=0}^{N-1} \sin l\frac{2\pi j}{N} \sin k\frac{2\pi j}{N} = \begin{cases} 0, & k \neq l, \\ N/2, & k = l \neq 0, \end{cases} \tag{7.7.19}$$

$$\langle \cos lx, \sin kx \rangle = \sum_{j=0}^{N-1} \cos l\frac{2\pi j}{N} \sin k\frac{2\pi j}{N} = 0, \tag{7.7.20}$$

$$\langle \cos lx, \cos kx \rangle = \sum_{j=0}^{N-1} \cos l\frac{2\pi j}{N} \cos k\frac{2\pi j}{N} = \begin{cases} 0, & k \neq l, \\ N/2, & k = l \neq 0, \\ N, & k = l = 0. \end{cases} \tag{7.7.21}$$

为方便, 记 $w = \mathrm{e}^{\frac{2\pi}{N}\mathrm{i}}$, i 为虚数单位. 由 Euler 公式 $\mathrm{e}^{\mathrm{i}\theta} = \cos\theta + \mathrm{i}\sin\theta$ 可知, $\forall k = 0, 1, 2, \cdots, w^{\pm kN} = 1$. 故当 $N > 1, k \neq 0$ 且 $k < N$ 时, 按等比求和得 $\sum\limits_{j=0}^{N-1} w^{\pm kj} = \dfrac{w^{\pm kN} - 1}{w^{\pm k} - 1} = 0$, 故有

$$\sum_{j=0}^{N-1} w^{\pm kj} = \begin{cases} N, & k = 0, \\ 0, & k \neq 0. \end{cases} \tag{7.7.22}$$

由 Euler 公式知 $\sin k\dfrac{2j\pi}{N} = \dfrac{1}{2\mathrm{i}}(w^{kj} - w^{-kj}), \cos k\dfrac{2j\pi}{N} = \dfrac{1}{2}(w^{kj} + w^{-kj})$, 将它们代入 (7.7.19)—(7.7.21) 各式. 比如代入 (7.7.19) 式, 可知

$$\sin l\frac{2j\pi}{N} \sin k\frac{2j\pi}{N} = -\frac{1}{4}(w^{(l+k)j} - w^{(l-k)j} - w^{(k-l)j} + w^{-(l+k)j}),$$

故

$$\langle \sin lx, \sin kx \rangle = \sum_{j=0}^{N-1} \sin l\frac{2\pi j}{N} \sin k\frac{2\pi j}{N}$$

$$= -\frac{1}{4} \sum_{j=0}^{N-1} \left[w^{(l+k)j} - w^{(l-k)j} - w^{(k-l)j} + w^{-(l+k)j} \right].$$

将这 4 项分别求和, 它们都是形如 (7.7.22) 式的形式, 依照 (7.7.22) 式, 续接上式可知

$$\langle \sin lx, \sin kx \rangle = -\frac{1}{4} \left[0 - \sum_{j=0}^{N-1} w^{(l-k)j} - \sum_{j=0}^{N-1} w^{(k-l)j} + 0 \right]$$

$$= \begin{cases} \dfrac{N}{2}, & l = k, \\ 0, & l \neq k. \end{cases}$$

故 (7.7.19) 式真. 同理可以验证 (7.7.20) 和 (7.7.21) 式真. 证毕.

3. 最小二乘三角多项式的表示公式和误差

定理 7.7.5 周期为 2π 的函数 $f(x)$ 相对于节点集 $\left\{ x_j = \dfrac{2j\pi}{N} \middle| j = 0, 1, \cdots, N-1 \right\}$ 的最小二乘三角多项式为 $\left(注意 n < \dfrac{N}{2} \right)$

$$S_n(x) = \frac{a_0}{2} + \sum_{k=1}^{n} (a_k \cos kx + b_k \sin kx). \tag{7.7.23}$$

$S_n(x)$ 与 $f(x)$ 的平方误差为

$$\|\delta\|_2^2 = \|f\|_2^2 - \frac{N}{2} \left[\frac{1}{2} a_0^2 + \sum_{k=1}^{n} (a_k^2 + b_k^2) \right], \tag{7.7.24}$$

其中,

$$a_k = \frac{2}{N} \sum_{j=0}^{N-1} f(x_j) \cos kx_j$$

$$= \frac{2}{N} \sum_{j=0}^{N-1} f\left(\frac{2j\pi}{N}\right) \cos k\frac{2j\pi}{N} \quad (k=0,1,\cdots,n). \tag{7.7.25}$$

$$b_k = \frac{2}{N} \sum_{j=0}^{N-1} f(x_j) \sin kx_j$$

$$= \frac{2}{N} \sum_{j=0}^{N-1} f\left(\frac{2j\pi}{N}\right) \sin k\frac{2j\pi}{N} \quad (k=1,\cdots,n). \tag{7.7.26}$$

证　套用正交系 (族) 下的最小二乘法是上策之选! 因为 span U_n 构成一个 $2n+1$ 维子空间, 且其生成基函数集 U_n 是离散正交的, 故可套用离散正交族下的最小二乘法 (参见 7.3.2 小节) 求最小二乘三角多项式 $S_n(x)$. 为了展示完全套用过程, 记 $\varphi_0 = 1, \varphi_{k1} = \cos kx, \varphi_{k2} = \sin kx, k=1,2,\cdots,n$, 由 (7.3.3) 式知最小二乘拟合函数为

$$S_n(x) = A_0\varphi_0(x) + a_1\varphi_{11}(x) + b_1\varphi_{12}(x) + \cdots + a_n\varphi_{n1}(x) + b_n\varphi_{n2}(x). \tag{7.7.27}$$

按照 (7.3.2) 式, 并利用 (7.7.19)—(7.7.21) 式知

$$\langle\varphi_0,\varphi_0\rangle = N, \quad \langle\varphi_{k1},\varphi_{k1}\rangle = \langle\varphi_{k2},\varphi_{k2}\rangle = \frac{N}{2},$$

$$a_k = \frac{\langle f,\varphi_{k1}\rangle}{\langle\varphi_{k1},\varphi_{k1}\rangle} = \frac{2}{N} \sum_{j=0}^{N-1} f\left(\frac{2j\pi}{N}\right) \cos k\frac{2j\pi}{N},$$

$$b_k = \frac{\langle f,\varphi_{k2}\rangle}{\langle\varphi_{k2},\varphi_{k2}\rangle} = \frac{2}{N} \sum_{j=0}^{N-1} f\left(\frac{2j\pi}{N}\right) \sin k\frac{2j\pi}{N},$$

这里, $k=1,2,\cdots,n$.

$$A_0 = \frac{\langle f,\varphi_0\rangle}{\langle\varphi_0,\varphi_0\rangle} = \frac{1}{N} \sum_{j=0}^{N-1} f\left(\frac{2j\pi}{N}\right) \cos 0\frac{2j\pi}{N},$$

借用 a_k 表达式, 取 $k=0$, 记 $A_0 = a_0/2$, 将 a_k,b_k,φ_{kj} 具体式子代入 (7.7.27), 即得最小二乘三角多项式拟合问题的解 (7.7.23). 另外, 按照内积空间勾股关系和 U_n 的离散正交性可得 (7.7.24) 式, 其具体过程留给读者小试牛刀.

7.7.4 三角插值与三角拟合的关系

1. 周期为 2π 的情形

将正交拟合与插值关系定理用于三角多项式, 即有

定理 7.7.6 设已知周期为 2π 的函数 $f(x)$ 的 $N = 2n + 1$ 个样本点为 (x_j, y_j), 其中 $x_j = \dfrac{2j\pi}{N}$, $y_j = f(x_j)$, $j = 0, 1, \cdots, N - 1$. 而 $S_n(x)$ 是 $f(x)$ 关于该组样本点在 span U_n 内的插值函数, $S_m(x)$ 是 $f(x)$ 对该组样本点在 span U_m $(m \leqslant n)$ 内的线性最小二乘拟合函数, 则

$$S_n(x) = S_m(x) + \sum_{k=m+1}^{n} \left(a_k \cos kx + b_k \sin kx\right), \tag{7.7.28}$$

当 $m = n$ 时, $S_m(x)$ 满足插值条件 $S_m(x_j) = f(x_j)$, 即

$$f(x_j) = \frac{a_0}{2} + \sum_{k=1}^{n} \left(a_k \cos kx_j + b_k \sin kx_j\right), \tag{7.7.29}$$

其中, $a_k, b_k (k = 0, \cdots, n)$ 与 (7.7.23) 式相同.

> **评注** 简言之, 上述样本点点数与基函数个数相同时, 三角插值多项式就是最小二乘拟合三角多项式. 另外, 依定理 7.7.3, 若拟合基函数取 U_n 的某个子集, 则对应的拟合函数就是 S_n 中该子集元素对应的线性组合部分. 利用这个性质, 在音视频处理中, 可以进行信号压缩, 也可用于设计特定的数字带通滤波器, 比如削弱高频部分而使声音低沉化等.

问题 7.7.6 上述讨论均基于 $[0, 2\pi]$ 区间, 一般区间又该如何处理?

2. 任意区间上的三角拟合和插值问题

应用中有时需要将区间 $[a, b]$ 上的函数 $f(x)$ 用插值或拟合三角多项式作逼近函数. 此时的处理思想是, 先通过变量替换, 将区间 $[a, b]$ 上的函数 $f(x)$ 转换为区间 $[0, 2\pi]$ 上的函数 $g(t)$, 求出 $g(t)$ 的插值或拟合函数 $S_n(t)$ 后, 再用变量逆代换将其变换到 $[a, b]$ 上即可. 具体步骤如下:

(1) 取 $[0, 2\pi] \to [a, b]$ 的变换:

$$x = a + \frac{b - a}{2\pi} t, \tag{7.7.30}$$

$$g(t) = f\left(a + \frac{b - a}{2\pi} t\right). \tag{7.7.31}$$

则 $g(t)$ 即为定义在 $[0, 2\pi]$ 的函数.

(2) 取 N 个样本点对应的函数值 (需注意 $N > 2n$):

$$g\left(\frac{2j\pi}{N}\right) = f\left(a + j\frac{b-a}{N}\right),\tag{7.7.32}$$

这里, $j = 0, 1, \cdots, N-1$.

(3) 按照 (7.7.23) 求出 $g(t)$ 的拟合或插值函数 $S_n(t)$.

(4) 取逆变换 $[a, b] \to [0, 2\pi]$:

$$t = \frac{2\pi}{b-a}(x-a),\tag{7.7.33}$$

将 $S_n(t)$ 变换为 x 的函数

$$F_n(x) = S_n\left(\frac{2\pi}{b-a}(x-a)\right)\tag{7.7.34}$$

即为所求.

特别说明　$S_n(x)$ 是对周期为 $b-a$ 的周期函数 $f(x)$ 的逼近, 若 $f(x)$ 仅仅为非周期函数在 $[a, b]$ 区间的一部分, 则 $S_n(x)$ 是对该部分进行周期延拓后的函数的逼近. 更详细的讨论可参阅文献 [20].

3. 拟合系数直接计算的复杂性

评注　阅到此处, 似乎最小二乘三角多项式拟合或插值问题已经完美解决了, 因为从表达式到各个系数的计算公式, 再到误差估计以及拟合与插值之间的关系, 理论上都给出了相应的结果. 然而不幸的是, 求取拟合或插值系数需要的计算量实在是太大了! 以至于它在很长时间内没有得到很好的应用. 直到 20 世纪 60 年代中期, 因为快速 Fourier 变换的提出, 三角拟合和三角插值多项式才广泛应用于信号处理领域. 特别是当下, 在人工智能技术中具有不可替代的作用.

那么问题来了:

问题 7.7.7　用什么方法能快速得到三角拟合的各个系数呢?

答　用快速 Fourier 变换. 特别是借助于 MATLAB 可把这件烦琐的事情变成一个轻快的过程. 令

$$c_k = \frac{1}{N}\sum_{j=0}^{N-1} f(x_j)\mathrm{e}^{-\mathrm{i}kx_j},\tag{7.7.35}$$

MATLAB 提供了一个快速得到 c_k 的内建函数 "fft". 故而, 通常先利用 "fft" 取得 c_k, 再从 c_k 得到 (7.7.25) 和 (7.7.26) 式中的 a_k 和 b_k. 方法如下: 由 Euler 公式

$e^{i\theta} = \cos\theta + i\sin\theta$ 知

$$a_k - ib_k = \frac{2}{N}\sum_{j=0}^{N-1} f(x_j)e^{-ikx_j} = 2c_k. \tag{7.7.36}$$

所以

$$\begin{cases} a_k = 2\text{Re}(c_k), \\ b_k = -2\text{Im}(c_k), \end{cases} \tag{7.7.37}$$

这里, $k = 0, \cdots, n(n < N/2)$, Re 和 Im 分别表示对复函数的取实部运算和取虚部运算.

若读者只是想快速得到形如 (7.7.23) 式所示的最小二乘拟合三角多项式, 可直接翻阅本书 7.8.3 小节即可, 其中有详细的步骤和拟合例子供参考.

MATLAB 内建函数 "fft" 可以快速完成 Fourier 变换, 欲知其详, 请翻阅下节.

7.8 快速 Fourier 变换

7.8.1 复正交基函数下的三角插值与拟合

定理 7.8.1 (复指插值函数) 设已知函数 $f(t)$ 在 $[0,2\pi]$ 上的 N 个等距节点 $t_j = \dfrac{2j\pi}{N}$ 处的值 $f_j = f(t_j), j = 0, 1, \cdots, N-1$. 以复指函数 $\varphi_k(t) = e^{ikt}, k = 0, \cdots, N-1$ 作为插值基函数, 则 $f(t)$ 关于该组节点在 $\text{span}\{\varphi_0, \cdots, \varphi_{N-1}\}$ 中的插值函数 $S_N^*(t)$ 是存在唯一的, 且

$$S_N^*(t) = \sum_{k=0}^{N-1} c_k e^{ikt}, \tag{7.8.1}$$

$$c_k = \frac{1}{N}\sum_{j=0}^{N-1} f_j e^{-ikt_j}, \tag{7.8.2}$$

$$f_j = \sum_{k=0}^{N-1} c_k e^{ikt_j}, \tag{7.8.3}$$

这里, $k, j = 0, 1, \cdots, N-1$; i 为虚数单位.

证 可以验证复函数集 $\left\{\varphi_k(t) = e^{ikt} | k = 0, \cdots, N-1\right\}$ 在内积

$$\langle f, g\rangle = \sum_{j=0}^{N-1} f(t_j)\overline{g(t_j)} \tag{7.8.4}$$

下, 是离散节点集 $\left\{t_j = \dfrac{2j\pi}{N}\,\middle|\, j = 0, 1, \cdots, N-1\right\}$ 上的正交系, 且

$$\langle \varphi_l(t), \varphi_k(t) \rangle = \begin{cases} 0, & k \neq l, \\ N, & k = l, \end{cases} \quad k, l = 0, 1, \cdots, N-1. \tag{7.8.5}$$

依正交拟合与插值关系定理 (定理 7.7.3), 知 $f(t)$ 关于该组节点在 $\mathrm{span}\{\varphi_0, \cdots,$ $\varphi_{N-1}\}$ 中的插值函数 $S_N^*(t)$ 是存在唯一的, 其插值系数和拟合系数均为

$$c_k = \frac{\langle f(t), \varphi_k \rangle}{\langle \varphi_k, \varphi_k \rangle}. \tag{7.8.6}$$

将 (7.8.4) 和 (7.8.5) 代入上式, 可得 (7.8.2) 式. 另外, 因插值函数 $S_N^*(t)$ 满足插值条件: $S_N^*(t_j) = f(t_j)$, 故有 (7.8.3) 真.　　　　　　　　　　　　证毕.

思考题 7.8.1　实函数用复函数插值, 虚部意义是什么?

对于此问题, 可如下理解.

实函数用复函数插值, 插值函数一般会带有虚部. 实际使用时, 可以将插值函数进行实虚部分离, 写成下述形式

$$S_N^*(t) = \mathrm{Re}(S_N^*(t)) + \mathrm{i}\,\mathrm{Im}(S_N^*(t)),$$

其中, Re 和 Im 分别表示对复函数的取实部和取虚部运算. 这样, $\mathrm{Re}(S_N^*(t))$ 就是一个实三角多项式, 当然也就满足实插值条件 $\mathrm{Re}(S_N^*(t_j)) = f(t_j)$.

　　评注　采用复函数为插值基函数, 提供了另外一种获取插值三角多项式的方法, 但就运算量而言, 与基于实函数为基函数的插值多项式 (7.7.28) 仍属同一级别. 这着实让人郁闷了很多年, 但在 1965 年情况出现了转机, 快速 Fourier 变换出现了!

7.8.2　离散快速 Fourier 变换

1. 离散 Fourier 变换

注意到, (7.8.2) 和 (7.8.3) 两式建立了节点函数值向量 $(f_0, \cdots, f_{N-1})$ 和复指插值系数向量 $(c_0, \cdots, c_{N-1})$ 之间的对应关系, 构成了一对互逆变换.

定义 7.8.1 (DFT)　称由函数值求插值系数的 (7.8.2) 式为 $f(x)$ 关于节点集

$$\left\{t_k = \frac{2k\pi}{N}\,\middle|\, k = 0, 1, \cdots, N-1\right\}$$

的离散 Fourier 变换 (discrete Fourier transform, DFT); 称由插值系数反求函数值的 (7.8.3) 式为 $f(x)$ 关于该节点集的离散 Fourier 逆变换.

提请读者注意, DFT 及其逆变换实际上是向量 $(f_0, \cdots, f_{N-1})$ 和 $(c_0, \cdots, c_{N-1})$ 之间一种特定的一一对应关系, 故又可以视为向量的 Fourier 变换和逆变换.

> **评注** 目前的计算机能够直接处理的信息只能是离散的. 故而, 对于连续信号而言, 通常先进行采样, 使之离散化后再行处理和分析; 离散 Fourier 变换为计算机数字信号处理提供了方便的数学工具, 并取得了很多惊人的技术. 特别是在智能语音识别与模拟合成、图像和视频处理方面的很多应用成果, 非常令人吃惊, 如音视频压缩, 声调变粗等都是其常见的应用.

2. 快速 Fourier 变换

快速 Fourier 变换 (fast Fourier transform, FFT) 是一种快速求取离散 Fourier 变换的计算方法. 其基本思想是尽量利用 DFT 算式中指数因子的对称性和周期性, 并进行适当组合, 尽量避免重复计算, 达到减少乘法运算次数从而减小运算量的目的.

FFT 是由 J. W. Cooley 和 J. W. Tukey 在 1965 年提出的. 后又有若干改进, 解释具体实施过程比较麻烦, 这里从略处理, 有意深究者可参阅文献 [16].

对于这类涉及比较 "数学" 或 "很数学" 的方法推导, 一种高效和简单的做法是利用好现有结果, 比如利用好 MATLAB 现成的函数.

7.8.3 MATLAB 分分钟代码实现

1. MATLAB FFT 变换的调用方法

为了读者对照方便, 令

$$F = (F_1, \cdots, F_N) = (f_0, \cdots, f_{N-1}),$$
$$C = (C_1, \cdots, C_N) = (c_0, \cdots, c_{N-1}),$$

则 F 与 C 之间的变换可如下完成:

$$C = \frac{1}{N} \text{fft}(F, N), \tag{7.8.7}$$

$$F = N \text{ifft}(C, N), \tag{7.8.8}$$

这里, $c_k, f_j, k, j = 0, 1, \cdots, N-1$. 与 (7.8.2) 式相同, "fft" 和 "ifft" 为 MATLAB 内建快速 Fourier 变换函数 (基于 MATLAB R2008a).

若仅想快速获取 DFT 的结果, 则可直接按照上述方法调用 MATLAB 的现成函数即可. 下面的部分留给那些刨根问底的人.

2. MATLAB 之 Fourier 变换差异分析

MATLAB 中的离散 Fourier 变换的定义与大多数值分析教材 (包括本书) 中的定义略有不同, 二者之间相差一个比例系数. 下面分析二者的差异.

按照 MATLAB 自带帮助文档和官方网站关于离散 Fourier 变换 DFT 的说明, 其离散 Fourier 变换的定义如下:

N 维向量 $x=(x(1),\cdots,x(N))$ 的离散 Fourier 变换为 $X=(X(1),\cdots,X(N))$, 由下式确定:

$$X(k) = \sum_{j=1}^{N} x(j)\omega_N^{(j-1)(k-1)}, \tag{7.8.9}$$

逆变换由下式确定:

$$x(j) = \frac{1}{N}\sum_{k=1}^{N} X(k)\omega_N^{-(j-1)(k-1)}, \tag{7.8.10}$$

其中, $\omega_N = \mathrm{e}^{-\frac{2\pi}{N}\mathrm{i}}, k,j=1,\cdots,N$.

二者分别由函数 fft 和 ifft 完成, 即

$$X = \mathrm{fft}(x,N), \tag{7.8.11}$$

$$x = \mathrm{ifft}(X,N). \tag{7.8.12}$$

为了套用这两个函数完成 (7.8.2) 和 (7.8.3) 的计算, 将二式改写成 MATLAB 的类似表示形式, 仍记 $\omega_N = \mathrm{e}^{-\frac{2\pi}{N}\mathrm{i}}$. 令 $C_k = c_{k-1}, F_j = f_{j-1}, k,j=1,\cdots,N$, 则 (7.8.2) 和 (7.8.3) 两式化为

$$C_k = \frac{1}{N}\sum_{j=1}^{N} F_j\omega_N^{(j-1)(k-1)}, \tag{7.8.13}$$

$$F_j = \sum_{j=1}^{N} C_k\omega_N^{(j-1)(k-1)}, \tag{7.8.14}$$

这里, $k,j=1,\cdots,N$. 记 $C=(C_1,\cdots,C_N)$, $F=(F_1,\cdots,F_N)$, 分别对比 (7.8.9) 和 (7.8.13), 以及 (7.8.10) 和 (7.8.14) 可见 (7.8.7) 和 (7.8.8) 真.

3. 用 MATLAB 求解最小二乘三角多项式的步骤

综上, 求解以 2π 为周期的连续函数 $f(x)$ 的最小二乘三角多项式 $S_n(x)(n < N/2)$ 的步骤如下:

(1) 给出等距节点集 $t_j = \dfrac{2j\pi}{N}, j = 0, 1, \cdots, N-1$.

(2) 求出节点函数值 $f_j = f(t_j), j = 0, 1, \cdots, N-1$.

(3) 令 $F = (f_0, \cdots, f_{N-1})$, 则 $C = (c_0, \cdots, c_{N-1})$ 可由 MATLAB 内建函数给出:

$$C = \frac{1}{N}\mathrm{fft}(F, N).$$

(4) 求取拟合系数 $a_k = 2\mathrm{Re}(c_k), b_k = -2\mathrm{Im}(c_k)$.

(5) 写出拟合三角多项式:

$$S_n(x) = \frac{a_0}{2} + \sum_{k=1}^{n}(a_k \cos kx + b_k \sin kx).$$

(6) 计算拟合平方误差

$$\|\delta\|_2^2 = \|f\|_2^2 - \frac{N}{2}\left[\frac{1}{2}a_0^2 + \sum_{k=1}^{n}(a_k^2 + b_k^2)\right].$$

评注 上述过程, 用 MATLAB 实现会是一件很轻松的事, 也就是品口咖啡的工夫.

4. FFT 的 MATLAB 分分钟代码实现

例 7.8.1 求 $f(x) = \mathrm{e}^x, x \in [0, 2\pi]$ 在 $\mathrm{span}\{1, \cos kx, \sin kx | k = 1, 2, 3\}$ 中关于节点集: $\left\{t_j = \dfrac{2j\pi}{8}, j = 0, 1, \cdots, 7\right\}$ 的最小二乘拟合函数 $S_3(x)$.

解 此例中 $N = 8, n = 3$. 依 (7.7.23) 式, 设

$$S_3(x) = \frac{a_0}{2} + \sum_{k=1}^{3}(a_k \cos kx + b_k \sin kx).$$

为求得 a_k, b_k. 令 $F = (f(t_0), \cdots, f(t_7))$, 则其 DFT 为 $C = \dfrac{1}{8}\mathrm{fft}(F, 8)$. 按照 (7.7.37) 知

$$(a_0, \cdots, a_7) = 2\,\mathrm{Re}(C),$$

$$(b_0, \cdots, b_7) = -2\,\mathrm{Im}(C).$$

代码如下:

```
function HL78ex1_FFT
x=0:pi/4:7*pi/4; F=exp(-x); C=fft(F,8)/8;
a=2*real(C), b=-2*imag(C),
see=1;
 x=0:0.01:2*pi; y=exp(-x); s=a(1)/2;
   for k=1:3
       s=s+a(k+1)*cos(k*x)+b(k+1)*sin(k*x);
   end
plot(x,y,'-r',x,s,'-.b','LineWidth',2);
hold on; g=0;
   for k=1:4
       g=g+C(k)*exp((k-1)*i*x);
   end
z=real(g);
plot(x,z,'--g','LineWidth',2);
```

运行完毕会出现图 7.8.1 中的曲线及计算结果如下 (格式略加裁剪):

```
a=
  0.4586, 0.3003, 0.2066, 0.1781, 0.1714, 0.1781, 0.2066,
  0.3003
b=
  0, 0.1429, 0.0942, 0.0434, 0, -0.0434, -0.0942, -0.1429
```

注意到正余弦项系数的位次对应关系, a, b 各自的前三个分量为所需拟合系数, 故

$$S_3(x) = 0.2293 + 0.3003 \cos x + 0.1429 \sin x$$

$$+ 0.2066 \cos 2x + 0.0942 \sin 2x$$

$$+ 0.1781 \cos 3x + 0.0434 \sin 3x.$$

拟合效果如图 7.8.1 所示, 其中 $\mathrm{Re}(S_3^*(t))$ 为复拟合函数

$$S_3^*(t) = \sum_{k=0}^{3} c_k \mathrm{e}^{\mathrm{i}kt}$$

的实部, 尽管它与 $S_3(x)$ 都是相同三角函数组的线性组合, 但其拟合精度低于 $S_3(x)$. 读者可以尝试回答为什么.

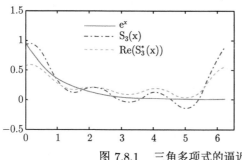

图7.8.1彩色版

图 7.8.1 三角多项式的逼近效果图

例 7.8.2 求 $f(x) = |x|, x \in [-\pi, \pi]$ 的三阶最小二乘拟合三角多项式函数.

解 由于区间不是 $[0, 2\pi]$, 按 (7.7.30), 令

$$g(t) = f(-\pi + t) = |t - \pi|, \quad t \in [0, 2\pi]. \tag{7.8.15}$$

先考虑 $g(t)$ 的三阶最小二乘拟合三角多项式函数, 设其为

$$S_3(t) = \frac{a_0}{2} + \sum_{k=1}^{3} (a_k \cos kt + b_k \sin kt).$$

取采样点 $G = (g(t_0), \cdots, g(t_7)), t_j = \dfrac{2j\pi}{8}, j = 0, 1, \cdots, 7$, 则其 DFT 为 $C = \dfrac{1}{8}\text{fft}(G, 8)$. 按照 (7.7.37) 知

$$(a_0, \cdots, a_7) = 2\text{Re}(C),$$

$$(b_0, \cdots, b_7) = -2\text{Im}(C).$$

最后, 依据 (7.7.34), $S_3(x + \pi)$ 为所求, 即

$$S_3(x + \pi) = \frac{a_0}{2} + \sum_{k=1}^{3} a_k \cos k(x + \pi) + b_k \sin k(x + \pi)$$

$$= \frac{a_0}{2} - a_1 \cos x + a_2 \cos 2x - a_3 \cos 3x - b_1 \sin x + b_2 \sin 2x - b_3 \sin 3x.$$

编程计算得

$a = 3.1416, 1.3408, 0, 0.2300, 0, 0.2300, 0, 1.3408.$

$b = 0, 0, 0, 0, 0, 0, 0, 0.$

择取 a 中的 a_0, a_1, a_2, a_3 和 b 中的 b_1, b_2, b_3, 故拟合结果为

$$S_3(x) = 1.5708 - 1.3408 \cos x - 0.23 \cos 2x - 0.23 \cos 3x.$$

代码如下:

```
function HL78ex2_FFT
t=0:pi/4:7*pi/4;
G=abs(t-pi);
C=fft(G,8)/8;
a=2*real(C);
b=-2*imag(C);
x=-pi:0.01:pi;
S=a(1)/2;
for k=1:3
S=S+a(k+1)*cos(k*(x+pi))+b(k+1)*sin(k*(x+pi));
end
y=abs(x);
plot(x,y,'b',x,S,'r')
see=1
```

运行上述代码可出现图 7.8.2 中的曲线, 查看变量 a, b 可得两个系数向量.

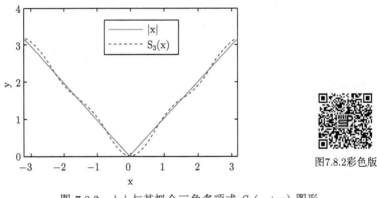

图7.8.2彩色版

图 7.8.2　$|x|$ 与其拟合三角多项式 $S_3(x+\pi)$ 图形

问题 7.8.1　如何编程计算三角拟合的平方误差?

答　很容易实现, 请读者作为练习.

　　评注　离散三角多项式拟合是基于有限个离散点的拟合, 远远没有基于连续区间的最佳平方逼近更全面. 然而, 无论是最佳平方逼近多项式, 还是最佳平方逼近三角多项式的获取, 均需计算函数在积分意义下的内积, 那么问题来了:

问题 7.8.2　定积分的数值计算又该如何解决呢?

答　欲知有何妙策, 且看下章分解!

习　题　7

1. 给定数据表

x	-2	-1	0	1	2
y	-0.1	0.1	0.4	0.9	1.6

请写出用矩阵形式表示的求解二次最小二乘拟合多项式 $y(x) = c_0 + c_1 x + c_2 x^2$ 的法 (正规) 方程组.

2. 求 a, b, c 的值, 使 $\int_0^\pi (3x^2 - a - bx - cx^2)^2 \mathrm{d}x$ 达到最小.

3. 求 a, b, c 的值, 使 $\int_0^\pi (\sin x - a - bx - cx^2)^2 \mathrm{d}x$ 达到最小.

4. 设 $p(x) = \sum_{k=0}^{n} a_k \varphi_k(x)$ 是 $f(x) \in C[a,b]$ 在空间 $\Phi = \mathrm{span}\{\varphi_0, \cdots, \varphi_n\}$ 中的最佳平方逼近. 证明: $(f-p, f-p) = (f,f) - \sum_{k=0}^{n} a_k(\varphi_k, f)$.

5. 设 $f(x)$ 在有限维内积空间 $\Phi = \mathrm{span}\{\varphi_0, \cdots, \varphi_n\}$ 上的最佳平方逼近为 $p(x)$, 试证明 $f(x) - p(x)$ 与 Φ 中所有函数正交.

6. 若 $\{\varphi_0(x), \varphi_1(x), \cdots, \varphi_n(x)\}$ 是 $[a,b]$ 上的正交族. $\varphi(x) = \sum_{k=0}^{n} a_k \varphi_k(x)$ 为 $f(x)$ 在 $\Phi = \mathrm{span}\{\varphi_0, \cdots, \varphi_n\}$ 内的最佳平方逼近. 给出系数 a_k 的表达式, $k = 0, 1, \cdots, n$.

7. 回答下述问题:

(1) 连续函数在区间 $[a,b]$ 上的最佳平方逼近多项式与基于离散点集 $\{x_i\}_{i=1}^{m} \subset [a,b]$ 的最小二乘拟合多项式在计算方法上有何相似之处?

(2) 二者的区别是什么?

(3) 用法方程组求解线性最小二乘问题遇到的主要问题有哪些?

8. 求 $f(x) = \ln x, x \in [1,2]$ 的二次最佳平方逼近多项式的法 (正规) 方程组. (此题目的在于考查原理, 要求不使用小数.)

9. 求函数 $f(x) = |x|, x \in [-1,1]$ 在 $\mathrm{span}\{1, x^2, x^4\}$ 内的最佳平方逼近多项式.

10. 求函数 $f(x) = \dfrac{1}{x}, x \in [1,3]$ 在 $\mathrm{span}\{1, x\}$ 内的最佳平方逼近多项式.

11. 求函数 $f(x) = |x|, x \in [-1,1]$ 的次数不超过一次的最佳平方逼近多项式.

12. 试确定 $[0,1]$ 区间上 $2x^3$ 的不超过二次的最佳一致逼近多项式 $p(x)$, 该多项式是否唯一?

13. 求 $f(x) = 2x^4$ 在 $[0,2]$ 上的三次最佳一致逼近多项式 $P(x)$.

14. 设 $f(x) \in C[-a,a]$ 的最佳一致逼近多项式为 $P(x)$, 试证明:

(1) $f(x)$ 是偶函数时 $P(x)$ 也是偶函数;

(2) $f(x)$ 是奇函数时 $P(x)$ 也是奇函数.

15. 设 $P_{n+1}(x)$ 是一个 $n+1$ 次多项式, T_k 为 k 次 Chebyshev 多项式. 证明:

(1) 存在唯一一组系数 $a_0, a_1, \cdots, a_{n+1}$ 使得 $P_{n+1}(x) = \sum_{k=0}^{n+1} a_k T_k$;

(2) $P_{n+1}(x)$ 在 $\text{span}\{1, x, \cdots, x^n\}$ 内的最佳一致逼近多项式为 $P_n(x) = \sum\limits_{k=0}^{n} a_k T_k$.

16. 设 $\{P_n(x)\}$ 是 $[0,1]$ 区间上带权 $\rho(x) = x$ 的最高次项系数为 1 的正交多项式系, 求 $P_2(x)$.

17. 区间 $[0, 2\pi]$ 上 $f(x)$ 的最小二乘拟合三角多项式函数 $S_n(x)$ 的拟合精度与节点集 $\left\{ t_j = \dfrac{2j\pi}{N} \middle| j = 0, 1, \cdots, N-1 \right\}$ 有何关系? 编程比较不同节点数目的情况. N 与 n 应如何选择? 为什么?

第 8 章　数值积分与微分

第 8 章微课视频

计算定积分, 便会不由得想起 Newton-Leibniz(牛顿-莱布尼茨) 公式

$$I = \int_a^b f(x)\mathrm{d}x = F(b) - F(a),$$

其中, $F(x)$ 为 $f(x)$ 的一个原函数 ······. 这是一个令人赞叹却又令人沮丧的伟大公式. 原因有三:

(1) 函数 $f(x)$ 常无具体的解析表达式, 当只有一些实验数据形成的表格时, 休说求其原函数的解析式.

(2) 原函数常无法用初等函数表示出来. 如 $\dfrac{\sin x}{x}$, e^{-x^2}, $\sin x^2$, $\dfrac{1}{\ln x}$, $\sqrt{1+x^3}$.

(3) 原函数求取困难.

所以, 不建立定积分近似计算的数值方法不行. 另外, 数值积分也是研究微分方程和积分方程数值解法的基础.

8.1　数值积分的基本概念

8.1.1　构造数值求积公式的基本思想

1. 等积矩形面积原理

刘徽在注解《九章算术》时创造了 "割补术", 使其成为我国古代计算一般图形面积的基本原理. 他在圭田术中注: "半广知, 以盈补虚为直田 (长方形) 也. " 在邪田术中注: "并而半之者, 以盈补虚也. " 参见图 8.1.1. 采用类似的思想, 移山填海, 便有了积分中值定理

$$I = \int_a^b f(x)\mathrm{d}x = (b-a)f(\xi).$$

简言之, 曲边梯形的面积 I 恰好等于底长 $b-a$ 与平均高度 $f(\xi)$ 之积. 注意起作用的是曲边梯形的平均高度 $f(\xi)$, 不是点 ξ 的具体位置.

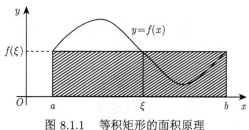

图 8.1.1　等积矩形的面积原理

故而, 只要能对平均高度 $f(\xi)$ 提供一种近似算法, 便可以相应地得到一种数值求积公式.

2. 梯形公式和中矩形公式

用两端点的函数值 $f(a)$ 与 $f(b)$ 取算术平均值作为平均高度 $f(\xi)$ 的近似值, 这样可导出**梯形公式**:

$$I = \int_a^b f(x)\mathrm{d}x \approx T = \frac{b-a}{2}(f(a) + f(b)). \tag{8.1.1}$$

取 $\xi = \dfrac{a+b}{2}$, 则可建立**中矩形公式**:

$$I = \int_a^b f(x)\mathrm{d}x \approx (b-a)f\left(\frac{a+b}{2}\right). \tag{8.1.2}$$

类似的还可以有左矩形、右矩形公式. 它们的几何意义见图 8.1.2 所示.

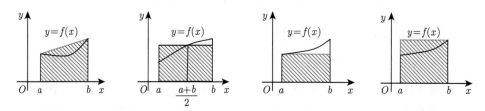

图 8.1.2　梯形、中矩形和左、右矩形公式的几何意义

3. 一般数值求积公式及其截断误差

取平均值 $f(\xi) = \dfrac{1}{n+1}\sum_{k=0}^{n} f(x_k)$, 则

$$I \approx \left[\frac{1}{n+1} \sum_{k=0}^{n} f(x_k) \right] (b-a) = \sum_{k=0}^{n} \frac{b-a}{n+1} f(x_k). \tag{8.1.3}$$

一般地, 在区间 $[a,b]$ 上适当选取某些点 $x_k(k=0,1,\cdots,n)$, 用 $f(x_k)$ 的加权平均值近似地表示 $f(\xi)$, 则 $I = \int_a^b f(x)\mathrm{d}x \approx I_n = \sum_{k=0}^{n} A_k f(x_k)$, 这样得到一般形式的 **数值求积公式**:

$$I_n = \sum_{k=0}^{n} A_k f(x_k), \tag{8.1.4}$$

其中, 点 x_k 称为求积节点, 系数 A_k 称为**求积系数**.

> **评注** A_k 仅仅与节点 x_k 的选取有关, 而与被积函数 $f(x)$ 无关, 故而若求积系数取得讲究, 便可惠及很多函数的积分计算. 梯形公式、中矩形公式和 (8.1.3) 式均为一般公式 (8.1.4) 的特例. 利用一般数值求积公式, 可将积分问题归结为函数值的线性组合问题. 从而避开了 Newton-Leibniz 公式, 也避开了求取原函数的困难, 更便于设计算法和上机计算.

求积公式 (8.1.4) 的**截断误差**为

$$R_n = I - I_n = \int_a^b f(x)\mathrm{d}x - \sum_{k=0}^{n} A_k f(x_k). \tag{8.1.5}$$

R_n 也称为**积分余项**或**求积余项**.

问题 8.1.1 如何评价一个数值求积公式的优劣? (下段要点问题.)

8.1.2 代数精度

数值积分是一种近似计算方法, 自然希望计算公式能对较多的函数精确成立. 为了反映不同数值积分公式在这方面的差别, 人们提出了代数精度的概念.

定义 8.1.1 (代数精度) 如果形如 (8.1.4) 式的某个求积公式对所有次数不大于 m 的多项式都精确成立, 而至少对一个 $m+1$ 次多项式不精确成立, 则称该公式具有 m 次代数精度.

> **评注** 潜意识中, 因连续函数均可由多项式任意逼近, 而且加乘两种运算为计算机的基本运算, 故多项式是计算机计算其他函数积分的桥梁. 一般来说, 代数精度越高, 求积公式的普适性就越好. 所以代数精度可以作为衡量求积公式优劣的尺度.

问题 8.1.2 如何判别求积公式的代数精度?

答　下述定理给出了代数精度的简单判法.

定理 8.1.1 (代数精度判定定理)　一个形如 (8.1.4) 式的数值求积公式具有 m 次代数精度的充分必要条件是该求积公式对 $x^k(k = 0, 1, \cdots, m)$ 精确成立, 而对 x^{m+1} 不精确成立.

其证甚简. 读者自证.

显然, 本定理给出了判别求积公式代数精度的一个简单判法.

例 8.1.1　试验证梯形公式和中矩形公式具有一次代数精度.

解　对于 $I = \int_a^b f(x)\mathrm{d}x$, 梯形公式为 $T = \dfrac{b-a}{2}(f(a) + f(b))$.

当 $f(x) = 1$ 时, $I = \int_a^b 1\mathrm{d}x = b - a$, $T = b - a$, 故 $I = T$;

当 $f(x) = x$ 时, $I = \int_a^b x\mathrm{d}x = \dfrac{1}{2}(b^2 - a^2)$, $T = \dfrac{b-a}{2}(a + b) = \dfrac{1}{2}(b^2 - a^2)$, 故 $I = T$;

当 $f(x) = x^2$ 时, $I = \int_a^b x^2\mathrm{d}x = \dfrac{1}{3}(b^3 - a^3)$, $T = \dfrac{b-a}{2}(a^2 + b^2) \neq I$.

故梯形公式对 $1, x$ 精确成立, 但对 x^2 不精确成立. 按定义知梯形公式具有一次代数精度.

同理可证中矩形公式的代数精度也是一次的.

问题 8.1.3　如何构造具有 n 次代数精度的求积公式?

答　先做思路分析. 对于求积公式 (8.1.4), 若事先选定一组求积节点 $x_k, k = 0, 1, \cdots, n$, 剩下的事就是如何确定 $n+1$ 个求积系数的问题. 注意, 若令公式对 $f(x) = 1, x, \cdots, x^n$ 精确成立, 则恰好可得 $n+1$ 个条件! 故可得到关于求积系数的一个方程组. 具体行动如下. 写出各个精确成立的方程得

$$\begin{cases} A_0 + A_1 + \cdots + A_n = b - a, \\ A_0 x_0 + A_1 x_1 + \cdots + A_n x_n = \dfrac{b^2 - a^2}{2}, \\ \qquad \cdots\cdots \\ A_0 x_0^n + A_1 x_1^n + \cdots + A_n x_n^n = \dfrac{b^{n+1} - a^{n+1}}{n+1}, \end{cases} \tag{8.1.6}$$

这是关于 $A_0, A_1, \cdots, A_n$ 的线性方程组, 其系数行列式为 Vandermonde 行列式. 因节点互异, 故其值不等于零. 所以方程组存在唯一解. 求解该方程组即可确定求积系数 A_k. 按定义知, 所得到的形如 (8.1.4) 式的求积公式至少具有 n 次代数精度.

例 8.1.2 确定求积公式

$$\int_{-h}^{h} f(x)\mathrm{d}x \approx A_{-1}f(-h) + A_0 f(0) + A_1 f(h), \tag{8.1.7}$$

使其具有尽可能高的代数精度.

解 求积公式中含有三个待定参数, 可假定近似式 (8.1.7) 的代数精度为 $m=2$, 则当 $f(x) = 1, x, x^2$ 时, 式 (8.1.7) 应准确成立, 故有

$$\begin{cases} 2h = A_{-1} + A_0 + A_1, \\ 0 = h(-A_{-1} + A_1), \\ \dfrac{2h^3}{3} = h^2(A_{-1} + A_1), \end{cases}$$

解之得 $\begin{cases} A_{-1} = \dfrac{h}{3}, \\ A_0 = \dfrac{4h}{3}, \quad \text{从而} \\ A_1 = \dfrac{h}{3}, \end{cases}$

$$\int_{-h}^{h} f(x)\mathrm{d}x \approx \frac{h}{3}f(-h) + \frac{4h}{3}f(0) + \frac{h}{3}f(h). \tag{8.1.8}$$

将 $f(x) = x^3$ 代入 (8.1.8), 此时左右边均为 0. 但对于 $f(x) = x^4$ 有, 左 $= \dfrac{2}{5}h^5 \neq \dfrac{h}{3}(-h)^4 + \dfrac{h}{3}(h^4) =$ 右边, 故 (8.1.8) 是具有 3 次代数精度的求积公式.

8.1.3 插值型求积公式

1. 插值型求积公式的建立

建立思想: 插值多项式乃是对被插值函数的近似, 故相应的积分当然也是对被插值函数积分的近似. 用被积函数的插值多项式的积分代替原积分就产生了插值型求积公式

设已知一组节点 $a \leqslant x_0 < x_1 < \cdots < x_{n-1} < x_n \leqslant b$, 以及 $f(x)$ 在这些节点上的函数值, 则可求得 $f(x)$ 的 Lagrange 插值多项式:

$$L_n(x) = \sum_{k=0}^{n} f(x_k)l_k(x),$$

其中, $l_k(x)$ 为 Lagrange 插值基函数.

取 $f(x) \approx L_n(x)$, 则有

$$I = \int_a^b f(x)\mathrm{d}x \approx \int_a^b L_n(x)\mathrm{d}x = \int_a^b \left(\sum_{k=0}^n f(x_k)l_k(x)\right)\mathrm{d}x$$

$$= \sum_{k=0}^n \left[\int_a^b l_k(x)\mathrm{d}x\right]f(x_k).$$

记

$$A_k = \int_a^b l_k(x)\mathrm{d}x \quad (k=0,1,\cdots,n), \tag{8.1.9}$$

则

$$\int_a^b f(x)\mathrm{d}x \approx I_n = \sum_{k=0}^n A_k f(x_k).$$

定义 8.1.2　设 $I_n = \sum\limits_{k=0}^n A_k f(x_k)$ 为一个数值求积公式, 若求积系数 A_k 由 (8.1.9) 式确定, 则称 I_n 为**插值型求积公式**.

注意, 由插值型求积公式求出的近似积分值就是插值多项式的积分值.

2. 插值型求积公式的误差估计和代数精度

根据插值余项定理, 插值型求积公式的求积余项为

$$R_n = I - I_n = \int_a^b [f(x) - L_n(x)]\mathrm{d}x,$$

即

$$R_n = \int_a^b \frac{f^{(n+1)}(\xi)}{(n+1)!}\prod_{k=0}^n (x-x_k)\mathrm{d}x, \tag{8.1.10}$$

其中 $\xi \in [a,b]$.

显然, 若 $f(x)$ 已知, 则 (8.1.10) 可以用于估计积分的误差.

定理 8.1.2 (插值型的代数精度)　具有 $n+1$ 个节点的数值求积公式 (8.1.4) 为插值型求积公式的充分必要条件是该公式至少具有 n 次代数精度.

证　充分性之证. 设公式 $I_n = \sum\limits_{k=0}^n A_k f(x_k)$ 至少具有 n 次代数精度. 由于插值基函数 $l_i(x)$, $i=0,1,2,\cdots,n$ 均为 n 次多项式, 故该公式对 $l_i(x)$ 精确成立, 即

$$\int_a^b l_i(x)\mathrm{d}x = \sum_{k=0}^n A_k l_i(x_k).$$

因 $l_i(x_k) = \begin{cases} 1, & i = k, \\ 0, & i \neq k, \end{cases}$ 故 $\sum\limits_{k=0}^{n} A_k l_i(x_k) = A_i$, 所以

$$\int_a^b l_i(x)\mathrm{d}x = A_i, \quad i = 0, 1, \cdots, n.$$

故求积公式 (8.1.4) 为插值型求积公式.

必要性之证. 设公式 (8.1.4) 为插值型求积公式. 设 $f(x)$ 为不超过 n 次的多项式, 只需证明求积公式对其精确成立即可. 由于求积节点为 $n+1$ 个, 由插值多项式的唯一性知, 以该组节点为插值点的 $f(x)$ 的插值多项式就是 $f(x)$ 自身. 而 n 次以下的多项式的 $n+1$ 阶导数必为 0. 故由插值积分余项 (8.1.10) 知 $R_n = 0$, 即公式对 n 次以下的多项式精确成立.   证毕.

评注 至此, 当选定求积节点 x_k 后, 公式 (8.1.4) 的求积系数 A_k 就有两种确定方法: 求解线性方程组 (8.1.6) 或者计算积分 (8.1.9). 由此得到的求积公式都是插值型的, 其代数精度均不小于 n 次.

问题 8.1.4 实用插值型求积公式有哪些?

答 且看下节分解!

8.2 Newton-Cotes 公式

本节介绍求积节点等距分布时的插值型求积公式, 即 Newton-Cotes(牛顿-科茨) 公式.

8.2.1 Newton-Cotes 公式的一般形式

1. Newton-Cotes 公式的建立

将积分区间 $[a,b]$ 划分为 n 等份, 记步长 $h = (b-a)/n$, 求积节点取为 $x_k = a + kh (k = 0, 1, \cdots, n)$, 由此构造插值型求积公式. 按 (8.1.9) 知, 其求积系数为

$$A_k = \int_a^b l_k(x)\mathrm{d}x = \int_a^b \left(\prod_{j=0, j\neq k}^{n} \frac{x - x_j}{x_k - x_j} \right) \mathrm{d}x, \quad k = 0, 1, \cdots, n.$$

令 $x = a + th$, 则

$$A_k = h \int_0^n \prod_{j=0, j\neq k}^{n} \frac{t-j}{k-j} \mathrm{d}t = \frac{b-a}{n} \frac{(-1)^{n-k}}{k!(n-k)!} \int_0^n \prod_{j=0, j\neq k}^{n} (t-j)\mathrm{d}t.$$

为简化表示, 令

$$C_k^{(n)} = \frac{(-1)^{n-k}}{nk!(n-k)!} \int_0^n \prod_{j=0, j\neq k}^n (t-j)\mathrm{d}t \quad (k=0,1,\cdots,n), \tag{8.2.1}$$

则对于 $k = 0, 1, \cdots, n$,

$$A_k = (b-a)C_k^{(n)}. \tag{8.2.2}$$

故

$$I_n = (b-a)\sum_{k=0}^n C_k^{(n)} f(x_k). \tag{8.2.3}$$

称之为 n 阶 **Newton-Cotes 公式**, 简记为 **N-C 公式**, $C_k^{(n)}$ 称为 **Cotes 系数**.

注意, Cotes 系数与被积函数 $f(x)$ 和积分区间 $[a, b]$ 无关, 这是非常好的性质, 可以共用于任意有限闭区间和任意被积函数. 其值可以事先求出备用. 表 8.2.1 中给了部分 Cotes 系数.

表 8.2.1　部分 Cotes 系数

n	$C_k^{(n)} = A_n \times B_k$				
	A_n	B_k			
1	1/2	1	1		
2	1/6	1	4	1	
3	1/8	1	3	3	1
4	1/90	7	32	12	32	7

经计算或查表得到 Cotes 系数后, 便可以写出对应的 Newton-Cotes 公式.

2. 具体 Newton-Cotes 公式

当 $n = 1$ 时, 按公式 (8.2.1) 有

$$C_0^{(1)} = \frac{-1}{1 \cdot 0! \cdot 1!} \int_0^1 (t-1)\mathrm{d}t = \frac{1}{2}, \quad C_1^{(1)} = \int_0^1 t\mathrm{d}t = \frac{1}{2}.$$

故 $I_1 = (b-a)\sum\limits_{k=0}^1 C_k^{(1)} f(x_k)$, 其就是梯形公式:

$$T = \frac{b-a}{2}[f(a) + f(b)]. \tag{8.2.4}$$

当 $n = 2$ 时, 查表 8.2.1 可得各个系数, 此时

$$I_2 = \frac{b-a}{6}\left[f(a) + 4f\left(\frac{a+b}{2}\right) + f(b)\right] \stackrel{\text{记为}}{=\!=\!=} S. \tag{8.2.5}$$

称之 Simpson (辛普森) 公式.

当 $n = 3$ 时, 称为**第二 Simpson 公式**, 其表现不好, 故不常用.

当 $n = 4$ 时, 所得的公式称作 **Cotes 公式**, 记作 C, 即

$$C = \frac{b-a}{90}[7f(x_0) + 32f(x_1) + 12f(x_2) + 32f(x_3) + 7f(x_4)]. \qquad (8.2.6)$$

它有五个节点 $x_k = a + kb, k = 0, 1, \cdots, 4, h = \dfrac{b-a}{4}$, 其系数由表 8.2.1 可得.

3. Cotes 系数的性质

(1) 与积分区间无关. 且当 n 确定后, 其系数和都等于 1, 即

$$\sum_{k=0}^{n} C_k^{(n)} = 1. \qquad (8.2.7)$$

(2) 对称性. 即

$$C_k^{(n)} = C_{n-k}^{(n)}. \qquad (8.2.8)$$

证　(1) 因公式对 0 次多项式 $f(x) = 1$ 精确成立.

(2) 由 (8.2.1) 式, 知

$$C_k^{(n)} = \frac{(-1)^{n-k}}{nk!(n-k)!} \int_0^n \left(\begin{array}{c} t(t-1)\cdots(t-k+1) \\ \times(t-k-1)\cdots(t-n) \end{array} \right) \mathrm{d}t.$$

令 $u = n - t$, 则

$$C_k^{(n)} = \frac{(-1)^{n-k}}{nk!(n-k)!} \int_0^n \left(\begin{array}{c} (n-u)(n-u-1)\cdots(n-u-k+1) \\ \times(n-u-k-1)\cdots(-u) \end{array} \right) \mathrm{d}u$$

$$= \frac{(-1)^{n-k}}{nk!(n-k)!} \cdot \int_0^n \left(\begin{array}{c} (-1)^n u(u-1)\cdots(u-n+k+1) \\ \times(u-n+k-1)\cdots(u-n) \end{array} \right) \mathrm{d}u$$

$$= \frac{(-1)^{n+(n-k)}}{n(n-k)!k!} \cdot \int_0^n \left(\begin{array}{c} u(u-1)\cdots[u-(n-k)+1] \\ \times[u-(n-k)-1]\cdots(u-n) \end{array} \right) \mathrm{d}u$$

$$= C_{n-k}^{(n)}.$$

证毕.

4. Newton-Cotes 公式的代数精度

定理 8.2.1　$2n$ 阶 N-C 公式至少具有 $2n+1$ 次代数精度.

证　仅需验证对 $P_{2n+1}(x) = x^{2n+1}$ 精确成立, 即积分余项为 0 即可. 证明思路: 将积分余项转换至对称区间的积分进行处理. 由 N-C 求积余项公式 (8.1.10) 知

$$R_{2n}(P_{2n+1}) = \int_a^b \frac{P_{2n+1}^{(2n+1)}(\xi)}{(2n+1)!} \prod_{j=0}^{2n} (x - x_j)\mathrm{d}x = \int_a^b \prod_{j=0}^{2n} (x - x_j)\mathrm{d}x,$$

注意到 $b - a = 2nh, x_j = a + jh, j = 0, 1, \cdots, 2n$, 令 $x = a + nh + th$, 代入上式得

$$R_{2n}(P_{2n+1}) = h^{2n+2} \int_{-n}^n \prod_{j=0}^{2n} (t + n - j)\mathrm{d}t$$

$$= h^{2n+2} \int_{-n}^n (t+n)(t+n-1)\cdots(t-1)t(t+1)\cdots(t-n)\mathrm{d}t$$

$$= h^{2n+2} \int_{-n}^n t(t^2 - 1)(t^2 - 2^2)\cdots(t^2 - n^2)\mathrm{d}t.$$

注意被积函数是奇函数, 积分区间对称, 故积分值为 0, 即 $R_{2n}(P_{2n+1}) = 0$. 所以 $2n$ 阶 N-C 公式至少具有 $2n+1$ 次代数精度.　　　　　　　　　　　　证毕.

例 8.2.1　分别用梯形公式、Simpson 公式和 Cotes 公式计算积分

$$I = \int_{0.6}^1 \frac{1}{1 + x^2}\mathrm{d}x.$$

解　由梯形公式 $T = \dfrac{b-a}{2}[f(a) + f(b)]$ 得

$$I \approx T = \frac{1 - 0.6}{2}\left(\frac{1}{1 + 0.6^2} + \frac{1}{1 + 1^2}\right) = 0.2470588.$$

由 Simpson 公式得

$$S = \frac{b-a}{6}\left[f(a) + 4f\left(\frac{a+b}{2}\right) + f(b)\right]$$

$$= \frac{1 - 0.6}{6}\left(\frac{1}{1 + 0.6^2} + 4\frac{1}{1 + 0.8^2} + \frac{1}{1 + 1^2}\right)$$

$$= 0.2449546.$$

由 Cotes 公式 (8.2.6) 得

$$C = \frac{b-a}{90}[7f(x_0) + 32f(x_1) + 12f(x_2) + 32f(x_3) + 7f(x_4)]$$

$$= \frac{1-0.6}{90}[7f(0.6) + 32f(0.7) + 12f(0.8) + 32f(0.9) + 7f(1)]$$

$$= 0.2449787.$$

评注 事实上, 积分的精确值为

$$I = \int_{0.6}^{1} \frac{1}{1+x^2}\mathrm{d}x = \arctan x\big|_{0.6}^{1} = 0.24497866\cdots.$$

与之相比可见, Cotes 公式的结果最好, 具有 7 位有效数字; Simpson 公式的结果次之, 具有 4 位有效数字; 而梯形公式的结果最差, 不到 2 位有效数字.

8.2.2 几种低阶 N-C 求积公式的余项

1. 梯形余项

定理 8.2.2 如果 $f(x) \in C^2[a,b]$, 则存在 $\eta \in [a,b]$, 使得梯形公式余项为

$$R_T = -\frac{f''(\eta)}{12}(b-a)^3. \tag{8.2.9}$$

证 按余项公式 (8.1.10), 梯形公式 (8.2.4) 的余项为

$$R_T = I - T = \int_a^b \frac{f''(\xi)}{2!}(x-a)(x-b)\mathrm{d}x.$$

因子 $(x-a)(x-b)$ 在区间 $[a,b]$ 上不变号 (非正), 故由积分中值定理, 在 $[a,b]$ 内至少存在一点 η, 使得

$$R_T = \frac{f''(\eta)}{2}\int_a^b (x-a)(x-b)\mathrm{d}x$$

$$= -\frac{f''(\eta)}{12}(b-a)^3, \quad \eta \in [a,b]. \tag{8.2.10}$$

证毕.

2. Simpson 余项

定理 8.2.3　如果 $f(x) \in C^4[a,b]$, 则存在 $\eta \in [a,b]$ 使 Simpson 积分公式余项为

$$R_S = -\frac{1}{90}\left(\frac{b-a}{2}\right)^5 f^{(4)}(\eta) = -\frac{(b-a)^5}{2880}f^{(4)}(\eta). \tag{8.2.11}$$

证　按照 Hermite 插值法构造不超过 3 次的多项式 $P_3(x)$, 使之满足 $P_3(a) = f(a)$, $P_3(b) = f(b)$, $P_3\left(\dfrac{a+b}{2}\right) = f\left(\dfrac{a+b}{2}\right)$, $P_3'\left(\dfrac{a+b}{2}\right) = f'\left(\dfrac{a+b}{2}\right)$, 故按照 Hermite 插值余项定理知 $\exists\, \xi \in (a,b)$ 使得

$$f(x) - P_3(x) = \frac{f^{(4)}(\xi)}{4!}(x-a)\left(x - \frac{a+b}{2}\right)^2(x-b).$$

由定理 8.2.1 知 Simpson 公式具有三阶精度, 故 Simpson 公式对 $P_3(x)$ 精确成立, 即

$$\int_a^b P_3(x)\mathrm{d}x = \frac{b-a}{6}\left[f(a) + 4f\left(\frac{a+b}{2}\right) + f(b)\right] = S,$$

故 Simpson 求积余项为

$$\begin{aligned}
R_S = I - S &= \int_a^b f(x)\mathrm{d}x - \int_a^b P_3(x)\mathrm{d}x \\
&= \int_a^b \frac{f^{(4)}(\xi)}{4!}(x-a)\left(x - \frac{a+b}{2}\right)^2(x-b)\mathrm{d}x.
\end{aligned}$$

注意到 $(x-a)\left(x - \dfrac{a+b}{2}\right)^2(x-b)$ 在 (a, b) 内定号, $f(x) \in C^4[a, b]$, 由积分中值定理知存在 $\eta \in [a,b]$ 使

$$\begin{aligned}
R_S &= \frac{f^{(4)}(\eta)}{4!}\int_a^b (x-a)\left(x - \frac{a+b}{2}\right)^2(x-b)\mathrm{d}x \\
&= -\frac{1}{90}\left(\frac{b-a}{2}\right)^5 f^{(4)}(\eta). \qquad\qquad \text{证毕.}
\end{aligned}$$

3. Cotes 余项

定理 8.2.4　Cotes 公式 (8.2.6) 的余项为

$$R_C = I - C = -\frac{2(b-a)}{945}\left(\frac{b-a}{4}\right)^6 f^{(6)}(\eta), \tag{8.2.12}$$

其中 $\eta \in [a, b]$.

证明略.

> **评注** 提醒读者注意, 梯形余项、Simpson 余项和 Cotes 余项的有关因子分别是区间长度的 3, 5, 7 次幂, 导数阶数分别是 2, 4, 6. 因而代数精度依次提高. 梯形公式因为简单而常用, 而 Simpson 和 Cotes 公式常用则是得益于偶次插值求积公式代数精度 +1 的缘故.

为了让读者对三种求积公式有直观的体验, 图 8.2.1—图 8.2.3 给出了积分

$$\int_0^1 (1 + \sin 4x + \mathrm{e}^{-x})\mathrm{d}x$$

分别在梯形、Simpson 和 Cotes 求积公式下所求近似面积的图形. 图中曲线是被积函数图形, 曲线上的小圆圈是插值点, 阴影部分是对应数值求积公式下的面积. 它们的精度高低显而易见.

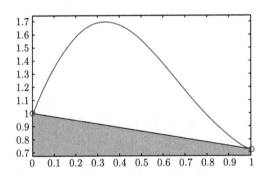

图 8.2.1 梯形公式下的近似面积

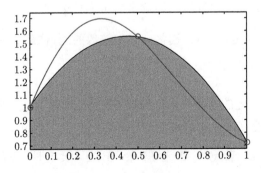

图 8.2.2 Simpson 公式下的近似面积

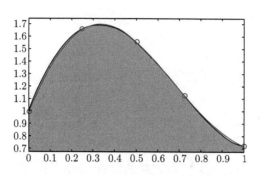

图 8.2.3　Cotes 公式下的近似面积

8.2.3　数值求积公式的收敛性与稳定性

1. 求积公式的收敛性

定义 8.2.1　记 $h = \max\limits_{1 \leqslant k \leqslant n}(x_k - x_{k-1})$, $I_n = \sum\limits_{k=0}^{n} A_k f(x_k)$. 如果

$$\lim_{h \to 0} I_n = I = \int_a^b f(x)\mathrm{d}x, \tag{8.2.13}$$

则称求积公式 I_n 是收敛的.

显然, $h \to 0$ 时必有 $n \to \infty$. 求积公式收敛等价于其求积余项的极限为 0, 即

$$\lim_{n \to \infty} R_n = \lim_{n \to \infty}(I - I_n) = 0.$$

因而也用 $\lim\limits_{n \to \infty} R_n = 0$ 表示求积公式的收敛性. 但需注意, 极限过程本质上不是对 $n \to \infty$ 而是对 $h \to 0$ 而言的. (请读者思考为什么?)

> **评注**　一个公式是可靠的, 通常应该是收敛的, 其次应具有数值稳定性.

2. 求积公式的稳定性

按照算法数值稳定的通俗要求, 对数值求积公式有下述定义.

定义 8.2.2　设 $f(x_k)$ 有误差 e_k, $k = 0, 1, \cdots, n$, 命 $e = \max\limits_{0 \leqslant k \leqslant n} |e_k|$, 设由 e_k 引起的计算误差为 E. 若 $\forall \varepsilon > 0$, 存在 $\delta > 0$, 当 $e < \delta$ 时, 就有 $E < \varepsilon$, 则称数值求积公式 $I_n = \sum\limits_{k=0}^{n} A_k f(x_k)$ 是数值稳定的.

评注 求积公式的数值稳定性的本意为对初始函数值的误差不敏感, 即当节点函数值给定误差不大时, 它们所造成的误差积累是可控的, 不会对计算结果造成很大影响. 另外, 对求积公式的一个自然要求是对 $f(x) = 1$ 精确成立, 即 $\sum\limits_{k=0}^{n} A_k = b - a$. 否则就令人难以接受了!

定理 8.2.5 若 $\sum\limits_{k=0}^{n} A_k = b - a$, 则当 $A_k > 0(k = 0, \cdots, n)$ 时, 数值求积公式 $I_n = \sum\limits_{k=0}^{n} A_k f(x_k)$ 是数值稳定的.

证 设 $f(x_k)$ 有误差 e_k, $k = 0, 1, \cdots, n$, 命 $e = \max\limits_{0 \leqslant k \leqslant n} |e_k|$, 设由 e_k 引起的计算误差为 E, 则

$$E = \left| \sum_{k=0}^{n} A_k f(x_k) - \sum_{k=0}^{n} A_k [f(x_k) + e_k] \right|$$

$$= \left| \sum_{k=0}^{n} A_k e_k \right| \leqslant e \sum_{k=0}^{n} |A_k|. \tag{8.2.14}$$

因 A_k 全为正数, 故

$$e \sum_{k=0}^{n} |A_k| = e \sum_{k=0}^{n} A_k = e(b - a). \tag{8.2.15}$$

故 $\forall \varepsilon > 0$, 只要 $e < \delta = \varepsilon/(b-a)$, 则有 $E < \varepsilon$, 即数值求积公式 I_n 是数值稳定的. [证毕]

3. Newton-Cotes 公式稳定性和收敛性分析

由 (8.2.2) 式知 Newton-Cotes 求积系数为 $A_k = (b-a)C_k^{(n)}$, 故当 Cotes 系数 $C_k^{(n)}$ 全为正数时 ($n \leqslant 7$ 没问题, $n = 8$ 时有负数), $A_k > 0$. 按定理 8.2.5 知, 相应的 Newton-Cotes 公式是数值是稳定的. 当 $C_k^{(n)}$ 有正有负时, 因 $\sum\limits_{k=0}^{n} C_k^{(n)} = 1$, $\sum\limits_{k=0}^{n} \left| C_k^{(n)} \right|$ 可能会很大, 故初始数据的误差可能因之被放大, Newton-Cotes 公式可能数值不稳定.

关于收敛性可以证明, 并非对一切连续函数 $f(x)$, 都有 $\lim\limits_{n \to \infty} R_n = 0$, 也就是说 Newton-Cotes 公式的收敛性得不到保证.

评注　由插值的 Runge 现象不难想象这一结论. 因此, 在实际计算中, 一般不采用高阶 $(n \geqslant 8)$ 的 Newton-Cotes 公式.

问题 8.2.1　既然高阶 N-C 公式不能保证数值稳定性和收敛性而被弃用, 积分区间较大时, 使用低阶公式, 误差显然又会很大, 又该如何提高求积精度呢?

答　分段低次应该是可行的方案, 欲知其详, 且看下节分解!

8.3　复化求积公式

依据上节分析, 高阶 N-C 公式的收敛性和稳定性得不到保证, 乃属插值 Runge 现象的变态表现. 采用插值同样的对策, 考虑用分段低次插值多项式近似被积函数, 可导出复化求积公式, 也称复合求积公式.

8.3.1　复化梯形求积公式

1. 复化梯形求积公式的几何意义

此种复化方式就是把积分区间分成若干小区间, 在每个小区间上以梯形面积近似曲边梯形面积, 即用梯形公式求小区间上积分的近似值. 整体上就是用分段线性插值函数的积分近似被积函数的积分.

如图 8.3.1 所示. 复化梯形面积比单个梯形面积显然具有更高的近似精度. 事实上, 依定积分存在定理可知, 只要被积函数连续, 当各个小区间长度趋于零时, 小梯形面积之和就趋于曲边梯形面积的准确值, 即定积分的准确值. 所以上述方案是可行的. 具体做法如下.

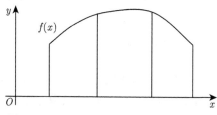

图 8.3.1　复化梯形求积公式的几何意义

将积分区间 $[a, b]$ 进行 n 等分, 记 $h = \dfrac{b-a}{n}, x_k = a + kh, k = 0, 1, \cdots, n,$ 在子区间 $[x_k, x_{k+1}]$ 上 $(k = 0, 1, \cdots, n-1)$, 用梯形公式计算并求和得

$$\int_a^b f(x)\mathrm{d}x = \sum_{k=0}^{n-1} \int_{x_k}^{x_{k+1}} f(x)\mathrm{d}x \approx \sum_{k=0}^{n-1} \frac{h}{2}[f(x_k) + f(x_{k+1})].$$

注意到内部节点均被使用了两次, 将上式整理后的结果用 T_n 表示得

$$T_n = \frac{h}{2}\left[f(a) + f(b) + 2\sum_{k=1}^{n-1} f(x_k)\right], \tag{8.3.1}$$

称之为**复化梯形求积公式**或**复合梯形求积公式**, 简称复化梯形公式或复合梯形公式.

2. 复化梯形公式求积余项

定理 8.3.1 若 $f(x) \in C^2[a,b]$, 则复化梯形公式的截断误差为

$$R_T(f) = -\frac{b-a}{12}h^2 f''(\xi), \tag{8.3.2}$$

其中 $\xi \in [a,b]$.

证 若 $f(x) \in C^2[a,b]$, 则在每个小区间 $[x_k, x_{k+1}]$ 上, 按梯形公式的截断误差知

$$\int_{x_k}^{x_{k+1}} f(x)\mathrm{d}x - \frac{h}{2}[f(x_k) + f(x_{k+1})] = -\frac{h^3}{12}f''(\xi_k), \quad \xi_k \in [x_k, x_{k+1}].$$

故

$$R_T(f) = \int_a^b f(x)\mathrm{d}x - T_n = -\frac{h^3}{12}\sum_{k=0}^{n-1} f''(\xi_k).$$

因为 $f''(x)$ 在 $[a,b]$ 上连续, 由介值定理知存在 $\xi \in [a,b]$, 使得 $f''(\xi) = \frac{1}{n}\sum_{k=0}^{n-1} f''(\xi_k)$. 代入上式得

$$R_T(f) = \int_a^b f(x)\mathrm{d}x - T_n = -\frac{h^3}{12}nf''(\xi)$$

$$= -\frac{(b-a)h^2}{n}\frac{1}{12}nf''(\xi),$$

整理可得 (8.3.2) 式, 即定理结论真. 证毕.

余项 $R_T(f)$ 表明, 步长 h 越小, 截断误差越小. 由余项不仅可以计算近似值的误差, 亦可以由给定的精度, 估计复化所需的步长.

8.3.2 复化 Simpson 公式

1. 复化 Simpson 公式的获取

将积分区间 $[a,b]$ 进行 n 等分, 记 $h = \dfrac{b-a}{n}$, $x_k = a + kh, k = 0, 1\cdots, n$, $x_{k+1/2} = \dfrac{x_k + x_{k+1}}{2}$, 在每个小区间 $[x_k, x_{k+1}](k = 0, 1, \cdots, n-1)$ 上, 用 Simpson

公式计算, 即

$$\int_{x_k}^{x_{k+1}} f(x)\mathrm{d}x \approx \frac{x_{k+1} - x_k}{6} [f(x_k) + 4f(x_{k+1/2}) + f(x_{k+1})]$$

$$= \frac{h}{6} [f(x_k) + 4f(x_{k+1/2}) + f(x_{k+1})].$$

故

$$\int_a^b f(x)\mathrm{d}x = \sum_{k=0}^{n-1} \int_{x_k}^{x_{k+1}} f(x)\mathrm{d}x$$

$$\approx \sum_{k=0}^{n-1} \frac{h}{6} [f(x_k) + 4f(x_{k+1/2}) + f(x_{k+1})], \tag{8.3.3}$$

将上式结果用 S_n 表示, 按节点值使用的次数进行整理可得

$$S_n = \frac{h}{6} \left[f(a) + f(b) + 2\sum_{k=1}^{n-1} f(x_k) + 4\sum_{k=0}^{n-1} f(x_{k+1/2}) \right], \tag{8.3.4}$$

称之为**复化 Simpson 求积公式**, 简称复化 Simpson 公式. 为编程方便, 又可将其改写为如下形式:

$$S_n = \frac{h}{6} \left[f(a) + f(b) + 2\sum_{k=1}^{n-1} f(a+kh) + 4\sum_{k=0}^{n-1} f\left(a + \left(k + \frac{1}{2}\right)h\right) \right]. \tag{8.3.5}$$

2. 复化 Simpson 公式的截断误差

定理 8.3.2   如果 $f(x) \in C^4[a, b]$, 则复化 Simpson 公式的截断误差为

$$R_S(f) = \int_a^b f(x)\mathrm{d}x - S_n = -\frac{b-a}{2880} h^4 f^{(4)}(\xi), \tag{8.3.6}$$

其中 $\xi \in [a, b]$.

证   如果 $f(x) \in C^4[a, b]$, 由 (8.3.3) 和 Simpson 公式的截断误差可得复化公式的截断误差为

$$R_S(f) = \int_a^b f(x)\mathrm{d}x - S_n$$

$$= \sum_{k=0}^{n-1} \left(-\frac{h^5}{2880} f^{(4)}(\xi_k) \right), \quad \xi_k \in [x_k, x_{k+1}].$$

因为 $f^{(4)}(x)$ 连续, 依介值定理知存在 $\xi \in [a,b]$, 使得 $f^{(4)}(\xi) = \dfrac{1}{n}\sum\limits_{k=0}^{n-1} f^{(4)}(\xi_k)$, 代入上式, 并注意到 n 与 h 的关系, 可得

$$R_S(f) = -\frac{b-a}{2880}h^4 f^{(4)}(\xi),$$

即 (8.3.6) 真.   证毕.

求积余项 $R_S(f)$ 表明, 步长 h 越小, 截断误差越小.

8.3.3 复化 Cotes 公式

若将复化梯形公式的各子区间 $[x_k, x_{k+1}](k = 0, 1, \cdots, n-1)$ 四等分, 分点依次记为 $x_k, x_{k+1/4}, x_{k+2/4}, x_{k+3/4}, x_{k+1}$, 在 $[x_k, x_{k+1}]$ 上分别使用 Cotes 公式, 则可得复化 Cotes 求积公式, 简称复化 Cotes 公式.

$$C_n = \frac{h}{90}\left[7f(a) + 32\sum_{k=0}^{n-1}f(x_{k+1/4}) + 12\sum_{k=0}^{n-1}f(x_{k+2/4}) + 32\sum_{k=0}^{n-1}f(x_{k+3/4})\right.$$

$$\left. +14\sum_{k=1}^{n-1}f(x_k) + 7f(b)\right]. \tag{8.3.7}$$

若 $f(x) \in C^6[a,b]$, 则复化 Cotes 公式的截断误差为

$$R_C(f) = I - C_n = -\frac{2(b-a)}{945}\left(\frac{h}{4}\right)^6 f^{(6)}(\xi), \quad \xi \in [a,b]. \tag{8.3.8}$$

证明略. 不难仿照复化梯形余项推导.

注意, $R_C(f)$ 表明, 与梯形公式和 Simpson 公式一样, 步长 h 越小, 截断误差也就越小.

8.3.4 复化公式的收敛性和数值稳定性

如果被积函数满足相应的条件, 按照梯形、Simpson 和 Cotes 的复化误差 (8.3.2)、(8.3.6) 和 (8.3.8) 各式, 可知 $R_T(f) = O(h^2)$, $R_S(f) = O(h^4)$, $R_C(f) = O(h^6)$. 故 $h \to 0$ 时三种复化公式都是收敛的, 而且后者的收敛速度依次快于前者!

实际上, 收敛的条件还可以更宽松. 可以证明, 只要函数 $f(x)$ 在 $[a,b]$ 上有界可积, 则当 $n \to \infty$ 时, 复化求积值 T_n, S_n, C_n 都收敛于积分值 I, 并且当 $f(x)$ 较光滑时, C_n 收敛速度快于 S_n, S_n 快于 T_n. 当然, 它们都很快.

由于这三种复化公式都是收敛的且求积系数均是正数, 按照求积公式的稳定性判别定理 (定理 8.2.5) 知三种复化求积公式都具有数值稳定性.

8.3.5 变步长方法

1. 定步长的局限和改进

(1) 复化等分次数难晓.

用复化求积方法可提高精度无疑, 但都是基于定步长给出的, 对于预先给定的精度, 确定步长 h 或等分次数 n, 必须要用误差估计式确定, 其中的高阶导数往往不易估计.

(2) 定步长过于呆板.

函数缓慢变化与快速变化使用同一步长, 不利于提高计算效率, 缺少自适应性.

针对上述两个方面, 不难想到自动变步长策略. 考虑到计算过程要方便用计算机完成, 上策当然是采用易编程的倍增法, 即逐步缩小步长, 每次将步长缩小一半, 或者说逐次等分子区间, 反复利用复化求积公式, 直到相邻两次计算结果相差不大或者满足给定精度为止. 此法谓之**变步长方法**.

另外, 变步长过程中, 应尽量减少重复计算问题. 逐次等分子区间必然导致一些节点函数值被多次使用, 若加倍分段后还能利用已有结果, 而不重复计算, 则可提高计算效率. 若能建立相应的递推公式自然是极好的!

2. 倍增节点复化梯形递推关系式

推导可知, 梯形复化求积公式 T_{2^m} 与 $T_{2^{m-1}}$ 之间有递推化关系式:

$$T_{2^m} = \frac{1}{2}T_{2^{m-1}} + h_m \sum_{k=0}^{2^{m-1}-1} f(a + (2k+1)h_m). \tag{8.3.9}$$

事实上, 假定第 $m-1$ 次对分的复化梯形积分和为 $T_{2^{m-1}}$, 第 m 次对分的复化梯形积分和为 T_{2^m}, 步长为 $h_m = \frac{1}{2}h_{m-1}$, 设第 $m-1$ 次的节点次序为 $t_0, t_1, t_2, \cdots, t_{2^{m-1}-1}$, 又设第 m 次的节点次序为 $x_0, x_1, x_2, \cdots, x_{2^m-1}$, 则有节点关系: $t_k = x_{2k}$, $k = 0, 1, \cdots, 2^{m-1} - 1$. 考查第 k 个子区间 $[t_k, t_{k+1}]$, $k = 0, 1, \cdots, 2^{m-1} - 1$, 用梯形公式得

$$M_k = \frac{1}{2}h_{m-1}[f(t_k) + f(t_{k+1})],$$

对分后为 $[x_{2k}, x_{2k+2}]$. 用复化梯形公式得

$$N_k = \frac{1}{2}\left(\frac{1}{2}h_{m-1}\right)[f(x_{2k}) + 2f(x_{2k+1}) + f(x_{2k+2})].$$

故

$$N_k = \frac{1}{2}M_k + \frac{1}{2}h_{m-1}f(x_{2k+1}) = \frac{1}{2}M_k + h_m f(x_{2k+1}).$$

故将所有 N_k 求和, 得

$$T_{2^m} = \frac{1}{2}T_{2^{m-1}} + h_m \sum_{k=0}^{2^{m-1}-1} f(a + (2k+1)h_m). \tag{8.3.10}$$

此式乃递推化的复化梯形公式.

3. 算法的误差估计和停止条件

令 $I = \displaystyle\int_a^b f(x)\mathrm{d}x$. 由梯形复化截断误差 (8.3.2) 知

$$R(f, T_{2^m}) = I - T_{2^m} = -\frac{b-a}{12}h_m^2 f''(\xi_m),$$

$$R(f, T_{2^{m-1}}) = I - T_{2^{m-1}} = -\frac{b-a}{12}h_{m-1}^2 f''(\xi_{m-1}).$$

注意, $f''(\xi_{m-1})$ 与 $f''(\xi_m)$ 都是均值, 所以当 m 比较大时, 二者近乎相同, 故上述二式相比得

$$\frac{I - T_{2^m}}{I - T_{2^{m-1}}} = \frac{h_m^2 f''(\xi_m)}{h_{m-1}^2 f''(\xi_{m-1})} \approx \frac{1}{4}, \tag{8.3.11}$$

故 $I - T_{2^m} \approx \dfrac{1}{4}(I - T_{2^{m-1}}) = \dfrac{1}{4}[(I - T_{2^m}) + (T_{2^m} - T_{2^{m-1}})]$, 故

$$I - T_{2^m} \approx \frac{1}{3}(T_{2^m} - T_{2^{m-1}}). \tag{8.3.12}$$

此式可以用于 T_{2^m} 的误差估计. 若事先确定误差限 ε, 按上述估计, 计算停止条件可取为

$$|T_{2^m} - T_{2^{m-1}}| < \varepsilon \tag{8.3.13}$$

或

$$\frac{|T_{2^m} - T_{2^{m-1}}|}{T_{2^m}} < \varepsilon. \tag{8.3.14}$$

　　评注　变步长方法需灵活使用. 变步长法的思想是在函数平坦区间用大步长, 剧烈变化区间用小步长, 从而用较小的计算量取得满意的计算精度. 因而积分区间如何分割, 步长如何评估以及步长如何调整均需考虑. 一种比较简单的策略可如下实施:

　　用倍增节点法每次对未达到计算停止条件的区间对半分为两个子区间, 分别检验截止条件, 终止达标者, 对未达标者继续进行倍增计算.

8.3.6　MATLAB 分分钟代码实现

　　复化梯形 T_n、复化 Simpson S_n 和复化 Cotes C_n 的 M-函数代码均含在下例中, 读者不难从中摘出.

　　例 8.3.1　用 T_n, S_n 和 C_n 分别在 $n = 40, 20$ 和 10 等分的条件下, 计算 $\int_0^{\frac{\pi}{4}} \dfrac{x}{1 + \cos 2x} \mathrm{d}x$, 并比较它们的绝对误差, 注意三种算法用到的是同一组节点.

　　解　求解代码如下:

```
function HL83ex1_Tn_Sn_Cn
T40=Tn('f3',0,pi/4,40),
S20=Sn('f3',0,pi/4,20),
C10=Cn('f3',0,pi/4,10),
S=pi/8-log(2)/4,
e_T40=T40-S, e_S20=S20-S, e_C10=C10-S
see=1;
%----------------------------------------------------------
function z=f3(x)
z=x./(1+cos(2*x));
%----------------------------------------------------------
function s = Tn(f,a,b,m)
% 复化梯形公式; % 调用方法.
% s = Tn(f,a,b,m)
% 输入: f为被积函数名; a,b求积区间端点;
% m 区间等分数目.
% 返回值 s 为复化梯形积分值.
h = (b - a)/m; s = 0;
for k=1:(m-1), x = a + h*k; s = s + feval(f,x);
end
s = h*(feval(f,a)+feval(f,b))/2 + h*s;
%----------------------------------------------------------
function s = Sn(f,a,b,m)
% 复化Simpson求积公式.
```

```
% 调用方法同梯形复化函数Tn.
h   = (b - a)/(2*m); s1 = 0; s2 = 0;
for k=1:m,   x = a + h*(2*k-1);   s1 = s1 + feval(f,x);
end
for k=1:(m-1),   x = a + h*2*k;   s2 = s2 + feval(f,x);
end
s = h*(feval(f,a)+feval(f,b)+4*s1+2*s2)/3;
%------------------------------------------------------
function s=Cn(f,a,b,m)
% 复化Cotes求积公式.调用方法同梯形复化函数Tn.
h   = (b - a)/m;I = 0;
for k=1:m,
    I=I+32*feval(f,a+(k-1+1/4)*h)+...
      12*feval(f,a+(k-1+1/2)*h)+...
      32*feval(f,a+(k-1+3/4)*h);
end
for k=1:m-1, I=I+14*feval(f,a+k*h); end
s=(h/90)*(7*feval(f,a)+7*feval(f,b)+I);
%------------------------------------------------------
```

运行完毕后 (如何运行请查看例 2.8.4) 可知

```
T40=T40 = 0.219478805497777;
S20=S20 = 0.219412329736336;
C10=C10 = 0.219412286888816;
精确值S = 0.219412286558738;
```

三个误差分别为

```
e_T40 = 6.651893903961148e-005;
e_S20 = 4.317759833005752e-008;
e_C10 = 3.300781037385292e-010.
```

比较可见, 在计算 "**同样多个函数值**" 的条件下, 复化 Cotes 精度最高, 复化 Simpson 次之, 复化梯形最低.

评注 提醒读者, 使用同一组节点的函数值, 精度上的差别竟如此之大! 何故?

Romberg (龙贝格) 敏锐地发现了这一现象, 并找到了其中的缘由 …… 于是一个高效率的数值求积法产生了.

8.4　Romberg 求积法与 Richardson 外推法

8.4.1　Romberg 求积法

1. 复化求积公式间的关系

令 T_n, S_n, C_n 分别表示将区间 $[a,b]$ 进行 n 等分下的梯形、Simpson 和 Cotes 公式复化求积值序列. 注意到 T_n 有 $n+1$ 个分点, T_{2n} 与 S_n 共用 $2n+1$ 个分点, 而 S_{2n} 与 C_n 共用 $4n+1$ 个分点. Romberg 分析发现, 三者的复化公式有如下关系 (不难验证):

$$S_n = \frac{4T_{2n} - T_n}{4 - 1} = \frac{4}{3}T_{2n} - \frac{1}{3}T_n, \tag{8.4.1}$$

$$C_n = \frac{4^2 S_{2n} - S_n}{4^2 - 1} = \frac{16}{15}S_{2n} - \frac{1}{15}S_n, \tag{8.4.2}$$

联想到 S_n 精于 T_{2n}, C_n 精于 S_{2n}, 余项阶数以二阶递增. 于是, Romberg 踏着上面的节奏写出了下面的 Romberg 序列——R_n.

2. Romberg 求积公式

令

$$R_n = \frac{4^3 C_{2n} - C_n}{4^3 - 1} = \frac{64}{63}C_{2n} - \frac{1}{63}C_n, \tag{8.4.3}$$

称 R_n 为 **Romberg 求积公式**.

按照思维惯性, 不难发现并有如下推测:

(8.4.1) 式表明由 T_{2n} 和 T_n 可产生高精度的 S_n;

(8.4.3) 式表明由 S_{2n} 和 S_n 可产生更高精度的 C_n;

(8.4.3) 式暗示由 C_{2n} 和 C_n 应能产生更高精度的 R_n.

事实上, 可以证明 R_n 具有 7 次代数精度且收敛于所求积分值. 顺便指出, T_n, S_n, C_n, R_n 均已不是插值型求积公式.

简单推断可知, $\{T_n\}$ 中每 8 个项可以产生 $\{R_n\}$ 中的一个项. 故而, 用式 (8.4.1)—(8.4.3) 连三跳则跳出一个超高精度的积分近似值, 喜人的是计算量却所增无几 (为什么?). 实际应用时, 可以按表 8.4.1 给出的顺序进行计算, 表中括号里的数字为计算的序号.

表 8.4.1　Romberg 计算顺序表

k	T_{2^k}	$S_{2^{k-1}}$	$C_{2^{k-2}}$	$R_{2^{k-3}}$
0	(1) T_1			
1	(2) T_2	(3) S_1		
2	(4) T_4	(5) S_2	(6) C_1	
3	(7) T_8	(8) S_4	(9) C_2	(10) R_1
4	(11) T_{16}	(12) S_8	(13) C_4	(14) R_2
$\vdots$	$\vdots$	$\vdots$	$\vdots$	$\vdots$

计算停止条件　事先确定误差限 ε, 计算停止条件可取为

$$|R_{2^m} - R_{2^{m-1}}| < \varepsilon \quad \text{或} \quad \frac{|R_{2^m} - R_{2^{m-1}}|}{R_{2^m}} < \varepsilon.$$

8.4.2　各种复化求积法代数精度的比较

各求积方法的代数精度和误差如表 8.4.2 所示.

表 8.4.2　求积公式精度误差比较表

求积公式	代数精度	误差量级
T_n	1	$O(h^2)$
S_n	3	$O(h^4)$
C_n	5	$O(h^6)$
R_n	7	$O(h^8)$

表中 $O(h^m)$ 表示同阶无穷小, 截断误差由前面的各有关公式给出.

例 8.4.1　用 Romberg 方法计算积分 $I = \displaystyle\int_0^1 \frac{\sin x}{x} \mathrm{d}x$ 的近似值, 要求误差不超过 $\dfrac{1}{2} \times 10^{-6}$.

解　按照 Romberg 计算顺序表, 依次有

$$T_1 = \frac{1}{2}[f(0) + f(1)] = 0.9207355,$$

$$T_2 = \frac{1}{2}T_1 + \frac{1}{2}f(0.5) = 0.9397933,$$

$$S_1 = \frac{4T_2 - T_1}{3} = 0.9461459,$$

$$T_4 = \frac{1}{2}T_2 + \frac{1}{4}[f(0.25) + f(0.75)] = 0.9445135,$$

$$S_2 = \frac{4T_4 - T_2}{3} = 0.9460869,$$

$$C_1 = \frac{16S_2 - S_1}{15} = 0.9460830,$$

$$T_8 = \frac{1}{2}T_4 + \frac{1}{8}[f(0.125) + f(0.375) + f(0.625) + f(0.875)] = 0.9456909,$$

$$S_4 = \frac{4T_8 - T_4}{3} = 0.9460833,$$

$$C_2 = \frac{16S_4 - S_2}{15} = 0.9460831,$$

$$R_1 = \frac{64C_2 - C_1}{63} = 0.9460831.$$

因为 $|C_2 - C_1| = 1 \times 10^{-7} < \frac{1}{2} \times 10^{-6}$, 故计算停止, 取 $I = \int_0^1 \frac{\sin x}{x}\mathrm{d}x \approx$ 0.9460831.

> **评注**　若用复化梯形算法达到上述精度, 需要 2^{10} 等分, 计算 1025 个函数值, 即 T_{1024} 才能达到上述要求. 若不采用增倍二分法, 而采用等分次数逐次增加的方式, 经实际计算知, 最少也需要 100 等份, 计算 101 个函数值才能达到精度要求. 而 Romberg 仅需 8 等分区区 9 个点的函数值而已.
>
> 　餐桌上或许我们对大厨的厨艺赞叹有加, 他们能让不起眼的食材变成美味佳肴, 而 Romberg 却以极小运算量让几个粗糙的数据变成高精数据, 不服不行啊!

8.4.3　MATLAB 分分钟代码实现

下面将 Romberg 积分法的 M-函数代码 (引自文献 [2]), 置于下例之内.

例 8.4.2　编程计算例 8.4.1 的定积分 I.

解　代码如下:

```
function HL84ex1_Romberg
[R1,quad,err,h] = romber('f5',1e-10,1,40,1e-4)
see=1;
function z=f5(x)
z=sin(x)./x;
%------------------------------------------------------------
function [R,quad,err,h] = romber(f,a,b,n,toler)
% ROMBER 积分法.  调用格式:
% [R,quad,err,h] = romber('f',a,b,n,toler)
% 输入: f-被积函数名; a,b-积分区间 [a,b] 左右端点;
% n-指定Romberg表的最大行数. Toler-误差容限.
```

```
% 输出: R-Romberg表; quad-Romberg积分值;
% err-误差估计; h-用到的最小步长.
m  = 1; h = b - a; err = 1;
j = 0; R = zeros(4,4);
R(1,1) = h*(feval(f,a) + feval(f,b))/2;
while ((err>toler)&(j<n))|(j<4)
  j = j+1; h = h/2; s = 0;
  for p = 1:m; x = a + h*(2*p-1); s = s + feval(f,x);
  end
  R(j+1,1) = R(j,1)/2 + h*s; m = 2*m;
  for k=1:j,
    R(j+1,k+1) = R(j+1,k) + (R(j+1,k)-R(j,k))/(4^k-1);
  end
  err = abs(R(j,j)-R(j+1,k+1));
end
quad = R(j+1,j+1);
%------------------------------------------------------------
```

运行上述代码后可知 (经裁剪处理后的数据) R 积分表 R1 (与表 8.4.1 去除第 1 列后结构相同), 积分值 quad, 误差 err, 最小步长 h 如下:

```
R1 =
      0.92074  0        0        0         0
      0.93979  0.94615  0        0         0
      0.94451  0.94609  0.94608  0         0
      0.94569  0.94608  0.94608  0.94608   0
      0.94599  0.94608  0.94608  0.94608   0.94608
quad =
       0.94608
err =
      2.0041e-011
h =
      0.0625
```

评注 上述代码简洁流畅, 又有 Romberg 算法助力, 极具舒适感. 这的确得益于 Romberg 的发现. 然而, 有道是 "山外有山, 人外有人". Romberg 算法实际上仅仅是一个更为广泛的外推加速收敛法的特例!

8.4.4 Richardson 外推加速法

外推法是一种利用若干粗糙近似值推算精细近似值的方法, 可以达到加快收敛的目的.

1. Richardson 外推加速原理

有些问题经常是这样的, 理论上 $f(x)$ 是知晓的, 但 $f(0)$ 的精确值无法直接求出, 只能通过实验求出一串 $f(h), f(h/2), \cdots$ 来逼近 $f(0)$. 注意到 h 越小, 实验的难度和代价就越大, 能否发挥理论的威力用粗糙的 $f(h), f(h/2)$ 构造更精细的序列, 使它更快地收敛于 $f(0)$ 呢?

分析如下. 用 Taylor 展式知

$$f(h) = f(0) + hf'(0) + \frac{h^2}{2!}f''(0) + \frac{h^3}{3!}f^{(3)}(0) + \cdots,$$

$$f\left(\frac{h}{2}\right) = f(0) + \frac{h}{2}f'(0) + \frac{1}{2!}\left(\frac{h}{2}\right)^2 f''(0) + \frac{1}{3!}\left(\frac{h}{2}\right)^3 f^{(3)}(0) + \cdots,$$

为消去 h 的一次项, 对两式进行如下线性组合可得

$$2f\left(\frac{h}{2}\right) - f(h) = f(0) - \frac{h^2}{4}f''(0) - \frac{h^3}{8}f^{(3)}(0) + \cdots, \tag{8.4.4}$$

令

$$f_1(h) = 2f\left(\frac{h}{2}\right) - f(h). \tag{8.4.5}$$

请注意, 若 $f'(0) \neq 0$, $f''(0) \neq 0$, 则 $f(h) - f(0) = O(h)$, 而 $f_1(h) - f(0) = O(h^2)$. 故取 $f_1(h)$ 作为 $f(0)$ 的近似值比取 $f(h)$ 更为精确.

现在 "得寸进尺", 由 $f_1(h)$ 继续按上述做法推高精度, 注意到

$$f_1(h) = f(0) - \frac{h^2}{4}f''(0) - \frac{h^3}{8}f^{(3)}(0) + \cdots,$$

$$f_1\left(\frac{h}{2}\right) = f(0) - \frac{h^2}{16}f''(0) - \frac{h^3}{64}f^{(3)}(0) + \cdots.$$

两式如下组合消去 h^2 项可得

$$4f_1\left(\frac{h}{2}\right) - f_1(h) = 3f(0) + \frac{h^3}{16}f^{(3)}(0) + \cdots,$$

即

$$\frac{4f_1\left(\dfrac{h}{2}\right) - f_1(h)}{3} = f(0) + \frac{h^3}{48}f^{(3)}(0) + \cdots. \tag{8.4.6}$$

令

$$f_2(h) = \frac{4f_1\left(\dfrac{h}{2}\right) - f_1(h)}{3} = \frac{8f\left(\dfrac{h}{4}\right) - 6f\left(\dfrac{h}{2}\right) + f(h)}{3}. \tag{8.4.7}$$

可见若 $f^{(3)}(0) \neq 0$, 用 $f_2(h)$ 较之 $f_1(h)$ 更逼近 $f(0)$, 可使逼近误差阶数由 $O(h^2)$ 提升至 $O(h^3)$. 因而收敛的速度更快.

上述过程可以一直继续下去, 这种思想或做法被称为 **Richardson**(理查森) **外推加速原理**. 这一原理可以用于很多粗糙数值精细化问题.

Romberg 积分公式就是上述加速思想用于数值积分的一个特例.

2. 外推法获取 Romberg 积分公式

首先有 Euler-Maclaurin (欧拉-麦克劳林) 公式:

$$\int_a^b f(x)\mathrm{d}x - T(h) = E_2 h^2 + E_4 h^4 + E_6 h^6 + \cdots, \tag{8.4.8}$$

其中,

$$E_{2r} = -\frac{B_{2r}}{(2r)!}[f^{(2r-1)}(b) - f^{(2r-1)}(a)] \quad (r = 1, 2, \cdots), \tag{8.4.9}$$

这里的系数 B_{2r} 为 Bernoulli (伯努利) 数. Bernoulli 数与 $f(x)$ 无关. 欲知其详, 可参阅文献 [8].

记 $I = \displaystyle\int_a^b f(x)\mathrm{d}x$, 重新命名 (8.4.8) 式中各系数并记

$$T(h) = I + a_2 h^2 + a_4 h^4 + a_6 h^6 + \cdots, \tag{8.4.10}$$

按外推加速法, 为消去 h^2, 将步长缩短一半得

$$T(h/2) = I + a_2\left(\frac{h}{2}\right)^2 + a_4\left(\frac{h}{2}\right)^4 + a_6\left(\frac{h}{2}\right)^6 + \cdots, \tag{8.4.11}$$

由 (8.4.10) 和 (8.4.11) 两式联立消去 h^2 得

$$T_1(h) = \frac{4}{3}T\left(\frac{h}{2}\right) - \frac{1}{3}T(h). \tag{8.4.12}$$

为简化不妨设

$$T_1(h) = I + \beta_1 h^4 + \beta_2 h^6 + \beta_3 h^8 + \cdots, \tag{8.4.13}$$

继续外推得

$$T_1\left(\frac{h}{2}\right) = I + \beta_1\left(\frac{h}{2}\right)^4 + \beta_2\left(\frac{h}{2}\right)^6 + \beta_3\left(\frac{h}{2}\right)^8 + \cdots. \tag{8.4.14}$$

由 (8.4.13) 和 (8.4.14) 两式联立消去 h^4 得

$$T_2(h) = \frac{16}{15}T_1\left(\frac{h}{2}\right) - \frac{1}{15}T_1(h), \tag{8.4.15}$$

不妨设

$$T_2(h) = I + \delta_1 h^6 + \delta_2 h^8 + \delta_3 h^{10} + \cdots, \tag{8.4.16}$$

继续下去可得

$$
\begin{aligned}
T_m(h) &= \frac{4^m}{4^m - 1}T_{m-1}\left(\frac{h}{2}\right) - \frac{1}{4^m - 1}T_{m-1}(h) \\
&= I + \lambda_1 h^{2(m+1)} + \delta_2 h^{2(m+2)} + \delta_3 h^{2(m+3)} + \cdots \\
&= I + O(h^{2(m+1)}).
\end{aligned} \tag{8.4.17}
$$

每外推前进一步, 误差量级提高二阶, 故加快了收敛速度.

为方便标记, 令 k 表示复化的次数, 比如 $T_0^{(k)}$ 表示二分 k 次后求得的复化梯形值, $T_m^{(k)}$ 表示序列 $\{T_0^{(k)}\}$ 的 m 次加速值, 则依递推公式 (8.4.17) 有

$$T_m^{(k)} = \frac{4^m}{4^m - 1}T_{m-1}^{(k+1)} - \frac{1}{4^m - 1}T_{m-1}^{(k)} \quad (m = 1, 2, \cdots). \tag{8.4.18}$$

计算过程可按表 8.4.3 给出的梯形复化外推加速计算顺序表进行, 表中各个括号内的数字为计算序号, 按其确定计算次序.

表 8.4.3 梯形复化外推加速计算顺序表

k	$T_0^{(k)}$	$T_1^{(k-1)}$	$T_2^{(k-2)}$	$T_3^{(k-3)}$	$\cdots$
0	(1) $T_0^{(0)}$				$\cdots$
1	(2) $T_0^{(1)}$	(3) $T_1^{(0)}$			$\cdots$
2	(4) $T_0^{(2)}$	(5) $T_1^{(1)}$	(6) $T_2^{(0)}$		$\cdots$
3	(7) $T_0^{(3)}$	(8) $T_1^{(2)}$	(9) $T_2^{(1)}$	(10) $T_3^{(0)}$	$\cdots$
4	(11) $T_0^{(4)}$	(12) $T_1^{(3)}$	(13) $T_2^{(2)}$	(14) $T_3^{(1)}$	$\cdots$
$\vdots$	$\vdots$	$\vdots$	$\vdots$	$\vdots$	

当 $m = 1, 2, 3$ 时, 即 $T_1^{(k-1)}$, $T_2^{(k-2)}$ 和 $T_3^{(k-3)}$ 对应的列分别为 Simpson, Cotes 和 Romberg 序列.

可以证明: 当 $f(x)$ 在区间 $[a, b]$ 上的任意阶导数连续时, 可以保证数表的各列和对角线元素列均收敛于所求积分值.

在实际应用时, 注意到 $\dfrac{4^m}{4^m - 1} \to 1$, $\dfrac{1}{4^m - 1} \to 0$, 当 $m > 3$ 时再继续加速下去, 结果精度提高不甚明显, 故而一般到 $m = 3$, 即 Romberg 序列为止.

外推加速计算停止条件可取为

$$|T_m^{(0)} - T_{m-1}^{(0)}| < \varepsilon,$$

其中 ε 是事先确定的误差限.

另外, 提请读者注意, 外推法在数值微分和微分方程中也有应用.

> **评注** 数值积分公式之优劣取决于代数精度之高低, 高者为优, 低者为劣. Simpson, Cotes, Romberg, Richardson, Newton 诸位大师, 可谓各显神通, 风采照人! 然而, 数值积分法研读至此, 不知读者是否考虑过数值积分公式的最高代数精度问题. 若还未及考虑, 可谓凡人常事, 不足为憾! 若君早生疑问, 则为君点赞是必须的! 因为君之所虑可比肩 Gauss. Gauss 何许人也? 数学物理一代先知!
>
> 欲与 Gauss 神交, 知 Gauss 之高, 且看下节 Gauss 型求积公式.

8.5 Gauss 型求积公式

前面讨论的 Newton-Cotes 公式, 以及其各阶复化公式、变步长方法和 Romberg 方法, 均建立在等距求积节点基础之上, 故而会有下述问题.

问题 8.5.1 等距求积节点是否影响了数值求积公式的代数精度?

问题 8.5.2 n 个节点的数值求积公式所能达到的最高代数精度是多少?

8.5.1 最高代数精度

关于数值求积公式最高代数精度的问题可作如下思考.

对于数值求积公式

$$\int_a^b f(x)\mathrm{d}x \approx \sum_{k=1}^n A_k f(x_k), \tag{8.5.1}$$

假如节点 x_k 也可选择, 则有 $x_k, A_k (k = 1, 2, \cdots, n)$ 共 $2n$ 个待定参数. 按待定系数法可设上述公式对 $f(x) = 1, x, x^2, \cdots, x^{n-1}, x^n, x^{n+1}, \cdots, x^{2n-1}$ 都精确成立, 写出这 $2n$ 个条件, 则可得到一个含有 $2n$ 个未知数、$2n$ 个方程的非线性方程

组. 注意, 方程个数与未知数个数恰好相等, 按常理, 解之可确定 $x_1, x_2, \cdots, x_n$ 及 $A_1, A_2, \cdots, A_n$. 故推测插值型求积公式的代数精度应该不会超过 $2n-1$ 次.

事实上, 关于最高代数精度的上界有如下结论.

定理 8.5.1 (最高代数精度)　n 个节点的数值求积公式的代数精度不会超过 $2n-1$ 次.

证　用反证法. 假定最高代数精度 $m > 2n-1$, 则数值求积公式 (8.5.1) 对 $2n$ 次多项式 $f(x)$ 准确成立, 即

$$\int_a^b f(x)\mathrm{d}x = \sum_{k=1}^n A_k f(x_k).$$

设 $w_n(x) = (x-x_1)(x-x_2)\cdots(x-x_n)$, 取 $f(x) = w_n^2(x)$, 其次数为 $2n$, 故

$$\int_a^b w_n^2(x)\mathrm{d}x = \sum_{k=1}^n A_k w_n^2(x_k) = 0;$$

但另一方面, 因 $w_n^2(x) \geqslant 0$ 且不恒等于 0, 故

$$\int_a^b w_n^2(x)\mathrm{d}x > 0.$$

因此二者矛盾! 所以最高次代数精度 $m \leqslant 2n-1$.　　　　　　　　证毕.

问题 8.5.3　如何选择适当求积节点和求积系数, 使求积公式 (8.5.1) 的代数精度达到最高呢?

答　这正是 Gauss 型求积公式所解决的问题.

8.5.2　Gauss 型求积公式的构建

定义 8.5.1 (Gauss 点)　如果一组节点 $x_1, x_2, \cdots, x_n \in [a,b]$, 能使相应的数值求积公式

$$\int_a^b \rho(x)f(x)\mathrm{d}x \approx \sum_{k=1}^n A_k f(x_k) \tag{8.5.2}$$

具有 $2n-1$ 次代数精度, 则称这组点 $\{x_k\}$ 为一组 Gauss 点, 简称 Gauss 点, 相应的求积公式称为带权函数 $\rho(x)$ 的 Gauss 型求积公式.

1. Gauss 点的充要条件

定理 8.5.2　对于插值型数值积分公式 (8.5.2), $x_1, x_2, \cdots, x_n$ 是 Gauss 点的充要条件是 $w_n(x) = (x-x_1)(x-x_2)\cdots(x-x_n)$ 与一切不超过 $n-1$ 次的多项式关于权函数 $\rho(x)$ 正交.

证 必要性的证明. 设 $p(x)$ 为任一小于等于 $n-1$ 次的多项式, 故 $p(x)w_n(x)$ 为不超过 $2n-1$ 的多项式. 设 $x_1, x_2, \cdots, x_n$ 为 Gauss 点, 则求积公式 (8.5.2) 具有 $2n-1$ 次代数精度. 故其对 $f(x) = p(x)w_n(x)$ 准确成立. 故

$$\int_a^b \rho(x)p(x)w_n(x)\mathrm{d}x = \sum_{k=1}^n A_k p(x_k)w_n(x_k) = 0,$$

即 $w_n(x)$ 与 $p(x)$ 关于权 $\rho(x)$ 正交.

充分性的证明 (即由正交要推出 x_k 为 Gauss 点). 设 $f(x)$ 为任意小于等于 $2n-1$ 次的多项式, 只需证明

$$\int_a^b \rho(x)f(x)\mathrm{d}x = \sum_{k=1}^n A_k f(x_k),$$

即求积公式达到了最高代数精度 $2n - 1$ 次. 为此, 用多项式长除法, 以 $w_n(x)$ 除 $f(x)$ 得

$$f(x) = g(x)w_n(x) + r(x). \tag{8.5.3}$$

因 $f(x) \leqslant 2n-1$ 次, $w_n(x)$ 为 n 次多项式, 故 $g(x)$ 与 $r(x)$ 均为小于等于 $n-1$ 次的多项式, 且

$$r(x_k) = f(x_k) \quad (k = 1, 2, \cdots, n). \tag{8.5.4}$$

故

$$\int_a^b \rho(x)f(x)\mathrm{d}x = \int_a^b \rho(x)g(x)w_n(x)\mathrm{d}x + \int_a^b \rho(x)r(x)\mathrm{d}x.$$

由 $w_n(x)$ 的低次正交性假设可知

$$\int_a^b \rho(x)g(x)w_n(x)\mathrm{d}x = 0. \tag{8.5.5}$$

因求积公式为插值型的, 节点为 n 个, 故公式至少应有 $n-1$ 次代数精度. 故求积公式对 $r(x)$ 应准确成立, 同时注意到 (8.5.4) 可得

$$\int_a^b \rho(x)r(x)\mathrm{d}x = \sum_{k=1}^n A_k r(x_k) = \sum_{k=1}^n A_k f(x_k). \tag{8.5.6}$$

由 (8.5.3), (8.5.5), (8.5.6) 可知

$$\int_a^b \rho(x)f(x)\mathrm{d}x = \int_a^b \rho(x)g(x)w_n(x)\mathrm{d}x + \int_a^b \rho(x)r(x)\mathrm{d}x$$

$$= 0 + \int_a^b \rho(x)r(x)\mathrm{d}x$$

$$= \sum_{k=1}^{n} A_k f(x_k). \qquad\qquad \text{证毕.}$$

2. Gauss 点的获取方法

分析　寻求一组 Gauss 节点的关键是寻找在 $[a,b]$ 上与任意小于等于 $n-1$ 次多项式正交的 n 次多项式, 其 n 个零点即为 Gauss 点. 故而会有如下问题:

疑问 1　与所有小于等于 $n-1$ 次多项式都正交的 n 次多项式有吗?

答　有! 正交多项式就有此性质, 谓之低次正交性.

疑问 2　正交多项式是否有 n 个实零点?

答　由正交多项式的零点性质, 可知 n 次正交多项式恰好有 n 个实零点.

疑问 3　如何构造正交多项式?

答　在 7.5 节, 给出了三项递推法和 Schmidt 正交化方法, 以及待定系数法 (参阅 7.5.1 小节和 7.5.2 小节).

问题 8.5.4　Gauss 型求积系数又该如何获取?

8.5.3　Gauss 型求积系数的获取

假设已经找到了一组 Gauss 点, 即已知 $x_1, x_2, \cdots, x_n$ 为积分区间 $[a,b]$ 上关于权函数 $\rho(x)$ 的一个 n 次正交多项式的 n 个零点, 则获取求积系数有如下两种方法.

1. 代数精度判定法

分别取 $f(x) = 1, x, x^2, \cdots, x^{n-1}$, 因 Gauss 积分公式对它们精确成立, 故得方程组:

$$
\begin{array}{ll}
f(x) = 1 \\
f(x) = x \\
\cdots\cdots \\
f(x) = x^{n-1}
\end{array}
\left\{
\begin{array}{l}
A_1 + A_2 + \cdots + A_n = C_0, \\
A_1 x_1 + A_2 x_2 + \cdots + A_n x_n = C_1, \\
\qquad\qquad \cdots\cdots \\
A_1 x_1^{n-1} + A_2 x_2^{n-1} + \cdots + A_n x_n^{n-1} = C_{n-1}.
\end{array}
\right.
\qquad (8.5.7)
$$

解之即得 Gauss 型求积系数 A_k, 其中 $C_k = \int_a^b \rho(x) x^k \mathrm{d}x, k = 0, 1, \cdots, n-1$.

2. 插值基函数求积法

因 Gauss 积分公式对 $l_i(x)$ 精确成立, 故

$$\int_a^b \rho(x) l_i(x) \mathrm{d}x = \sum_{k=1}^{n} A_k l_i(x_k) = A_i, \quad i = 1, 2, \cdots, n,$$

即

$$A_i = \int_a^b \rho(x)l_i(x)\mathrm{d}x, \tag{8.5.8}$$

其中, $l_i(x)(i = 1, 2, \cdots, n)$ 为以 Gauss 点为插值点的 Lagrange 插值基函数. 顺便指出, Gauss 型求积公式必为插值型求积公式.

8.5.4 Gauss 型求积公式的误差与收敛性

下述结论仅作陈述, 其证明可参阅文献 [4].

设 $f(x) \in C^{2n}[a, b]$, 权函数为 $\rho(x)$, 则带权 $\rho(x)$ 的 Gauss 型求积公式的余项为

$$\begin{aligned} R_G(f) &= \int_a^b \rho(x)f(x)\mathrm{d}x - \sum_{k=1}^n A_k f(x_k) \\ &= \frac{f^{(2n)}(\xi)}{(2n)!} \int_a^b \rho(x)w_n^2(x)\mathrm{d}x, \end{aligned} \tag{8.5.9}$$

其中, $\xi \in [a, b], w_n(x) = \prod_{j=1}^n (x - x_j)$.

另外, 有如下性质:

(1) 对于被积函数 $f(x) \in C[a, b]$, 当 $n \to \infty$ 时, Gauss 型求积公式收敛于积分准确值.

(2) Gauss 型求积公式数值稳定. (为什么?)

(3) 所有 $A_k > 0$, 即 Gauss 型求积公式系数非负. (此证很简单, 考虑 $l_i^2(x)$ 的积分.)

(4) $\int_a^b \rho(x)\mathrm{d}x = \sum_{k=1}^n A_k$.

评注 Gauss 型求积公式具有收敛性、稳定性、精度高等优点, 但因 n 较大时, 求取 Gauss 节点很麻烦, 特别是公式无递推性, 节点数目增加时, 原有节点和被积函数值几乎都不能重复使用. 但因其收敛速度很快, 这些缺点就不是什么问题了. 另外, 算力提高了, 所以, 以往很麻烦的事, 现在则未必!

8.5.5 常用 Gauss 型求积公式

1. Gauss-Legendre 求积公式

回顾, Legendre 多项式

$$P_n(x) = \frac{1}{2^n n!} \frac{\mathrm{d}^n}{\mathrm{d}x^n}\{(x^2 - 1)^n\} \quad (n = 0, 1, 2, 3, \cdots) \tag{8.5.10}$$

为区间 $[-1,1]$ 上关于权函数 $\rho(x) \equiv 1$ 的正交多项式系. 从而 $P_n(x)$ 的 n 个零点 $x_0, x_1, \cdots, x_{n-1}$ 可作为 $[-1,1]$ 区间上的 Gauss 点. 由此得到的 Gauss 型求积公式称为 $[-1,1]$ 上的 **Gauss-Legendre 求积公式**. 由于与 Gauss 点数目相关, 又称为 **n 点 Gauss-Legendre 求积公式**. 为便于应用, 表 8.5.1 给出了 $[-1,1]$ 上的 Gauss-Legendre 公式的节点和系数.

表 8.5.1   Gauss-Legendre 公式的节点和系数

n	x_k	A_k
1	0.0000000	2
2	± 0.5773502692	1
3	± 0.7745966692	0.5555555556
	0	0.8888888889
4	± 0.8611363116	0.3478548451
	± 0.3399810436	0.6521451549
5	± 0.9061798459	0.2369268851
	± 0.5384693101	0.4786286705
	0	0.5688888889
6	± 0.9324695142	0.1713244924
	± 0.6612093865	0.3607615730
	± 0.2386191861	0.4679139346

例 8.5.1 $n = 3$ 时的 3 点 Gauss-Legendre 求积公式为

$$\int_{-1}^{1} f(x)\mathrm{d}x \approx 0.5555555556 f(-0.7745966692)$$

$$+ 0.8888888889 f(0) + 0.5555555556 f(0.7745966692).$$

例 8.5.2   计算 $I = \displaystyle\int_{-1}^{1} \mathrm{e}^{-x^2}\mathrm{d}x$ (其准确值为 $1.49364826\cdots$).

解   分别用 $n = 3, 4, 5, 6$ 得到的 Gauss-Legendre 公式计算的结果 $G_n(f)$ 如下:

$$G_3(f) = 1.49867961068;$$

$$G_4(f) = 1.49333460845;$$

$$G_5(f) = 1.49366392194;$$

$$G_6(f) = 1.49364760225538.$$

评注 若用 Romberg 公式, 至少也需计算 16 个节点的函数值才可达到 $G_6(f)$ 的精度. 可见 Gauss 公式收敛速度之快.

例 8.5.3 对于求积公式

$$\int_{-1}^{1} f(x)\mathrm{d}x \approx A_0 f(x_0) + A_1 f(x_1), \tag{8.5.11}$$

试确定节点 x_0, x_1 和系数 A_0, A_1 的精确值, 使其具有尽可能高的代数精度.

解 1 分析可知, 这是一个 $[-1, 1]$ 上的 2 点 Gauss-Legendre 公式求取问题, 可以采用两种解法. 其一是代数精度判定法, 其二是构造二次正交多项式法. 下面是代数精度判定法.

因求积公式 (8.5.11) 有两个节点, 故最高代数精度为 3, 故其对 $f(x) = 1, x$, x^2, x^3 精确成立. 从而得到关于 x_0, x_1, A_0, A_1 为未知数的方程组:

$$\begin{cases} A_0 + A_1 = 2, \\ A_0 x_0 + A_1 x_1 = 0, \\ A_0 x_0^2 + A_1 x_1^2 = \dfrac{2}{3}, \\ A_0 x_0^3 + A_1 x_1^3 = 0, \end{cases}$$

解之得 $x_0 = -\dfrac{\sqrt{3}}{3}, x_1 = \dfrac{\sqrt{3}}{3}, A_0 = 1, A_1 = 1$. 故所求公式为

$$\int_{-1}^{1} f(x)\mathrm{d}x \approx f\left(-\frac{\sqrt{3}}{3}\right) + f\left(\frac{\sqrt{3}}{3}\right). \tag{8.5.12}$$

解 2 采用正交多项式法. 本法特别适用于本题这种简单场合, 分 3 步完成.

(1) 求正交多项式.

此步可用待定系数法、Schmidt 正交化法、三项递推法获取正交多项式, 其次数等于节点个数. 但对于本题这种简单场合, 首推待定系数法, 简述其过程如下.

根据正交多项式的低次正交性, 设 $P_2(x) = x^2 + bx + c$ 与 $P_0(x) = 1, P_1(x) = x$, 在 $[-1, 1]$ 上正交, 故有 $\begin{cases} \langle P_2, P_0 \rangle = 0, \\ \langle P_2, P_1 \rangle = 0, \end{cases}$ 解之得 $b = 0, c = -\dfrac{1}{3}$. 故 $P_2(x) = x^2 - \dfrac{1}{3}$.

(2) 求 Gauss 点 x_k.

此步旨在得到已获取的正交多项式的零点. 本题中令 $P_2(x) = x^2 - \dfrac{1}{3} = 0$, 得其零点为 $x_0 = -\dfrac{\sqrt{3}}{3}$, $x_1 = \dfrac{\sqrt{3}}{3}$, 故所求公式形如

$$\int_{-1}^{1} f(x)\mathrm{d}x \approx A_0 f\left(-\frac{\sqrt{3}}{3}\right) + A_1 f\left(\frac{\sqrt{3}}{3}\right). \tag{8.5.13}$$

(3) 求系数 A_k.

此步可用代数精度判定法或 Lagrange 基函数的积分得到各个求积系数 A_k. 但对于本题这种简单场合, 首推代数精度判定法. 本题中令 (8.5.13) 式对 $f(x) = 1, x$ 精确成立, 可得一个以 A_0, A_1 为未知数的方程组, 解之可得 $A_0 = A_1 = 1$, 故 (8.5.12) 为所求.

类似地, 可以得到 3 点 Gauss-Legendre 公式的精确表达式如下:

$$\int_{-1}^{1} f(x)\mathrm{d}x \approx \frac{5}{9}f\left(-\frac{\sqrt{15}}{5}\right) + \frac{5}{9}f(0) + \frac{5}{9}f\left(\frac{\sqrt{15}}{5}\right). \tag{8.5.14}$$

读者可以核查 (8.5.12) 和 (8.5.14) 式中的系数和节点与表 8.5.1 的一致性.

2. 用 Gauss 型求积公式计算一般区间上的定积分

对于一般区间 $[a, b]$ 上的积分只需作变换: $x = \dfrac{b-a}{2}t + \dfrac{b+a}{2}$, 可得

$$\int_{a}^{b} f(x)\mathrm{d}x = \frac{b-a}{2}\int_{-1}^{1} f\left(\frac{b-a}{2}t + \frac{b+a}{2}\right)\mathrm{d}t,$$

然后用 $[-1, 1]$ 上的 Gauss-Legendre 公式进行计算即可.

由积分余项可以看出, 积分区间变短可以提高 Gauss 型求积公式的计算精度, 那么问题来了:

问题 8.5.5　应如何复化 Gauss 型求积公式?

答　可以将区间 $[a, b]$ 分成若干个小区间, 将每个小区间都转化到 $[-1, 1]$ 上用 Gauss 型求积公式进行计算即可得到复化 Gauss 型求积公式.

对于区间 $[a, b]$ 上带有权函数的 Gauss 型求积公式, 应对某些简单场合, 仍然可以仿照例 8.5.3 中的代数精度判定法或正交多项式法得到其精确表达式.

例 8.5.4　对于求积公式

$$\int_{0}^{1} \sqrt{x}f(x)\mathrm{d}x \approx A_0 f(x_0) + A_1 f(x_1), \tag{8.5.15}$$

试确定节点 x_0, x_1 和系数 A_0, A_1 的值, 使其具有尽可能高的代数精度.

解 采用正交多项式法, 分三步: ① 求正交多项式; ② 求 Gauss 点; ③ 求系数. 过程简述如下. 因求积公式 (8.5.15) 有两个节点, 故最高代数精度为 3, 根据正交多项式的低次正交性, 设 $P_2(x) = x^2 + bx + c$ 与 $P_0(x) = 1, P_1(x) = x$ 正交,

故由 $\begin{cases} \langle P_2, P_0 \rangle = 0, \\ \langle P_2, P_1 \rangle = 0, \end{cases}$ 得

$$\langle P_2, P_0 \rangle = \int_0^1 \sqrt{x}(x^2 + bx + c)\mathrm{d}x = 0,$$

$$\langle P_2, P_1 \rangle = \int_0^1 \sqrt{x}(x^2 + bx + c)x\mathrm{d}x = 0,$$

解该方程组得 $b = -\dfrac{10}{9}, c = \dfrac{5}{21}$, 故 $P_2(x) = x^2 - \dfrac{10}{9}x + \dfrac{5}{21}$.

令 $P_2(x) = 0$, 可得 $x_0 = 0.289949197925690, x_1 = 0.821161913185421$.

再令积分公式对 $f(x) = 1, x$ 精确成立, 可得

$$\begin{cases} A_0 + A_1 = \displaystyle\int_0^1 \sqrt{x}\mathrm{d}x = \dfrac{2}{3}, \\ A_0 x_0 + A_1 x_1 = \displaystyle\int_0^1 \sqrt{x}x\mathrm{d}x = \dfrac{2}{5}, \end{cases}$$

解之得 $A_0 = 0.277555998231062$, $A_1 = 0.389110668435605$.

故 $\displaystyle\int_0^1 \sqrt{x}f(x)\mathrm{d}x \approx 0.277556f(0.289949) + 0.389111f(0.821162)$ 为所求.

8.5.6 MATLAB 分分钟代码实现

1. Gauss-Legendre M-函数的代码

例 8.5.5 编程求取例 8.5.2 中的积分 $\displaystyle\int_{-1}^1 \mathrm{e}^{-x^2}\mathrm{d}x$ 的值.

解 参照文献 [3], 给出下述代码. 其内含 $[a,b]$ 区间上的 Gauss 积分的 M-函数代码, 生成 Legendre 正交多项式的 M-函数代码和 $[-1,1]$ 上计算 Gauss 点的 M-函数代码, 这些代码读者可自行抽取, 以方便单独使用. 当然, 调试运行此代码, 适当设置断点, 也可获取各次 Legendre 多项式系数、对应的 Gauss 点集和求积系数.

```
function HL85ex1_Gauss
I2=GuassLegendre('f2',6,-1,1)
%-------------------------------------------------------------
```

```
function y=f2(x)
y=exp(-x.^2);% x∈[-1,1];
%--------------------------------------------------------
function I=GuassLegendre(f,n,a,b)
% n个求积节点的Gauss积分函数.
% 输入：f-被积函数名 'f'；n-节点数；a,b为区间端点；
L=legendpoly(n); t=roots(L(n+1,:));
for k=1:n
A(k)=2/(polyval(L(n,:),...
    t(k))*(polyval(polyder(L(n+1,:)),t(k)))*n);
    x(k)=((b-a)*t(k)+a+b)/2;
    fx(k)=feval(f,x(k));
end
I=A*fx'*(b-a)/2;
%--------------------------------------------------------
function P=legendpoly(n)
% Legendre多项式生成函数，来自三项递推法.
% 输入：n-次数；
% 输出：P为0-n次多项式系数矩阵；第k行为k-1次的系数，降幂排列.
P=zeros(n+1);
if n==0, P=1;end
P(1,n+1)=1;P(2,n:n+1)=[1 0];
for k=2:n
 P(k+1,n-k+1:n+1)=...
((2*(k-1)+1)*[P(k,n-k+2:n+1) 0]-...
(k-1)*[ 0 0 P(k-1,n-k+3:n+1)])/k;
end
```

在上述代码中, 采用了 6 点 Gauss-Legendre 公式, 运行完毕后可得到积分的近似值:

```
I2=1.493647614150598.
```

2. MATLAB 内建求积函数的调用

MATLAB 内建多种求积函数, 使用非常方便, 读者在其 help 文档中查找 quad, quadl 和 quadgk 便可快速得到这类函数的帮助信息.

例 8.5.6   用 MATLAB 内建函数求取例 8.5.2 中的积分 $\int_{-1}^{1} e^{-x^2} dx$ 的值.

解   同时使用几种内建函数计算示例如下:

```
function HL85ex2_integrad
```

```
tol=1e-4;
I1=quad(@f2,-1,1) % 默认误差容限tol 1.0e-3;
I2=quad(@f2,-1,1,tol) % 指定误差容限;
I3=quadl(@f2,-1,1,tol) % 换种积分方法;
I4=quadgk(@f2,-1,1) % 默认误差容限1.0e-5.
see=1;
function y=f2(x)
y=exp(-x.^2);
```

运行结果可得积分的 4 种计算结果:

```
I1=1.49364827606288
I2=1.49364904167744
I3=1.4936457592735
I4=1.49364826562485
```

评注 本例中用到了 MATLAB 的 3 个内建数值积分函数, 即 quad, quadl 和 quadgk. 依照有关文档, 这里引述 MATLAB 对几个函数的简要说明. 函数 "quad" 或许是针对非光滑积分的最有效的低精度方法; 函数 "quadl" 或许是对光滑积分的最有效的高精度方法; 而函数 "quadgk" 对于高精度要求的振荡积分或许是最有效的方法, 而且可以计算广义积分等. 更详细的信息请查阅其 help 文档.

3. 其他 Gauss 型的求积公式

只要能得到某区间上关于某权函数的一个 n 次正交多项式, 则其零点集即为一组 Gauss 点, 就可形成相应的一种 Gauss 型求积公式. 比如, Chebyshev 多项式、Laguerre 多项式、Hermite 多项式都是正交多项式, 它们都可形成相应的 Gauss 型求积公式, 有关问题可参阅文献 [4].

8.5.7 二重、三重数值积分的解决之道

本章数值积分内容未涉及多重积分的数值求积方法. 关于二重数值求积法, 读者可以查阅文献 [18,21] 做初步了解. 更加直接的算法和 M-函数代码请查阅文献 [3], 其中也有三重积分的现成代码和计算样例可供查阅.

8.6 数 值 微 分

本节将给出一些方法, 旨在利用某点附近的一些函数值, 近似计算函数在该点处的导数值. 习惯上将这种方式得到的导数近似值称为函数在该点处的数值微

分. 请注意, 导数和微分是不同的概念, 故函数在某点处的数值微分是该点导数的近似值, 而不是函数在该点微分的近似值. 数值微分有几种常用方法, 其缘由皆很简单. 简述如下.

8.6.1　插值型数值微分

既然插值多项式可以近似地代替被插值函数, 那么插值多项式的导数自然可以认为是对被插值函数导数的近似. 这便是**插值型数值微分公式的建立思想**.

设 $x_0, x_1, \cdots, x_n$ 为 $[a, b]$ 上 $n+1$ 个互异的点, $L_n(x)$ 为 $f(x)$ 以这些点为插值节点的不超过 n 次的插值多项式. 因为 $L_n(x) \approx f(x)$, 故而有插值型求导公式:

$$f'(x) \approx L_n'(x). \tag{8.6.1}$$

这种方法一般用于求插值节点处的导数.

1. 插值型求导公式的误差分析

假定 $f(x) \in C^{n+2}[a, b]$, 由 Lagrange 插值余项公式有

$$f(x) - L_n(x) = \frac{f^{(n+1)}(\eta(x))}{(n+1)!} w_{n+1}(x), \tag{8.6.2}$$

其中 $\eta(x) \in (a, b)$, $w_{n+1}(x) = \prod_{j=0}^{n} (x - x_j)$. 从而得

$$f'(x) - L_n'(x) = \left[\frac{f^{(n+1)}(\eta(x))}{(n+1)!} \right]' w_{n+1}(x) + \frac{f^{(n+1)}(\eta(x))}{(n+1)!} w_{n+1}'(x), \tag{8.6.3}$$

尽管右侧第一项对于任意点 x 不好估计, 但在节点 x_k 处该项为 0, 故在 x_k 处误差为

$$f'(x_k) - L_n'(x_k) = \frac{f^{(n+1)}(\eta)}{(n+1)!} w_{n+1}'(x_k)$$

$$= \frac{f^{(n+1)}(\eta)}{(n+1)!} \prod_{j=0, j \neq k}^{n} (x_k - x_j), \quad \eta \in (a, b). \tag{8.6.4}$$

2. 常用数值微分公式

取 $x_k = x_0 + hk, k = 0, 1, 2$, 在 (8.6.4) 式中取不同插值次数可得 $n = 1$ 时的二点公式

$$f'(x_0) = \frac{1}{h}[f(x_1) - f(x_0)] - \frac{h}{2}f''(\varepsilon), \tag{8.6.5}$$

$$f'(x_1) = \frac{1}{h}[f(x_1) - f(x_0)] + \frac{h}{2}f''(\varepsilon), \tag{8.6.6}$$

以及 $n = 2$ 时的三点公式

$$f'(x_0) = \frac{1}{2h}[-3f(x_0) + 4f(x_1) - f(x_2)] + \frac{1}{3}h^2 f^{(3)}(\varepsilon), \tag{8.6.7}$$

$$f'(x_2) = \frac{1}{2h}[f(x_0) - 4f(x_1) + 3f(x_2)] + \frac{1}{3}h^2 f^{(3)}(\varepsilon), \tag{8.6.8}$$

以及由两点构成的中点公式

$$f'(x_1) = \frac{1}{2h}[-f(x_0) + f(x_2)] - \frac{1}{6}h^2 f^{(3)}(\varepsilon). \tag{8.6.9}$$

在上述各式中, 去掉误差项即可作为导数的数值计算公式.

3. 样条插值数值微分公式

设一组节点按大小排列成 $a = x_0 < x_1 < \cdots < x_n = b$, 以该组节点作 $f(x)$ 的三次样条插值函数 $S(x)$, 则由样条插值相关结论知, 在一定条件下,

$$||f^{(i)}(x) - S^{(i)}(x)||_\infty = O(h^{4-i}) \quad (i = 0, 1, 2).$$

所以, $\forall x \in [a, b]$, 可以用 $S(x)$ 的导数近似 $f(x)$ 的导数.

8.6.2 数值微分的外推法

利用 Richardson 外推加速原理, 仿照数值积分中的外推处理方法, 可以建立数值微分的外推法.

考查 (8.6.9) 产生的中点公式, 令

$$G(h) = \frac{f(x+h) - f(x-h)}{2h}, \tag{8.6.10}$$

将 $f(x \pm h) = f(x) \pm hf'(x) + \frac{h^2}{2!}f''(x) \pm \frac{h^3}{3!}f^{(3)}(x) + \frac{h^4}{4!}f^{(4)}(x) \pm \frac{h^5}{5!}f^{(5)}(x) + \cdots$ 代入 $G(h)$ 得

$$G(h) = f'(x) + \frac{h^2}{3!}f^{(3)}(x) + \frac{h^4}{5!}f^{(5)}(x) + \cdots,$$

将其重新书写如下:

$$G(h) = f'(x) + a_1 h^2 + a_2 h^4 + a_3 h^6 + \cdots . \tag{8.6.11}$$

注意到其中系数与 h 无关, 且此式与数值积分章节中的式 (8.4.10) 形式完全相同, 故外推公式形式也完全相同:

$$\begin{cases} G_0(h) = G(h), \\ G_m(h) = \dfrac{4^m G_{m-1}\left(\dfrac{h}{2}\right) - G_{m-1}(h)}{4^m - 1}, \end{cases} \tag{8.6.12}$$

取 $f'(x) \approx G_m(h)$, $m = 1, 2, \cdots$, 则每加速一次可使截断误差提升二阶.

8.6.3　需要注意的事项

一般而言, 三点计算精于两点计算, 小步长精于大步长. 但公式源自 Taylor 公式, 所以当高阶导数无界或不存在时, 结论未必成立, 特别是外推更是如此. 另外, 当步长导致的舍入误差超过截断误差时, 小步长就不合适了.

习　题　8

1. 证明 Simpson 求积公式 $\displaystyle\int_a^b f(x)\mathrm{d}x \approx \dfrac{b-a}{6}\left[f(a) + 4f\left(\dfrac{a+b}{2}\right) + f(b)\right]$ 具有三次代数精度.

2. 试用 Simpson 公式计算积分 $\displaystyle\int_1^2 \mathrm{e}^{1/x}\mathrm{d}x$ 的近似值, 判断此值比准确值大还是小? 并说明理由.

3. 设 $C_k^{(n)}$ 为 Cotes 系数, 证明: $\displaystyle\sum_{k=0}^n C_k^{(n)} = 1$.

4. 设公式 $I_n = \displaystyle\sum_{k=0}^n A_k f(x_k)$ 为求积区间 $[a, b]$ 上的插值型求积公式, 求 $\displaystyle\sum_{k=0}^n A_k$.

5. 对于 $I = \displaystyle\int_0^1 \mathrm{e}^x \mathrm{d}x$ 解答下述问题:

(1) 若用复化梯形公式计算 I 且使截断误差不超过 $\dfrac{1}{2} \times 10^{-7}$, 应将区间 $[0, 1]$ 等分多少份? 实际要计算多少个点的函数值?

(2) 若改用复化 Simpson 公式, 要达到同样精度, 应将区间 $[0, 1]$ 等分多少份? 实际要计算多少个点的函数值?

6. 给出用 Simpson 数值求积公式计算 $\displaystyle\int_0^1 (x^4 + (\ln 2)x^2 + 2x + 0.45)\mathrm{d}x$ 的误差估计.

7. 欲用复化 Simpson 公式计算 $\displaystyle\int_0^\pi \sin x\mathrm{d}x$ 使误差小于 0.005, 求积区间 $[0, \pi]$ 应分多少个子区间? 并用复化 Simpson 公式求此积分值.

8. 试确定求积公式 $I = \int_{-h}^{h} f(x)\mathrm{d}x \approx I_n = Af(-h) + \frac{3}{2}hf(x_1)$ 中的系数 A 和节点 x_1, 使求积公式的代数精度尽量高 $(h > 0)$. 证明你的结论, 写出求积公式的余项.

9. 试确定常数 A, B, C 和 a, 使数值积分公式

$$\int_{-2}^{2} f(x)\mathrm{d}x \approx Af(-a) + Bf(0) + Cf(a)$$

有尽可能高的代数精度. 试问所得公式代数精度是多少? 它是否为 Gauss 型积分公式?

10. Gauss 型求积公式是否为插值型求积公式?

11. 推导复化梯形公式 $T_n(f)$ 与其截断误差 $I - T_n(f)$ (假定 $f(x) \in C^2[a,b]$).

12. 证明: n 个不同节点的插值型求积公式的代数精度一定不会低于 $n-1$ 次, 也不会超过 $2n-1$ 次.

13. 假定 $f(x)$ 任意阶导数存在且 $\|f^{(2)}(x)\|_\infty \leqslant 1$, 欲用复化梯形公式计算积分 $\int_{0}^{1} f(x)\mathrm{d}x$, 问要把区间 $[0,1]$ 等分多少份才能保证误差小于 0.00005.

14. 设 $\int_{a}^{b} \rho(x)f(x)\mathrm{d}x \approx \sum_{k=0}^{n} A_k f(x_k)$ 为 Gauss 型求积公式. 证明:

(1) $A_k > 0$ (这里 $\rho(x)$ 是权函数).

(2) $\sum_{k=0}^{n} A_k = C$, 其中 C 是常数. 请写出 C 的表达式.

15. Legendre 正交多项式对应的区间和权函数分别是什么?

16. 设 $n+1$ 个节点的求积公式: $I(f) \approx \sum_{k=1}^{n+1} A_k f(x_k)$, $x_k \in [a,b](k = 1, \cdots, n+1)$ 的代数精度是 $2n+1$, 证明:

$$A_k = \int_{a}^{b} l_k(x)\mathrm{d}x = \int_{a}^{b} l_k^2(x)\mathrm{d}x \quad (k = 1, \cdots, n+1).$$

17. 已知数值求积公式形如

$$\int_{0}^{h} f(x)\mathrm{d}x \approx \frac{h}{2}[f(0) + f(h)] + ah^2[f'(0) - f'(h)],$$

当 a 取何值时其代数精度最高? 是多少次?

18. 对于积分 $\int_{a}^{b} f(x)\mathrm{d}x$, 令 T_n 和 T_{2n} 分别表示把区间 $[a,b]$ 进行 n 和 $2n$ 等分后的复化梯形公式, S_n 表示把区间 $[a,b]$ 进行 n 等分后的复化 Simpson 公式. 证明下式成立:

$$S_n = \frac{4T_{2n} - T_n}{3}.$$

19. 构造如下的 Gauss 型求积公式: $\int_{0}^{1} xf(x)\mathrm{d}x \approx A_0 f(x_0) + A_1(x_1)$.

20. 当常数 A, B, a 分别为何值时, 数值积分公式

$$\int_{-2}^{2} f(x)\mathrm{d}x \approx Af(-a) + \frac{16}{9}f(0) + Bf(a)$$

是 Gauss 型积分公式.

21. 回答下述问题:

(1) 如下求积公式:

$$\int_{-1}^{1} f(x)\mathrm{d}x \approx \frac{1}{3}f(-1) + \frac{4}{3}f(0) + \frac{1}{3}f(1)$$

是否是 Gauss 型求积公式?

(2) Gauss 型求积公式是否稳定? 是否收敛? (假定 $f(x)$ 在积分区间上连续.)

22. 编程求解 $n = 7, 8, 9$ 时的 Gauss-Legendre 点 (又称 Gauss 点).

第 9 章　常微分方程的数值解法

第 9 章微课视频

　　很多实际问题可归结为微分方程的初值问题, 但人们能够得到其解析解或者说用公式表示的解的机会不多. 所以, 退而求其次, 如果可以求取初值问题的解在某些特定点处的近似值, 或称之为数值解, 就是一件很有意义的事. 实际上, 人们对世界的观察并不需要是连续的, 因为只需知道某些个离散点处的信息就足够了. 读者从以前的电影胶片、视频数字存储文件以及历史书籍的书写方式均可感受这一点. 它们都是用离散的信息刻画了连续的过程.

　　本章介绍一些常用的求微分方程数值解的方法.

9.1　初值问题与其数值解

9.1.1　初值问题的解与数值解

　　1. Lipschitz 条件

　　所谓 $f(x,y)$ 满足 Lipschitz (利普希茨) 条件, 是指存在正常数 L (也称为 Lipschitz 常数), 对所有 $x \in [a,b]$ 和 y_1, y_2 有

$$|f(x,y_1) - f(x,y_2)| \leqslant L|y_1 - y_2|. \tag{9.1.1}$$

这里假定 $f(x,y)$ 在带型域 $\{a \leqslant x \leqslant b, -\infty < y < +\infty\}$ 上连续.

　　Lipschitz 条件是一个很重要的条件, 很多理论推导会用到它.

　　2. 初值问题

　　所谓初值问题, 是指带有定解条件的一类常微分方程的求解问题, 一般形式为

$$\begin{cases} F(x, y, y', \cdots, y^{(n)}) = 0, \\ y(a) = y_0, y'(a) = y_1, \cdots, y^{(n-1)}(a) = y_{n-1}, \end{cases} \tag{9.1.2}$$

其中, a 为一个已知的点, $y_0, y_1, \cdots, y_{n-1}$ 为已知常数.

特别地, **一阶常微分方程初值问题** (简称**一阶初值问题**) 如下:

$$\begin{cases} y'(x) = f(x, y(x)), & a \leqslant x \leqslant b, \\ y(a) = y_0. \end{cases} \tag{9.1.3}$$

对于高阶微分方程初值问题 (9.1.2), 一般可以转化为一阶常微分方程组的初值问题进行求解, 本章主要考虑一阶常微分方程初值问题.

依常微分方程的理论, 一阶初值问题有下述主要结论:

定理 9.1.1 (存在唯一性定理) 若 $f(x,y)$ 在带型域 $\{a \leqslant x \leqslant b, -\infty < y < +\infty\}$ 上连续且满足 Lipschitz 条件, 则一阶初值问题有唯一解 $y(x)$.

本章除特别声明外, 均假定一阶初值问题的解况良好, 即 $y(x)$ 在 $[a,b]$ 上足够光滑 (足够阶导数连续), 相应的 $f(x,y)$ 在带型域 $\{a \leqslant x \leqslant b, -\infty < y < +\infty\}$ 内也足够光滑且满足 Lipschitz 条件.

3. 数值解概念

除了某些较特殊的情形, 一般初值问题的公式解很难得到. 故退而求其次, 仅求其解在一系列点处的近似值, 即数值解, 其定义如下.

定义 9.1.1 称离散点列 $a = x_0 < x_1 < \cdots < x_n = b$ 处, 一阶初值问题 (9.1.3) 的解 $y(x_i)$ 的近似值 y_i 为该问题的数值解; $h_i = x_{i+1} - x_i$ 称为步长; 若 h_i 都取相同常数 h, 则称为定步长, 否则为变步长, 其中, $i = 0, 1, \cdots, n-1$.

除特别说明外, **后面均讨论定步长的情形**.

> **评注** 不妨遐想一下, 若能得到解 $y(x)$ 在一系列点处的近似值, 则它们可构成 $y(x)$ 的一个离散的近似轮廓. 从而 $y(x)$ 整个连续过程的特征、趋势等信息也就比较明确了. 那情形, 就恰似通过若干场景的素颜照了解一个人的仪态. 故数学思想和方法与生活经验是相通的.

问题 9.1.1 初值问题数值解法如何分类, 有哪些类? (下有综述.)

9.1.2 数值解法的简单分类

1. 单步法和多步法

求数值解的基本思想是采用 "离散化" 与 "步进式" 的方式, 依节点次序逐步地递推计算. 递推关系式自然是由已知节点和欲求节点数值解之间的某种关系式所构成的. 依据节点使用的情况, 所有方法大致可分为单步法与多步法两类, 规定如下:

单步法 递推关系式仅与前一节点相关.

多步法 递推关系式与前面若干节点相关.

显然, 多步法可利用的信息多于单步法, 因而可以企及更高的精度.

2. 显式法与隐式法

对于单步法而言, 其递推关系式通常有如下表示形式:

$$y_{k+1} = y_k + h\varphi(x_k, y_k, y_{k+1}; h), \tag{9.1.4}$$

其中 h 为步长, φ 为某个与 f 有关的函数. 如果欲求量 y_{k+1} 出现在 (9.1.4) 式左右两端, 则需解方程才能得之, 故对应的方法称为**隐式单步法**; 如果欲求量 y_{k+1} 仅出现在左侧, 即形如

$$y_{k+1} = y_k + h\varphi(x_k, y_k; h), \tag{9.1.5}$$

则对应的方法称为**显式单步法**.

对于多步法也有显式与隐式之分, 在此不再赘述.

问题 9.1.2 获取初值问题数值解有何具体方法?

答 方法很多, 见后续分解!

9.2 Euler 法

9.2.1 Euler 法的几何意义

$y' = f(x, y)$ 的解 $y = y(x)$ 在 xOy 平面上是一族积分曲线, 而初值问题的解则是其中的一条. 假定解曲线 $y = y(x)$ 如图 9.2.1 所示. 节点次序为 $a = x_0 < x_1 < \cdots < x_n = b$, 取定步长 h. Euler 法的思想如下:

在初始节点 x_0 对应的解曲线上的点 P_0 处作切线, 在其上取下一节点 x_1 对应的点 P_1; 将 P_1 近似地看作解曲线上的点, 再在该点作 "切线", 在其上取下一节点 x_2 对应的点 P_2; 又将 P_2 近似地看作解曲线上的点, 再在该点作 "切线", $\cdots$, 则 $P_0, P_1, P_2, \cdots$ 对应的纵坐标 $y_0, y_1, y_2, \cdots$ 即为数值解.

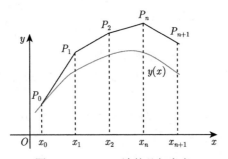

图 9.2.1 Euler 法的几何意义

9.2.2　Euler 法数值解

1. Euler 法及其导出过程

按照 Taylor 公式, 并注意到 $y' = f(x, y)$, 则有

$$y(x_n + h) = y(x_n) + hy'(x_n) + \frac{h^2}{2!}y''(\xi_n)$$

$$= y(x_n) + hf(x_n, y(x_n)) + \frac{h^2}{2!}y''(\xi_n).$$

按线性化思想, 截去 $\dfrac{h^2}{2!}y''(\xi_n)$, 取 h 的线性部分作近似式, 并取 $y(x_n) \approx y_n$, $y(x_{n+1}) \approx y_{n+1}$ 得

$$y_{n+1} = y_n + hf(x_n, y_n).$$

故节点等距时, 有数值解的 **Euler 法求解公式**:

$$\begin{cases} y_{n+1} = y_n + hf(x_n, y_n), \\ y(x_0) = y_0, \end{cases} \tag{9.2.1}$$

其中, $x_n = x_0 + nh, n = 0, 1, \cdots, N, h = \dfrac{b-a}{N}$.

方程 (9.2.1) 称为 Euler 法数值解 y_n 满足的差分方程, $n = 1, 2, \cdots, N$. Euler 方法又俗称 **Euler 折线法**.

评注　显然, Euler 法为显式单步法, 故有时为了强调, Euler 法也称为**显式 Euler 法**. 另外, 线性化思想再次得到成功应用, 请回顾上次应用在哪里.

2. 实例观测

例 9.2.1　用 Euler 法求初值问题: $\begin{cases} \dfrac{\mathrm{d}y}{\mathrm{d}x} = -y + x + 1, \\ y(0) = 1 \end{cases}$ 在区间 $[0, 0.5]$ 上
的数值解 (取步长 $h = 0.1$), 并与准确解对照.

解　易知其准确解为 $y(x) = \mathrm{e}^{-x} + x$. 依 (9.2.1) 知 Euler 法的差分方程为

$$\begin{cases} y_{k+1} = y_k + h(-y_k + x_k + 1), \\ y_0 = 1, \end{cases}$$

计算结果如表 9.2.1 所示.

表 9.2.1   Euler 法的数值结果

x_k	$y(x_k)$	y_k	$y(x_k) - y_k$
0.1	1.004837	1.000000	0.004837
0.2	1.018731	1.010000	0.008731
0.3	1.040818	1.029000	0.011818
0.4	1.070320	1.056100	0.014220
0.5	1.106531	1.090490	0.016041

3. Euler 法的分分钟 MATLAB 实现

下面是 Euler 法 MATLAB 函数代码.

```
function [T,Y] = euler(f,a,b,ya,m);
%------------------------------------------------------------
% EULER   Euler法解初值问题 y'=f(t,y), y(a) = ya.
% Input  - f 字符串定义的函数 'f';
%          -a 和 b为区间左右端点;
%          - ya 为初值y(a); M 求解步数;
% Output - T为节点ti; Y 为对应函数值列yi.
%------------------------------------------------------------
h = (b - a)/m;T = zeros(1,m+1);Y = zeros(1,m+1);
T(1) = a;Y(1) = ya;
for j=1:m,
  Y(j+1) = Y(j) + h*feval(f,T(j),Y(j));
  T(j+1) = a + h*j;
end
```

例 9.2.2   步长分别取为 $h = 1/50, 1/1000$, 对于初值问题 $y' = -100(y - x^2) + 2x, y(0) = 1, x \in [0,1]$, 绘图比较 Euler 法在两种步长下的数值解.

解
```
function HL9ex1_Euler
    a=0;b=1; ya=1;m=50;
    [T1,Y1] = euler('f4',a,b,ya,m)
    subplot(2,1,1); plot(T1,Y1,'-o');
    title('h=1/50');hold on;m=1000;
    [T2,Y2] = euler('f4',a,b,ya,m)
    subplot(2,1,2); plot(T2,Y2);title('h=1/1000');
    function z=f4(x,y)
    z=-100*(y-x^2)+2*x;
```

将上述代码与 euler( ) 函数编辑在同一文件内并命名为 HL9ex1_Euler.m 存盘, 在命令窗口输入文件名 HL9ex1_Euler, 回车即可得到图 9.2.2. 其中小步长 $h = 1/1000$ 的结果几乎与精确解无异, 而大步长 $h = 1/50$ 的结果与精确解相差甚大.

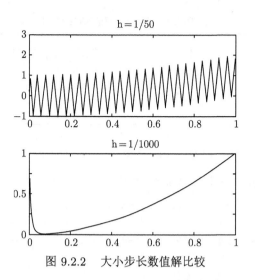

图 9.2.2　大小步长数值解比较

问题 9.2.1　数值解的误差如何分析? 步长变小可否提高精度? (本节要点问题.)

9.2.3　Euler 法的误差

1. 局部截断误差与整体截断误差

定义 9.2.1　设 $y(x)$ 是初值问题 (9.1.3) 的精确解, 而 $y_{k+1} = y_k + h\varphi(x_k, y_k, y_{k+1}; h)$ 为某单步法的递推式. 令

$$e_{k+1} = y(x_{k+1}) - y(x_k) - h\varphi(x_k, y(x_k), y(x_{k+1}); h), \tag{9.2.2}$$

称 e_{k+1} 为该方法在 x_k 到 x_{k+1} 这一步的局部截断误差, 简称**局部截断误差**. 如果一种方法的局部截断误差为 $O(h^{p+1})$, 则称此方法为 **p 阶方法**. 而称

$$\varepsilon_{k+1} = y(x_{k+1}) - y_{k+1} \tag{9.2.3}$$

为该方法在 x_{k+1} 处的**整体截断误差**.

提醒读者注意, 这里 $O(h^{p+1})$ 中的字母 O 是大写而不是小写, 即 p 阶方法的局部截断误差是与 h^{p+1} 同阶的无穷小.

显然, 显式单步法的局部截断误差为

$$e_{k+1} = y(x_{k+1}) - y(x_k) - h\varphi(x_k, y(x_k); h).$$

　　评注　局部截断误差多用于方法的精度刻画, 精度级别用阶数刻画. 数值方法旨在得到欲求量 $y(x_{k+1})$ 的近似值 y_{k+1}. 其递推关系式皆来自 $y(x_{k+1})$ 的某个与步长 h 相关的精确表达式. 为了简单可行, 不得不在该精确表达式中忍痛丢

掉了一部分, 而用剩下的部分作为 $y(x_{k+1})$ 的近似值 y_{k+1}. 为了能最大程度地近似 $y(x_{k+1})$, 当然在剩下的部分中自然都用精确值. 因而丢掉部分就是方法的一步截断误差, 因为只是关乎局部, 所以叫做局部截断误差.

在误差源分析时, 曾论及数值方法的截断误差. 一般而言, 一个近似方法都是由某个精确方法舍掉一部分而得到的, 舍掉的部分就是该近似方法的截断误差, 因而此处的局部截断误差就是方法的截断误差.

2. Euler 法局部及整体截断误差的几何意义

依 Taylor 公式知

$$y(x_k) = y(x_{k-1}) + h f(x_{k-1}, y(x_{k-1})) + \frac{h^2}{2} y''(\xi), \tag{9.2.4}$$

根据定义知, Euler 法 (9.2.1) 由 x_{k-1} 到 x_k 的局部截断误差为

$$e_k = y(x_k) - y(x_{k-1}) - h f(x_{k-1}, y(x_{k-1})) = \frac{h^2}{2} y''(\xi) \quad (x_{k-1} < \xi < x_k), \tag{9.2.5}$$

其几何意义如图 9.2.3 所示. 它是精确解的值 $y(x_k)$ 与以 $y(x_{k-1})$ 为初值 (精确) 使用一次 Euler 法得到的近似值之差. 整体截断误差是解在 x_k 处精确解的值与 Euler 法递推到 x_k 处的值之差.

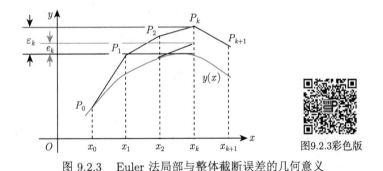

图 9.2.3   Euler 法局部与整体截断误差的几何意义

递推过程中, 通常只有 x_1 处的局部截断误差与整体截断误差是相同的.

显然, 由 (9.2.5) 式知 Euler 法为一阶方法.

3. Euler 法局部截断误差的理论估计

定理 9.2.1   设初值问题 (9.1.3) 的解 $y(x) \in C^2[a,b]$, 则 Euler 法局部截断误差

$$|e_k| \leqslant \frac{M}{2} h^2, \tag{9.2.6}$$

其中, $M = \max\limits_{a \leqslant x \leqslant b} |y''(x)|$, h 为步长.

证　依据 (9.2.5) 式即知.　　　　　　　　　　　　　　　　　　　　　证毕.

4. Euler 法的误差估计

定理 9.2.2　若 $y(x)$ 为初值问题

$$\begin{cases} \dfrac{\mathrm{d}y}{\mathrm{d}x} = f(x,y), \\ y(a) = \eta, \end{cases} \quad a \leqslant x \leqslant b$$

的解且具有二阶连续导数, 而 y_k 为 Euler 法在点 x_k 处的数值解, 则点 x_k 处的整体截断误差

$$|\varepsilon_k| = |y_k - y(x_k)| \leqslant \mathrm{e}^{L(b-a)}\left[|\varepsilon_0| + \frac{M}{2L}h\right], \tag{9.2.7}$$

其中, L 为 $f(x,y)$ 在 $S = \{(x,y),\ a \leqslant x \leqslant b, |y| < +\infty\}$ 上关于 y 的 Lipschitz 常数; $M = \max\limits_{a \leqslant x \leqslant b} |y''(x)|$; $x_k = x_0 + kh$ 且 $a \leqslant x_k \leqslant b, k = 0, 1, 2, \cdots$.

证　令 e_k 为局部截断误差, 因为

$$|\varepsilon_k| = |y(x_k) - y_k|$$
$$= |y(x_{k-1}) + hf(x_{k-1}, y(x_{k-1})) + e_k - y_{k-1} - hf(x_{k-1}, y_{k-1})|$$
$$= |y(x_{k-1}) - y_{k-1} + hf(x_{k-1}, y(x_{k-1})) - hf(x_{k-1}, y_{k-1}) + e_k|$$
$$\leqslant |y(x_{k-1}) - y_{k-1}| + |hf(x_{k-1}, y(x_{k-1})) - hf(x_{k-1}, y_{k-1})| + |e_k|$$
$$\leqslant |\varepsilon_{k-1}| + hL|y(x_{k-1}) - y_{k-1}| + |e_k|$$
$$\leqslant (1 + hL)|\varepsilon_{k-1}| + |e_k|,$$

故利用 (9.2.6) 可得

$$|\varepsilon_k| \leqslant (1 + hL)|\varepsilon_{k-1}| + \frac{M}{2}h^2.$$

依次递推得

$$|\varepsilon_k| \leqslant (1+hL)^k|\varepsilon_0| + (1+hL)^{k-1}\frac{M}{2}h^2 + \cdots + (1+hL)\frac{M}{2}h^2 + \frac{M}{2}h^2$$
$$= (1+hL)^k|\varepsilon_0| + \frac{(1+hL)^k - 1}{hL}\frac{M}{2}h^2.$$

又由于 $0 < (1 + hL)^k - 1 < (1 + hL)^k$, 故续接上式知

$$|\varepsilon_k| \leqslant (1 + hL)^k \left(|\varepsilon_0| + \frac{M}{2L} h \right).$$

注意到 $h = \dfrac{x_k - a}{k}$, $h \to 0$ 时, $(1 + hL)^{\frac{1}{hL}}$ 单增趋于 e 知

$$(1 + hL)^k = \left((1 + hL)^{\frac{1}{hL}} \right)^{L(x_k - a)} \leqslant \mathrm{e}^{L(x_k - a)}.$$

从而有

$$|\varepsilon_k| \leqslant \mathrm{e}^{L(x_k - a)} \left[|\varepsilon_0| + \frac{M}{2L} h \right]. \tag{9.2.8}$$

注意到 $|x_k - a| \leqslant |b - a|$, 故 (9.2.7) 式真!   证毕.

推论 9.2.1 若 $\varepsilon_0 = 0$, 则 Euler 法的整体截断误差

$$|\varepsilon_k| \leqslant \frac{M}{2L} h \mathrm{e}^{L(b - a)}. \tag{9.2.9}$$

在实际计算时一般 $\varepsilon_0 = 0$, 由此可知, 在满足定理条件下, 当 $h \to 0$ 时, 必有 $\varepsilon_k \to 0$. 即 Euler 法的数值解收敛到精确解.

问题 9.2.2 一般数值解法的收敛性该如何刻画? (下面讨论.)

9.2.4 数值解法的收敛性

1. 数值解法收敛的含义

定义 9.2.2 称初值问题 (9.1.3) 的某数值解法是收敛的, 是指用其得到的数值解收敛于精确解. 即 $\forall x \in [a, b]$, 令 $x_0 = a$, $x_k = x = x_0 + kh$, 有

$$\lim_{h \to 0} y_k = y(x_k).$$

注意, 这里 $x_0 = a$ 为初始点, 以 $h = (x - x_0)/k$ 为步长, 故始终有 $x_k = x$, 以及 $h \to 0$ 等价于 $k \to \infty$.

显然, 若解 $y(x)$ 具有二阶连续导数, 按定理 9.2.2 的推论 (推论 9.2.1) 知 Euler 法是收敛的.

例 9.2.3 就初值问题 $\begin{cases} y' = ay, \\ y(0) = y_0 \end{cases}$ 考查 Euler 法的收敛性.

解 用定理 9.2.2 的结论当然简单, 但直接证明如下. 易知其精确解为

$$y(x) = y_0 \mathrm{e}^{ax}.$$

由 Euler 法知 $y_{k+1} = y_k + hay_k = (1 + ah)y_k$, 递推得

$$y_k = (1 + ah)^k y_0.$$

对于 $\forall x = x_k = x_0 + kh = kh$ 有

$$y_k = (1 + ah)^{\frac{x_k}{h}} y_0 = y_0 \left((1 + ah)^{\frac{1}{ah}} \right)^{ax_k},$$

故 $h \to 0$, $y_k \to y_0 e^{ax_k} = y(x)$. 故 Euler 法收敛.

上面的讨论均未计入舍入误差, 但其在实际计算时不可避免, 随着迭代次数的增加, 其累积作用有时会很大. 故而, 即使在理论上是收敛的方法, 其计算的结果恐也未必可信.

问题 9.2.3 如何估计 Euler 法的积累误差? (下面讨论.)

2. Euler 法的积累误差

定理 9.2.3 Euler 法 (9.2.1) 中由舍入误差引起的积累误差 $\varsigma_k = |z_k - y_k|$ 满足

$$\varsigma_k \leqslant e^{L(x_k - a)} \left(|\varsigma_0| + \frac{\rho}{hL} \right), \tag{9.2.10}$$

这里, ρ 为所有各步运算的舍入误差界, z_k 为 Euler 法数值解 y_k 的实际运算值, L 为 Lipschitz 常数, $x_k = a + kh$, $k = 0, 1, 2, \cdots$.

证 记 ρ_k 为 Euler 公式第 k 步实际计算时的舍入误差, 则 $\rho = \max\limits_{0 \leqslant j \leqslant k} |\rho_j|$. 考查

$$z_k = z_{k-1} + hf(x_{k-1}, z_{k-1}) + \rho_k,$$

因

$$y_k = y_{k-1} + hf(x_{k-1}, y_{k-1}),$$

故两式相减得

$$z_k - y_k = z_{k-1} - y_{k-1} + h[f(x_{k-1}, z_{k-1}) - f(x_{k-1}, y_{k-1})] + \rho_k.$$

从而有

$$\varsigma_k \leqslant \varsigma_{k-1} + hL\varsigma_{k-1} + \rho = (1 + hL)\varsigma_{k-1} + \rho.$$

随后用与 (9.2.8) 式相同的获取过程, 知 (9.2.10) 真.   证毕.

3. Euler 法的最终误差

若把 $y(x)$ 与数值运算结果的误差称为最终误差 (由截断误差与舍入误差两部分构成), 显然有

定理 9.2.4 (最终误差) Euler 法的最终误差满足

$$|y(x_k) - y_k| \leqslant \mathrm{e}^{L(x_k - a)} \left(|\varsigma_0| + \frac{M}{2L}h + \frac{\rho}{hL} \right), \tag{9.2.11}$$

其中 ς_0 为初始误差. 其他记号意义同上.

> **评注** 从此定理也可看出, 最终误差将受 h 的影响. 太大会导致截断误差增加, 太小会导致舍入误差积累效应增加.

例 9.2.4 对初值问题: $\begin{cases} y' = x + y, \\ y(0) = 1, \end{cases}$ 计算 $y(0.1)$, 分别取步长 $h = 0.1, 0.01,$ 0.001, 0.0001, 0.00001, 0.000001, 0.0000001, 用 Euler 法计算 $y(0.1)$ 的近似值 $y_{0.1}$, 并与准确解 $y(x) = 2\mathrm{e}^x - x - 1$ 的准确值 $y(0.1) = 1.110341836 \cdots$ 对照比较, 如表 9.2.2 所示.

表 9.2.2 不同步长的计算结果

h	$y_{0.1}$	$y(0.1) - y_{0.1}$
0.1	1.1	$1.034\mathrm{E} - 02$
0.01	1.109244	$1.098\mathrm{E} - 03$
0.001	1.110231	$1.108\mathrm{E} - 04$
0.0001	1.110331	$1.083\mathrm{E} - 05$
0.00001	1.110333	$3.872\mathrm{E} - 05$
0.000001	1.110730	$3.872\mathrm{E} - 04$
0.0000001	1.119209	$-8.867\mathrm{E} - 03$

> **评注** 定理 9.2.2 的推论 (推论 9.2.1) 表明, 步长越小则误差也应越小 (因收敛). 但此例结果说明, 在实际计算中并非如此. 这也并非是 (推论 9.2.1) 有误, 出现这种情况, 实际上是由舍入误差积累之巨而造成的! 不知读者察觉否, 随着步长 h 由大变小, 精度的变化趋势很明显地佐证了最终误差定理之结论.

问题 9.2.4 如何考虑某步舍入误差带来的后续影响? (下面讨论.)

9.2.5 数值方法的稳定性

1. 稳定性含义

所谓数值方法的稳定性, 通俗地说, 就是不会因微小的扰动而导致计算结果严重偏离计算目标.

定义 9.2.3　如果 y_k 是某方法第 k 步的准确值, z_k 为其近似值, $\delta_k = z_k - y_k$ 为其绝对误差. 假定第 k 步后的各步计算中不再有舍入误差, 令 $\delta_m\ (m > k)$ 为仅由 δ_k 引起的扰动, 若 $|\delta_m| < |\delta_k|$, 则称此方法是绝对稳定的.

显然, 数值解法的绝对稳定性一般与步长 h 及 $f(x, y)$ 有关.

> **评注**　面对初值问题无穷多个不同的函数 $f(x, y)$, 就一个具体的数值解法, 讨论其是否具有绝对稳定性是困难的. 遇到这种情况, 通常可以考虑搭建一个 "试验平台" 用来检验 $\cdots\cdots$, 这几乎是一种通用的做法. 比如药物开发中, 疗效在小白鼠身上试验效果好的通常被认为是比较好的. 故对数值方法的稳定性研究, 人们采用了类似手段.

2. 试验方程与绝对稳定区域

约定用一个既具有代表性又特别简单的特殊方程 (称之为试验方程), 来讨论和比较数值方法的绝对稳定性, 是比较可行的.

人们约定采用如下试验方程

$$y' = \lambda y \quad (\lambda < 0) \tag{9.2.12}$$

来讨论数值方法的绝对稳定性.

一般而言, 一种数值方法具有绝对稳定性时, 总是对应于 $\lambda h(h$ 为步长) 的某个取值范围, 该范围称为该方法的 **绝对稳定区域**, 当其为一个区间时, 也称为 **绝对稳定区间**.

3. Euler 法的稳定性

设 y_k 有一扰动 δ_k, 此时,

$$z_{k+1} = y_k + \delta_k + \lambda h(y_k + \delta_k) = y_k + \lambda h y_k + (1 + \lambda h)\delta_k,$$

即

$$z_{k+1} = y_{k+1} + (1 + \lambda h)\delta_k.$$

故

$$|\delta_{k+1}| = |1 + \lambda h|\,|\delta_k|.$$

要使 $|\delta_{k+1}| < |\delta_k|$, 则必须 $|1 + \lambda h| < 1$, 即 $\lambda h \in (-2, 0)$ 时, Euler 法是绝对稳定的, 称 $(-2, 0)$ 为 Euler 法的绝对稳定区间.

> **评注**　一般情况下, 绝对稳定区间越大, 表明其绝对稳定性越好. 一个可信的算法, 不仅要求收敛, 还要求是稳定的.

问题 9.2.5　Euler 法甚简, 但精度不高, 如何改进?

答　且看下节分解.

9.3 梯形法与改进的 Euler 方法

9.3.1 从数值积分看初值问题数值解法

1. 初值问题与积分方程的等价性

易知, 初值问题 $\begin{cases} \dfrac{\mathrm{d}y}{\mathrm{d}x} = f(x,y), \\ y(a) = \eta \end{cases}$ 与积分方程 $y(x) = y(a) + \displaystyle\int_a^x f(t,y(t))\mathrm{d}t$

是等价的. 将其用于数值解的一个步长区间 $[x_k, x_{k+1}]$, 这里 $x_k = x_0 + kh \in [a,b]$, $x_0 = a$, 则有

$$y(x_{k+1}) = y(x_k) + \int_{x_k}^{x_{k+1}} f(x,y(x))\mathrm{d}x. \tag{9.3.1}$$

故对上式中的积分项随便采用一种数值求积法, 便可以得到初值问题的一种数值解法.

2. 从数值积分看显式和隐式 Euler 法

对式 (9.3.1) 中的积分项, 用左矩形公式可得

$$\int_{x_k}^{x_{k+1}} f(x,y(x))\mathrm{d}x \approx f(x_k, y(x_k))(x_{k+1} - x_k) = hf(x_k, y(x_k)).$$

从而, 由 (9.3.1) 式有 $y(x_{k+1}) \approx y(x_k) + hf(x_k, y(x_k))$, 以 $y(x_k) \approx y_k$, $y(x_{k+1}) \approx y_{k+1}$ 即得显式 Euler 法. 故显式 Euler 法可认为是由积分左矩形公式而得.

如采用右矩形公式近似积分, 即取

$$\int_{x_k}^{x_{k+1}} f(x,y(x))\mathrm{d}x \approx f(x_{k+1}, y(x_{k+1}))h,$$

并取 $y(x_k) \approx y_k$, $y(x_{k+1}) \approx y_{k+1}$, 则可得**隐式 Euler 法** (也称为**后退的 Euler 法**), 求解公式:

$$\begin{cases} y_{k+1} = y_k + hf(x_{k+1}, y_{k+1}), \\ y(x_0) = y_0, \end{cases} \tag{9.3.2}$$

其中, $x_k = x_0 + kh, k = 0, 1, \cdots, n-1, h = \dfrac{b-a}{n}$.

按照 Taylor 公式知 (也可以按求积余项推导)

$$y(x_{k+1}) = y(x_k) + hf(x_{k+1}, y(x_{k+1})) - \frac{y''(\eta)}{2}h^2, \quad \eta \in (x_k, x_{k+1}).$$

局部截断误差为

$$e_{k+1} = y(x_{k+1}) - [y(x_k) + hf(x_{k+1}, y(x_{k+1}))] = -\frac{h^2}{2}y''(\eta), \quad \eta \in (x_k, x_{k+1}).$$
(9.3.3)

评注　比较可知, 隐式 Euler 法与显式 Euler 法在截断误差上都是 $O(h^2)$ 级的, 所以同为一阶方法. 但隐式法需要解方程, 计算相对复杂, 不过绝对稳定性显著优于显式法. 很容易论证, 隐式 Euler 法的绝对稳定区域由 $|1 - \lambda h| > 1$ 确定. 由于 $\lambda < 0$, 故对于任何步长 $h > 0$, 它都是稳定的.

问题 9.3.1　隐式 Euler 法的绝对稳定区间如何推导? (请读者自行解决.)

显然, 如果对积分 $\int_{x_k}^{x_{k+1}} f(x, y(x))\mathrm{d}x$ 用梯形公式近似, 较之左右矩形公式应能得到更好的结果.

3. *梯形法*

现对式 (9.3.1) 中的积分用梯形公式, 即

$$\int_{x_k}^{x_{k+1}} f(x, y(x))\mathrm{d}x$$

$$= \frac{h}{2}[f(x_k, y(x_k)) + f(x_{k+1}, y(x_{k+1}))] - \frac{y^{(3)}(\xi)}{12}h^3, \quad \xi \in (x_k, x_{k+1}).$$

则由 (9.3.1) 知

$$y(x_{k+1}) = y(x_k) + \frac{h}{2}[f(x_k, y(x_k)) + f(x_{k+1}, y(x_{k+1}))] - \frac{y^{(3)}(\xi)}{12}h^3, \quad (9.3.4)$$

其中 $\xi \in (x_k, x_{k+1})$. 现去掉误差项, 并用 y_{k+1} 代替 $y(x_{k+1})$, y_k 代替 $y(x_k)$, 得

$$y_{k+1} = y_k + \frac{h}{2}[f(x_k, y_k) + f(x_{k+1}, y_{k+1})],$$
(9.3.5)

此方程为未知数 y_{k+1} 的隐式方程, 解之可得 y_{k+1}.

定义 9.3.1　称 (9.3.5) 确定的数值方法为梯形法, 其差分方程如下:

$$\begin{cases} y_{k+1} = y_k + \frac{h}{2}[f(x_k, y_k) + f(x_{k+1}, y_{k+1})], \\ y_0 = \eta. \end{cases}$$
(9.3.6)

显然, 梯形法为隐式单步法, 因 y_{k+1} 出现在递推公式的左右两侧. 其局部截断误差为

$$y(x_{k+1}) - \left\{ y(x_k) + \frac{h}{2}[f(x_k, y(x_k)) + f(x_{k+1}, y(x_{k+1}))] \right\}$$

$$= -\frac{y^{(3)}(\xi)}{12} h^3, \quad \xi \in (x_k, x_{k+1}). \tag{9.3.7}$$

故梯形法为二阶方法.

另外, 容易算出其绝对稳定区间为 $(-\infty, 0)$. 可以证明: 如果 $f(x, y)$ 满足 Lipschitz 条件, 且初值问题 (9.1.3) 的解 $y(x)$ 具有三阶连续导数, 则梯形法 (9.3.5) 是收敛的. 再加上梯形法的阶数比 Euler 法高一阶, 从而从理论上可保证梯形法优于 Euler 法. 但令人不爽的是梯形法 (9.3.5) 中的方程一般是非线性的, 且 y_{k+1} 为其隐式解, 故求之不易.

问题 9.3.2 求隐式解可有应对方法?

答 隐式方程通常可尝试迭代法求解.

对于 (9.3.5) 的 y_{k+1}, 具体迭代格式如下:

$$y_{k+1}^{(m+1)} = y_k + \frac{h}{2} \left[f(x_k, y_k) + f(x_{k+1}, y_{k+1}^{(m)}) \right]. \tag{9.3.8}$$

下面证明, 在 f 满足 Lipschitz 条件且 h 足够小的情况下, 不论 $y_{k+1}^{(0)}$ 取何值, 迭代序列 $\left\{ y_{k+1}^{(m)} \right\}$ 必收敛到 y_{k+1}.

事实上, 让 (9.3.8) 与 (9.3.5) 两端作差后取绝对值, 并设 L 为 Lipschitz 常数, 则有

$$\left| y_{k+1}^{(m+1)} - y_{k+1} \right| = \frac{h}{2} \left| f(x_{k+1}, y_{k+1}^{(m)}) - f(x_{k+1}, y_{k+1}) \right|$$

$$\leqslant \frac{h}{2} L \left| y_{k+1}^{(m)} - y_{k+1} \right| \leqslant \cdots \leqslant \left(\frac{hL}{2} \right)^{m+1} \left| y_{k+1}^{(0)} - y_{k+1} \right|.$$

故当 $\dfrac{hL}{2} < 1$, $m \to \infty$ 时 $y_{k+1}^{(m)} \to y_{k+1}$. 当然, $y_{k+1}^{(0)}$ 的取值应尽量接近 y_{k+1}, 以便 $\left\{ y_{k+1}^{(m)} \right\}$ 较快地收敛到 y_{k+1}.

> **评注** 综上可知, 隐式法的绝对稳定性通常会更好, 短处是需要迭代求根, 梯形法为隐式法, 因为没有初值, 故不方便单独使用, 但精度较 Euler 法更高. 显式 Euler 法虽然精度稍差, 但计算简单, 故可以方便为隐式法提供迭代初值. 所以将二者结合到一起应该有较好的折中效果.

9.3.2 改进的 Euler 方法

1. 改进 Euler 方法的迭代公式

在实际计算中, 经常采用如下处理方式. 初始值 $y_{k+1}^{(0)}$ 通过 Euler 方法得到后,

再由梯形法迭代一次, 即

$$\begin{cases} y_{k+1}^{(0)} = y_k + hf(x_k, y_k), \\ y_{k+1} = y_k + \dfrac{h}{2}[f(x_k, y_k) + f(x_{k+1}, y_{k+1}^{(0)})]. \end{cases} \tag{9.3.9}$$

此方法称为**改进的 Euler 方法**, 第一式为预报式, 第二式为校正式. (9.3.9) 也称为迭代一次的 **Euler 预报校正公式**.

为了计算方便, 常将式 (9.3.9) 改写成如下形式:

$$\begin{cases} k_1 = f(x_k, y_k), \\ k_2 = f(x_k + h, y_k + k_1 h), \\ y_{k+1} = y_k + \dfrac{h}{2}(k_1 + k_2). \end{cases} \tag{9.3.10}$$

例 9.3.1   用改进 Euler 法求解

$$\begin{cases} y' = -y + x + 1, & x \in [0, 0.5], \\ y(0) = 1, & h = 0.1. \end{cases}$$

解
$$y_{k+1}^{(0)} = y_k + h(-y_k + x_k + 1),$$

$$y_{k+1} = y_k + \frac{h}{2}[(-y_k + x_k + 1) + (-y_{k+1}^{(0)} + x_{k+1} + 1)].$$

计算结果与准确值比较如表 9.3.1 所示.

表 9.3.1   改进 Euler 法的数值结果

x_k	$y(x_k)$	y_k	$|y(x_k) - y_k|$
0.1	1.004837	1.0050	0.000163
0.2	1.018731	1.019025	0.000294
0.3	1.040818	1.041218	0.0004
0.4	1.070320	1.070802	0.000482
0.5	1.106531	1.107076	0.000545

显然, 误差精度达到了 10^{-3} 量级, 远远高于 Euler 法的 10^{-1}(参见例 9.2.1). 故与 Euler 法相比精度大大提高.

问题 9.3.3   如何从理论上判定改进的 Euler 法确实优于 Euler 法?

答   且看下面分解.

2. 改进 Euler 法的局部截断误差与收敛阶数

按定义, 在改进 Euler 法中, 从 x_k 到 x_{k+1} 的局部截断误差为

$$e_{k+1} = y(x_{k+1}) - y_{k+1}$$

$$= y(x_{k+1}) - \left\{ y(x_k) + \frac{h}{2}[f(x_k, y(x_k)) + f(x_{k+1}, y(x_k) + hf(x_k, y(x_k)))] \right\}.$$

$$(9.3.11)$$

为了得到改进 Euler 法的阶数, 下面将对上式中的 f 和 $y(x_{k+1})$ 都展开, 并用 $y(x_k)$ 表示出来. 首先注意到

$$f(x_k, y(x_k)) = y'(x_k), \tag{9.3.12}$$

$$f'_x(x_k, y(x_k)) + f'_y(x_k, y(x_k))y'(x_k) = y''(x_k), \tag{9.3.13}$$

其次将 $y(x_{k+1})$ 及 $f(x_{k+1}, y(x_k) + hf(x_k, y(x_k)))$ 看作 h 的函数, 并分别在 $h = 0$ 处按 Taylor 公式展开有

$$y(x_{k+1}) = y(x_k + h) = y(x_k) + hy'(x_k) + \frac{y''(x_k)}{2}h^2 + O(h^3), \tag{9.3.14}$$

$$f(x_{k+1}, y(x_k) + hf(x_k, y(x_k)))$$

$$= f(x_k + h, y(x_k) + hy'(x_k))$$

$$= f(x_k, y(x_k)) + [f'_x(x_k, y(x_k)) + f'_y(x_k, y(x_k))y'(x_k)]h + O(h^2).$$

利用 (9.3.12) 和 (9.3.13) 将上式简化并整理为 $y(x_k)$ 表示的式子得

$$f(x_{k+1}, y(x_k) + hf(x_k, y(x_k))) = y'(x_k) + y''(x_k)h + O(h^2). \tag{9.3.15}$$

将 (9.3.14), (9.3.15), (9.3.12) 代入 (9.3.11) 式有

$$e_{k+1} = y(x_k) + hy'(x_k) + \frac{y''(x_k)}{2}h^2 + O(h^3)$$

$$- \left\{ y(x_k) + \frac{h}{2}[y'(x_k) + y'(x_k) + y''(x_k)h + O(h^2)] \right\}$$

$$= O(h^3) + \frac{h}{2}O(h^2) = O(h^3).$$

故改进 Euler 法是二阶方法.

3. 改进 Euler 法的收敛性与稳定性

可以证明:

(1) 若 $f(x,y)$ 满足 Lipschitz 条件, 且初值问题 (9.1.3) 的解 $y(x)$ 有三阶连续导数, 则改进 Euler 法必收敛.

(2) 改进 Euler 法的绝对稳定区间为 $(-2,0)$.

上述结论说明改进 Euler 法确实优于 Euler 法. 有关结论的证明可参阅文献 [4,16].

9.3.3　MATLAB 分分钟代码实现

下面是改进 Euler 法 MATLAB 函数代码:

```
function [T,Y]=euler_md(f,a,b,ya,m)
% 改进Euler法解初值问题 y'=f(t,y), y(a) = ya.
% Input - f 字符串定义的函数 'f';
%         -a 和 b为区间左右端点;
%         - ya 为初值y(a); M 求解步数;
%Output - T 节点ti; Y 为对应数值解yi.
h = (b - a)/m;T = zeros(1,m+1);
Y = zeros(1,m+1);T(1) = a;Y(1) = ya;
for j=1:m
    T(j+1) = a + h*j;
    k1=feval(f,T(j),Y(j));
    k2=feval(f,T(j+1),Y(j)+h*k1);
    Y(j+1)=Y(j)+(h/2)*(k1+k2);
end
```

其调用方法与例 9.2.2 类似. 读者可尝试用此函数求解该例中的初值问题, 并与 Euler 法比较.

问题 9.3.4　有没有比改进的 Euler 法精度更高的方法? (下面分析并寻找.)

9.3.4　建立数值解法的途径

本节旨在与有研读兴趣的读者共享. 做事, 需要 "方法论", 也就是方式方法的总结是必要的!

初值问题数值方法的建立途径常见有 3 类.

1. 数值积分法

此类方法, 源于初值问题与积分方程关系式 (9.3.1). 现重新书写如下:

$$y(x_{k+1}) = y(x_k) + \int_{x_k}^{x_{k+1}} f(x,y(x))\mathrm{d}x. \tag{9.3.16}$$

可见, **给定一种数值求积方法就可得到相应的初值问题的一种数值解法**.

事实上, 前面已经说明, 显式和隐式 Euler 法以及梯形法均可由其产生; 而另取

$$\int_{x_k}^{x_{k+1}} f(x, y(x))\mathrm{d}x \approx \frac{h}{2}[f(x_k, y_k) + f(x_{k+1}, y_k + hf(x_k, y_k))],$$

则产生了更高精度的改进的 Euler 法.

问题 9.3.5 精度提高的原理何在?

答 在于提高了积分 $\displaystyle\int_{x_k}^{x_{k+1}} f(x, y(x))\mathrm{d}x$ 的近似计算精度, 而实质上等价于提高了被积函数在积分区间上的均值 (即初值问题解的平均斜率) 的近似程度.

2. 平均斜率或差商逼近法

按照微分中值定理或差商与导数之间的关系有

$$\frac{y(x_{k+1}) - y(x_k)}{h} = y'(\xi_k), \quad \xi_k \in (x_k, x_{k+1}),$$

注意到, $y'(\xi_k) = f(\xi_k, y(\xi_k))$, 故

$$y(x_{k+1}) = y(x_k) + hf(\xi_k, y(\xi_k)). \tag{9.3.17}$$

如每一步都能恰好给出产生平均斜率的点 ξ_k (这种可能性太小了), 则上式给出的就是解的精确值 $y(x_{k+1})$.

总之, 给定一种近似平均斜率 (差商) $y'(\xi_k)$ 的方法, 即可得到一种对应的数值解法.

如, 取 $f(\xi_k, y(\xi_k)) \approx f(x_k, y_k)$, 则可得 Euler 法算式:

$$y_{k+1} = y_k + hf(x_k, y_k).$$

取 $f(\xi_k, y(\xi_k)) \approx \frac{1}{2}[f(x_k, y_k) + f(x_{k+1}, y_{k+1})]$, 则可得梯形法算式:

$$y_{k+1} = y_k + \frac{h}{2}[f(x_k, y_k) + f(x_{k+1}, y_{k+1})].$$

取 $f(\xi_k, y(\xi_k)) \approx \frac{1}{2}[f(x_k, y_k) + f(x_{k+1}, y_k + hf(x_k, y_k))]$, 则可得 Euler 预报校正法算式.

评注 上面几个式子可见, Euler 法用单点函数值作为平均斜率 (差商) 的近似值, 而梯形法和改进 Euler 法均采用了双点均值作近似, 故而精度得以提高.

问题 9.3.6　如何选择一些点处的导数使其线性组合更接近平均斜率 $y'(\xi_k)$? 读者可有妙思?

3. Taylor 展式法

按照 Taylor 公式将 $y(x_{k+1})$ 在 x_k 处展开, 则有

$$
y(x_{k+1}) = y(x_k) + y'(x_k)h + \frac{1}{2}y''(x_k)h^2 + \cdots
$$

$$
+ \frac{1}{n!}y^{(n)}(x_k)h^n + \frac{1}{(n+1)!}y^{(n+1)}(\xi_k)h^{n+1}, \tag{9.3.18}
$$

其中, $y'(x_k) = f(x_k, y(x_k))$, $y''(x_k) = f'_x(x_k, y(x_k)) + f'_y(x_k, y(x_k))f(x_k, y(x_k))$, $\cdots$. 将这些导数式代入 (9.3.18) 式, 整理后丢弃余项并用 y_{k+1} 替换 $y(x_{k+1})$, 以及用 y_k 替换所有的 $y(x_k)$, 则可得到相应的数值方法. 如果想有所体验, 不妨尝试用此种方法给出一个三阶方法, 就会发现需要计算的高阶偏导数实在是太多了.

> **评注**　由 Taylor 公式产生高阶方法需要高阶偏导数太多, 不方便计算. 因而如何避开高阶偏导数的计算又能产生高阶的数值方法, 便令人向往! 上述三种途径都可以进一步推进, 后面要介绍的几种高阶方法都出自于这些想法. 其中, 就实用高阶单步显式法而论, 放眼望去, 可见 Runge-Kutta (龙格-库塔) 算法首屈一指! 欲知其详, 且看下节分解!

9.4　Runge-Kutta 方法

9.4.1　Runge-Kutta 方法的基本思想

从改进 Euler 法形式上看, 其不外乎是用两个函数值的线性组合对平均斜率 $f(\xi_k, y(\xi_k))$ 进行了近似:

$$
f(\xi_k, y(\xi_k)) \approx \frac{1}{2}f(x_k, y_k) + \frac{1}{2}f(x_{k+1}, y_k + hf(x_k, y_k)),
$$

其精度就有较大的提高. 不难想到, 多几个点的线性组合应能更好地近似 (9.3.17) 中的平均斜率 $f(\xi_k, y(\xi_k))$, 从而可使方法的阶数更高. 这就是 Runge-Kutta 方法的基本思想.

9.4.2 Runge-Kutta 方法的迭代格式

1. Runge-Kutta 方法的一般形式

p 级 Runge-Kutta 方法的一般形式如下:

$$y_{k+1} = y_k + \sum_{i=1}^{p} w_i k_i, \tag{9.4.1}$$

而

$$k_i = h f \left(x_k + \alpha_i h, y_k + \sum_{j=0}^{i-1} \beta_{ij} k_j \right), \tag{9.4.2}$$

其中 $i = 1, \cdots, p, w_i, \alpha_i, \beta_{ij}$ 都是常数, 且约定 $\alpha_1 = 0, \beta_{i0} = 0, k_0 = 0$. 由于从 x_k 到 x_{k+1} 的每一步计算中, 都要计算 $f(x, y)$ 的 p 个点处的值, 故称为 **p 级 Runge-Kutta 算法**.

问题 9.4.1 p 级 Runge-Kutta 方法中的那些待定常数应如何选取?

答 应以局部截断误差达到尽量高的阶数为目标.

2. Runge-Kutta 方法系数的确定

依定义, Runge-Kutta 方法的局部截断误差为

$$e_{k+1} = y(x_{k+1}) - y(x_k) - \sum_{i=1}^{p} w_i k_i, \tag{9.4.3}$$

这里 $k_i(i = 1, 2, \cdots, p)$ 中的 y_k 均取为 $y(x_k)$.

为使方法阶数达到最高, 将 e_{k+1} 中的 k_i 以及精确解 $y(x_{k+1})$ 用 Taylor 公式在 x_k 处展开, 按步长 h 升幂排列进行整理, 然后, 选择合适的待定系数以使 h 的低次项尽量消失. 下面以二级 Runge-Kutta 方法为例说明系数的确定过程.

3. 二级 Runge-Kutta 方法的导出

当 $p = 2$ 时, Runge-Kutta 方法的形式为

$$\begin{cases} y_{k+1} = y_k + w_1 k_1 + w_2 k_2, \\ k_1 = h f(x_k, y_k), \\ k_2 = h f(x_k + \alpha_2 h, y_k + \beta_{21} k_1). \end{cases} \tag{9.4.4}$$

下面分几步说明系数的确定过程.

第一步, 将 k_2 中的 f 在点 (x_k, y_k) 处进行 Taylor 展开 (见 (2.1.8) 式), (或将其看作 h 的函数在 $h=0$ 处展开) 得

$$
\begin{aligned}
k_2 = h \bigg\{ & f(x_k, y_k) + \alpha_2 h f'_x(x_k, y_k) + \beta_{21} k_1 f'_y(x_k, y_k) \\
& + \frac{1}{2}[\alpha_2^2 h^2 f''_{xx}(x_k, y_k) + 2\alpha_2 h \beta_{21} k_1 f''_{xy}(x_k, y_k) \\
& + \beta_{21}^2 k_1^2 f''_{yy}(x_k, y_k)] + O(h^3) \bigg\},
\end{aligned}
\tag{9.4.5}
$$

代入 y_{k+1} 表达式中, 并按 h 幂次整理得

$$
\begin{aligned}
y_{k+1} = & y_k + h(w_1 + w_2) f(x_k, y_k) \\
& + w_2 h^2 [\alpha_2 f'_x(x_k, y_k) + \beta_{21} f(x_k, y_k) f'_y(x_k, y_k)] \\
& + \frac{1}{2} w_2 h^3 [\alpha_2^2 f''_{xx}(x_k, y_k) + 2\alpha_2 \beta_{21} f(x_k, y_k) f''_{xy}(x_k, y_k) \\
& + \beta_{21}^2 f^2(x_k, y_k) f''_{yy}(x_k, y_k)] \\
& + O(h^4).
\end{aligned}
\tag{9.4.6}
$$

第二步, 将 $y(x_{k+1})$ 在 x_k 处展开 (或将其看作 h 的函数 $y(x_k + h)$ 在 $h = 0$ 处展开) 得

$$
y(x_{k+1}) = y(x_k) + y'(x_k)h + \frac{1}{2} y''(x_k)h^2 + \frac{1}{3!} y^{(3)}(x_k)h^3 + O(h^4),
\tag{9.4.7}
$$

其中,

$$
y'(x_k) = f(x_k, y(x_k)),
$$
$$
y''(x_k) = f'_x(x_k, y(x_k)) + f'_y(x_k, y(x_k))f(x_k, y(x_k)),
\tag{9.4.8}
$$

$$
\begin{aligned}
y^{(3)}(x_k) = & f''_{xx}(x_k, y(x_k)) + 2f''_{xy}(x_k, y(x_k))f(x_k, y(x_k)) \\
& + f''_{yy}(x_k, y(x_k))f^2(x_k, y(x_k)) \\
& + f'_y(x_k, y(x_k))[f'_x(x_k, y(x_k)) + f'_y(x_k, y(x_k))f(x_k, y(x_k))].
\end{aligned}
\tag{9.4.9}
$$

第三步, 计算局部截断误差. 注意到, 此时 $y_k = y(x_k)$, 由

$$
e_{k+1} = y(x_{k+1}) - y_{k+1}
$$

将 (9.4.6)—(9.4.9) 代入并按 h 的次数整理得

$$e_{k+1} = h(1 - w_1 - w_2)f + h^2 \left[\left(\frac{1}{2} - w_2\alpha_2 \right) f'_x + \left(\frac{1}{2} - \beta_{21}w_2 \right) f'_y f \right]$$

$$+ h^3 \left[\left(\frac{1}{6} - \frac{1}{2}w_2\alpha_2^2 \right) f''_{xx} + \left(\frac{1}{3} - \alpha_2\beta_{21}w_2 \right) f''_{xy}f \right.$$

$$\left. + \left(\frac{1}{6} - \frac{1}{2}w_2\beta_{21}^2 \right) f''_{yy}f^2 + \frac{1}{6}f'_y(f'_x + f'_y f) \right] + O(h^4). \qquad (9.4.10)$$

为了书写方便, 上式中所有 f 及其偏导均省略了 $(x_k, y(x_k))$, 如 f'_y 表示 $f'_y(x_k, \ y(x_k))$. 为了保证二级 Runge-Kutta 方法有尽量高的阶数, 选取相应的低阶系数为 0 是上策, 故令

$$\begin{cases} w_1 + w_2 = 1, \\ w_2\alpha_2 = \dfrac{1}{2}, \\ \beta_{21}w_2 = \dfrac{1}{2}. \end{cases} \qquad (9.4.11)$$

欲同时使 h^3 项也为零, 已不可能. 上述方程组有三个方程四个未知数, 解有无穷多. 不妨让 α_2 作自由参数, 可得

$$w_2 = \frac{1}{2\alpha_2}, \quad \beta_{21} = \alpha_2, \quad w_1 = 1 - \frac{1}{2\alpha_2}.$$

此时,

$$e_{k+1} = h^3 \left[\left(\frac{1}{6} - \frac{1}{4}\alpha_2 \right) (f''_{xx} + 2f''_{xy}f + f''_{yy}f^2) + \frac{1}{6}f'_y(f'_x + f'_y f) \right] + O(h^4).$$

$$(9.4.12)$$

不管 α_2 取何值, 均不能确保 h^3 的系数为 0, 故二级 Runge-Kutta 方法的最高阶数只能是 2, 即只能有 $e_{k+1} = O(h^3)$.

4. 几个著名的二级 Runge-Kutta 方法

分别取 $\alpha_2 = \dfrac{1}{2}, \dfrac{2}{3}, 1$, 得

中点公式: $\quad y_{k+1} = y_k + hf\left(x_k + \dfrac{h}{2}, y_k + \dfrac{h}{2}f(x_k, y_k)\right).$

Heun 法公式: $y_{k+1} = y_k + \dfrac{h}{4}\left[f(x_k, y_k) + 3f\left(x_k + \dfrac{2}{3}h, y_k + \dfrac{2}{3}hf(x_k, y_k)\right)\right].$

改进 Euler 法公式: $\quad y_{k+1} = y_k + \dfrac{h}{2}[f(x_k, y_k) + f(x_{k+1}, y_k + hf(x_k, y_k))].$

5. 二级 Runge-Kutta 方法的理论结果

(1) 只要 $f(x, y)$ 满足 Lipschitz 条件, 且初值问题

$$\begin{cases} y'(x) = f(x, y(x)), & a \leqslant x \leqslant b, \\ y(a) = y_0 \end{cases}$$

的解具有三阶的连续导数, 则所有的二级二阶 Runge-Kutta 方法都是收敛的.

(2) 它们的绝对稳定区间都是 $(-2, 0)$.

有关上述结论的详细讨论可参阅文献 [4].

用类似的方法, 可以推导出精度更高的 Runge-Kutta 方法. 有研究指出 Runge-Kutta 方法的级数 p 和阶数 r 的关系如表 9.4.1 所示 (参见文献 [6]).

表 9.4.1   Runge-Kutta 方法的级数与阶数

级数 p, 即函数值个数	局部截断误差	方法阶数
2	$O(h^3)$	2
3	$O(h^4)$	3
4	$O(h^5)$	4
5	$O(h^5)$	4
6	$O(h^6)$	5
7	$O(h^7)$	6
$\geqslant 8$	$O(h^{p-2})$	$\leqslant p-2$

9.4.3   常用的四阶 Runge-Kutta 方法

常用的有标准四级四阶的 Runge-Kutta (简记为 R-K) 方法, 简称**标准四阶 Runge-Kutta 方法**:

$$\begin{cases} y_{k+1} = y_k + \dfrac{1}{6}(k_1 + 2k_2 + 2k_3 + k_4), \\ k_1 = hf(x_k, y_k), \\ k_2 = hf\left(x_k + \dfrac{h}{2}, y_k + \dfrac{k_1}{2}\right), \\ k_3 = hf\left(x_k + \dfrac{h}{2}, y_k + \dfrac{k_2}{2}\right), \\ k_4 = hf(x_k + h, y_k + k_3). \end{cases} \tag{9.4.13}$$

1. 标准四阶 Runge-Kutta 法的几何解释

观察图 9.4.1 可以发现, 解函数在区间中部的那些点的斜率更接近该区间上的平均斜率.

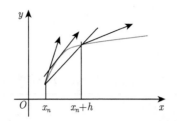

图 9.4.1　光滑曲线斜率与平均斜率

若它们拥有较大的权数进行加权平均, 则可获得较准确的平均斜率. 粗略观察标准四阶 Runge-Kutta 方法可见, 平均斜率的近似值取自以下斜率的加权平均值:

$\dfrac{k_1}{h}$ 是区间始点的斜率; $\dfrac{k_2}{h}$ 是区间段中点附近的斜率; $\dfrac{k_3}{h}$ 也是区间段中点附近的斜率; $\dfrac{k_4}{h}$ 是区间终点附近的斜率.

而各自的权重分别为 $\dfrac{1}{6}, \dfrac{2}{6}, \dfrac{2}{6}, \dfrac{1}{6}$, 故中间部位的点的权重较大, 两端点的权重较小, 因此 Runge-Kutta 方法的截断误差可以取得 $O(h^5)$ 的高精度.

评注　数学结论也讲合情合理, 基于合情的感性认识更容易理解. 上述解释是对 Runge-Kutta 方法的一种朴素简单且合情的理解方式.

2. 四级四阶 Runge-Kutta 方法的理论结果

可以证明, 在与二级二阶类似的实用条件下, 四级四阶 Runge-Kutta 方法是收敛的, 其局部截断误差为 $O(h^5)$, 绝对稳定区间为 $(-2.78, 0)$.

例 9.4.1　用标准四阶 Runge-Kutta 方法求解如下初值问题的数值解:

$$\begin{cases} y' = -y + x + 1, & x \in [0, 0.5], \\ y(0) = 1, & h = 0.1. \end{cases}$$

解
$$y_{k+1} = y_k + \frac{1}{6}(k_1 + 2k_2 + 2k_3 + k_4),$$

$$k_1 = h(-y_k + x_k + 1);$$

$$k_2 = h\left[-\left(y_k + \frac{k_1}{2} \right) + \left(x_k + \frac{h}{2} \right) + 1 \right];$$

$$k_3 = h\left[-\left(y_k + \frac{k_2}{2} \right) + \left(x_k + \frac{h}{2} \right) + 1 \right];$$

$$k_4 = h[-(y_k + k_3) + (x_k + h) + 1].$$

计算结果如表 9.4.2 所示.

表 9.4.2   Runge-Kutta 方法的数值结果

x_k	$y(x_k)$	y_k	$|\varepsilon_k|$
0.1	1.004837418	1.0048375	8.196E−08
0.2	1.018730753	1.018730901	1.479E−07
0.3	1.040818221	1.040818422	2.013E−07
0.4	1.070320046	1.070320289	2.430E−07
0.5	1.10653066	1.106530934	2.743E−07

评注   同一个初值问题, 用 Runge-Kutta 方法求解精度达到 10^{-7}, 而改进 Euler 法为 10^{-3}, 以及 Euler 法为 10^{-1}. 可见 Runge-Kutta 方法的精度大大高于改进 Euler 法和 Euler 法.

9.4.4   MATLAB 分分钟代码实现

下面是标准四级四阶 Runge-Kutta 解法 M-函数的代码.

```
function   [T,Y]=rk4(f,a,b,ya,m)
% 四级四阶RK法解初值问题 y'=f(t,y), y(a) = ya.
% 输入:   f 字符串定义的函数 'f';
%         a 和 b为区间左右端点;
%         ya为初值y(a); m求解步数;
% 返回:   T为节点ti; Y为对应数值解yi.
h = (b - a)/m;T = zeros(1,m+1);Y = zeros(1,m+1);
T(1) = a; Y(1)=ya;
for j=1:m
     T(j+1) = a + h*j;
     k1=h*feval(f,T(j),Y(j));
     k2=h*feval(f,T(j)+h/2,Y(j)+k1/2);
     k3=h*feval(f,T(j)+h/2,Y(j)+k2/2);
     k4=h*feval(f,T(j)+h,Y(j)+k3);
     Y(j+1)=Y(j)+(k1+2*k2+2*k3+k4)/6;
end
```

例 9.4.2   就初值问题 $y' = (x-y)/2, y(0) = 1, x \in [0,3]$, 取步长 $h = 0.5$, 画图比较 Euler、改进 Euler 和 Runge-Kutta 方法的数值解精度. 注意: 三种方法的 M-函数, 需要附加在本代码之中.

解
```
function HL94ex2_E_ME_RK4
a=0;b=3;m=6;ya=1;
[T1,Y1] = euler('f2',a,b,ya,m);
[T2,Y2] = euler_md('f2',a,b,ya,m);
[T3,Y3] = rk4('f2',a,b,ya,m);
 x=0:0.2:3; y=3*exp(-x./2)+x-2;
plot(T1,Y1,'-.k',T2,Y2,'--b',T3,Y3,'-g',…
x,y,'-r*','LineWidth',2);
legend('Euler','改进Euler','R-K','精确解',…
'Location','NorthWest');
function z=f2(x,y)
z=(x-y)./2;
```

运行上述函数可得图 9.4.2. 图中最下方曲线是 Euler 法结果, 最上方是改进
Euler 法结果, 中间是 Runge-Kutta 方法以及精确解曲线. 由于图形较小, 二者难
以在图中区分. 显见, R-K 精度最好, 其次是改进 Euler 法, 最次是 Euler 法.

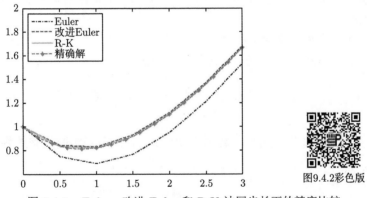

图 9.4.2 彩色版

图 9.4.2 Euler、改进 Euler 和 R-K 法同步长下的精度比较

9.4.5 变步长的 Runge-Kutta 方法

评注 任凭误差理论之详, 不过纸上谈兵耳! 实算步长之择乃算家之殇——
过大则易致精度不高, 失真太大; 过小则易致误差积累, 徒劳无益. 故而, 常常以
大小不同之步长, 一一试算. 其间, 总是想象一叶扁舟于茫茫沧海, 或是一片浮云
于浩瀚蓝天之画面. 算毕兮, 若无大异则欣然, 否则扭头远眺, 静静毕! 再设步长,
再接再续! 此情此景, 君曾历乎?
　　如此计算频频, 劳心费时, 故而有下述变步长之策: 设定一个评估机制, 分别
用一大步和两小步到达同一点, 并将两结果进行比较, 以便择取翻倍加长、减半

缩短或维持不变之满意步长. 可快豪步跑, 需慢跬步行. 如若结合到位, 可省下很多周折!

变步长法具体操作如下. 令 y_{n+1}^h, $y_{n+1}^{\left(\frac{h}{2}\right)}$ 分别表示由 x_n 按步长 h 递推一步和按步长 $\frac{h}{2}$ 递推两步而得的数值解, 设定伸缩误差限 $\varepsilon_1, \varepsilon_2 > 0$, 又令

$$E_{n+1} = \frac{1}{15}\left| y_{n+1}^{\left(\frac{h}{2}\right)} - y_{n+1}^h \right|. \tag{9.4.14}$$

分三种情形调整:

情形 1　若 $E_{n+1} \in [\varepsilon_1, \varepsilon_2]$, 则认可步长 h 且以 $y_{n+1}^{\left(\frac{h}{2}\right)}$ 作为 x_{n+1} 处的数值解. 并以其为基础继续以步长 h 递推.

情形 2　若 $E_{n+1} > \varepsilon_2$, 则判定当前步长太大, 取 $\frac{h}{2}$ 为新步长, 重复上述确认过程, 直到认可为止.

情形 3　若 $E_{n+1} < \varepsilon_1$, 则判定当前步长太小, 将 $2h$ 作为新步长, 重复上述确认过程, 直到认可为止.

理论上可对上述过程给出粗略分析如下:

对于四阶 Runge-Kutta 方法, 其局部截断误差为

$$e_{n+1} = y(x_{n+1}) - y_{n+1}^h \approx O(h^5) \approx C_n h^5, \tag{9.4.15}$$

而步长为 $\frac{h}{2}$ 时, 从 x_n 出发需要计算两步到达 x_{n+1}, 因每步截断误差约为 $C_n\left(\frac{h}{2}\right)^5$, 粗略估计可得

$$e_{n+1} = y(x_{n+1}) - y_{n+1}^{\left(\frac{h}{2}\right)} \approx 2C_n\left(\frac{h}{2}\right)^5. \tag{9.4.16}$$

从而 (9.4.15) 与 (9.4.16) 两式作差得

$$y_{n+1}^{\left(\frac{h}{2}\right)} - y_{n+1}^h = \frac{15}{16} C_n(h^5),$$

再结合 (9.4.16) 知

$$\left| y(x_{n+1}) - y_{n+1}^{\left(\frac{h}{2}\right)} \right| \approx \frac{1}{15}\left| y_{n+1}^{\left(\frac{h}{2}\right)} - y_{n+1}^h \right|.$$

因而, 将 (9.4.14) 式给出的 E_{n+1} 作为步长的调整判据具有合理性.

9.4.6 Runge-Kutta 方法优劣分析

Runge-Kutta 方法可以达到较高的精度, 是求解初值问题最常用的方法之一. 但其计算较复杂, 如在四阶 Runge-Kutta 方法中, 每计算一步就要调用 4 次 $f(x, y)$, 故运算量大. 另外, 对解的光滑性 (解的光滑性取决于 $f(x, y)$ 的可微性) 有要求. 如果解的光滑性差, 采用四阶 R-K 法反而不如改进的 Euler 法. 因此, 一定要针对具体问题的特点选择求解方法.

标准四阶 Runge-Kutta 方法中每递推一步就需要计算 $f(x, y)$ 在 4 个新点处的函数值, 而那些已有的函数值的信息完全被忽略, 不能不说是一种浪费!

问题 9.4.2 可否设计一种与 R-K 精度同阶但又无需计算过多函数值的方法?

答 线性多步法可满足此要求!

9.5 线性多步法

Runge-Kutta 方法在递推过程中, 前若干步节点处的函数值 $f(x, y)$ 已为所知, 所含信息量巨大, 弃之不用, 实在可惜, 线性多步法可弥补此缺憾.

9.5.1 线性多步法的一般形式

1. 构建思想和一般形式

9.3.4 小节总结的三类方法, 即数值积分法、平均斜率逼近法以及 Taylor 展式都可以用于线性多步法的构造. 其核心思想不外乎就是, 用若干已有节点的函数值和数值解进行适当的线性组合, 以使局部截断误差获取尽可能高的阶数. 与单步法相比, 只不过是在算式中用到的节点数更多一些而已, 因为过往节点信息用得多一些, 所以对未来节点的数值解更容易取得较高的精度, 实际上, "继往开来"通常都会容易取得较好的做事效果.

本节针对最常用的一类线性多步法进行介绍, 其构造的主要思想是用若干已有节点的函数值进行适当的线性组合来替代被积函数在积分区间, 即步长区间上的均值, 也即解在该步长区间上的平均斜率 (若不熟悉这些说法, 请查阅 9.3.4 小节).

定义 9.5.1 p 步线性多步法的一般形式为

$$y_{k+1} = \sum_{i=0}^{p-1} a_i y_{k-i} + h \sum_{i=-1}^{p-1} b_i f(x_{k-i}, y_{k-i}), \tag{9.5.1}$$

如果 $b_{-1} = 0$, 称为 p 步显式多步法, 否则称为 p 步隐式多步法. 这里, $|a_0| + |b_0| \neq 0$; a_i, b_i 均为与 f 和 k 无关的常数, $i = 0, \cdots, p-1$. 特别地, 当 $a_0 = 1, a_1 =$

$\cdots = a_{p-1} = 0$ 时, 即

$$y_{k+1} = y_k + h \sum_{i=-1}^{p-1} b_i f(x_{k-i}, y_{k-i}), \tag{9.5.2}$$

称为 p 步 Adams (亚当斯) 线性多步法. 特别, 当 $b_{-1} = 0$ 时, 称为 p 步 Adams 显式法或 Adams 外推法, 也称为 Adams-Bashforth (亚当斯–巴什福思) 方法; 当 $b_{-1} \neq 0$ 时, 称为 p 步 Adams 隐式法, 或 Adams 内插法, 也称为 Adams-Moulton (亚当斯–莫尔顿) 方法.

简言之, 欲求 y_{k+1}, 需要前面 p 个点的数值解进行递推, 若 y_{k+1} 在递推式两边都出现就是隐式, 只有左边出现就是显式.

问题 9.5.1　Euler 显式法、Euler 隐式法、梯形法、改进 Euler 法是否为线性多步法的特例? 为什么? (请读者自行考虑.)

问题 9.5.2　如何确定线性多步法中的那些待定系数?

答　当然是以局部截断误差最小为目标!

2. 线性多步法的局部截断误差

$$e_{k+1} = y(x_{k+1}) - y_{k+1} = y(x_{k+1}) - \sum_{i=0}^{p-1} a_i y(x_{k-i}) - h \sum_{i=-1}^{p-1} b_i f(x_{k-i}, y(x_{k-i})). \tag{9.5.3}$$

评注　关于局部截断误差定义的理解, 可查阅 9.2.3 小节.

问题 9.5.3　常用的线性多步法有哪些?

线性多步法有多种有名的递推公式, 其中的一类是 Adams 方法, 下面将以其为例进行讨论.

9.5.2　Adams 显式多步法

1. Adams 方法构建思想

按数值积分法的构建途径, 初值问题

$$\begin{cases} y'(x) = f(x, y(x)), & a \leqslant x \leqslant b, \\ y(a) = y_0 \end{cases}$$

的数值解法取决下述递推式

$$y(x_{k+1}) = y(x_k) + \int_{x_k}^{x_{k+1}} f(x, y(x)) \mathrm{d}x \tag{9.5.4}$$

的计算. 若能给出积分项的一种近似算法, 就可得到一种初值问题的数值解法.

注意在递推过程中, 过往若干节点处的函数值 $f(x,y(x))$ 已为所知, 用它们可方便地构造被积函数 f 的插值多项式. 故利用插值多项式的积分代替 $f(x,y)$ 的积分, 进行近似计算应该是不错的选项. Adams 方法便由此而得. Adams 方法依步数不同而有多种. 下面以四步方法为例说明.

2. Adams 方法的构建过程

倘若 $y(x_k)$, $y(x_{k-1})$, $y(x_{k-2})$, $y(x_{k-3})$ 已知, 对 $f(x,y(x))$ 作以 x_k, x_{k-1}, x_{k-2}, x_{k-3} 为节点的三次插值多项式 $L_3(x)$ 来替代 $f(x,y(x))$, 则有

$$y(x_{k+1}) = y(x_k) + \int_{x_k}^{x_{k+1}} (L_3(x) + R_3(x))\mathrm{d}x, \tag{9.5.5}$$

其中,

$$L_3(x) = l_k(x)f(x_k,y(x_k)) + l_{k-1}(x)f(x_{k-1},y(x_{k-1}))$$
$$+ l_{k-2}(x)f(x_{k-2},y(x_{k-2})) + l_{k-3}(x)f(x_{k-3},y(x_{k-3})),$$

而 $l_{k-i}(x)(i=0,1,2,3)$ 为 Lagrange 插值基函数 (参见 6.2 节),

$$R_3(x) = \frac{\mathrm{d}^4 f(\xi,y(\xi))}{4!\mathrm{d}x^4}(x-x_k)(x-x_{k-1})(x-x_{k-2})(x-x_{k-3})$$

$$= \frac{y^{(5)}(\xi)}{4!}(x-x_k)(x-x_{k-1})(x-x_{k-2})(x-x_{k-3}), \quad \xi \in [x_{k-3},x_{k+1}].$$

注意节点的步长为 h, 将 $L_3(x)$ 代入 (9.5.5) 并整理得

$$y(x_{k+1}) = y(x_k) + \frac{h}{24}[55f(x_k,y(x_k))$$
$$-59f(x_{k-1},y(x_{k-1})) + 37f(x_{k-2},y(x_{k-2}))$$
$$-9f(x_{k-3},y(x_{k-3}))] + \int_{x_k}^{x_{k+1}} R_3(x)\mathrm{d}x. \tag{9.5.6}$$

若 $y^{(5)}(x)$ 连续, 则 $\exists \eta \in [x_k,x_{k+1}]$ 使得

$$\int_{x_k}^{x_{k+1}} R_3(x)\mathrm{d}x = \int_{x_k}^{x_{k+1}} \frac{y^{(5)}(\xi)}{4!}(x-x_k)(x-x_{k-1})(x-x_{k-2})(x-x_{k-3})\mathrm{d}x$$

$$= \frac{y^{(5)}(\eta)}{4!}\int_{x_k}^{x_{k+1}}(x-x_k)(x-x_{k-1})(x-x_{k-2})(x-x_{k-3})\mathrm{d}x$$

$$\xrightarrow{\;\diamond x=x_k+th\;} \frac{y^{(5)}(\eta)}{4!}h^5 \int_0^1 t(t+1)(t+2)(t+3)\mathrm{d}t$$

$$= \frac{251}{720}y^{(5)}(\eta)h^5. \tag{9.5.7}$$

在公式 (9.5.6) 中去掉误差项, 将 $y(x_{k-i})$ 换成 $y_{k-i}(i=0,1,2,3)$, 得

$$y_{k+1}=y_k+\frac{h}{24}[55f(x_k,y_k)-59f(x_{k-1},y_{k-1})+37f(x_{k-2},y_{k-2})-9f(x_{k-3},y_{k-3})]. \tag{9.5.8}$$

此方法即为**四步 Adams 显式法**或**四步 Adams-Bashforth 方法**.

由 (9.5.3), (9.5.6) 和 (9.5.7) 知其局部截断误差为

$$y(x_{k+1})-y_{k+1}=\frac{251}{720}y^{(5)}(\eta)h^5. \tag{9.5.9}$$

故 Adams-Bashforth 方法为四步四阶方法.

注意, 从 (9.5.8) 可见, 必须知道初始值 y_0, y_1, y_2 及 y_3, 才能开始递推计算, 而 Runge-Kutta 方法仅需知道 y_0 即可, 所以多步法需要其他方法启动.

3. 理论结果

可以证明: 如果 $f(x,y)$ 满足 Lipschitz 条件且一阶初值问题 (9.1) 的解有 5 阶连续导数, 以及当 $h \to 0$ 时, 初始值 $y_0 \to \eta, y_1 \to \eta, y_2 \to \eta, y_3 \to \eta$, 则 Adams-Bashforth 方法是收敛的; 其绝对稳定区间为 $(-0.3,0)$. 有关讨论见文献 [23].

> **评注**　Adams-Bashforth 的精度还有进一步提高的空间! 因为积分由外推而得, 而外推精度一般不如内插, 故精度可能会受损. 图 9.5.1 给出了 $f(x,y(x))$ 外推与内插的面积示意图, 图中可见, 区间 $[x_k,x_{k+1}]$ 上内插多项式的面积更贴近 $f(x,y(x))$ 的面积.

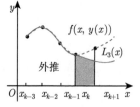 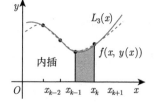

图 9.5.1　外推法与内插法面积精度示意图

9.5.3 Adams 隐式多步法

以 3 步为例推导.

1. Adams-Moulton 方法的导出

将外插值节点改为内插节点 x_{k+1}, x_k ,x_{k-1}, x_{k-2}, 可得 $f(x, y(x))$ 的插值多项式为

$$L_3(x) = l_{k+1}(x)f(x_{k+1}, y(x_{k+1})) + l_k(x)f(x_k, y(x_k))$$

$$+ l_{k-1}(x)f(x_{k-1}, y(x_{k-1})) + l_{k-2}(x)f(x_{k-2}, y(x_{k-2})),$$

$$R_3(x) = \frac{\mathrm{d}^4 f(\xi, y(\xi))}{4!\mathrm{d}x^4} \cdot (x - x_{k+1})(x - x_k)(x - x_{k-1})(x - x_{k-2})$$

$$= \frac{y^{(5)}(\xi)}{4!}(x - x_{k+1})(x - x_k)(x - x_{k-1})(x - x_{k-2}), \quad \xi \in [x_{k-2}, x_{k+1}].$$

将 $L_3(x)$ 代入 (9.5.5), 并注意节点的步长为 h, 计算整理得

$$y(x_{k+1}) = y(x_k) + \frac{h}{24}[9f(x_{k+1}, y(x_{k+1})) + 19f(x_k, y(x_k)) - 5f(x_{k-1}, y(x_{k-1}))$$

$$+ f(x_{k-2}, y(x_{k-2}))] + \int_{x_k}^{x_{k+1}} R_3(x)\mathrm{d}x. \tag{9.5.10}$$

去掉误差项, 将 $y(x_{k-i})$ 用 y_{k-i} $(i = -1, 0, 1, 2)$ 代替得

$$y_{k+1} = y_k + \frac{h}{24}[9f(x_{k+1}, y_{k+1}) + 19f(x_k, y_k) - 5f(x_{k-1}, y_{k-1}) + f(x_{k-2}, y_{k-2})]. \tag{9.5.11}$$

此方法即为 **Adams 三步隐式法**, 也称为 **Adams-Moulton 方法**.

与 (9.5.7) 式的推导类似, 由 (9.5.3) 和 (9.5.10), 知 Adams-Moulton 方法的局部截断误差为

$$y(x_{k+1}) - y_{k+1} = \int_{x_k}^{x_{k+1}} R_3(x)\mathrm{d}x = -\frac{19}{720}y^{(5)}(\eta)h^5, \tag{9.5.12}$$

其中 $\eta \in [x_k, x_{k+1}]$. 故 Adams-Moulton 方法也是四阶的. 但局部截断误差的系数之绝对值小于显式 Adams-Bashforth 方法. 步数为 3, 也少了一步.

2. 理论结果

可以证明四阶的 Adams-Moulton 方法也是收敛的, 且绝对稳定区间为 $(-3, 0)$, 大于四阶 Adams-Bashforth 方法的 $(-0.3, 0)$. 有关讨论见文献 [4, 23].

Adams-Moulton 方法的缺点是隐式法, (9.5.11) 左右两边都有 y_{k+1}, 故得到它需解隐式方程, 糟糕的是此方程一般是非线性的.

通常可采用迭代法来求出 y_{k+1}, 具体如下:

取 y_{k+1} 的初值 $y_{k+1}^{(0)}$, 建立迭代格式

$$y_{k+1}^{(i)} = y_k + \frac{h}{24}[9f(x_{k+1}, y_{k+1}^{(i-1)}) + 19f(x_k, y_k) - 5f(x_{k-1}, y_{k-1})$$

$$+ f(x_{k-2}, y_{k-2})] \quad (i = 1, 2, \cdots).$$

可以证明, 如果 $f(x, y)$ 满足 Lipschitz 条件, h 足够小, 则 $\left\{ y_{k+1}^{(i)} \right\}$ 必收敛. 当然 $y_{k+1}^{(0)}$ 取得接近 y_{k+1} 时, 收敛要快一点.

问题 9.5.4 解隐式方程计算不便! 但精度又不想丧失! 咋办?

答 可仿效改进的 Euler 算法之做法.

9.5.4　四阶预报校正式的 Adams 法

1. 四阶预报校正式的 Adams 法迭代格式

在实际应用中, 一般只迭代一次, $y_{k+1}^{(0)}$ 可通过四阶 Adams-Bashforth 方法得到, 具体做法如下:

$$\begin{cases} y_{k+1}^{(0)} = y_k + \dfrac{h}{24}[55f(x_k, y_k) - 59f(x_{k-1}, y_{k-1}) \\ \qquad\qquad + 37f(x_{k-2}, y_{k-2}) - 9f(x_{k-3}, y_{k-3})], \\ y_{k+1} = y_k + \dfrac{h}{24}[9f(x_{k+1}, y_{k+1}^{(0)}) + 19f(x_k, y_k) \\ \qquad\qquad - 5f(x_{k-1}, y_{k-1}) + f(x_{k-2}, y_{k-2})]. \end{cases} \tag{9.5.13}$$

此法称为**四阶预报校正式的 Adams 法**, 初始值 y_0, y_1, y_2, y_3 可采用同阶的 Runge-Kutta 方法得到.

> **评注**　常言道 "好马配好鞍", 用同阶的 R-K 法获取初值, 显然可提高数值解的精度.

四阶预报校正式的 Adams 法的优缺点及误差估计简要总结如下:

优点是运算量小于同阶的 Runge-Kutta 方法, 因前进一个点 x_{k+1}, 只需计算 2 个函数值, 而 Runge-Kutta 方法需要计算 4 个函数值.

缺点是不能自启动, 需靠其他方法预先取得 y_0, y_1, y_2, y_3, 才能计算 $y_k, k \geqslant 4$.

2. 四阶预报校正式的 Adams 法误差估计

若步长 h 足够小, 则 $y^{(5)}(x)$ 接近一个常数 C, 由 Adams-Bashforth 和 Adams-Moulton 方法的误差可以得到如下估计

$$y(x_{k+1}) - y_{k+1} \approx \frac{-19}{270}(y_{k+1} - y_{k+1}^{(0)}). \tag{9.5.14}$$

这是因为由 (9.5.9) 和 (9.5.12) 知

$$y(x_{k+1}) - y_{k+1}^{(0)} \approx \frac{251}{720}Ch^5, \tag{9.5.15}$$

$$y(x_{k+1}) - y_{k+1} \approx -\frac{19}{720}Ch^5, \tag{9.5.16}$$

两式作差得

$$y_{k+1} - y_{k+1}^{(0)} \approx \frac{270}{720}Ch^5,$$

再与 (9.5.16) 结合可得 (9.5.14).

例 9.5.1 用四阶预报校正式的 Adams 法求解:

$$\begin{cases} y' = -y + x + 1, & x \in [0, 0.5], \\ y(0) = 1, & h = 0.1. \end{cases}$$

解 用四阶标准 Runge-Kutta 方法得: $y_0 = 1, y_1 = 1.0048375, y_2 = 1.018730901$, $y_3 = 1.040818422$. 按 (9.5.13) 依此计算得: $y_4^{(0)} = 1.070323109, y_4 = 1.070319920$; $y_5^{(0)} = 1.106533194, y_5 = 1.106530271$. 请读者用 (9.5.14) 给出误差估计, 并与例 9.4.1 进行对比.

9.5.5 其他常用多步法

1. 获取途径

以局部截断误差尽可能小为宗旨, 一般的线性多步公式的构建过程可如下进行. 设含有待定系数的线性多步法的局部截断误差为

$$\begin{aligned} e_{k+1} &= y(x_{k+1}) - \sum_{i=0}^{p-1} a_i y(x_{k-i}) - h\sum_{i=-1}^{p-1} b_i f(x_{k-i}, y(x_{k-i})) \\ &= y(x_k + h) - \sum_{i=0}^{p-1} a_i y(x_k - ih) - h\sum_{i=-1}^{p-1} b_i f(x_k - ih, y(x_k - ih)). \end{aligned}$$

将上式中的各项一律在 x_k 处展开 (或看作 h 的函数, 在 0 处展开), 并按 h 的次数进行升幂排列; 让不为零的幂次系数尽量高, 可得关于待定系数为未知数的一个方程组. 则每一组解即对应一种解法. 其过程与二级 Runge-Kutta 方法导出过程类似, 此处不再赘述.

2. 几个常用的著名方法

两步三阶隐式 Adams 公式:

$$y_{k+2} = y_{k+1} + \frac{h}{12}[5f(x_{k+2}, y_{k+2}) + 8f(x_{k+1}, y_{k+1}) - f(x_k, y_k)], \qquad (9.5.17)$$

$$e_{k+2} = -\frac{1}{24}y^{(4)}(x_k)h^4 + O(h^5). \qquad (9.5.18)$$

三步三阶显式 Adams 公式:

$$y_{k+3} = y_{k+2} + \frac{h}{12}[23f(x_{k+2}, y_{k+2}) - 16f(x_{k+1}, y_{k+1}) + 5f(x_k, y_k)], \qquad (9.5.19)$$

$$e_{k+3} = \frac{3}{8}y^{(4)}(x_k)h^4 + O(h^5). \qquad (9.5.20)$$

显式 Milne(米尔恩) 公式 (四步四阶):

$$y_{k+4} = y_k + \frac{4h}{3}[2f(x_{k+3}, y_{k+3}) - f(x_{k+2}, y_{k+2}) + 2f(x_{k+1}, y_{k+1})], \qquad (9.5.21)$$

$$e_{k+4} = \frac{14}{45}y^{(5)}(x_k)h^5 + O(h^6). \qquad (9.5.22)$$

Hamming(汉明) 三步四阶隐式公式:

$$y_{k+3} = \frac{1}{8}(9y_{k+2} - y_k) + \frac{3h}{8}[f(x_{k+3}, y_{k+3}) + 2f(x_{k+2}, y_{k+2}) - f(x_{k+1}, y_{k+1})], \qquad (9.5.23)$$

$$e_{k+3} = -\frac{1}{40}y^{(5)}(x_k)h^5 + O(h^6). \qquad (9.5.24)$$

3. 使用问题

在实际计算中, 一般不单独使用隐式方法, 而是将其与同阶显式公式相结合形成预报校正格式. 就如同改进 Euler 法和四阶预报校正式的 Adams 法一样, 以便能同时兼顾计算量、精度和稳定性的要求.

常用的另外一种将 Milne 四步四阶显式公式与 Hamming 三步四阶隐式公式构成下面的预报校正法如下:

$$
\begin{cases}
y_{k+4}^{(0)} = y_k + \dfrac{4h}{3}[2f(x_{k+3}, y_{k+3}) - f(x_{k+2}, y_{k+2}) + 2f(x_{k+1}, y_{k+1})], \\
y_{k+4} = \dfrac{1}{8}(9y_{k+3} - y_{k+1}) + \dfrac{3h}{8}[f(x_{k+4}, y_{k+4}^{(0)}) + 2f(x_{k+3}, y_{k+3}) - f(x_{k+2}, y_{k+2})].
\end{cases}
$$
$$(9.5.25)$$

大量数值实验表明, 此公式的数值稳定性在同类公式中几乎是最好的.

另外, 还可与误差修正技术结合到一起形成带误差修正的预报校正格式 PMECME. 其中, P, M, E, C 分别为 predictor, modifier, evaluation, corrector 的词首字母. 有关方法的详细描述可参阅文献 [12, 16, 21, 22]. 常用的两个重要格式罗列如下. 为表示方便, 在下列各式中, 令 $f_i = f(x_i, y_i)$,

$$
\begin{cases}
\text{P}: \quad p_{k+4} = y_{k+3} + \dfrac{h}{24}(55f_{k+3} - 59f_{k+2} + 37f_{k+1} - 9f_k), \\
\text{M}: \quad m_{k+4} = p_{k+4} - \dfrac{251}{270}(p_{k+3} - c_{k+3}), \\
\text{E}: \quad m'_{k+4} = f(x_{k+4}, m_{k+4}), \\
\text{C}: \quad c_{k+4} = y_{k+3} + \dfrac{h}{24}(9m'_{k+4} + 19f_{k+3} - 5f_{k+2} + f_{k+1}), \\
\text{M}: \quad y_{k+4} = c_{k+4} + \dfrac{19}{270}(p_{k+4} - c_{k+4}), \\
\text{E}: \quad f_{k+4} = f(x_{k+4}, y_{k+4}),
\end{cases}
$$
$$(9.5.26)$$

式中初始值 p_3, c_3 可取为 0.

$$
\begin{cases}
\text{P}: \quad p_{k+4} = y_k + \dfrac{4h}{3}(2f_{k+3} - f_{k+2} + 2f_{k+1}), \\
\text{M}: \quad m_{k+4} = p_{k+4} - \dfrac{112}{121}(p_{k+3} - c_{k+3}), \\
\text{E}: \quad m'_{k+4} = f(x_{k+4}, m_{k+4}), \\
\text{C}: \quad c_{k+4} = \dfrac{1}{8}(9y_{k+3} - y_{k+1} + 3h(m'_{k+4} + 2f_{k+3} - f_{k+2})), \\
\text{M}: \quad y_{k+4} = c_{k+4} + \dfrac{9}{121}(p_{k+4} - c_{k+4}), \\
\text{E}: \quad f_{k+4} = f(x_{k+4}, y_{k+4}),
\end{cases}
$$
$$(9.5.27)$$

式中初始值 p_3, c_3 可取为 0.

前面给出的 4 套预报校正类型的公式 (9.5.13), (9.5.25), (9.5.26) 和 (9.5.27) 都是实际计算中常用的方法、它们都具有运算量小、精度高的特点. 但都不能自启动, 初值一般都采用同阶的四阶 Runge-Kutta 法求出前 3 或 4 步的值.

9.5.6　MATLAB 分分钟代码求数值解

关于上述各种算法, 结合前面已有的改进的 Euler 法和 Runge-Kutta 算法的 M-函数, 很容易形成 MATLAB 求解代码, 读者不妨作为练习尝试自行给出, 也可参考文献 [3].

实际上 MATLAB 提供了若干现成的常微分方程初值问题求解器, 以内建 M-函数出现. 它们都有不同的侧重, 既有针对刚性问题的, 也有针对非刚性问题的, 还有综合权衡计算速度和精度的款式. 既有单步法, 也有多步法. 调用这些具有针对性的 M-函数可以轻松求解初值问题. 其中, 最常用的是 ode45 和 ode23. 关于系列 ode 求解器的详细信息, 可查阅 MATLAB 相关帮助文档. 下面给出简单调用示例.

例 9.5.2　求初值问题 $y' = -100(y - x^2) + 2x, y(0) = 1, x \in [0, 1]$ 的数值解.

解
```
function HL95ex1_ode
tspan=0:0.01:1;y0=1;
[x,y]=ode45(@f4,tspan,y0)
[x,y1]=ode23(@f4,tspan,y0)
plot(x,y,'-r',x,y1,'-b');
function z=f4(x,y)
z=-100*(y-x^2)+2*x;
```

运行 HL95ex1_ode 则可以得到两种方法下的数值解 [x,y] 和 [x,y1] 以及它们几乎重合的图形, 如图 9.5.2 所示. 由于数值解点数太多, 此处不宜列出.

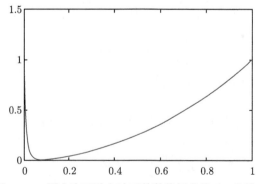

图 9.5.2　图中为两种方法下的数值解曲线 (二者重合)

9.6 一阶微分方程组初值问题数值解

9.6.1 一阶微分方程组初值问题

一阶微分方程组初值问题的一般形式为

$$
\begin{cases}
y_1'(x) = f_1(x, y_1, \cdots, y_m), \\
\qquad \cdots\cdots \\
y_m'(x) = f_1(x, y_1, \cdots, y_m), \\
y_k(x_0) = y_k^0, \quad k = 1, 2, \cdots, m.
\end{cases}
\tag{9.6.1}
$$

为了表示方便, 一般宜用向量形式表示. 令

$$
Y = (y_1, y_2, \cdots, y_m)^{\mathrm{T}},
$$

$$
f_m(x, Y) = f_m(x, y_1, y_2, \cdots, y_m),
$$

$$
F(x, Y) = (f_1(x, Y), f_2(x, Y), \cdots, f_m(x, Y))^{\mathrm{T}},
$$

$$
Y^0 = (y_1^0, y_2^0, \cdots, y_m^0)^{\mathrm{T}},
$$

则 (9.6.1) 式可表示为

$$
\begin{cases}
Y'(x) = F(x, Y), \\
Y(x_0) = Y^0.
\end{cases}
\tag{9.6.2}
$$

9.6.2 一阶微分方程组数值解法

从形式上看 (9.6.2), 与单一微分方程初值问题完全相同, 只不过是向量记号而已. 不仅如此, 将针对单个方程的数值解法的算式改写成向量格式表示, 即成为一阶微分方程组的数值解法. 下面以 Euler 法和 Runge-Kutta 方法为例说明一阶微分方程组相应的迭代格式.

例 9.6.1 设初值问题

$$
\begin{cases}
u' = f(x, u, v), \\
v' = g(x, u, v), \\
u(x_0) = u_0, \\
v(x_0) = v_0,
\end{cases}
\tag{9.6.3}
$$

写出对应的向量形式的 Euler 法和四级四阶 Runge-Kutta 法的迭代格式.

解　此时 $Y = (u, v)^{\mathrm{T}}$, $F(x, Y) = (f(x, u, v), \, g(x, u, v))^{\mathrm{T}}$,

$$Y_{k+1} = \begin{pmatrix} u_{k+1} \\ v_{k+1} \end{pmatrix}, \quad Y_k = \begin{pmatrix} u_k \\ v_k \end{pmatrix}, \quad F(x_k, Y_k) = \begin{pmatrix} f(x_k, u_k, v_k) \\ g(x_k, u_k, v_k) \end{pmatrix},$$

Euler 法的向量形式为

$$\begin{cases} Y_{k+1} = Y_k + hF(x_k, Y_k), \\ Y(x_0) = Y_0, \end{cases} \tag{9.6.4}$$

即

$$\begin{pmatrix} u_{k+1} \\ v_{k+1} \end{pmatrix} = \begin{pmatrix} u_k \\ v_k \end{pmatrix} + h \begin{pmatrix} f(x_k, u_k, v_k) \\ g(x_k, u_k, v_k) \end{pmatrix}, \quad \begin{pmatrix} u_0 \\ v_0 \end{pmatrix} = \begin{pmatrix} u(x_0) \\ v(x_0) \end{pmatrix}.$$

而 Runge-Kutta 四级四阶向量格式如下:

$$\begin{cases} Y_{n+1} = Y_n + \dfrac{1}{6}(K_1 + 2K_2 + 2K_3 + K_4), \\[2mm] K_1 = hF(x_n, Y_n), \\[2mm] K_2 = hF\left(x_n + \dfrac{h}{2}, Y_n + \dfrac{K_1}{2}\right), \\[2mm] K_3 = hF\left(x_n + \dfrac{h}{2}, Y_n + \dfrac{K_2}{2}\right), \\[2mm] K_4 = hf(x_n + h, Y_n + K_3), \end{cases} \tag{9.6.5}$$

其中,

$$Y_{n+1} = \begin{pmatrix} u_{n+1} \\ v_{n+1} \end{pmatrix}, \quad Y_n = \begin{pmatrix} u_n \\ v_n \end{pmatrix}, \quad F(x_n, Y_n) = \begin{pmatrix} f(x_n, u_n, v_n) \\ g(x_n, u_n, v_n) \end{pmatrix},$$

$$K_1 = \begin{pmatrix} k_{11} \\ k_{21} \end{pmatrix} = h \begin{pmatrix} f(x_n, u_n, v_n) \\ g(x_n, u_n, v_n) \end{pmatrix},$$

$$K_2 = \begin{pmatrix} k_{12} \\ k_{22} \end{pmatrix} = h \begin{pmatrix} f\left(x_n + \dfrac{h}{2}, u_n + \dfrac{1}{2}k_{11}, v_n + \dfrac{1}{2}k_{21}\right) \\ g\left(x_n + \dfrac{h}{2}, u_n + \dfrac{1}{2}k_{11}, v_n + \dfrac{1}{2}k_{21}\right) \end{pmatrix},$$

$$K_3 = \begin{pmatrix} k_{13} \\ k_{23} \end{pmatrix} = h \begin{pmatrix} f\left(x_n + \dfrac{h}{2}, u_n + \dfrac{1}{2}k_{12}, v_n + \dfrac{1}{2}k_{22}\right) \\ g\left(x_n + \dfrac{h}{2}, u_n + \dfrac{1}{2}k_{12}, v_n + \dfrac{1}{2}k_{22}\right) \end{pmatrix},$$

$$K_4 = \begin{pmatrix} k_{14} \\ k_{24} \end{pmatrix} = h \begin{pmatrix} f(x_n + h, u_n + k_{13}, v_n + k_{23}) \\ g(x_n + h, u_n + k_{13}, v_n + k_{23}) \end{pmatrix}.$$

9.6.3 高阶微分方程初值问题数值解

高阶微分方程初值问题很多具有如下形式:

$$\begin{cases} y^{(m)} = f(x, y, y', \cdots, y^{(m-1)}), \\ y(x_0) = y_0^{(0)}, y'(x_0) = y_0', \cdots, y_0^{(m-1)}(x_0) = y_0^{(m-1)}. \end{cases} \tag{9.6.6}$$

取变量代换 $,y_1 = y', y_2 = y'', \cdots, y_{m-1} = y^{(m-1)}$, 则上述 m 阶初值问题可化为如下一阶方程组初值问题:

$$\begin{cases} y' = y_1, \\ y_1' = y_2, \\ \cdots\cdots \\ y_{m-2}' = y_{m-1}, \\ y_{m-1}' = f(x, y, y_1, y_2, \cdots, y_{m-1}), \\ y(x_0) = y_0^{(0)}, y_1(x_0) = y_0', \cdots, y_{m-1}(x_0) = y_0^{(m-1)}, \end{cases} \tag{9.6.7}$$

故而可以按一阶微分方程组初值问题求 y 的数值解.

9.6.4 MATLAB 分分钟代码求数值解

1. 高阶微分方程求数值解算例

下面将以实际例子说明高阶微分方程的求解过程, 以供读者参考.

例 9.6.2 编程求解下述二阶初值问题数值解, 并与精确解 $x = 3\mathrm{e}^{-2t}\cos t + \mathrm{e}^{-2t}\sin t$ 进行图形比较.

$$x'' + 4x' + 5x = 0,$$

$$x(0) = 3, \quad x'(0) = -5.$$

解　首先将方程转化为方程组. 令 $y = x'$, 则原方程可改写为

$$\begin{cases} \dfrac{\mathrm{d}x}{\mathrm{d}t} = y, \\ \dfrac{dy}{dt} = -5x - 4y, \end{cases} \qquad \begin{cases} x(0) = 3, \\ y(0) = -5. \end{cases}$$

下面是 MATLAB 代码, 内含微分方程组四阶 R-K 算法 M-函数代码, 读者可以仿照调用.

```
function HL96ex1_DES_RK4
[T,y]=rks4('f3',0,5,[3,-5],7);
% 画数值解x对应于y(:,1), x'对应于y(:,2);
plot(T',y(:,1),'--r','LineWidth', 2);
hold on;
% plot(T',x(:,2),'k');
% 绘精确解曲线.
t=0:0.1:5;
z=3*exp(-2*t).*cos(t)+(exp(-2*t)).*sin(t);
plot(t,z,'b','LineWidth', 2);
legend('数值解','精确解','Location','Northeast');
see=1;

function z=f3(t,x)
% x"+4x'+5x=0,x(0)=3,x'(0)=-5.
A=[0  1;...
   -5 -4];
z=A*x';
z=z'
% 微分方程组RK4阶方法.
function [T,Z]=rks4(F,a,b,Za,M)
% Input -F 函数 'F'.
%       -a,b为求解区间[a,b]左右端点;
%       - Za为初值形如 [x1(1),x2(1)];
%       - M 为求解步数.
```

```
% Output - T 节点列, T=[t1,t2,...];
%          Z=[x1(t)...xn(t)];xk(t)是第k个函数.
h=(b-a)/M;
T=zeros(1,M+1);
Z=zeros(M+1,length(Za));
T=a:h:b;
Z(1,:)=Za;
for j=1:M
    k1=h*feval(F,T(j),Z(j,:));
    k2=h*feval(F,T(j)+h/2,Z(j,:)+k1/2);
    k3=h*feval(F,T(j)+h/2,Z(j,:)+k2/2);
    k4=h*feval(F,T(j)+h,Z(j,:)+k3);
    Z(j+1,:)=Z(j,:)+(k1+2*k2+2*k3+k4)/6;
end
% rks4 end
```

运行上述代码, 会出现图 9.6.1. 特别说明, 步长取 $h = 5/7$, 是为了能够看出数值解与精确解之间的差异, 当步长取 $1/10$ 时, 二者几乎完全重合, 很难看出区别.

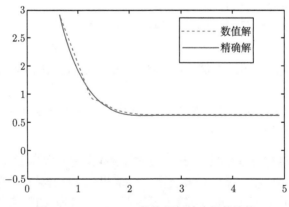

图 9.6.1 $h = 5/7$, 数值解与精确解的比较

对于 $t_k = 3 + 5k/7, k = 0, 1, \cdots, 7$, 查看 $y(:, 1)$ 可得对应的数值解 $x(t_k)$ 结果如下

```
x=3.0000, 0.5197, 0.0556, 0.0000, -0.0016, -0.0005,
   -0.0001, -0.0000.
```

2. 微分方程组求数值解算例

下面仍以实际例子说明微分方程组数值解的求取过程, 以供读者参考.

例 9.6.3 绘出方程组 $x' = x^3 - 2xy^2$, $y' = 2x^2y - y^3$ 在区间 $[0,2]$ 上的数值解 $y(x)$ 的图形, 其中初值条件 $[x(0), y(0)]$ 分别为 $[1, 0.2]$, $[1, 0.3]$, $[1, 0.4]$.

解　本例为一个非线性微分方程组, 下面给出其求解代码, 读者可仿照此代码求解其他方程组.

```
function HL96ex2_DES_RK4
% 初值分别取[1,0.2],[1,0.3],[1,0.4].
[T1,X1]=rks4('f4',0,2,[1,0.2],2/0.025);
[T2,X2]=rks4('f4',0,2,[1,0.3],2/0.025);
[T3,X3]=rks4('f4',0,2,[1,0.4],2/0.025);
% 画数值解y(x). X(:,1)对应于x, X(:,2)对应于y;
plot(X1(:,1),X1(:,2),X2(:,1),X2(:,2),X3(:,1),X3(:,2),...
'-.k','LineWidth', 2)
 axis([0 2.5,0,2.5]);
 xlabel('x');ylabel('y');
hold on;
see=1;
function z=f4(t,x)
z1=x(1,1)^3-2*x(1,1)*x(1,2)^2;
z2=2*x(1,1)^2*x(1,2)-x(1,2)^3;
z=[z1 z2];
```

注意, 上述代码应附加上例中的四阶 Runge-Kutta M-函数代码 rks4 才能正常运行.

运行上述代码后可以得到图 9.6.2, 其中, 三种初值条件对应的解曲线依次收缩.

　　评注　部分初学者对控制系统仿真方法感到困惑, 实际上, 一旦掌握了微分方程组数值解求解技术, 系统仿真就是一件轻松的事! 若被控对象是由微分方程或方程组描述的, 则仿真其被控输出过程就是一系列的初值问题数值解的相继续接过程, 常见的仿真输出曲线, 不外乎就是系列初值问题数值解的相继拼接曲线. 在每个续接点处, 以当前对象状态为初值, 根据控制算法改变控制量求解新的初值问题即可. 所以掌握了一种微分方程数值解法几乎就掌握了一种仿真方法. 有关问题, 可参见文献 [24], 其中有简单完整的控制系统仿真示例供初学者入门学习.

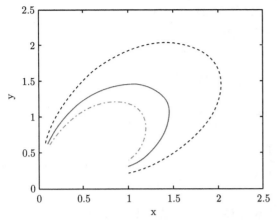

图9.6.2彩色版

图 9.6.2　　方程组的数值解在三种初值条件下的图形

求解初值问题有各种方法, 了解各种方法的构造原理和优缺点, 有助于更好地选择方法. 所以在本章各种方法的介绍中, 都给出了相应的构建思想和优缺点.

总体而言, 所有方法都是以步进式的迭代过程实现的. 单步法不依靠外援, 可以自行启动, 步长改变灵活; 同阶多步法计算量通常低于单步法, 但不能自启动, 需要外援并提供足够多的启动点; 隐式法的绝对稳定性和精度通常高于显式法; 但隐式法通常需要求解非线性方程, 计算量较大, 故一般会与显式法相结合构成预报校正格式, 以求二者所长, 补二者之短.

提醒读者, 数值方法的终极目的是快速有效地解决计算问题, 所以, 各小节的 MATLAB 分分钟代码实现是最实用的技术部分, 有关算法的代码和 M-函数都尽量考虑了通用性, 熟练地使用它们对学习和工作都十分重要.

另外, 本章仅覆盖了基本教学内容, 很多问题未能涉及. 比如刚性方程组或刚性问题, 这类既含有快速变化分量又含有缓慢变化分量的一类微分方程组, 求解过程会有麻烦. 再者, 关于数值解法绝对稳定性比较深入的讨论, 本章也未曾涉及. 对于这些问题, 读者可查阅文献 [4, 20, 21] 进行初步了解. 另外, 对于定解条件由区间端点给出的微分方程的边值问题数值解, 读者可参考 [3, 6, 14, 20, 25]; 对于偏微分方程数值解可参考 [3, 6, 14, 20, 21], 其中, 文献 [3] 中有一些实用算法的 M-函数代码可供参考.

这里还需指出, 对上述多个方面的进一步学习, 会不可避免地涉及矩阵的特征值求取问题. 实际上, 很多问题与矩阵特征值密切关联, 比如, 第 5 章线性方程组迭代解法的收敛性和收敛速度. 另外, 在与人工智能关联的诸多应用课题中, 都离不开特征值和特征向量, 比如主成分分析、数据降维、奇异值分解等等. 那么问题来了:

问题　该如何求取矩阵的特征值和特征向量呢?

答　欲知后事如何, 且看下章分解!

习　题　9

1. 如何通俗理解常微分方程初值问题数值方法的绝对稳定性? 求改进 Euler 法的绝对稳定区间.

2. 用 Euler 方法解初值问题 $\begin{cases} y' - y = 0, \\ y(0) = 1. \end{cases}$

(1) 写出数值解的表达式;

(2) 证明当 $h \to 0$ 时, 数值解的表达式收敛于原初值问题的准确解 $y = \mathrm{e}^x$.

3. 回答下述问题:

(1) 写出求解初值问题 $\begin{cases} y' = f(x, y), \\ y(a) = \eta \end{cases}$ 的 Euler 预报校正公式 (步长为 h). 此方法是几阶方法?

(2) 微分方程的某种数值解法为 p 阶方法, 问此处的阶数与序列收敛速度的阶数有何区别?

4. 对于初值问题 $\begin{cases} y' = \lambda y, \\ y(0) = 1, \end{cases}$ 证明 Euler 法数值解收敛于其精确解.

5. 用 Euler 预报校正公式求解初值问题 $\begin{cases} y' + y - x = 0, \\ y(0) = 0, \end{cases}$ 取步长 $h = 0.1$, 计算 $y(0.1)$ 和 $y(0.2)$ 的近似值, 要求小数点后保留 5 位.

6. 给定常微分方程初值问题 $\begin{cases} y' = -y + x + 1, \\ y(0) = 1, \end{cases}$ $0 \leqslant x \leqslant 0.3$.

(1) 取步长 $h = 0.1$, 利用 Euler 法计算 $y(x)$ 在 $x_1 = 0.1, x_2 = 0.2, x_3 = 0.3$ 处的近似值;

(2) 已知方程的精确解 $y(x) = x + \mathrm{e}^{-x}$, 计算从 $x_2 = 0.2$ 到 $x_3 = 0.3$ 的局部截断误差.

7. 求隐式 Euler 法 (或后退 Euler 法) 的绝对稳定区间.

8. 写出隐式 Euler 法的局部截断误差表达式.

9. 写出梯形法的局部截断误差表达式.

10. 简要介绍四阶预报校正式的 Adams 法的构建思想, "预报" 和 "校正" 在此处的含义作何理解?

11. 对于初值问题 $\begin{cases} y' = x^2 - y^2, \\ y(-1) = 0, \end{cases}$ $x \in [-1, 0]$, 按下述要求编程计算.

(1) 取 $h = 0.1$, 用四阶 Runge-Kutta 法求数值解, 要求精确到小数点后 4 位;

(2) 用 Adams-Bashforth 方法和四阶预报校正式的 Adams 法求解, 要求精确到小数点后 4 位;

(3) 对三种方法作全面比较.

12. 转换成微分方程组, 编程求下述初值问题的数值解:

$$
\begin{cases}
\dfrac{\mathrm{d}y^2}{\mathrm{d}t^2} + 0.75\dfrac{\mathrm{d}y}{\mathrm{d}t} + 0.125y = 10\sin(t), \\
y|_{t=0} = 0, \quad y'|_{t=0} = 0,
\end{cases}
$$

其中, $t \in [0, 100]$.

第 10 章　矩阵特征值计算

本章将介绍求解矩阵特征值的几个基本方法.

关于矩阵特征值概念, 如有必要可查阅定义 2.2.3.

问题　如何计算矩阵 A 的特征值?

答　这无异于求特征多项式

$$f(\lambda) = |A - \lambda I|$$

的零点. 然而, 要展开行列式才能获取特征多项式, 二阶、三阶尚可, 对于高阶情形, 此方法就很不实用了.

在正式介绍各种方法之前, 不妨先观察一个有趣的实验.

先选定一个对称矩阵 A, 再任选非零向量 v, 计算 $A^k v, k = 1, 2, 3, \cdots$, 多选几个不同的向量, 重复上述过程, 会发现一个常人不太容易想到的非常有趣的结果.

比如, 取 $A = \begin{pmatrix} -1 & 1 & 0 \\ 1 & 3 & 0 \\ 0 & 0 & 2 \end{pmatrix}, v = \begin{pmatrix} 1 \\ 1 \\ 1 \end{pmatrix}, \begin{pmatrix} -1 \\ 0 \\ 0.8 \end{pmatrix}, \cdots$, 实验结果如下图

所示. 图中小方块表示单位化后的 $A^k v, k = 1, 2, \cdots$. 上部那些位于折线起始位

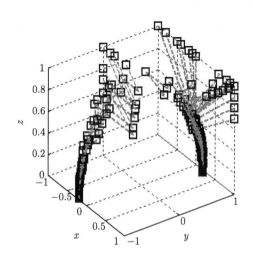

图10.1.1彩色版

图 10.1.1　非亏损矩阵幂乘向量的聚集现象

置的小方块表示不同向量 v 的单位向量 $\dfrac{v}{||v||}$，各条折线是 $A^k v$ 单位化后随 k 变化的轨迹. 每一个 v 对应一条轨迹. 可以发现, 当 k 比较大时, 无论 v 如何不同, $A^k v$ 的轨迹基本上都集中在某条直线上, 如图中下方弯曲汇聚而成的直线所示, 即 $A^k v$ 似乎具有凝聚性. 上述现象, 只有偶尔例外, 但仍然会集中在某几条直线上. 为什么? 这正是特征值幂法原理的启示.

这里之所以说 "弯曲汇聚而成的直线" 是因为 $A^k v$ 单位化, 导致下端有非常多的小方块堆积, 若不单位化, 它们几乎都越来越贴近同一条直线, 但向量 $A^k v$ 的模越来越大, 图形就不好展现了.

10.1 幂法与反幂法

10.1.1 幂迭代法

首先给出几个基本概念.

主特征值 称 n 阶矩阵模最大的特征值为该阵的主特征值, 其对应的特征向量为主特征向量.

非亏损矩阵 若 n 阶矩阵 A 有 n 个线性无关的特征向量, 则称 A 为非亏损的.

比如, 实对称矩阵为非亏损的.

1. 幂迭代法原理

定理 10.1.1 设 $A \in \mathbf{R}^{n\times n}, \lambda_1, \lambda_2, \cdots, \lambda_r$ 为其特征值, 其中 λ_1 为实数且 $|\lambda_1| > |\lambda_2| \geqslant \cdots \geqslant |\lambda_r|, x_1, x_2, \cdots, x_r$ 为它们依次对应的特征向量且线性无关, 若

$$v_0 = a_1 x_1 + a_2 x_2 + \cdots + a_r x_r, \tag{10.1.1}$$

且 $a_1 \neq 0$, 令 $v_k = A^k v_0$, 则

(1) $\lim\limits_{k\to\infty} \dfrac{v_k}{\lambda_1^k}$ 收敛到 λ_1 的特征向量;

(2) 记 $v_k(j)$ 表示向量 v_k 的第 j 个分量, 设 $x_1(j) \neq 0$, 则

$$\lim\limits_{k\to\infty} \dfrac{v_{k+1}(j)}{v_k(j)} = \lambda_1. \tag{10.1.2}$$

此法称为求特征值的**幂迭代法**, 简称**幂法**.

证 因 $v_0 = a_1 x_1 + a_2 x_2 + \cdots + a_r x_r$ 且 $a_1 \neq 0$, 注意到特征值 λ_i 与特征向量 x_i 的对应关系, 故有

$$v_k = A^k v_0$$

$$= a_1 A^k x_1 + a_2 A^k x_2 + \cdots + a_r A^k x_r$$

$$= a_1 \lambda_1^k x_1 + a_2 \lambda_2^k x_2 + \cdots + a_r \lambda_r^k x_r$$

$$= \lambda_1^k \sum_{i=1}^{r} a_i \left(\frac{\lambda_i}{\lambda_1} \right)^k x_i$$

$$= \lambda_1^k \left(a_1 x_1 + \sum_{i=2}^{r} a_i \left(\frac{\lambda_i}{\lambda_1} \right)^k x_i \right). \tag{10.1.3}$$

由假设知 $\left| \dfrac{\lambda_i}{\lambda_1} \right| < 1$, 故 $\lim\limits_{k \to \infty} \left(\dfrac{\lambda_i}{\lambda_1} \right)^k = 0$. 所以,

$$\lim_{k \to \infty} \sum_{i=2}^{r} a_i \left(\frac{\lambda_i}{\lambda_1} \right)^k x_i = 0. \tag{10.1.4}$$

因此 $\lim\limits_{k \to \infty} \dfrac{v_k}{\lambda_1^k} = \lim\limits_{k \to \infty} \dfrac{A^k v_0}{\lambda_1^k} = a_1 x_1$. 因 $a_1 x_1$ 为特征值 λ_1 对应的特征向量, 所以定理第一个结论得证. 而

$$\lim_{k \to \infty} \frac{v_{k+1}(j)}{v_k(j)} = \lim_{k \to \infty} \frac{\lambda_1^{k+1} \left(a_1 x_1(j) + \sum\limits_{i=2}^{r} a_i \left(\dfrac{\lambda_i}{\lambda_1} \right)^{k+1} x_i(j) \right)}{\lambda_1^k \left(a_1 x_1(j) + \sum\limits_{i=2}^{r} a_i \left(\dfrac{\lambda_i}{\lambda_1} \right)^k x_i(j) \right)} = \lambda_1. \qquad \text{证毕.}$$

　　评注　本定理表明, 倘若 v_0 取为某几个不同特征值的特征向量的线性组合, 而该组特征值中具有最大模者又是唯一的且为实数, 则 v_{k+1} 与 v_k 同一分量比值的极限就是那个模最大的特征值, 而向量序列 $\left\{ \dfrac{v_k}{\lambda_1^k} \right\}$ 收敛于其特征向量.

2. 关于幂法应注意的问题

　　(1) 初始向量 v_0 不同, 求出的特征值可能也不同.

　　初始向量 v_0 一般是随便取的, 不知道是哪几个特征值的特征向量的线性组合. 比如, v_0 恰好取到 λ_2 的特征向量, 则求出的特征值只能是 λ_2.

　　(2) 当矩阵非亏损且主特征值唯一时, 大概率求出的是主特征值和主特征向量.

　　尽管幂法求特征值有一种 "撞大运的感觉", 但运气通常不会太差. 因为当矩阵非亏损时, 必有 n 个线性无关的特征向量构成 $\mathbf{R}^n$ 的一组基; 随便取一个初始向

量 v_0, 它一定可表示成这 n 个特征向量的线性组合, 如式 (10.1.1) 所示, 将会有很大概率出现 $a_1 \neq 0$; 即使开始 $a_1 = 0$, 在后续计算过程中难免会有舍入误差出现, 仍会有很大可能让 $a_1 \neq 0$. 故 $A^k v_0$ 中主特征向量的份额会随着 k 的增加越来越大, 故而将会越来越逼近主特征向量. 所以本章开篇趣事的结果几乎是必然的. 故幂法通常求出的是主特征向量和主特征值. 当 k 充分大时, 可认为 $v_k \approx a_1 \lambda_1^k x_1$, 而 v_k 与 v_{k-1} 的分量比可认为是主特征值的近似值.

(3) 主特征值为实数但不唯一时幂法失效.

此时有 $\lambda_1 = -\lambda_2$ 时, 可以通过 $v_{k+2}(j)/v_k(j)$ 得到. 请读者自行回答为什么?

(4) 对于主特征值为复数的情况, 请查阅 [25].

例 10.1.1 用幂法计算 $A = \begin{pmatrix} 2 & -1 \\ -2 & 2 \end{pmatrix}$ 的主特征值 λ_1 和主特征向量 x_1.

A 的特征值 $\lambda_{1,2} = 2 \pm \sqrt{2}$.

解 取 $v_0 = (1,1)^{\mathrm{T}}$, 求解的过程如表 10.1.1 所示.

表 **10.1.1**

v_k	$v_k(1)$	$v_k(2)$	$v_{k+1}(1)/v_k(1)$	$v_{k+1}(2)/v_k(2)$
v_0	1	1		
v_1	1	0		
v_2	2	-2	3	4
v_3	6	-8	3.33333	3.5
v_4	20	-28	3.4	3.42857
v_5	68	-96	3.41176	3.41667
v_6	232	-328	3.41379	3.41463
v_7	792	-1120	3.41414	3.41429
v_8	2704	-3824	3.41420	3.41423
v_9	9232	-13056		

故得 $\lambda_1 = 3.4142, x_1 = (9232, -13056) = -13056(-0.70711, 1)$, 故可取 $(-0.70711, 1)$ 为主特征向量.

问题 10.1.1 当 $|\lambda_1| > 1$ 或 $|\lambda_1| < 1$ 时, 幂法一般会使 v_k 的模 $\to \infty$ 或 0, 造成计算机运算溢出. 如何避免呢?

答 特征向量与其模无关, 过程中采用规范化即可. 下面是具体的改进做法.

10.1.2 幂法的改进

首先引入下述记号: 对于 n 维向量 $z \in \mathbf{R}^n$, 令 $\max(z)$ 表示其首个拥有最大模的分量. 故而

$$\|z\|_\infty = |\max(z)|.$$

比如, $z = (1, -2, -1)$, 则 $\max(z) = -2$, 且

$$\left\| \frac{z}{\max(z)} \right\|_\infty = \max\left(\frac{z}{\max(z)}\right) = 1.$$

定理 10.1.2 设 $A \in \mathbf{R}^{n \times n}$ 为一非亏损矩阵, $\lambda_1, \lambda_2, \cdots, \lambda_n$ 为其特征值, 其中 λ_1 为实数且 $|\lambda_1| > |\lambda_2| \geqslant \cdots \geqslant |\lambda_n|$, 对任意向量 v_0, 只要其在主特征向量方向投影非零, 构造向量序列

$$u_k = Av_{k-1}, \tag{10.1.5}$$

$$m_k = \max(u_k), \tag{10.1.6}$$

$$v_k = \frac{u_k}{m_k}, \quad k = 1, 2, 3, \cdots, \tag{10.1.7}$$

则 $\lim\limits_{k \to \infty} v_k$ 存在且为主特征向量, 而 $\lim\limits_{k \to \infty} m_k = \lambda_1$, 即为主特征值.

证 因 A 为一非亏损矩阵, 故必有 n 个线性无关特征向量 $x_1, x_2, \cdots, x_n$ 构成 $\mathbf{R}^n$ 的一组基. 不妨设 x_1 为主特征向量, 故对任意向量 v_0, 按假设必有 $v_0 = a_1 x_1 + a_2 x_2 + \cdots + a_n x_n$ 且 $a_1 \neq 0$. 因为

$$u_1 = Av_0, \quad v_1 = \frac{Av_0}{m_1}; \quad u_2 = Av_1, \quad v_2 = \frac{u_2}{m_2}; \quad \cdots; \quad u_k = Av_{k-1}, \quad v_k = \frac{u_k}{m_k},$$

故

$$v_k = \frac{u_k}{m_k} = \frac{Av_{k-1}}{m_k} = \frac{1}{m_k} A\left(\frac{u_{k-1}}{m_{k-1}}\right)$$

$$= \frac{1}{m_k m_{k-1}} A^2 v_{k-2} = \cdots = \frac{1}{m_k m_{k-1} \cdots m_2} A^{k-1} v_1$$

$$= \frac{1}{m_k m_{k-1} \cdots m_1} A^k v_0.$$

故而 v_k 与 $A^k v_0$ 为平行向量, 但注意到 v_k 为 ∞-范数下的单位向量且最大分量为 1, 故有

$$v_k = \frac{A^k v_0}{\max(A^k v_0)}. \tag{10.1.8}$$

将 v_0 代入整理, 有

$$v_k = \frac{\lambda_1^k \left(a_1 x_1 + \sum\limits_{i=2}^n a_i \left(\dfrac{\lambda_i}{\lambda_1}\right)^k x_i\right)}{\max\left(\lambda_1^k \left(a_1 x_1 + \sum\limits_{i=2}^n a_i \left(\dfrac{\lambda_i}{\lambda_1}\right)^k x_i\right)\right)}, \tag{10.1.9}$$

与 (10.1.4) 式同理, 知

$$\lim_{k\to\infty} v_k = \frac{x_1}{\max(x_1)}, \tag{10.1.10}$$

该极限就是主特征向量的单位向量.

下面证明

$$\lim_{k\to\infty} m_k = \lambda_1. \tag{10.1.11}$$

利用 (10.1.6), (10.1.8) 知

$$m_k = \max(u_k) = \max(Av_{k-1}) = \max\left(\frac{A^k v_0}{\max(A^{k-1}v_0)}\right) = \frac{\max(A^k v_0)}{\max(A^{k-1}v_0)},$$

将 v_0 代入整理, 续上式有

$$= \frac{\max\left(\lambda_1^k\left(a_1 x_1 + \sum_{i=2}^{n} a_i\left(\frac{\lambda_i}{\lambda_1}\right)^k x_i\right)\right)}{\max\left(\lambda_1^{k-1}\left(a_1 x_1 + \sum_{i=2}^{n} a_i\left(\frac{\lambda_i}{\lambda_1}\right)^{k-1} x_i\right)\right)} = \frac{\lambda_1 \max\left(a_1 x_1 + \sum_{i=2}^{n} a_i\left(\frac{\lambda_i}{\lambda_1}\right)^k x_i\right)}{\max\left(a_1 x_1 + \sum_{i=2}^{n} a_i\left(\frac{\lambda_i}{\lambda_1}\right)^{k-1} x_i\right)}. \tag{10.1.12}$$

取极限知

$$\lim_{k\to\infty} m_k = \frac{\lambda_1 \max(a_1 x_1)}{\max(a_1 x_1)} = \lambda_1. \qquad\qquad 证毕.$$

问题 10.1.2 收敛速度可否加快?

答 由 (10.1.9) 或 (10.1.12) 式可知, 下式

$$a_1 x_1 + \sum_{i=2}^{n} a_i\left(\frac{\lambda_i}{\lambda_1}\right)^k x_i \tag{10.1.13}$$

中的第二大系数: $\left|\dfrac{\lambda_2}{\lambda_1}\right|$ 决定着和式部分收敛于 0 的速度, 其值越小, 收敛速度越快. 当然也与指数 k 有关系, 指数越大收敛速度越快. 故增加主特征值与次特征值的模的大小的差距, 有助于改善收敛速度.

10.1.3 幂法加速法

1. 原点平移法

此法的思想是让特征值平移. $\forall p \in \mathbf{R}$, 考查

$$|\lambda I - A| = |(\lambda - p)I - (A - pI)|,$$

故 λ 为 A 的特征值等价于 $\lambda - p$ 为 $B = A - pI$ 的特征值.

若选择 p 使得 $\left|\dfrac{\lambda_2 - p}{\lambda_1 - p}\right| \leqslant \left|\dfrac{\lambda_2}{\lambda_1}\right|$ 且 $|\lambda_1 - p| > |\lambda_2 - p| \geqslant |\lambda_i - p|, i = 3, \cdots, n$,
则幂法用在 $A - pI$ 上比用在 A 上收敛速度更快! 故可用幂法先求 $A - pI$ 的主特征值 u_1, 进而可得 A 的主特征值 $\lambda = u_1 + p$. 这种方法称为**原点平移法**.

> **评注**　要想给出一个满意的通用平移算法却并非易事, 因为并不知道特征值的分布情况. 弄不好会使主次易位, 即 $|\lambda_i - p|$ 的大小会随着 p 的取值不同而改变. 但平移法揭示了一种调整方法, 每变动一次总会求出某个当下的主特征值, 当发现收敛速度慢时不妨改变 p 值试一试.

2. 应用中的技巧

(1) 因各特征值未知, 故原点平移法仅能试探.

(2) 若已知主特征值, 则可将原点平移至主特征值, 使其他特征值变为主特征值, 故可用于求其他特征值.

(3) 可利用 Gershgorin 定理估计特征值的大概范围, 再进行有目的的平移.

3. Rayleigh 商加速法

定义 10.1.1　设 A 为 n 阶实对称矩阵, $x \in \mathbf{R}^n$ 为任一非零向量, 则称函数

$$R(x) = \frac{\langle Ax, x \rangle}{\langle x, x \rangle} \tag{10.1.14}$$

为 A 关于 x 的 Rayleigh(瑞利) 商.

定理 10.1.3　设 A 为 n 阶实对称矩阵, 其特征值为 $\lambda_1, \lambda_2, \cdots, \lambda_n$, 且 $|\lambda_1| > |\lambda_2| \geqslant \cdots \geqslant |\lambda_n|, u_k, v_k$ 由 (10.1.5)— (10.1.7) 给出, 则当 $k \to \infty$ 时,

$$R(v_k) = \lambda_1 + O\left(\left(\frac{\lambda_2}{\lambda_1}\right)^{2k}\right). \tag{10.1.15}$$

证　设特征值依次对应的规范正交特征向量 (必有 n 个且正交) 分别为 $x_1, x_2, \cdots, x_n$, 则 $\forall v_0 \in \mathbf{R}^n$, 必有 $v_0 = a_1 x_1 + a_2 x_2 + \cdots + a_n x_n$. 若 $a_1 \neq 0$, 则由 (10.1.8) 知

$$v_k = \frac{A^k v_0}{\max(A^k v_0)} = \frac{\sum\limits_{i=1}^{n} a_i \lambda_i^k x_i}{\max(A^k v_0)}, \tag{10.1.16}$$

由正交性知

$$\langle v_k, v_k\rangle = \left\langle \frac{\sum\limits_{i=1}^{n} a_i\lambda_i^k x_i}{\max(A^k v_0)}, \frac{\sum\limits_{i=1}^{n} a_i\lambda_i^k x_i}{\max(A^k v_0)} \right\rangle = \frac{\sum\limits_{i=1}^{n} a_i^2\lambda_i^{2k}}{\left(\max(A^k v_0)\right)^2}, \tag{10.1.17}$$

$$\langle Av_k, v_k\rangle = \left\langle \frac{A^{k+1} v_0}{\max(A^k v_0)}, \frac{A^k v_0}{\max(A^k v_0)} \right\rangle = \left\langle \frac{\sum\limits_{i=1}^{n} a_i\lambda_i^{k+1} x_i}{\max(A^k v_0)}, \frac{\sum\limits_{i=1}^{n} a_i\lambda_i^k x_i}{\max(A^k v_0)} \right\rangle$$

$$= \frac{\sum\limits_{i=1}^{n} a_i^2\lambda_i^{2k+1}}{\left(\max(A^k v_0)\right)^2}, \tag{10.1.18}$$

故

$$R(v_k) = \frac{\langle Av_k, v_k\rangle}{\langle v_k, v_k\rangle} = \frac{\sum\limits_{i=1}^{n} a_i^2\lambda_i^{2k+1}}{\sum\limits_{i=1}^{n} a_i^2\lambda_i^{2k}} = \lambda_1 \left(\frac{1 + \sum\limits_{i=2}^{n} \dfrac{a_i^2}{a_1^2} \left(\dfrac{\lambda_i}{\lambda_1}\right)^{2k+1}}{1 + \sum\limits_{i=2}^{n} \dfrac{a_i^2}{a_1^2} \left(\dfrac{\lambda_i}{\lambda_1}\right)^{2k}} \right)$$

$$= \lambda_1 + O\left(\left(\frac{\lambda_2}{\lambda_1}\right)^{2k} \right).$$

证毕.

评注 与幂法 (10.1.12) 式中的指数相比, 指数由 k 变为 $2k$, 故而收敛速度更快.

10.1.4 反幂法

1. 反幂法技术方案

倒数可使大数变小, 小数变大. 而 A^{-1} 的特征值为 A 的特征值的倒数, 故为求 A 的具有最小模的特征值, 可先求 A^{-1} 的具有最大模的特征值, 再取倒数即可.

按照幂法求 A^{-1} 的特征值, 可如下进行: 给出初始向量 v_0, 按下述算式迭代,

$$u_k = A^{-1} v_{k-1}, \tag{10.1.19}$$

$$m_k = \max(u_k), \tag{10.1.20}$$

$$v_k = \frac{u_k}{m_k}, \quad k = 1, 2, 3, \cdots. \tag{10.1.21}$$

问题 10.1.3 A^{-1} 并不好求! 可否绕过 A^{-1}?

答   为求 $u_k = A^{-1}v_{k-1}$ 可解方程组 $Au_k = v_{k-1}$, 故求逆问题就可规避. 具体实施如下.

2. 反幂法迭代格式

给出初始向量 v_0, 对于 $k = 1, 2, 3, \cdots$ 按下述次序迭代:

(1) 解方程组 $Au_k = v_{k-1}$ 得 u_k;   (10.1.22)

(2) $m_k = \max(u_k)$;   (10.1.23)

(3) $v_k = \dfrac{u_k}{m_k}$.   (10.1.24)

则 m_k 收敛到 A 的具有最小模的特征值的倒数 $1/\lambda_n$; 而 v_k 收敛到 λ_n 对应的 ∞-范数下的单位特征向量. 上述方法称为**反幂法**.

关于反幂法需要注意的事项如下:

(1) 反幂法不能完全保证所求特征值为模最小的特征值, 理由同幂法.

(2) 反幂法求解过程中, 需要多次求解同系数阵的方程组, 用 LU 分解可将过程简化.

(3) 反幂法与平移法相结合更灵活.

> **评注**   原点平移法可使主次易位, 倒数可使模最小变最大. 因为可作如下安排. 为求 A 的某个特征值 λ, 等同于求 $B = A - pI$ 的特征值 $\lambda - p$, 又等同于求 B^{-1} 的特征值 $\dfrac{1}{(\lambda - p)}$. 当知道特征值 λ 的大致位置时, 可取 $p \approx \lambda$, 则 $\dfrac{1}{(\lambda - p)}$ 为 B^{-1} 之主特征值. 故按反幂法求取 B 的特征值即可得到 $\lambda - p$.

3. MATLAB 分分钟代码实现

实际应用中应以方便快捷解决计算问题为宗旨, MATLAB 提供了内建 M-函数 eigs, 非常方便. 另外前面几种方法用 MATLAB 也都很容易实现. 下面以 Rayleigh 商加速法给出简单示例.

例 10.1.2   用 Rayleigh 商加速法求 $A = \begin{pmatrix} 0 & -1 & 1 \\ -1 & 0 & -1 \\ 1 & -1 & 0 \end{pmatrix}$ 的一个特征值.

解 1   MATLAB 代码如下:

```
function HL10ex2_ray
A=[0 -1 1;-1 0 -1;1 -1 0];
v0=[1,1,1]';e=1e-4;v_tem=v0;x_old=inf;
 for k=1:10
```

```
        v_tem=A*v_tem;
        v_tem=v_tem/norm(v_tem,inf);
        x_new=((v_tem'*A)*v_tem)/(v_tem'*v_tem);
        if abs(x_old-x_new)<e
            break;
        end
        x_old=x_new;
    end
Lamda=x_new
```

运行完毕可见 A 的一个特征值为

```
Lamda=2.0000.
```

解 2　用 MATLAB 内建函数 eigs( ) 求解, 如下两行即可搞定.

```
A=[0 -1 1;-1 0 -1;1 -1 0];
[V,D]=eigs(A)
```

运行上面两条指令后, 输出变量 V 的列向量即为 A 的全部特征向量, 而 D 的主对角元素即为 A 的全部特征值, 二者按列对应如下:

```
V =
    0.5774    -0.7152    -0.3938
   -0.5774    -0.0166    -0.8163
    0.5774     0.6987    -0.4225
D =
    2.0000         0         0
         0   -1.0000         0
         0         0   -1.0000
```

10.2　求特征值的 Jacobi 方法

10.2.1　正交变换对角化与保长性

1. 正交变换回顾

由线性代数理论知, 实对称阵正交相似对角阵, 即任何实对称阵 A, 存在正交变换阵 Q 使得

$$Q^{\mathrm{T}}AQ = Q^{-1}AQ = \Lambda,$$

$$AQ = Q\Lambda.$$

其中 $\Lambda = \begin{pmatrix} \lambda_1 & & & \\ & \lambda_2 & & \\ & & \ddots & \\ & & & \lambda_n \end{pmatrix}$ 为对角阵. 将 Q 按列分块为 $Q = (u_1, u_2, \cdots, u_n)$,

则

$$AQ = (Au_1, Au_2, \cdots, Au_n).$$

而

$$Q\Lambda = (u_1, u_2, \cdots, u_n) \begin{pmatrix} \lambda_1 & & & \\ & \lambda_2 & & \\ & & \ddots & \\ & & & \lambda_n \end{pmatrix}$$

$$= (\lambda_1 u_1, \lambda_2 u_2, \cdots, \lambda_n u_n),$$

所以,

$$(Au_1, Au_2, \cdots, Au_n) = (\lambda_1 u_1, \lambda_2 u_2, \cdots, \lambda_n u_n).$$

故 Q 的列向量为特征向量, 对角阵 Λ 的对角元素为特征值. 若能通过系列相似变换将 A 对角化, 则其所有特征值即可全部得到.

另外, 正交变换具有保长性, 即 $\forall x \in \mathbf{R}^n$, 若 P 为一个正交矩阵, 则 $\|Px\|_2 = \|x\|_2$. 在正交变换下, 空间体几何形状不会发生变化. 这个性质对于矩阵的 Frobenius (弗罗贝尼乌斯) 范数, 也同样成立.

2. 正交相似变换保 F 范数

定理 10.2.1　设 $A \in \mathbf{R}^{n \times n}, P^{\mathrm{T}} = P^{-1}, C = PAP^{\mathrm{T}}$, 则

$$\|C\|_{\mathrm{F}}^2 = \|A\|_{\mathrm{F}}^2, \tag{10.2.1}$$

其中, $\|A\|_{\mathrm{F}}$ 为矩阵的 Frobenius 范数 (所有元素平方和的根值, 参见例 2.5.1).

证　因 $C^{\mathrm{T}}C = P(A^{\mathrm{T}}A)P^{\mathrm{T}}$, 故 $C^{\mathrm{T}}C$ 与 $A^{\mathrm{T}}A$ 相似. 因相似阵具有相同的特征值, 故 $C^{\mathrm{T}}C$ 与 $A^{\mathrm{T}}A$ 有相同特征值. 所以 $\|A\|_{\mathrm{F}}^2 = \mathrm{tr}(A^{\mathrm{T}}A) = \mathrm{tr}(C^{\mathrm{T}}C) = \|C\|_{\mathrm{F}}^2$.

评注　本定理说明正交相似变换不改变矩阵所有元素的平方和, 即矩阵的 F 范数在正交相似变换下保持不变. 若将元素平方和看作质量, 则正交变换前后矩阵的质量守恒.

问题 10.2.1　能否采用旋转变换将 A 的非对角元素化为零, 从而逼近特征值构成的对角矩阵?

答 对称矩阵的非对角元素对应于二次型的交叉项, 二次曲线消去交叉项用的就是坐标旋转, 它对应于一个正交变换, 所以本思路值得尝试!

10.2.2 矩阵对角化的旋转变换

1. 平面旋转变换

下面先尝试用旋转变换将最简单的二阶对称矩阵对角化, 然后再谋求一般 n 阶对称阵的对角化.

设 $A = \begin{pmatrix} a_{11} & a_{12} \\ a_{12} & a_{22} \end{pmatrix}$, 将其看作二元二次型 $x^{\mathrm{T}} A x$ 的矩阵. 现欲求正交矩阵 P(其对应的线性变换的几何意义为一个平面旋转变换), 使得 PAP^{T} 为一个对角阵.

平面旋转变换的一般形式为

$$\begin{cases} x_1 = y_1 \cos\theta + y_2 \sin\theta, \\ x_2 = -y_1 \sin\theta + y_2 \cos\theta, \end{cases} \tag{10.2.2}$$

即

$$\begin{pmatrix} x_1 \\ x_2 \end{pmatrix} = \begin{pmatrix} \cos\theta & \sin\theta \\ -\sin\theta & \cos\theta \end{pmatrix} \begin{pmatrix} y_1 \\ y_2 \end{pmatrix}.$$

故设旋转变换矩阵 $P = \begin{pmatrix} \cos\theta & \sin\theta \\ -\sin\theta & \cos\theta \end{pmatrix}$, 其中 θ 待定. 为了使 PAP^{T} 为对角阵, 考查

$$PAP^{\mathrm{T}} = \begin{pmatrix} \cos\theta & \sin\theta \\ -\sin\theta & \cos\theta \end{pmatrix} \begin{pmatrix} a_{11} & a_{12} \\ a_{12} & a_{22} \end{pmatrix} \begin{pmatrix} \cos\theta & -\sin\theta \\ \sin\theta & \cos\theta \end{pmatrix}$$

$$= \begin{pmatrix} a_{11}\cos\theta + a_{12}\sin\theta & a_{12}\cos\theta + a_{22}\sin\theta \\ -a_{11}\sin\theta + a_{12}\cos\theta & -a_{12}\sin\theta + a_{22}\cos\theta \end{pmatrix} \begin{pmatrix} \cos\theta & -\sin\theta \\ \sin\theta & \cos\theta \end{pmatrix}$$

$$= \begin{pmatrix} a_{11}\cos^2\theta + a_{22}\sin^2\theta + a_{12}\sin 2\theta & \frac{1}{2}(a_{22}-a_{11})\sin 2\theta + a_{12}\cos 2\theta \\ \frac{1}{2}(a_{22}-a_{11})\sin 2\theta + a_{12}\cos 2\theta & a_{11}\sin^2\theta + a_{22}\cos^2\theta - a_{12}\sin 2\theta \end{pmatrix}, \tag{10.2.3}$$

注意此阵仍为对称矩阵, 故两个非对角元素相等. 为了化成对角阵, 令非对角元素

$$\frac{1}{2}(a_{22} - a_{11})\sin 2\theta + a_{12}\cos 2\theta = 0. \tag{10.2.4}$$

若 $a_{22} = a_{11}$, 则取 $\theta = \pi/4$, 故 P 可将 A 对角化;

若 $a_{22} \neq a_{11}$, 则有 $\tan 2\theta = \dfrac{2a_{12}}{a_{11} - a_{22}}$, 故只要选取

$$\theta = \frac{1}{2} \arctan \frac{2a_{12}}{a_{11} - a_{22}}, \tag{10.2.5}$$

则 P 可将 A 对角化.

　　总之, 对于二阶对称矩阵, 可以选定合适的旋转角度, 将其对角化.

　　2. n 阶对称矩阵非对角元素的旋转消除法

　　考查一般情况, 令

$$\begin{cases} x_i = y_i \cos\theta + y_j \sin\theta, \\ x_j = -y_i \sin\theta + y_j \cos\theta, \\ x_k = y_k, \quad k \neq i, j, \end{cases} \tag{10.2.6}$$

称之为**平面旋转变换** (也称为 **Givens** (吉文斯) **变换**), 将此变换的矩阵记为 $P(i,j)$, 即

$$P(i,j) = \begin{pmatrix} 1 & & & & & & & & & 0 \\ & \ddots & & & & & & & \reflectbox{$\ddots$} & \\ & & 1 & & & & & 0 & & \\ & & & \cos\theta & & & \sin\theta & & & \\ & & & & 1 & & & & & \\ & & & & & \ddots & & & & \\ & & & & & & 1 & & & \\ & & & -\sin\theta & & & \cos\theta & & & \\ & & 0 & & & & & 1 & & \\ & \reflectbox{$\ddots$} & & & & & & & \ddots & \\ 0 & & & & & & & & & 1 \end{pmatrix} \begin{matrix} \\ \\ \\ \rightarrow \text{第 } i \text{ 行} \\ \\ \\ \\ \rightarrow \text{第 } j \text{ 行} \\ \\ \\ \end{matrix}, \tag{10.2.7}$$

称之为**平面旋转矩阵** (也称为 **Givens 矩阵**). 显然, $P(i,j)$ 均是正交矩阵.

> **评注**　与初等方阵类似, $P(i,j)$ 左乘矩阵 A 仅对 A 的第 i,j 两行有影响, $P(i,j)$ 右乘矩阵 A 仅对 A 的第 i,j 两列有影响, 其他元素则保持不变.

类似上面 (10.2.4) 和 (10.2.5) 式的讨论有下述结论.

定理 10.2.2 设 $A^{\mathrm{T}} = A = (a_{ij})_{n \times n} \in \mathbf{R}^{n \times n}$, 而 $P(i,j)$ 为

$$\theta = \begin{cases} \dfrac{1}{2} \arctan \dfrac{2a_{ij}}{a_{ii} - a_{jj}}, & a_{ii} - a_{jj} \neq 0, \\ \pm \dfrac{\pi}{4}, & a_{ii} - a_{jj} = 0 \end{cases} \tag{10.2.8}$$

时的平面旋转矩阵, 令 $C = (c_{ij})_{n \times n} = P(i,j)AP(i,j)^{\mathrm{T}}$, 则

$$c_{ij} = c_{ji} = 0, \tag{10.2.9}$$

C 的各个元素由下列各式给出:

$$c_{ii} = a_{ii} \cos^2 \theta + a_{jj} \sin^2 \theta + 2a_{ij} \sin \theta \cos \theta,$$

$$c_{jj} = a_{ii} \sin^2 \theta + a_{jj} \cos^2 \theta - 2a_{ij} \sin \theta \cos \theta,$$

$$c_{ij} = c_{ji} = (a_{jj} - a_{ii}) \sin \theta \cos \theta + a_{ij}(\cos^2 \theta - \sin^2 \theta),$$

$$c_{ik} = c_{ki} = a_{ik} \cos \theta + a_{jk} \sin \theta, \quad k \neq i, j,$$

$$c_{jk} = c_{kj} = a_{jk} \cos \theta - a_{ik} \sin \theta, \quad k \neq i, j,$$

$$c_{lk} = a_{lk} = a_{kl} = c_{kl}, \quad l, k \neq i, j.$$

评注 此定理说明, 用 $P(i,j)$ 对 A 作相似变换后, 可让 a_{ij} 和 a_{ji} 两个元素消失, 而下标与 i,j 无关的行和列元素保持不变. 但不能保证所有非对角元消失. 这就像玩魔方, 一个面摆好了, 可其他的面又乱了! 这确实让人郁闷! 但好在毕竟有了一种办法, 可以让任意一对对称位置的元素消失. 若挑模大的元素依次处理, 是否非对角元素会越来越小呢? 故有下述问题.

问题 10.2.2 转来转去的, 如何知道旋转过程可使非对角元素趋近于 0?

3. 旋转变换的主对角聚集性

定理 10.2.3 (旋转变换的主对角聚集性) 设 $A^{\mathrm{T}} = A = (a_{ij})_{n \times n} \in \mathbf{R}^{n \times n}$, $P(i,j)$ 为一平面旋转矩阵, $C = (c_{ij})_{n \times n} = P(i,j)AP(i,j)^{\mathrm{T}}$, 则

$$\sum_{i=1}^{n} c_{ii}^2 = \sum_{i=1}^{n} a_{ii}^2 + 2a_{ij}^2. \tag{10.2.10}$$

其证不难, 略之.

评注 (10.2.10) 表明, 每作一次旋转变换, 可使变换后的主对角元素的平方和较之原矩阵增加了 $2a_{ij}^2$. 若将元素平方和看作质量, 因为质量守恒, 也可以说变换后的非对角元素平方和较之原矩阵减少了 $2a_{ij}^2$. 故每次旋转, 可使矩阵主对角部分质量增加, 非主对角部分质量减少. 故而旋转变换有主对角质量聚集效应. 通过不断旋转有望将非对角元素的平方和降至 0, 从而非对角元素趋向于 0. 但需注意, 0 元素在旋转变换后不一定仍保持为 0 元素, 故旋转对角化过程为一个渐近过程.

问题 10.2.3 如何加快对角凝聚的速度? (下有策略分析.)

10.2.3 Jacobi 方法

1. 主元旋转策略

根据旋转主对角聚集性, 用非对角元素绝对值最大者构造旋转变换, 可使非对角部分向对角部分的 "质量" 转移最快, 故而是一种好的做法.

显然, 旋转过程产生的序列是收敛的. 理论分析其收敛性如下:

设 $A_m = (a_{pq}^{(m)})_{n \times n}$ 为 A 经 m 次旋转变换后的矩阵, 则

$$A_0 = A = (a_{pq}^{(0)})_{n \times n};$$

令 $a(i_1, j_1) = \max_{p \neq q} |a_{pq}^{(0)}|$, 则

$$A_1 = P(i_1, j_1) A_0 P(i_1, j_1)^{\mathrm{T}};$$

令 $a(i_2, j_2) = \max_{p \neq q} |a_{pq}^{(1)}|$, 则

$$A_2 = P(i_2, j_2) A_1 P(i_2, j_2)^{\mathrm{T}};$$

令 $a(i_3, j_3) = \max_{p \neq q} |a_{pq}^{(2)}|$, 则

$$A_3 = P(i_3, j_3) A_2 P(i_3, j_3)^{\mathrm{T}};$$

令 $a(i_4, j_4) = \max_{p \neq q} |a_{pq}^{(3)}|, \cdots$, 则

$$A_m = P(i_m, j_m) A_{m-1} P(i_m, j_m)^{\mathrm{T}}; \tag{10.2.11}$$

令 $a(i_{m+1}, j_{m+1}) = \max_{p \neq q} |a_{pq}^{(m)}|$, 则

$$A_{m+1} = P(i_{m+1}, j_{m+1}) A_m P(i_{m+1}, j_{m+1})^{\mathrm{T}}.$$

令 A_m 的非对角元素的平方和为

$$S_m = \sum_{p \neq q} \left(a_{pq}^{(m)}\right)^2. \tag{10.2.12}$$

下证 $\lim\limits_{m \to \infty} S_m = 0$. 注意到 S_m 共有 $n^2 - n$ 项, 设 $|a(i_m, j_m)|$ 为 A_m 非对角元素中绝对值最大者, 故

$$S_m \leqslant n(n-1)[a(i_m, j_m)]^2, \tag{10.2.13}$$

故

$$[a(i_m, j_m)]^2 \geqslant \frac{S_m}{n(n-1)},$$

因此依旋转主对角聚集性知

$$S_{m+1} = S_m - 2[a(i_m, j_m)]^2 \leqslant S_m - \left(2\frac{S_m}{n(n-1)}\right) = S_m\left[1 - \frac{2}{n(n-1)}\right].$$

由此递推得知, 当 $n > 2$ 时,

$$\begin{aligned}
S_{m+1} &\leqslant S_m\left[1 - \frac{2}{n(n-1)}\right] \\
&\leqslant S_{m-1}\left[1 - \frac{2}{n(n-1)}\right]^2 \\
&\leqslant \cdots \\
&\leqslant S_1\left[1 - \frac{2}{n(n-1)}\right]^m.
\end{aligned}$$

故当 $n > 2$ 时, 有不等式

$$0 \leqslant S_m \leqslant S_1\left[1 - \frac{2}{n(n-1)}\right]^{m-1}. \tag{10.2.14}$$

由极限夹逼定理知 $\lim\limits_{m \to \infty} S_m = 0$.

上述过程论证了下述结论.

定理 10.2.4 设 $A^{\mathrm{T}} = A \in \mathbf{R}^{n \times n}$, A_m 由 (10.2.11) 给出, 则 $\lim\limits_{m \to \infty} A_m = \Lambda$, Λ 为一对角阵.

2. Jacobi 方法的具体实现

按照定理 10.2.4, 当 m 充分大时, $A_m \approx \Lambda$, 且所用的变换阵之积

$$R_m = P(i_m, j_m) \cdots P(i_2, j_2) P(i_1, j_1) \tag{10.2.15}$$

仍为正交阵, 故 $A_m = R_m A R_m^{\mathrm{T}} \approx \Lambda$ 为一个近似对角阵, 所以 $A R_m^{\mathrm{T}} \approx R_m^{\mathrm{T}} \Lambda$. 故 R_m 的行向量可作为近似特征量, 而 A_m 的对角元素可作为近似特征值. 上述方法称为**求特征值的 Jacobi 方法**.

确定误差限 $\varepsilon > 0$, 利用式 (10.2.12), 则计算的停止条件可以取为

$$S_m = \sum_{p \neq q} \left(a_{pq}^{(m)} \right)^2 < \varepsilon. \tag{10.2.16}$$

实际计算时, 旋转变换矩阵 $P(i, j)$ 真正需要的是 $\sin \theta$ 和 $\cos \theta$ 的数值而非角度 θ 的值. 故只要得到 $\sin \theta$ 和 $\cos \theta$ 的数值即可. 通常要求 $|\theta| \leqslant \dfrac{\pi}{4}$. 对于第 $k+1$ 步旋转时, 按照确定 θ 的 (10.2.8) 式, 知若 $a_{pp}^{(k)} = a_{qq}^{(k)}$, 则取

$$\theta = \begin{cases} -\dfrac{\pi}{4}, & a_{pq}^{(k)} < 0, \\ \dfrac{\pi}{4}, & a_{pq}^{(k)} > 0. \end{cases} \tag{10.2.17}$$

故

$$\cos \theta = \frac{\sqrt{2}}{2}, \quad \sin \theta = \frac{\sqrt{2}}{2} \operatorname{sign}(a_{pq}^{(k)}); \tag{10.2.18}$$

若 $a_{pp}^{(k)} \neq a_{qq}^{(k)}$, 则 $\tan 2\theta = \dfrac{2 a_{pq}^{(k)}}{a_{pp}^{(k)} - a_{qq}^{(k)}}$, 为方便计算, 令 $\tan 2\theta = 1/d$, 即

$$d = \frac{a_{pp}^{(k)} - a_{qq}^{(k)}}{2 a_{pq}^{(k)}}, \tag{10.2.19}$$

利用三角恒等式 $\tan 2\theta = \dfrac{2 \tan \theta}{(1 - \tan^2 \theta)}$, 则有

$$\tan^2 \theta + 2d \tan \theta - 1 = 0,$$

故

$$\tan \theta = -d \pm \sqrt{d^2 + 1}.$$

为使 $|\theta| \leqslant \dfrac{\pi}{4}$, 当 $d > 0$ 时, 应取 $\tan\theta = -d + \sqrt{d^2+1}$; 当 $d < 0$ 时, 应取 $\tan\theta = -d - \sqrt{d^2+1}$.

为避免相近的数相减, 两种情况可以统一取为

$$t = \tan\theta = \frac{\mathrm{sign}(d)}{|d| + \sqrt{d^2+1}}, \tag{10.2.20}$$

最终可得

$$\cos\theta = \frac{1}{\sqrt{1+t^2}}, \quad \sin\theta = t\cos\theta. \tag{10.2.21}$$

对于最终的正交变换矩阵 R_m 无需将所有 $P(i_k, j_k)$ 全部保留再求积, 而只需每次旋转变换时, 按下式对单位矩阵 I 累积变换即可.

$$R_m = P(i_m, j_m) \cdots P(i_2, j_2) P(i_1, j_1) I. \tag{10.2.22}$$

3. Jacobi 过关法

评注 Jacobi 方法需要很多次旋转变换, 每次都需要在非对角元素中寻找主元, 谨小慎微的, 很费时, 这对于急性子的人来说很难受! 所以每次发现一个差不多的主元就想开工. 这种思想下就有了如下的所谓 **Jacobi 过关法**.

(1) 设定误差限 ε;

(2) 计算非对角元素的平方和 $S_0 = \sum\limits_{p \neq q} \left(a_{pq}^{(0)}\right)^2$.

(3) 设置一个满意阈值, 比如 $v_1 = \dfrac{S_0}{n}$.

(4) 对 A 中所有非对角元素逐个依次扫描, 若发现一个 $|a_{ij}| > v_1$, 就针对 a_{ij} 作一次旋转变换. 之后对新矩阵仍如法处理, 直到所有非对角元素 $|a_{ij}| < v_1$ 为止, 即全部 "过关" 为止.

(5) 若 $v_1 < \varepsilon$, 则终止计算. 最后的矩阵主对角元素即为全部的近似特征值. 否则进行下一步.

(6) 缩小阈值, 比如用 $\dfrac{v_1}{n}$ 代替 v_1, 重复 (4)—(5) 步.

10.2.4 MATLAB 分分钟代码实现

上述过程可以用 MATLAB 轻松实现如下 (参照文献 [12]).

```
function [D,R]=Jacobieig(A,ep)
% 求对称矩阵特征值的Jacobi方法.
% 输入: A为对称矩阵, ep为误差限, 默认10^{-5},
```

```
% 输出: D 为特征值矩阵, R 为特征向量阵.
if nargin<2 ep=1e-5;end
n=length(A);R=eye(n);
while 1
    Amax=0;% 扫描非对角主元.
    for i=1:n-1
        for k=i+1:n
            if abs(A(i,k))>Amax
               Amax=abs(A(i,k));
               p=i;q=k;
            end
        end
    end
 if Amax<ep break;end
% 计算旋转的正余弦值.
d=(A(p,p)-A(q,q))/(2*A(p,q));
if abs(d)<1e-10
    t=1;% 此时转角 Theta 为 pi/4.
else
    t=sign(d)/(abs(d)+sqrt(d^2+1));
end
c=1/sqrt(t^2+1);s=c*t;%c=cos(Theta),s=sin(Theta)
% 进行旋转变换.
for k=1:n
    if k==p
        App=A(p,p)*c^2+A(q,q)*s^2+2*A(p,q)*s*c;
        Aqq=A(p,p)*s^2+A(q,q)*c^2-2*A(p,q)*s*c;
        A(p,q)=(A(q,q)-A(p,p))*s*c+A(p,q)*(c^2-s^2);
        A(q,p)=A(p,q);A(p,p)=App;A(q,q)=Aqq;
    elseif (k~=q)
        Apk=A(p,k)*c+A(q,k)*s;
        Aqk=-A(p,k)*s+A(q,k)*c;
        A(p,k)= Apk;A(k,p)=Apk;
        A(q,k)=Aqk;A(k,q)=Aqk;
     end
        Rkp=R(k,p)*c+R(k,q)*s;
        Rkq=-R(k,p)*s+R(k,q)*c;
        R(k,p)=Rkp;R(k,q)=Rkq;
end
end
```

```
D=diag(diag(A));
```

例 10.2.1 求 $A = \begin{pmatrix} 2 & -1 & 0 \\ -1 & 2 & -1 \\ 0 & -1 & 2 \end{pmatrix}$ 的特征值和特征向量.

解 1
```
function Hl10ex3_Jacobi
A=[2 -1 0;-1 2 -1;0 -1 2];
ep=1e-4;
[D,R]=Jacobieig(A,ep)
see=1;
```

运行完毕后可见特征值 (主对角元素) 矩阵为

```
D =
    0.5858         0         0
         0    3.4142         0
         0         0    2.0000
```

依次按列对应的特征向量阵为

```
R =
    0.5000   -0.5000   -0.7071
    0.7071    0.7071    0.0000
    0.5000   -0.5000    0.7071
```

解 2
```
A=[2 -1 0;-1 2 -1;0 -1 2];
[V,D] = eigs(A)
```

在 MATLAB 命令窗口输入并执行上面两行语句, 运行可得特征向量和特征值 (主对角元素) 矩阵 (按列对应):

```
V =
   -0.5000   -0.7071    0.5000
    0.7071    0.0000    0.7071
   -0.5000    0.7071    0.5000
D =
    3.4142         0         0
         0    2.0000         0
         0         0    0.5858
```

评注 关于矩阵特征值还有其他求解方法, 其中一种有效的方法是 QR 分解法, 在此不再介绍, 详见文献 [12,18].

习　题　10

1. 设 $A^{\mathrm{T}} = A \in \mathbf{R}^{n \times n}$, 其特征值分别为 $\lambda_1, \lambda_2, \cdots, \lambda_n$, 且 $|\lambda_1| > |\lambda_2| \geqslant \cdots \geqslant |\lambda_n|$, 它们对应的特征向量分别为 $x_1, x_2, \cdots, x_n$. 令

$$B = A - \lambda_1 \frac{x_1 x_1^{\mathrm{T}}}{x_1^{\mathrm{T}} x_1}.$$

证明: 矩阵 B 的特征值为 (以模由大到小排序) 为 $\beta_k = \lambda_{k+1}, k = 1, \cdots, n-1, \beta_1 = 0$; 对应的特征向量依次为 $x_2, \cdots, x_n, x_1$. 简单地说, 就是 A 的第二大特征值成为 B 的主特征值, 故而借此可以依次用幂法求取各个特征值.

2. 已知 $A = \begin{bmatrix} 9.1 & 3.0 & 2.6 & 4.0 \\ 4.2 & 5.3 & 4.7 & 1.6 \\ 3.2 & 1.7 & y & x \\ 6.1 & 4.9 & 7.5 & 6.2 \end{bmatrix}$, 按下述要求编程观察 x, y 的变化对矩阵特征值的影响.

(1) 取 $y = 9.4$, 分别对 $x = 0.9, 1.0, 1.1$ 求出 A 的模最大和最小的特征值.

(2) 取 $x = 1.0$, 分别对 $y = 8.46, 9.40, 10.34$ 求出 A 的模最大和最小的特征值.

3. 已知 $A = \begin{bmatrix} 5 & -1 & 3 & 2 & 3 & 5 \\ -1 & 4 & 1 & 1 & 8 & 6 \\ 3 & 1 & 7 & 2 & 1 & 3 \\ 2 & 1 & 2 & 6 & 4 & 2 \\ 3 & 8 & 1 & 4 & 2 & 1 \\ 5 & 6 & 3 & 2 & 1 & 5 \end{bmatrix}$, 按下述方案观察计算.

(1) 先用幂法求 A 的主特征值 λ_1 及对应的特征向量 x_1, 再用幂法求 $B = A - \lambda_1 \frac{x_1 x_1^{\mathrm{T}}}{x_1^{\mathrm{T}} x_1}$ (第 1 题中的方法) 的主特征值 (A 之按模第二大特征值).

(2) 用 Jacobi 方法;

(3) 用带原点平移的反幂法.

参 考 文 献

[1] Kreyszig E. Introductory Functional Analysis with Applications. New York: John Wiley and Sons, 1978.

[2] Mathews J H, Fink K D. 数值方法 (MATLAB 版)(英文版). 4 版. 北京: 电子工业出版社, 2005.

[3] 夏省祥, 于正文. 常用数值方法及其 MATLAB 实现. 北京: 清华大学出版社, 2014.

[4] 关治, 陆金甫. 数值分析基础. 2 版. 北京: 高等教育出版社, 2010.

[5] Hestenes M R, Stiefel E L. Methods of conjugate gradients for scaling linear systems. J. Res. National Bureau Standards, 1952, 49(6): 409-436.

[6] 金一庆, 陈越, 王冬梅. 数值方法. 2 版. 北京: 机械工业出版社, 2006.

[7] Runge C. Uber empirische Funktionen und die interpolation zwischen äquidistanten Ordinaten. Zeitschrift fur Mathematik und Physik, 1901, 46: 224-243.

[8] 蒋尔雄, 赵风光, 苏仰锋. 数值逼近. 上海: 复旦大学出版社, 2008.

[9] 王仁宏, 李崇君, 朱春钢. 计算几何教程. 北京: 科学出版社, 2008.

[10] 白峰衫. 数值分析引论. 2 版. 北京: 高等教育出版社, 2010.

[11] Fritsch F N, Carlson R E. Monotone piecewise cubic interpolation. SIAM Journal on Numerical Analysis, 1980, 17 (2): 238-246.

[12] 吕同富, 康兆敏, 方秀男. 数值计算方法. 2 版. 北京: 清华大学出版社, 2008.

[13] Kincaid D, Cheney W. Numerical Analysis: Mathematics of Scientific Computing. 3rd ed. Pacific Grove: Brooks/Cole Publishing Co.,2001.

[14] 郑咸义, 姚仰新, 雷秀仁, 等. 应用数值分析. 广州: 华南理工大学出版社, 2008.

[15] 宋叶志, 等. MATLAB 数值分析与应用. 2 版. 北京: 机械工业出版社, 2014.

[16] 李庆阳, 王能超, 易大义. 数值分析. 5 版. 北京: 清华大学出版社, 2008.

[17] 徐跃良. 数值分析. 成都: 西南交大出版社, 2005.

[18] 封建湖, 车刚明, 聂玉峰. 数值分析原理. 北京: 科学出版社, 2001.

[19] 刘寅立, 等. MATLAB 数值计算案例分析. 北京: 北京航空航天大学出版社, 2011.

[20] Timothy Sauer. 数值分析. 原书第 2 版. 裴玉茹, 马赓宇, 译. 北京: 机械工业出版社, 2014.

[21] 颜庆津. 数值分析. 3 版. 北京: 北京航空航天大学出版社, 2006.

[22] 曹德欣, 曹璎珞. 计算方法. 徐州: 中国矿业大学出版社, 2001.

[23] 李庆扬, 关治, 白峰杉. 数值计算原理. 北京: 清华大学出版社, 2000.

[24] 赵海良. 智能控制系统仿真技术分析. 软件, 2011, 32(7): 15-20.

[25] 蔺小林. 现代数值分析方法. 北京: 科学出版社, 2014.